普通高等教育电子信息类教材

电子技术简明教程

李鸿林　席志红　主编

刘庆玲　张忠民　荣海泓　靳庆贵　参编

電子工業出版社

Publishing House of Electronics Industry

北京 · BEIJING

内 容 简 介

本书根据当前的教学改革形势，结合电子技术发展和教学现状而编写，围绕电子元件、电子电路典型应用，介绍电子技术的基本概念和各种电子电路的分析方法。全书共 8 章，主要包括：半导体器件、放大电路、集成运算放大器、直流电源、数字电路基础、组合逻辑电路、时序逻辑电路、数模转换器和模数转换器等内容。全书各节配有探究思考题，各章配有本章总结、自测题和习题，并通过二维码提供扩展阅读内容、Multisim 仿真文件及章节习题答案等相关内容。

本书可以作为高等工科院校非电类专业本科生课程的教材，也可以供相关工程技术人员参考使用。

未经许可，不得以任何方式复制或抄袭本书之部分或全部内容。
版权所有，侵权必究。

图书在版编目 (CIP) 数据

电子技术简明教程 / 李鸿林，席志红主编. —北京：电子工业出版社，2023.10
ISBN 978-7-121-46465-2

Ⅰ. ①电… Ⅱ. ①李… ②席… Ⅲ. ①电子技术－高等学校－教材 Ⅳ. ①TN

中国国家版本馆 CIP 数据核字（2023）第 188214 号

责任编辑：窦 昊
印 刷：北京七彩京通数码快印有限公司
装 订：北京七彩京通数码快印有限公司
出版发行：电子工业出版社
北京市海淀区万寿路 173 信箱 邮编：100036
开 本：787×1092 1/16 印张：17 字数：435.2 千字
版 次：2023 年 10 月第 1 版
印 次：2023 年 10 月第 1 次印刷
定 价：59.00 元

凡所购买电子工业出版社图书有缺损问题，请向购买书店调换。若书店售缺，请与本社发行部联系，联系及邮购电话：（010）88254888，88258888。

质量投诉请发邮件至 zlts@phei.com.cn，盗版侵权举报请发邮件至 dbqq@phei.com.cn。

本书咨询联系方式：（010）88254466，douhao@phei.com.cn。

前　言

本书在多年使用的教材和讲义的基础上，结合电子技术的发展及近几年教学形势的新变化编写而成。本书适用于高等工科院校非电类专业本科生课程的教学，侧重基础，面向应用，为学生后续学习专业知识及从事相关专业工作打基础。

电子技术课程内容包括模拟电子技术和数字电子技术两部分。本书模拟部分主要介绍半导体器件、放大电路、集成运算放大器、直流电源；数字部分介绍数字电路基础、组合逻辑电路、时序逻辑电路、数模转换器和模数转换器等。本书在编写上力求概念清晰、由浅入深、循序渐进，对问题的表述清晰、简洁；在内容处理上体现了电子技术课程的基础性，注重对电子技术基本概念、基本电路和基本分析方法的介绍，并强化集成电路的内容、弱化分立元件的内容，加强了电子电路内容的应用。

为配合学生自主学习，提高电子电路的应用能力，在各节后附有探究思考题，部分例题中加入 Multisim 仿真内容，配有仿真习题；在各章后附有本章总结、自测题等，并附一定数量的分析、计算题与综合应用题，增加工程方面的选题，如电路应用、故障诊断与排除等，使学生能理论联系实际，解决工程实践问题。全书各章节配有二维码，提供扩展阅读内容、探究思考题答案、自测题及习题答案等，还提供部分 Multisim 文件供学生下载仿真。带星号（*）的部分章节，教学中可选择选用。

本书编写工作（含二维码链接内容的材料）分工如下：第 1 章由荣海泓编写；第 2 章、第 7 章由李鸿林编写；第 3 章由席志红编写；第 4 章由刘庆玲编写；第 5 章、第 6 章由张忠民编写；第 8 章由靳庆贵编写，全书统稿由席志红和李鸿林负责。

由于编者水平有限，书中难免有不足之处，恳请各位读者批评指正。

编　者

2022 年 11 月

目　录

第 1 章　半导体器件 ········ 1
1.1　半导体和 PN 结 ········ 1
1.1.1　半导体 ········ 1
1.1.2　PN 结 ········ 3
1.2　半导体二极管 ········ 4
1.2.1　二极管的伏安特性 ········ 5
1.2.2　二极管的主要参数 ········ 6
1.2.3　二极管的应用 ········ 7
1.3　特殊类型二极管 ········ 9
1.3.1　稳压二极管 ········ 9
1.3.2　光电二极管 ········ 11
1.3.3　发光二极管 ········ 11
1.3.4　变容二极管 ········ 11
1.4　半导体三极管 ········ 12
1.4.1　三极管的电流放大作用 ········ 12
1.4.2　三极管的特性曲线 ········ 14
1.4.3　三极管的主要参数 ········ 15
1.4.4　三极管的开关作用 ········ 16
1.5　场效应管 ········ 18
1.5.1　结型场效应管 ········ 19
1.5.2　绝缘栅型场效应管 ········ 20
1.5.3　场效应管的主要参数 ········ 22
本章总结 ········ 23
第 1 章自测题 ········ 23
习题一 ········ 25
第 2 章　放大电路 ········ 28
2.1　放大电路组成、原理和性能指标 ········ 29
2.1.1　放大电路的组成和原理 ········ 29
2.1.2　放大电路模型和主要性能指标 ········ 30
2.2　共发射极基本放大电路 ········ 33
2.2.1　放大电路静态分析 ········ 33
2.2.2　放大电路动态分析 ········ 34
2.2.3　静态工作点设置和波形失真分析 ········ 39

2.3 静态工作点稳定电路 …… 41
2.3.1 稳定静态工作点原理 …… 41
2.3.2 电路的静态和动态分析 …… 42
2.3.3 放大电路频率特性 …… 44
2.4 共集电极放大电路和共基极放大电路 …… 46
2.4.1 共集电极放大电路分析 …… 46
2.4.2 共基极放大电路分析* …… 49
2.4.3 三种组态放大电路性能比较 …… 49
2.4.4 多级放大电路概述 …… 50
2.5 差动放大电路 …… 52
2.5.1 差动放大电路抑制零漂的原理 …… 53
2.5.2 信号输入（对输入信号的放大原理） …… 53
2.6 功率放大电路 …… 58
2.6.1 基本要求和分类 …… 58
2.6.2 互补对称功率放大电路 …… 59
2.6.3 集成功率放大电路 …… 61
2.7 场效应管放大电路 …… 63
2.7.1 偏置电路和静态工作点计算 …… 63
2.7.2 场效应管放大电路动态分析 …… 65
本章总结 …… 66
第 2 章自测题 …… 67
习题二 …… 68
第 3 章 集成运算放大器 …… 74
3.1 概述 …… 74
3.1.1 主要参数和传输特性 …… 75
3.1.2 理想运算放大器 …… 77
3.2 放大电路中的负反馈 …… 78
3.2.1 反馈的基本概念和分类 …… 79
3.2.2 负反馈的类型及其判断 …… 79
3.2.3 负反馈对放大电路性能的影响 …… 82
3.3 集成运算电路 …… 84
3.3.1 比例运算电路 …… 85
3.3.2 加法运算电路 …… 87
3.3.3 减法运算电路 …… 88
3.3.4 积分运算电路 …… 89
3.3.5 微分运算电路 …… 91
3.4 信号处理电路 …… 93
3.4.1 有源滤波器 …… 94
3.4.2 电压比较器 …… 95

3.5 信号产生电路 …… 100
3.5.1 正弦波信号产生电路 …… 100
3.5.2 非正弦信号产生电路 …… 104
本章总结 …… 107
第 3 章自测题 …… 108
习题三 …… 110
第 4 章 直流电源 …… 117
4.1 整流电路 …… 117
4.1.1 单相半波整流电路 …… 117
4.1.2 单相桥式整流电路 …… 118
4.1.3 倍压整流电路* …… 120
4.2 滤波电路 …… 122
4.2.1 电容滤波电路 …… 122
4.2.2 电感滤波电路 …… 123
4.2.3 π 形滤波电路 …… 124
4.3 稳压电路 …… 125
4.3.1 主要性能指标 …… 125
4.3.2 稳压管稳压电路 …… 126
4.3.3 串联型稳压电路 …… 128
4.3.4 集成稳压电路 …… 129
4.4 可控硅和可控整流电路 …… 132
4.4.1 可控硅 …… 132
4.4.2 可控整流电路 …… 134
本章总结 …… 138
第 4 章自测题 …… 139
习题四 …… 141
第 5 章 数字电路基础 …… 147
5.1 数字电路概述 …… 147
5.1.1 数字电路和数字信号 …… 147
5.1.2 数字电路的组成 …… 147
5.2 数制和码 …… 148
5.2.1 十进制 …… 148
5.2.2 二进制 …… 149
5.2.3 八进制和十六进制 …… 150
5.2.4 不同进制之间的转换 …… 150
5.2.5 码制 …… 151
5.3 基本逻辑关系和逻辑代数 …… 152
5.3.1 与逻辑关系和与运算 …… 153
5.3.2 或逻辑关系和或运算 …… 153

5.3.3 非逻辑关系和非运算 ……154
5.3.4 复合逻辑运算 ……154
5.4 逻辑函数的化简 ……157
5.4.1 逻辑函数的表示方法 ……157
5.4.2 逻辑代数的基本公式及法则 ……159
5.4.3 逻辑函数的化简 ……160
本章总结 ……165
第 5 章自测题 ……165
习题五 ……167
第 6 章 组合逻辑电路 ……169
6.1 基本逻辑门 ……169
6.1.1 二极管与门电路和或门电路 ……169
6.1.2 三极管非门电路 ……171
6.2 集成门电路 ……171
6.2.1 TTL 门电路 ……171
6.2.2 CMOS 门电路 ……176
6.2.3 TTL 门电路与 CMOS 门电路的互连 ……177
6.3 组合逻辑电路的分析和设计 ……179
6.3.1 组合逻辑电路的分析方法 ……179
6.3.2 组合逻辑电路的设计方法 ……181
6.4 典型集成组合逻辑电路 ……182
6.4.1 加法器 ……183
6.4.2 比较器 ……185
6.4.3 编码器 ……187
6.4.4 译码器 ……189
6.4.5 数据选择器和数据分配器 ……195
6.5 组合逻辑电路中的竞争冒险 ……198
6.5.1 竞争冒险产生的原因 ……198
6.5.2 竞争冒险的消除方法 ……199
本章总结 ……200
第 6 章自测题 ……200
习题六 ……202
第 7 章 时序逻辑电路 ……205
7.1 双稳态触发器 ……205
7.1.1 RS 触发器 ……206
7.1.2 D 触发器 ……208
7.1.3 JK 触发器 ……209
7.1.4 T 触发器和 T' 触发器 ……210
7.2 时序逻辑电路的分析 ……212

7.3 寄存器……215
7.3.1 基本寄存器……216
7.3.2 移位寄存器……217
7.4 计数器……221
7.4.1 二进制计数器……221
7.4.2 十进制计数器……224
7.4.3 任意进制计数器……226
7.5 由 555 定时器构成的多谐振荡器与单稳态触发器……230
7.5.1 555 定时器……230
7.5.2 多谐振荡器……231
7.5.3 单稳态触发器……232
本章总结……234
第 7 章自测题……235
习题七……236
第 8 章 数模转换器和模数转换器……241
8.1 数模转换器……241
8.1.1 数模转换器的基本原理……241
8.1.2 DAC 的主要技术参数……243
8.1.3 集成芯片 DAC0832……244
8.1.4 DAC0832 应用……246
8.2 模数转换器……248
8.2.1 模数转换的基本原理……248
8.2.2 逐次逼近型 ADC……250
8.2.3 ADC 的主要技术参数……251
8.2.4 ADC 产品举例……252
本章总结……257
第 8 章自测题……257
习题八……258
参考文献……261

第1章　半导体器件

本章要求（学习目标）

1. 了解半导体材料的基本概念，理解半导体的导电机理和PN结的单向导电性。

2. 理解二极管的伏安特性及常用参数，能对含有二极管的电路进行分析。

3. 了解特殊二极管的特点，理解稳压二极管的稳压特性，能对含有稳压二极管的电路进行分析。

4. 理解三极管的特性曲线及常用参数，掌握三极管不同工作状态的判别方法。

5. 了解场效应管的结构、种类和工作原理，理解其与三极管各自的特点和应用。

半导体（semiconductor）器件是由半导体材料制成的电子器件，是构成电子电路的重要器件。半导体主要是以硅（Si）、锗（Ge）、砷化镓（GaAs）、磷化铟（InP）、碳化硅（SiC）、氮化镓（GaN）等为代表的元素半导体或化合物半导体材料，制成的器件普遍具有质量小、体积小、能耗低、精度高等优点，因此在现代社会的各领域广泛应用。本章主要介绍PN结、二极管、三极管及场效应管等基本半导体器件，这些器件的结构、工作原理、特性、参数是学习电子技术和分析电子电路的基础。

1.1　半导体和PN结

1.1.1　半导体

半导体是指常温下导电性能介于导体与绝缘体之间的物质。

1. 本征半导体

纯净的、具有晶体结构的半导体称为本征（intrinsic）半导体。

硅和锗是常用的半导体材料，两者都是4价元素，其晶体结构中每个原子最外层的4个价电子，分别与相邻4个原子的最外层价电子形成稳定的共价键结构，如图1.1所示。

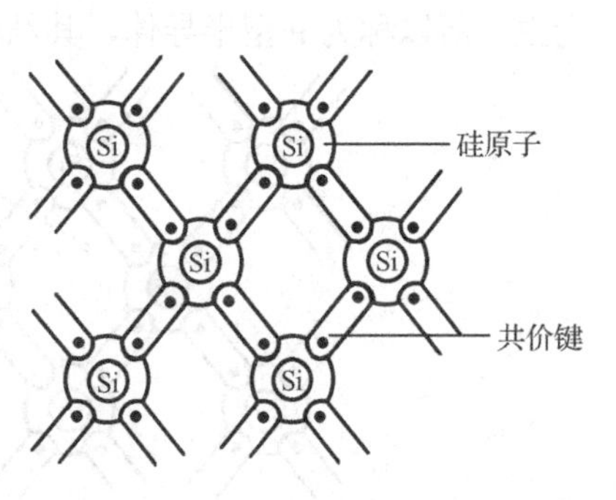

图1.1　单晶硅中的共价键结构示意图

共价键中的价电子受自身原子核和共价键的束缚，不能自由运动，在绝对零度下，本征半导体是不导电的。在常温下，少数价电子因受热激发获得足够能量，挣脱束缚成为自由电子。对应的共价键中留下的空位称为空穴（hole）。空穴所在的原子由于缺少一个电子而带有正电，我们也可以把空穴视为带有正电的粒子，其电荷量与电子相等。自由电子和空穴是成对出现的。本征半导体中因热激发产生自由电子和空穴对的过程叫作本征激发（intrinsic excitation）。

本征激发产生的自由电子和空穴在外电场作用下会定向移动而形成电流。自由电子定向移动形成电子电流；空穴因其正电性吸引邻近价电子定向依次填补空穴，形成定向移动的空穴电流。因自由电子和空穴所带电荷极性不同，两者运动方向相反，本征半导体中的电流是上述两种电流之和。这里自由电子和空穴均是载流子（carrier）。

本征半导体中电子空穴对是不断更新的，即总有自由电子去填补空穴，使电子空穴对消失，这种现象称为复合（recombination）。复合释放出能量，又激发产生新的电子空穴对。在一定温度下，本征激发产生的电子空穴对与复合掉的电子空穴对数目相等，达到动态的平衡，也就是自由电子和空穴数量相等，载流子浓度一定。但是，随着温度升高或受到光照增强，价电子热运动加剧，会激发出更多电子空穴对，提高载流子浓度，从而提高导电性能，这是半导体固有的热敏特性和光敏特性，利用这种特性可以制成热敏器件和光敏器件。

2. 杂质半导体

本征激发产生的载流子浓度低，导电性能差，所以本征半导体不能直接制作半导体器件。通过扩散工艺在本征半导体中掺入杂质元素，增加载流子浓度，可以显著提高半导体导电性能。掺入杂质元素的本征半导体称为杂质（extrinsic）半导体。根据掺入元素的不同，杂质半导体分为N（negative）型半导体和P（positive）型半导体。

在纯净硅（或锗）晶体中掺入5价元素磷（或砷、锑），磷原子与相邻4个硅原子组成共价键时多出1个电子，该电子不受共价键的束缚，只受原子核的吸引，在常温下，由热激发就可以变成自由电子，而晶格中失去1个价电子的磷原子变成不能移动的正离子。可见，5价元素的掺杂增加了半导体中自由电子的数量，使得自由电子比空穴多。在半导体中，数量较多的载流子称为多数载流子，简称多子，数量较少的载流子称为少数载流子，简称少子。掺杂5价元素的杂质半导体中自由电子是多子，空穴是少子，因其以带负电的自由电子导电为主，所以称为N型半导体，其结构示意图如图1.2（a）所示。

在纯净硅（或锗）晶体中掺入3价元素硼（或镓、铟），硼原子与相邻4个硅原子组成共价键时多出1个空位（电中性），当空位被周围价电子填补后，价电子所在位置形成带正电的空穴，而晶格中获得1个价电子的硼原子形成不能移动的负离子。可见，掺杂3价元素的杂质半导体中增加了空穴的数量，空穴是多子，自由电子是少子，因其以带正电的空穴导电为主，所以称为P型半导体，其结构示意图如图1.2（b）所示。

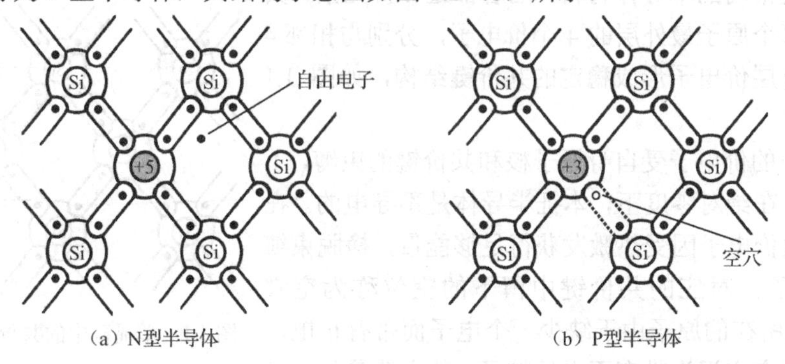

图1.2 N型半导体和P型半导体结构示意图

杂质半导体中因掺杂产生的载流子数量远高于因本征激发产生的载流子数量，通过控制掺杂浓度，可以控制杂质半导体的导电性能。

1.1.2　PN 结

通过掺杂工艺将P型半导体和N型半导体制作在同一硅片上，两种杂质半导体的交界面处会形成PN结（PN junction）。

1．PN 结的形成

在P型半导体和N型半导体的交界处，两种载流子浓度差异显著，必然发生两部分多子的扩散运动，如图1.3（a）所示。P区的空穴和N区的自由电子在扩散过程中相互复合，在P区侧产生失去空穴的负离子区，在N区侧产生失去电子的正离子区，这些离子被固定在晶体结构中不能移动，称为空间电荷，其所在区域称为空间电荷区，因空间电荷区内几乎没有载流子，所以也叫载流子耗尽层，如图1.3（b）所示。空间电荷区内由正负离子形成的电场称为内电场，方向由N区指向P区，它对多子的扩散运动起阻挡作用，所以空间电荷区又叫阻挡层。

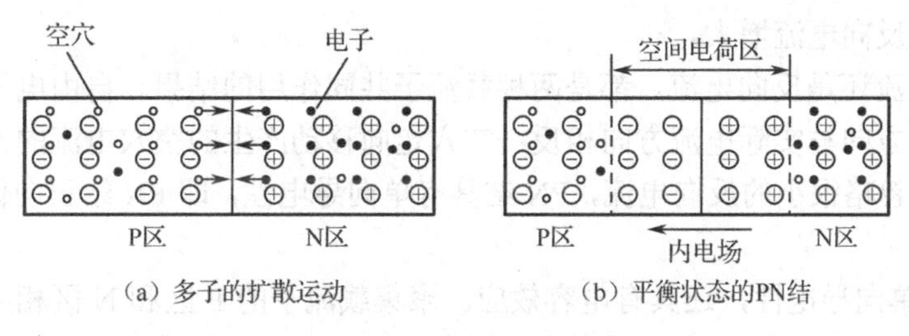

（a）多子的扩散运动　（b）平衡状态的PN结

图1.3　PN结形成示意图

内电场阻碍多子的扩散，却有助于空间电荷区两侧的少子通过这一区域。少子在内电场作用下的定向运动称为漂移运动，其方向与多子的扩散运动方向相反。

在P区和N区的交界面进行着两种相反的运动。开始时扩散运动占优势，随着多子的扩散，空间电荷区变宽，内电场增强，扩散运动受到抑制，少子的漂移运动开始增强。少子的漂移使空间电荷区变窄，内电场削弱。当扩散和漂移达到动态平衡，即扩散的多子数量与漂移的少子数量相等时，空间电荷区相对稳定，宽度不变，称为PN结。

2．PN 结的单向导电性

PN结和内电场是动态平衡的产物。如果在PN结两端外加电场，则将破坏原来的平衡状态。外加电场方向不同，半导体的导电性能将有很大差别。

如图1.4（a）所示，将电压源正极接P区，负极接N区，称为PN结外加正向电压，也称正向接法或正向偏置。此时，外电场方向与内电场方向相反，外电场驱使P区和N区的多子进入空间电荷区，使得空间电荷区内正负离子数目减少，空间电荷区变窄，内电场削弱，破坏了原来的动态平衡，扩散运动开始增强。当外电场大于内电场时，P区和N区的多子扩散运动在外电压源的作用下形成持续的正向电流，方向由P区指向N区，此时称PN结正向导通。PN结正向导通压降只有零点几伏，呈现低阻状态。正向电流随电源电压的增加而增大，为防止正向电流过大损坏 PN 结，一般在 PN 结所在支路串联限流电阻。

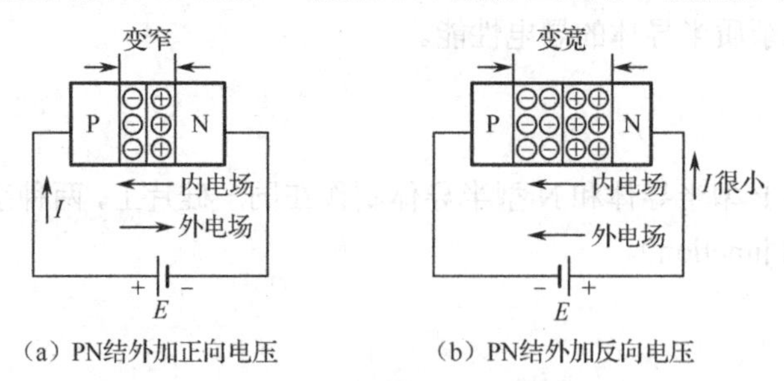

（a）PN结外加正向电压　（b）PN结外加反向电压

图 1.4　PN 结的单向导通特性

如图 1.4（b）所示，将电压源负极接 P 区，正极接 N 区，称为 PN 结外加反向电压，也称反向接法或反向偏置。此时，外电场方向与内电场方向相同，外电场吸引空间电荷区附近的空穴和自由电子离开空间电荷区，使得空间电荷区变宽，内电场增强，多子扩散运动受到阻碍，少子的漂移运动增强。在外电源的作用下形成持续的反向电流，方向由 N 区指向 P 区，由于少子浓度低，反向电流很小，PN 结呈现高阻状态，此时称 PN 结反向截止。因为少子是热激发产生的，所以反向电流的大小基本不受外加电压的影响，而只与温度有关，温度升高，少子数目增加，反向电流增大。

无论正向电流还是反向电流，都是两种载流子共同作用的结果。自由电子定向移动产生电子电流，移动方向与实际电流方向相反；空穴定向移动产生的空穴电流的方向与实际电流方向相同。如果忽略很小的反向电流，PN 结具有单向导电性，即 PN 结正向偏置导通，反向偏置截止。

PN 结除了单向导电性，还具有电容效应。聚集载流子的 P 区和 N 区相当于电容的两个极板，PN 结相当于极板间的电介质，当其厚度随外加电压而变化时，相当于极板间的距离改变，从而电容量大小也发生变化。一般用结电容描述这种电容效应。结电容一般很小，对中、低频信号呈现出很大的容抗，可视为开路，但在高频信号下，容抗较小，可能形成反向漏电，破坏单向导电性。

探究思考题

探究思考题答案

1.1.1　N 型半导体中自由电子是多数载流子，因而 N 型半导体带负电；P 型半导体中空穴是多数载流子，因而 P 型半导体带正电。这种说法是否正确？

1.1.2　在杂质半导体中，多数载流子浓度取决于什么因素？影响少数载流子浓度的主要因素是什么？

1.1.3　PN 结的基本特性是（　）。当 PN 结加正向电压时，空间电荷区将（　），PN 结呈现（　）状态；当 PN 结加反向电压时，空间电荷区将（　），PN 结呈现（　）状态。

1.2　半导体二极管

PN 结的两端加上电极引线并用外壳封装起来，就构成了半导体二极管（semiconductor diode），简称二极管。从 P 区引出的电极称为阳极（或正极），从 N 区引出的电极称为阴极（或负极）。二极管结构示意图及电路符号如图 1.5 所示。

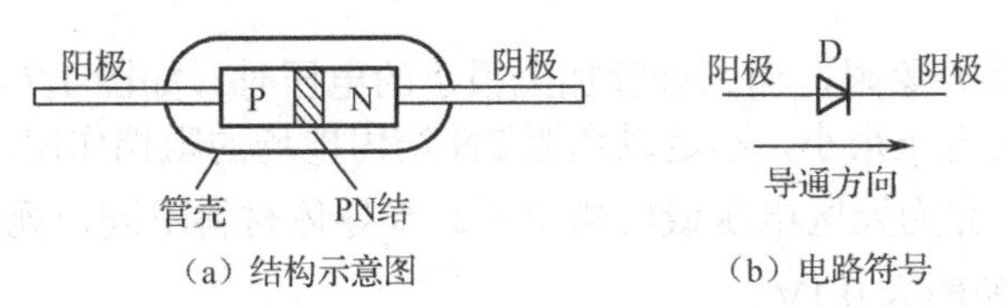

图 1.5　二极管结构示意图及电路符号

二极管按其结构可分为点接触型和面接触型两类，如图 1.6 所示。点接触型二极管的 PN 结结面积小，工作频率高，适用于高频电路和开关电路。面接触型二极管的 PN 结结面积大，工作频率较低，适用于大功率整流等低频电路。

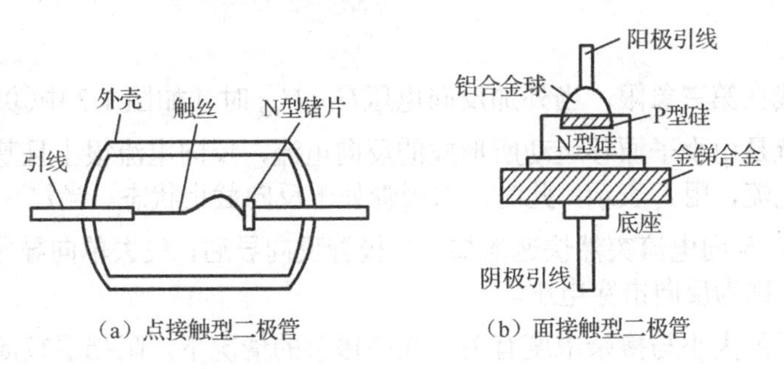

图 1.6　常见的二极管结构图

1.2.1　二极管的伏安特性

二极管的伏安特性是指二极管两端的电压和流过二极管的电流之间的关系。二极管的伏安特性可以用晶体管特性测试仪测量，也可以直接查找器件手册。图 1.7（a）和图 1.7（b）分别为硅、锗两种不同材料、不同型号（2CP11、2AP15）二极管的伏安特性曲线。（可扫描二维码，用 Multisim 仿真二极管伏安特性。）

仿真文件下载

根据 PN 结的单向导电性，伏安特性曲线分为正向特性和反向特性两部分。

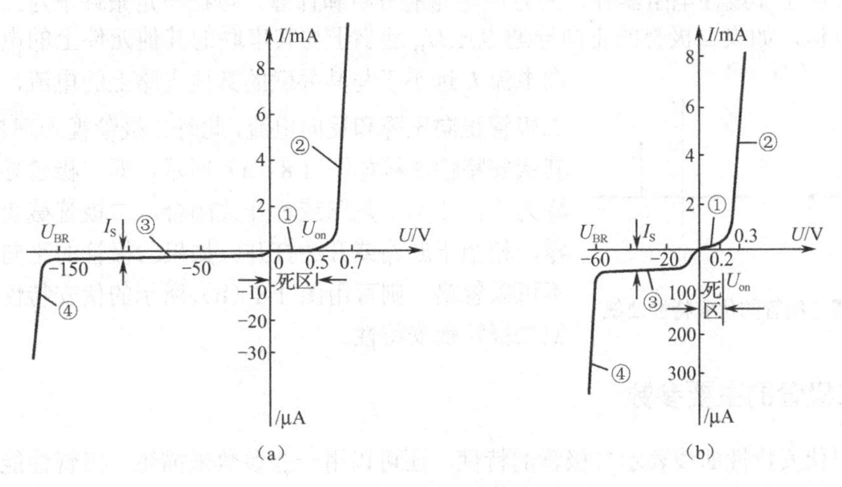

图 1.7　二极管的伏安特性曲线

1．正向特性曲线

正向特性曲线在第一象限，当二极管加上很小的电压时（如图 1.7 中①段所指的部分），$0<U<U_{on}$，外加正向电压很小，不足以克服 PN 结内电场的阻挡作用，正向电流几乎为零，这一段称为死区，U_{on} 称为死区电压或门槛电压。半导体材料不同，死区电压有所不同，硅管的约为 0.5V，锗管的约为 0.1V。

当 $U>U_{on}$ 时（如图 1.7 中②段所指的部分），PN 结内电场被克服，二极管正向导通，电流随电压增大而迅速上升，二极管呈现低阻状态，因此 U_{on} 也称为二极管开启电压。在正常使用的电流范围内，二极管的端电压几乎维持不变，这个电压称为二极管的正向导通电压，用 U_D 表示。硅二极管的正向导通电压约为 0.6～0.8V，锗二极管的正向导通电压约为 0.2～0.3V。

2．反向特性曲线

反向特性曲线在第三象限，当外加反向电压 $U<U_{BR}$ 时（如图 1.7 中③段所指的部分），通过二极管的电流是由少子漂移运动所形成的反向电流，反向电流很小且基本不变，称为反向饱和电流或漏电流，用 I_S 表示，此时，二极管处于反向截止状态。当 $U>U_{BR}$ 时（如图 1.7 中④段所指部分），反向电流突然快速增加，二极管反向导通，失去单向导电性，这种现象称为反向击穿，U_{BR} 称为反向击穿电压。

反向击穿电压的大小与掺杂浓度有关，在高掺杂的情况下，阻挡层较薄，不大的反向电压就可以形成强电场，吸引价电子脱离共价键束缚形成新的电子空穴对，参与导电，反向电流迅速增大，这种击穿称为齐纳击穿（zener breakdown）；在低掺杂的情况下，阻挡层较厚，需要较大的反向电压以使漂移的少子加速撞击出共价键中的价电子，产生电子空穴对，新的载流子继续撞击其他共价键中的价电子，导致载流子雪崩式增加，反向电流迅速增大，这种击穿称为雪崩击穿（avalanche breakdown）。由于反向击穿时管上压降和反向电流均很大，所以管上的功率损耗很大，如不加限制，二极管很可能会因过热而损坏。

二极管的伏安特性曲线与温度关系密切，尤其是反向特性曲线。温度升高，正向特性曲线左移，反向特性曲线下移。在室温附近，温度每升高 1℃，正向压降减少 2～2.5mV；温度每升高 10℃，反向电流约增大一倍。

二极管属于非线性电阻器件，为方便电路的分析和计算，可在一定条件下对二极管进行理想化的近似。如果二极管的正向导通电压 U_D 远小于与其串联的其他元件上的电压，且反向电流 I_S 远小于与其并联的其他支路上的电流，则可忽略二极管正向压降和反向电流，此时二极管视为理想二极管，其伏安特性曲线如图 1.8（a）所示，即二极管导通时，压降为零，相当于短路或者开关闭合。二极管截止时电流为零，相当于断路或开关打开。如果二极管的正向导通电压不可以忽略，则可用图 1.8（b）所示的伏安特性曲线来近似二极管伏安特性。

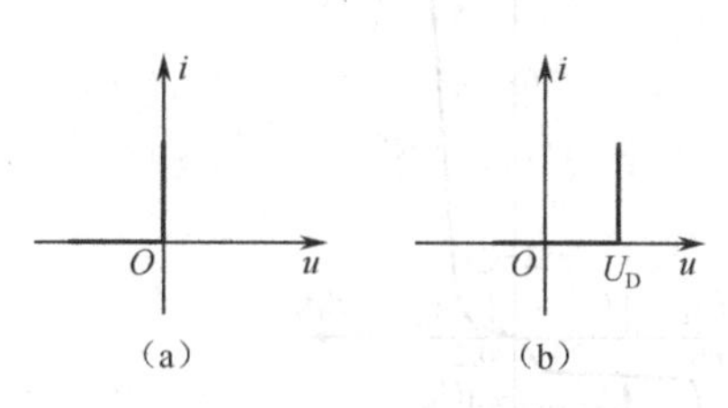

图 1.8　理想二极管的伏安特性曲线

1.2.2　二极管的主要参数

除了用伏安特性曲线表示二极管的特性，还可以用一些参数来描述二极管性能。下面介绍几个常用的主要参数。

（1）最大整流电流I_{OM}。

最大整流电流指二极管长时间使用时，允许流过二极管的最大正向平均电流。当电流超过I_{OM}时，二极管会因过热而损坏，使用时务必注意。

（2）反向工作峰值电压U_{RWM}。

反向工作峰值电压指二极管不被击穿的情况下允许施加的反向电压峰值，其大小一般是反向击穿电压U_{BR}的一半或三分之二。

（3）反向峰值电流I_{RM}。

反向峰值电流指二极管承受反向工作峰值电压U_{RWM}时的反向电流峰值。反向电流大，说明二极管的单向导电性能差，并且受温度的影响大。

此外，二极管还有最高工作频率、结电容值、工作温度等参数。

二极管的主要参数可以从半导体器件手册中查到。由于制造工艺所限，半导体器件参数具有分散性，同一型号的半导体器件参数值会有一定差异，手册中给出的是一定测试条件下的参数值的范围。当使用条件与测试条件改变时，参数值也会发生变化。

实际使用中，除器件的额定值外还要注意器件的一些极限参数，以确保器件安全可靠地工作。

1.2.3 二极管的应用

二极管的单向导电特性在电路中有广泛的应用，可以实现电路的限幅、钳位、整流、检波、元件保护等功能，以及在数字电路中作为逻辑门和开关元件使用。下面介绍二极管的几种典型应用，在后续章节还会介绍二极管的其他应用。

1. 限幅作用

在电子电路中，通常对输入或输出信号的幅值有一定的限制，利用二极管的单向导电性可以构成限幅电路，满足电路要求。

【例 1-1】图 1.9（a）与图 1.9（b）是利用二极管实现的限幅电路，已知输入电压$u_i = 5\sin\omega t(\mathrm{V})$，其波形如图 1.9（c）所示，$E_1 = 2\mathrm{V}$，$E_2 = 3\mathrm{V}$，设 D 为理想二极管，画出输出电压$u_o$的波形。

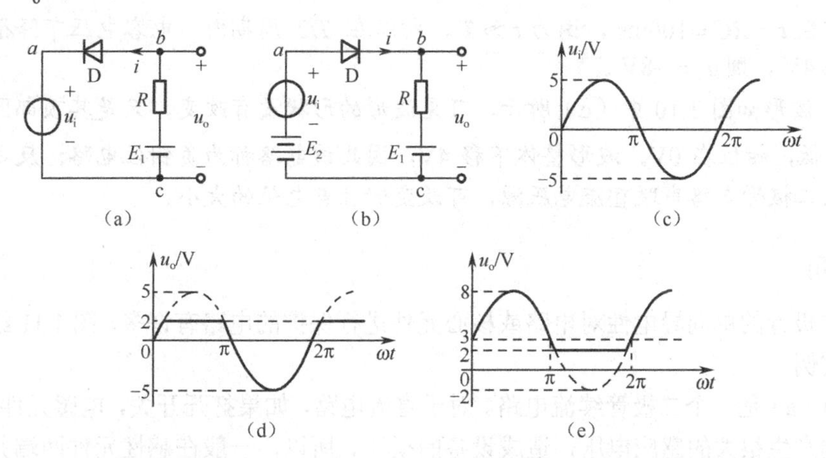

图 1.9 例 1-1 图

【解】输出电压u_o与二极管D工作状态有关系，当D导通时，电流$i>0$；当D截止时，电流$i=0$。

在图1.9（a）中，当$u_i<E_1$时，D导通，a、b点等电位，此时$u_o=u_i$，$i>0$；当$u_i>E_1$时，D截止，a、b间开路，此时$i=0$，$u_o=E_1$；画出u_o波形如图1.9（d）所示。

在图1.9（b）中，当$u_i+E_2>E_1$时，D导通，a、b点等电位，此时$u_o=u_i+E_2$，$i>0$；当$u_i+E_2<E_1$时，D截止，a、b间开路，此时$i=0$，$u_o=E_1$；画出u_o波形如图1.9（e）所示。

二极管限幅电路有正限幅、负限幅、正负双向限幅、带偏移电压的限幅电路等多种形式。图1.9（a）是一个正限幅电路，图1.9（b）是一个带偏移电压的负限幅电路。

2. 钳位作用

钳位是在信号波形不变的前提下，将波形向下或向上平移至某固定电位。钳位电路一般包含电容C、电阻R和二极管D，其中电阻R和电容C组成的充放电时间常数$\tau=RC$，远大于交流信号周期T。

【例1-2】图1.10中，（a）为理想二极管D组成的钳位电路，（b）为输入信号u_i的波形，其周期T=1ms，电路中R=10kΩ，C=10μF，电容的初始电压为0V。画出输出电压u_o的波形，并用Multisim仿真验证。

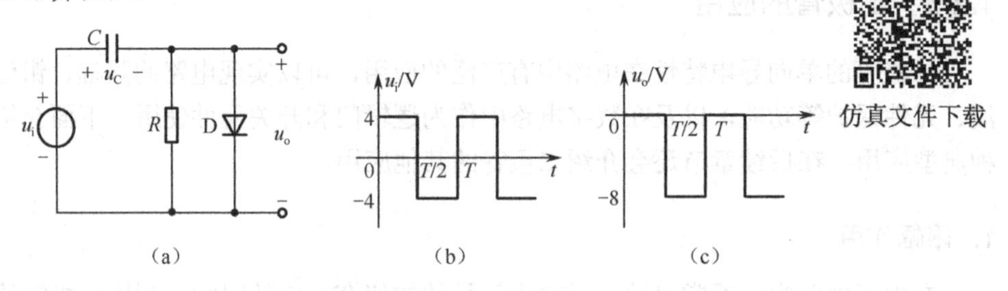

图1.10 例1-2图

【解】当$0<t<T/2$时，$u_i=4V$，电容的初始电压为0V，二极管导通，$u_o=0V$，此时u_i经二极管D为电容快速充电，$u_C=u_i=4V$。

当$T/2<t<T$时，$u_i=-4V$，$u_o=u_i-u_C$，二极管承受反向电压截止，u_C经电阻R放电，放电时间常数$\tau=RC=100ms$，因为$\tau\gg T$，所以在$T/2$周期内，电容电压下降很少，可近似认为$u_C\approx4V$，则$u_o=-8V$。

画出u_o波形如图1.10中（c）所示，可见波形的形状没有改变，只是其顶部因导通电位从4V被拉低，钳位在0V。波形整体下移4V，因此该电路称为负钳位电路；反之称为正钳位电路。在二极管支路串联直流电压源，可改变钳位点电位的大小。

3. 保护作用

利用二极管的单向导电性对电路或核心元件进行保护的电路有许多，图1.11给出两种比较简单的实例。

图1.11（a）是一个二极管续流电路。对于直流电路，如果打开开关，电感元件电流突变，在电感两端产生很大的感应电压，造成设备的损坏。所以，一般在感性元件两端并联一个二极管，二极管导通方向与电源电压方向相反。正常工作时，二极管截止，换路瞬间，电感电

流通过二极管释放，不会因为电流突变而产生感应电压，从而对设备起到保护作用。

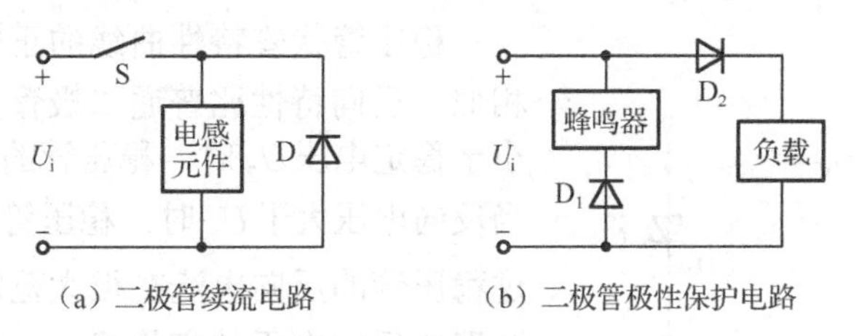

（a）二极管续流电路　（b）二极管极性保护电路

图 1.11　二极管保护电路

图 1.11（b）是一个二极管极性保护电路。当负载不慎接错电源极性时，电路中 D_2 起到对负载的极性保护作用。当电源极性正确时，D_2 导通，使负载获得正向电压 U_i，D_1 截止，蜂鸣器不通电，无声音；当误将直流电源极性接反时，D_2 截止，负载不通电，D_1 导通，蜂鸣器报警，提示电源极性接反了。

探究思考题

探究思考题答案

1.2.1　题 1.2.1 图所示电路中，A、B、C 为三个相同的灯泡，D_1、D_2、D_3 为三个相同的二极管。当加入正弦交流电压 u_S 后，各灯泡的亮度如何？为什么？

1.2.2　在例 1-2 的图 1.10 中，将二极管 D 极性反向接入，试分析电路的输出电压 u_o 的波形，说明钳位电平值，并与例 1-2 进行比较。

1.2.3　电路如题 1.2.3 图所示，$u_a = 8\sin\omega t(\mathrm{V})$，$u_b = 8\cos\omega t(\mathrm{V})$。分析二极管 D_1、D_2 的导通情况（设为理想二极管），并画出电压 u_o 的波形。

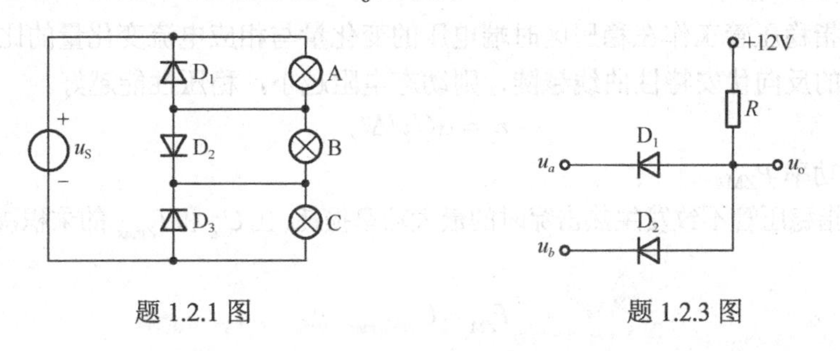

题 1.2.1 图　题 1.2.3 图

1.2.4　有三个二极管，型号分别为 2CP11、1N4001、1S1553，请查阅资料了解它们的主要参数，了解不同的二极管型号命名规则。

1.3　特殊类型二极管

1.2 节讨论了普通类型的二极管，本节将介绍几种常用的特殊类型二极管。

1.3.1　稳压二极管

稳压二极管（也称齐纳二极管）是一种特殊的面接触型硅二极管，可简称为稳压管。稳压管在电路中与适当阻值的电阻配合能起到稳定电压的作用。稳压管的伏安特性曲线如

图 1.12（a）所示，电路符号如图 1.12（b）所示。

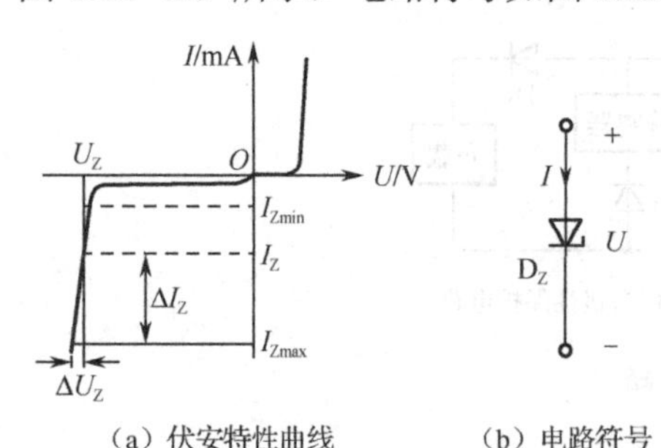

（a）伏安特性曲线　　（b）电路符号

图 1.12　稳压管的伏安特性曲线及电路符号

稳压管伏安特性曲线的正向特性与普通二极管相似，反向特性比普通二极管更陡直。当反向电压小于稳定电压U_Z时，稳压管的反向电流几乎为 0；当反向电压大于U_Z时，稳压管反向击穿，击穿后通过稳压管的反向电流在很大范围内变化时，稳压管两端的反向电压却变化很小，具有恒压特性，利用这一特性可以实现稳压。稳压管的反向击穿是可逆的，当去掉反向电压后，稳压管恢复正常。

稳压管的主要参数介绍如下。

（1）稳定电压 U_Z。

稳定电压指在规定电流下稳压管的反向击穿电压。由于半导体器件参数的分散性，即便是同一型号的稳压管，其U_Z值也不是唯一的。例如，型号为 2CW18 的稳压管的U_Z为 10～12V，但就具体某一稳压管来说，它的U_Z应为确定值。使用前可实际测试一下稳压管的稳定电压。

（2）稳定电流 I_Z。

稳定电流指稳压管工作在稳定电压时的反向电流值。稳定电流的值通常有一定的范围，即介于最小稳定电流$I_{Z\min}$和最大稳定电流$I_{Z\max}$之间。$I_{Z\min}$是稳压管能正常稳压时所需的最小反向电流，低于$I_{Z\min}$时稳压管稳压效果变差，或不能起到稳压作用。$I_{Z\max}$是稳压管能正常稳压时允许通过的最大反向电流，超过$I_{Z\max}$时稳压管会因发生热击穿而损坏。

（3）动态电阻 r_Z。

动态电阻指稳压管工作在稳压区时端电压的变化量与相应电流变化量的比值，如式(1-1)所示。稳压管的反向伏安特性曲线越陡，则动态电阻越小，稳压性能越好。

$$r_Z = \Delta U_Z / \Delta I_Z \tag{1-1}$$

（4）耗散功率 P_{ZM}。

耗散功率指稳压管不致发生热击穿时的最大功率损耗，由U_Z和$I_{Z\max}$的乘积决定，如式(1-2)所示：

$$P_{ZM} = U_Z I_{Z\max} \tag{1-2}$$

【例 1-3】图 1.13 所示电路为二极管稳压电路，电阻 R 为限流电阻。已知二极管型号为 2CW14，稳定电压U_Z为 6.2V，稳定电流I_Z为 10mA，最大稳定电流$I_{Z\max}$为 33mA，正向导通电压U_D为 0.6V。（1）当 E=5V 时，U_o为多少？（2）当 E=20V 时，为使稳压管正常稳压，限流电阻 R 取何值？此时U_o为多少？

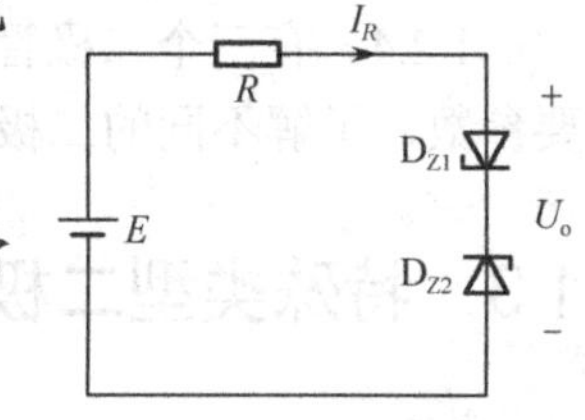

图 1.13　例 1-3 图

【解】（1）当 E=5V 时，电源电压不足以使稳压管 D_{Z2} 击穿，D_{Z2}处于截止状态，电流$I_R = 0$，因此输出电压$U_o = E = 5V$。

（2）当 E=20V 时，稳压管 D_{Z1} 正向导通，稳压管 D_{Z2} 反向击穿，因此输出电压$U_o = U_D + U_{Z2} = 6.8V$。为使稳压管正常稳压，电流$I_R$应满足$I_Z \leqslant I_R \leqslant I_{Z\max}$。由电压方程可知，$I_R = (E - U_o)/R = 13.2/R$，因此，可解得限流电阻 R 的取值范围是$0.4k\Omega \leqslant R \leqslant 1.32k\Omega$。

1.3.2　光电二极管

光电二极管（也称光敏二极管）是将光信号转换为电信号的半导体器件。光电二极管在封装的管壳上有接收光线的窗口，使光线通过窗口照射到 PN 结上，图 1.14（a）所示为其常见的封装形式。光电二极管的工作电路如图 1.14（b）所示，光电二极管工作于反向偏置状态，无光照时，电路中电流很小；有光照时，反向电流随光照强度增加而上升。

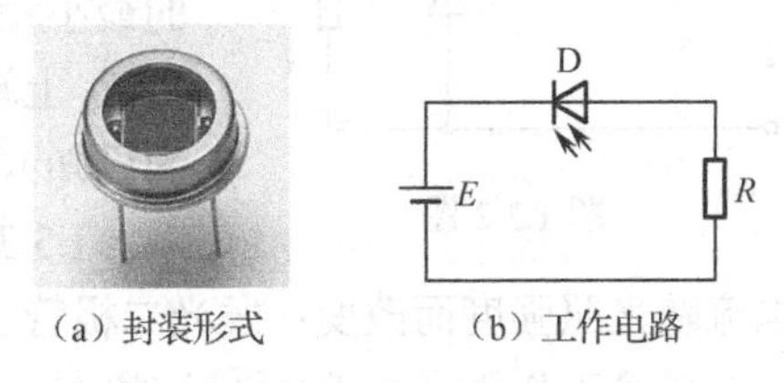

（a）封装形式　（b）工作电路

图 1.14　光电二极管及其工作电路

光电二极管常用来作为光传感器进行光的测量和控制。

1.3.3　发光二极管

发光二极管（Light-Emitting Diode，LED）是能够将电信号转化为光信号的半导体器件。发光二极管通常由含镓（Ga）、砷（As）、磷（P）、氮（N）等元素的化合物制成，图 1.15（a）为常见的发光二极管封装形式。发光二极管的工作电路如图 1.15（b）所示，发光二极管工作于正向偏置状态，正向电流通过二极管时，二极管能够发光。光的颜色视发光二极管材料而定，例如，砷化镓二极管发红光，磷化镓二极管发绿光。光的亮度由电流决定，只有当外加正向电压使得电流足够大时才发光，所以发光二极管正向导通电压比普通二极管的大，比较典型的压降为 1.5～2.5V，电流一般为 10～50mA，具体数值受电流、颜色等因素影响。

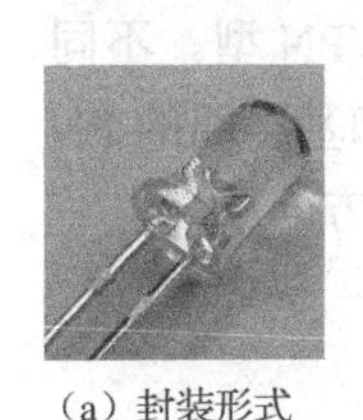
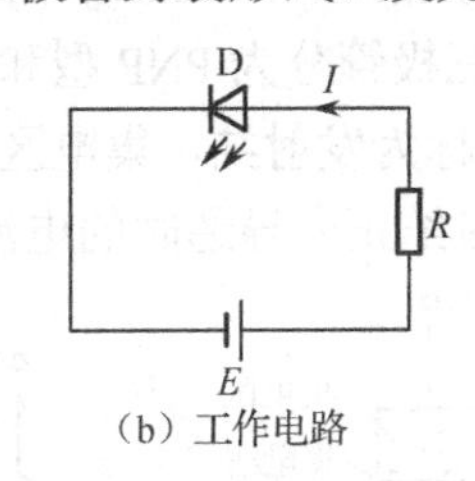

（a）封装形式　（b）工作电路

图 1.15　发光二极管及其工作电路

发光二极管常用来作为显示器件，大功率的发光二极管可以用来照明。

1.3.4　变容二极管

变容二极管（varactor diode）是利用 PN 结的电容效应制作的、具有优化变容特性的半导体器件。变容二极管一般工作于反向偏置状态，其特性曲线如图 1.16（a）所示。由图可见，变容二极管的结电容随反向电压的增大而减小，通过控制外加电压即可改变电容值的大小，所以变容二极管也称为压控电容，其电路符号如图 1.16（b）所示。

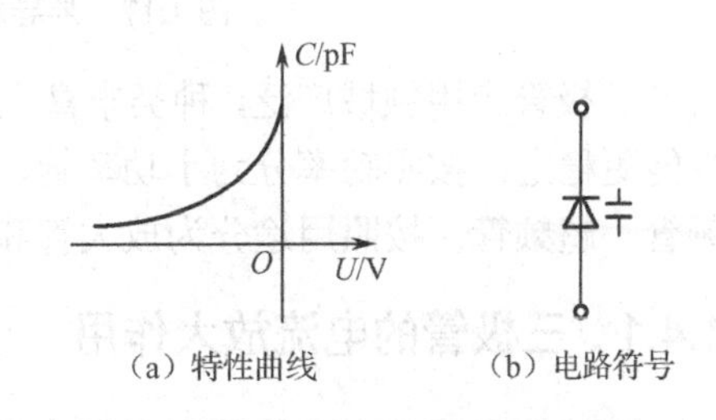

（a）特性曲线　（b）电路符号

图 1.16　变容二极管特性曲线及电路符号

变容二极管常用在高频电路中实现振荡、调谐、调频等功能。

探究思考题

探究思考题答案

1.3.1　两个稳压管 D_{Z1} 和 D_{Z2}，稳定电压分别为 5.5V 和 8.5V，正向压降都是 0.5V。如果想得到 0.5V、3V、6V、9V 和 14V 几种稳定电压，这两个稳压管（还有限流电阻）应如何连接？画出满足条件的电路图。

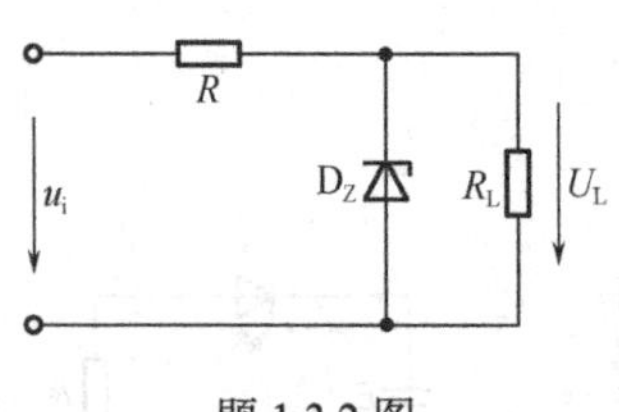

题 1.3.2 图

1.3.2 题 1.3.2 图所示稳压管稳压电路中，输入电压为 u_i，稳压管稳定电压为 U_Z，限流电阻为 R，负载电阻为 R_L，稳压管的最小稳定电流为 I_{Zmin}、最大稳定电流为 I_{Zmax}。为保证负载电阻 R_L 上端电压等于 U_Z，若 u_i、R、R_L 分别为未知（其他参数均为已知），试分析其参数的变化范围。

1.3.3 （选择题）光电二极管工作于（正偏/反偏）状态，其电流随光照强度而改变；发光二极管工作于（正偏/反偏）状态，其亮度与电流大小有关；变容二极管工作于（正偏/反偏）状态，其等效结电容会随外加电压变化。

1.4 半导体三极管

半导体三极管（semiconductor triode）也称为双极型晶体管（Bipolar Junction Transistor，BJT），因利用自由电子和空穴两种不同极性的载流子导电而得名，通常简称为三极管或晶体管。半导体三极管的结构示意及电路符号如图 1.17 所示。三极管内部包含三个掺杂区，分别为发射区、基区和集电区，每个区引出一个电极，分别为发射极 E（Emitter）、基极 B（Base）和集电极 C（Collector）。根据掺杂区排列方式的不同，三极管分为 PNP 型和 NPN 型。不同类型掺杂区间形成两个 PN 结，发射区和基区间的 PN 结称为发射结，集电区和基区间的 PN 结称为集电结，其电路符号中，发射极上的箭头表示发射结正向导通时的电流方向。

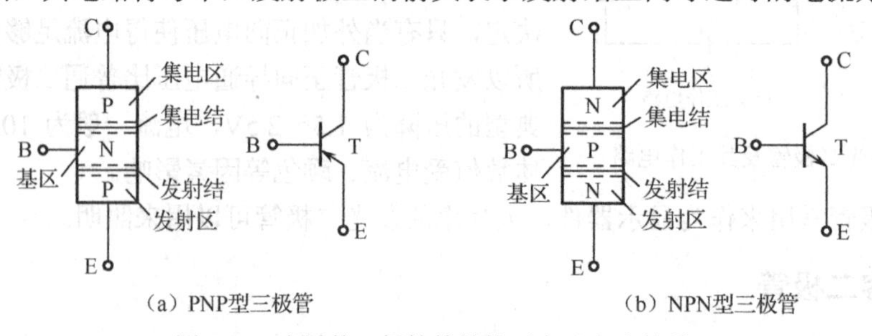

（a）PNP型三极管　　（b）NPN型三极管

图 1.17 半导体三极管的结构示意及电路符号

三极管应用领域广泛，种类丰富。按照半导体材料分为硅管和锗管，硅管受温度影响小，性能更稳定；按照功率分为小功率管、中功率管和大功率管；按照工作频率分为低频管、高频管、超频管；按照用途分为放大管和开关管等。

1.4.1 三极管的电流放大作用

三极管电流放大功能的实现取决于内部结构和外部偏置电压两方面的因素。

三极管内部的特殊结构为电流放大提供了先决条件。三极管的三个区的掺杂浓度及几何尺寸有很大区别。发射区是重掺杂，掺杂浓度远大于基区的掺杂浓度；基区极薄（一般只有几微米）且掺杂浓度最低；集电区掺杂浓度低，但集电结面积大。不同的掺杂浓度使得发射结很窄，而集电结较宽。可见，发射区到集电区之间的相同载流子存在天然的浓度差，一旦给 PN 结设置适当的偏置，载流子便会产生相应的定向移动。

为保证载流子的移动规律满足电流放大的需要，需要外部电路为三极管的两个 PN 结提供正确的偏置电压，即确保发射结正偏，集电结反偏。对于图 1.17 所示两种类型的三极管而言，要满足以上偏置要求，三极管三个电极的电位必须满足：

$$\text{PNP 型：} V_C>V_B>V_E;\quad \text{NPN 型：} V_C<V_B<V_E \tag{1-3}$$

三极管是三端元件，根据与外部电路连接方式的不同，三极管有三种接法，如图 1.18 所示。图 1.18（a）为共发射极接法，以 E 极为公共端，电压分别加在 BE 和 CE 之间；图 1.18（b）为共基极接法，以 B 极为公共端，电压分别加在 EB 和 CB 之间；图 1.18（c）为共集电极接法，以 C 极为公共端，电压分别加在 BC 及 EC 之间。三种接法所加电压的极性和大小须满足式（1-3）的条件才能实现电流放大。

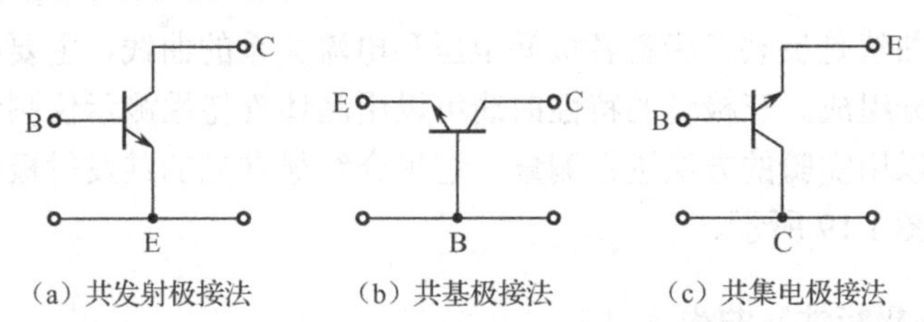

（a）共发射极接法　（b）共基极接法　（c）共集电极接法

图 1.18　三极管的三种接法

下面以 NPN 型三极管的共发射极接法为例，介绍三极管电流放大时内部载流子的运动规律，电路如图 1.19 所示，其中，R_B、R_C 为限流电阻，电源电压 $E_B<E_C$，以确保满足电流放大所需电位条件。

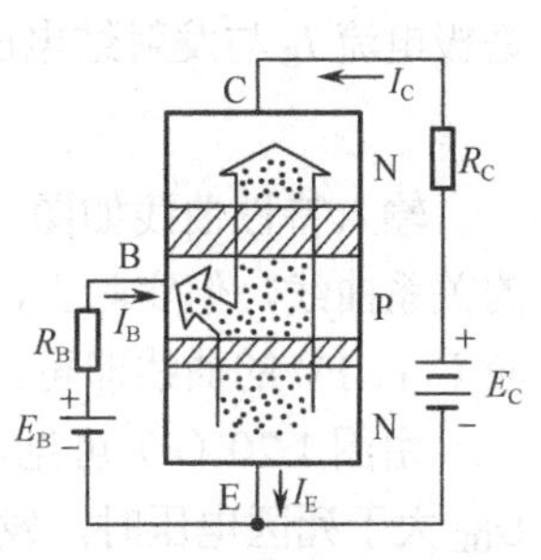

图 1.19　三极管内部载流子运动规律示意图

（1）发射极电流 I_E。

在电源 E_B 作用下，发射结正偏导通。发射区大量自由电子扩散到基区，形成发射极电子流 I_{EN}，同时基区空穴也向发射区扩散，形成空穴电流 I_{EP}，两者共同形成发射极电流 I_E。但空穴浓度远低于自由电子浓度，因此空穴电流 I_{EP} 很小，可忽略不计，在图 1.19 中只画出自由电子流。

（2）基极电流 I_B。

由于基区极薄且空穴浓度低，扩散到基区的电子只有少部分被电源 E_B 拉走，形成基极电子电流 I_{BN}，加上微量的空穴电流 I_{EP}（可忽略）共同形成基极电流 I_B。其余大量的自由电子将在反偏的集电结内的电场作用下，迅速穿过基区向电子浓度更低的集电结扩散。

（3）集电极电流 I_C。

因为集电结反偏，内电场增强，更有利于扩散到集电结附近的自由电子穿过集电结进入集电区，这样，由发射极发射的自由电子绝大部分被集电区收集了。收集的电子经集电极流向电源 E_C 的正极，形成了集电极电子流 I_{CN}。实际上，在集电结反偏的过程中，C 极和 B 极之间还存在着少子形成的反向饱和电流 I_{CBO}，其与 I_{CN} 共同形成集电极电流 I_C。因 I_{CBO} 数值极小，可忽略不计。

根据基尔霍夫电流定律，三极管三个电极的电流应满足：

$$I_E = I_B + I_C \tag{1-4}$$

其中，$I_E = I_{EN} + I_{EP}$，$I_B = I_{BN} + I_{EP} - I_{CBO}$，$I_C = I_{CN} + I_{CBO}$

根据以上分析可知三极管内部载流子的运动规律。因三极管结构的限制，发射区发射的自由电子绝大多数到达集电区，只有极少数形成基极电流，即电流 $I_C \gg I_B$。对于处于电流放大状态的三极管，在一定温度下，电流 I_C 和 I_B 成比例，即

$$\overline{\beta}=\frac{I_C}{I_B} \tag{1-5}$$

其中，$\overline{\beta}$ 称为直流电流的放大系数，近似为常数。

当通过外电路使 I_B 发生微小变化时，I_C 必定发生较大变化，从而实现电流的放大。因为通过控制基极小电流来改变集电极大电流，所以三极管属于电流控制型器件。

1.4.2 三极管的特性曲线

三极管的特性曲线是反映三极管各极间电压和电流关系的曲线，主要由输入特性曲线和输出特性曲线两部分组成。三极管的特性曲线可以用晶体管特性测示仪测量，或者在晶体管手册中查找，也可以用实验的方法进行测量。这里介绍最常见的共发射极接法时三极管特性曲线，实验电路如图 1.19 所示。

1. 输入特性（或基极特性）曲线

输入特性曲线是指集电极和发射极之间的电压 U_{CE} 为常数时，输入回路（基极回路）中基极电流 I_B 与发射结电压 U_{BE} 的关系曲线，即

$$I_B = f(U_{BE})\big|_{U_{CE}=常数} \tag{1-6}$$

输入特性曲线如图 1.20（a）所示。理论上讲，对于不同的 U_{CE} 值，可做出一组 I_B-U_{BE} 的关系曲线，但实际上，当 U_{CE}>1V 时，U_{CE} 对曲线的形状几乎无影响，因此只需做一条对应 U_{CE}≥1V 的曲线即可。

由图 1.20（a）可见，和二极管的伏安特性一样，三极管输入特性也存在一段死区，只有 U_{BE} 大于死区电压时，发射结导通，才会出现 I_B。硅管的死区电压约为 0.5V，锗管的死区电压不超过 0.2V。正常工作时，NPN 型硅管发射结导通电压 U_{BE} 为 0.6～0.7V，PNP 型锗管发射结导通电压 U_{BE} 为-0.3～-0.2V。

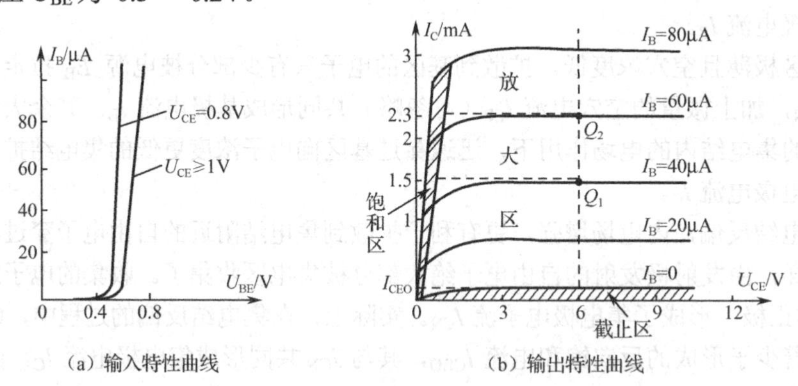

图 1.20 三极管特性曲线

2. 输出特性（或集电极特性）曲线

输出特性曲线是指基极电流 I_B 为常数时，输出回路（集电极回路）中集电极电流 I_C 与集电极和发射极之间电压 U_{CE} 的关系曲线，即

$$I_C = f(U_{CE})\big|_{I_B=常数} \tag{1-7}$$

输出特性曲线如图 1.20（b）所示。在不同的 I_B 下，可得到一组输出特性曲线。（可扫描二维码，用 Multisim 仿真三极管特性曲线。）

通常把输出特性曲线分为下面三个工作区。

（1）放大区。

放大区中是一组近似平行于 U_{CE} 轴的曲线。此时 I_C 与 U_{CE} 无关，三极管呈现恒流特性，并且电流大小由 I_B 决定，即 $I_C = \overline{\beta} I_B$，$\overline{\beta}$ 为直流电流放大系数，这时的三极管相当于一个电流 I_B 控制的电流源。因为 I_C 与 I_B 之间的线性关系放大区也称为线性区。

如果基极电流增量为 ΔI_B，则集电极电流也会产生一个相应增量 ΔI_C，并且增量间仍满足比例关系 $\Delta I_C = \beta \cdot \Delta I_B$，$\beta$ 称为交流电流放大系数。在理想条件下（特性曲线等间距且完全平行于 U_{CE} 轴），β 与 $\overline{\beta}$ 相等。实际上，随着 U_{CE} 增加，特性曲线略上仰，且随 I_B 增加，各线的间距也逐渐加大，所以 β 与 $\overline{\beta}$ 均不是常数。例如，图 1.20（b）中的 Q_1、Q_2 点的 $\overline{\beta}$ 分别为 37.5 和 38.3，而 Q_1、Q_2 间的 β 为 40。在进行电路估算时，可以认为 $\beta \approx \overline{\beta}$。一般地，硅管误差小，锗管误差大。

理想状态的三极管发射结正偏、集电结反偏即可进入放大区，但实际上，发射结正偏电压要超过死区电压才能确保发射极正向导通。工程上，为简化分析，对于 NPN 型硅管，一般认为 $U_{BE} \geqslant 0.6V$、$U_{CB} > 0V$ 时三极管进入放大区。

（2）饱和区。

饱和区是 $U_{CE} < 1V$ 的范围内所对应的一组近乎线性上升的特性曲线。此时发射结正偏导通，如果 $U_{CE} < U_{BE}$，则集电结也正偏导通，此时 CE 间呈低阻状态，I_C 随着 U_{CE} 线性增长，当 V_C 略大于 V_B 时，集电结反偏，但是反偏电压较小，收集电子的能力较弱，此时曲线缓慢上升，直到 $U_{CE} > 1V$，发射电子全部收集完，I_C 不再随 U_{CE} 变化进入放大区。可见，在饱和区 I_C 不受 I_B 的控制，也不具有电流放大作用。

工程上为方便计算，设置了三极管的临界饱和状态。一般认为，$U_{CE}=U_{BE}$ 时为临界饱和状态，此时仍然有 $I_C = \overline{\beta} I_B$。当 $U_{CE} < U_{BE}$ 时进入饱和状态，这时发射结和集电结均正偏。

（3）截止区。

截止区是 $I_B=0$ 以下的区域。$I_B=0$ 即发射结未导通，理想情况下有 $I_B=I_C=0$，实际上，由于集电结反偏的少子效应，CE 之间会有穿透电流 I_{CEO}，即 $I_C=I_E=I_{CEO}$。

理想情况下，发射结和集电结均应反偏，但根据三极管的输入特性曲线，在工程上，发射结电压小于死区电压时即可近似认为三极管截止了。

1.4.3　三极管的主要参数

三极管的特性除了用特性曲线描述，还可用一些参数来表示其性能和适用范围。下面介绍几个常用的主要参数。

1．电流放大系数 $\overline{\beta}$ 和 β

$\overline{\beta}$ 和 β 是共射极接法的电流放大系数，在忽略 I_{CEO} 的前提下有 $I_C = \overline{\beta} I_B$。在分析交流电路时，$\beta$ 一般取 $\overline{\beta}$ 值。需要注意的是，由于制造工艺的分散性，同一型号三极管的 $\overline{\beta}$ 值也有很大差别。即便是同一只三极管，$\overline{\beta}$ 值在不同温度下也会发生变化。$\overline{\beta}$ 随温度升高而增大，表现在输出特性曲线上是曲线上移且间距增大。常用的三极管的 $\bar{\beta}$ 值在 20～100 之间。

2. 集-基极反向截止电流 I_{CBO}

I_{CBO} 是发射极开路（I_E=0）时集电结的反向饱和电流。因为电流是少子漂移形成的，所以对温度变化比较敏感。温度每升高 10℃，I_{CBO} 增加约 1 倍。I_{CBO} 值的大小是管子质量好坏的标志之一，I_{CBO} 值越小越好。硅管比锗管的反向电流小 2～3 个量级，所以硅管在温度稳定性方面胜于锗管。

3. 集-射极反向截止电流 I_{CEO}

I_{CEO} 是基极开路（I_B=0）时从集电极到发射极间的电流，又称为穿透电流。因为 I_{CEO} 值的大小约为 I_{CBO} 的 β 倍，所以 I_{CEO} 受温度影响更严重，它对三极管的工作影响更大。

4. 集电极最大允许电流 I_{CM}

当 I_C 超过一定值时，三极管的 β 值就要下降，I_{CM} 是 β 值下降到正常值的 2/3 时的集电极电流。

5. 集电极最大允许耗散功率 P_{CM}

I_C 流经集电结时产生热量，使结温升高，从而引起三极管的参数发生变化。P_{CM} 是三极管因受热而引起的参数变化不超过允许值时集电极消耗的最大功率。P_{CM} 与 I_C、U_{CE} 的关系如式（1-8）所示：

$$P_{CM}=U_{CE}\cdot I_C \tag{1-8}$$

P_{CM} 与环境温度有关，温度越高，P_{CM} 越小。一般锗管允许结温度为 70℃～90℃，硅管约为 150℃。

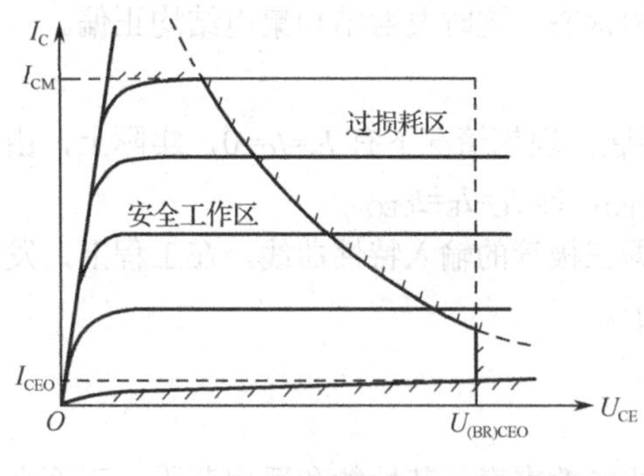

图 1.21 三极管的安全工作区

6. 集-射极反向击穿电压 $U_{(BR)CEO}$

$U_{(BR)CEO}$ 是基极开路（I_B=0）时加在集电极和发射极间的最大允许电压。一旦三极管被击穿，I_C 便会大幅度上升。

I_{CM}、P_{CM} 和 $U_{(BR)CEO}$ 是三极管的极限参数，使用时不宜超过其值，否则将使三极管性能下降，甚至损坏。根据这三个极限参数可以确定三极管的安全工作区，如图 1.21 所示。其中的曲线称为集电极功耗曲线。

1.4.4 三极管的开关作用

三极管工作于放大区时具有电流放大作用，可以在电路中实现电信号的放大。三极管工作在饱和区和截止区时同样有重要的应用。像二极管的导通和截止可以有开关效果一样，利用三极管饱和区和截止区的电压、电流特点，也可以实现可控无触点开关的功能。

1．三极管开关的原理

从三极管输出特性曲线图 1.20（b）中可以看出，在饱和区曲线的起始阶段，U_{CE} 与 I_C 呈线性关系，并且 U_{CE} 的很小变化对应 I_C 的较大改变，说明 CE 间可等效为一个阻值很小的电阻，此时 CE 间的压降称为饱和压降（saturation voltage），用 U_{CES} 表示。U_{CES} 的值很小，通常小功率硅管约为 0.3V，锗管约为 0.1V。如果忽略 U_{CES} 不计，CE 间近似等效为开关的闭合。

同理，当三极管处于截止状态时，电流 I_{CEO} 极小，CE 间呈高阻状态，如果忽略 I_{CEO} 不计，CE 间近似等效于开关的断开。为更接近理想开关，能够快速通断，作为开关的三极管在制造工艺上要进行改良。

【例 1-4】 电路如图 1.22 所示，三极管为硅管，$\beta=100$，$U_{CC}=12V$，$R_C=3k\Omega$，$R_B=20k\Omega$。试分析当输入电压分别为−1V、1V、3V 时，三极管各处于何种工作状态。

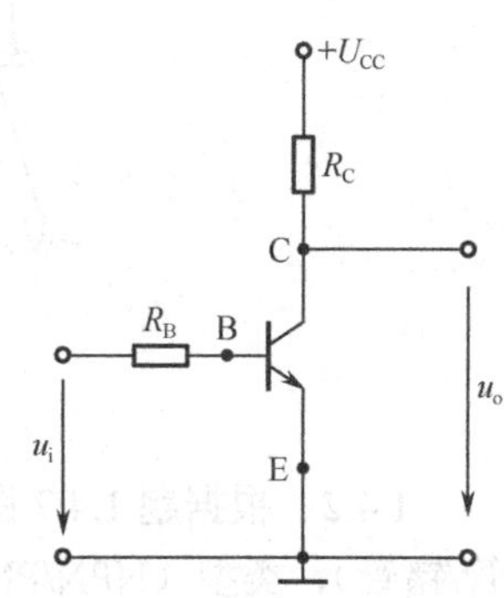

图 1.22　例 1-4 图

【解】 当 $u_i=-1V$ 时，发射结加反向电压，三极管可靠截止。

当 u_i 分别等于 1V 和 3V 时，因为 $u_i>U_{BE}=0.6V$，所以发射结正偏。发射结正偏时，三极管可能是放大状态或饱和状态。先假定是放大状态，根据基尔霍夫电压定律可知输出回路电压方程如式（1-9）所示：

$$U_{CE}=U_{CC}-I_CR_C=U_{CC}-\beta I_BR_C \tag{1-9}$$

由式（1-9）可知，I_B 越大，U_{CE} 越小，三极管越接近饱和区，当 I_B 增加到使 $U_{CE}=U_{BE}$ 时，三极管进入临界饱和状态，此时的基极电流称为临界饱和电流，用 I_{BS} 表示。如果继续增加基极电流，使 $I_B>I_{BS}$，则 $U_{CE}<U_{BE}$，三极管进入饱和区。I_{BS} 计算如下：

$$I_{BS}=\frac{U_{CC}-U_{CE}}{\beta R_C}\approx\frac{U_{CC}}{\beta R_C}=40\mu A \tag{1-10}$$

根据基尔霍夫电压定律分别计算 $u_i=1V$ 和 $u_i=3V$ 时的基极电流如下：

$$\text{当 } u_i=1V \text{ 时，}\quad I_B=\frac{u_i-U_{BE}}{R_B}=20\mu A<I_{BS} \tag{1-11}$$

$$\text{当 } u_i=3V \text{ 时，}\quad I_B=\frac{u_i-U_{BE}}{R_B}=120\mu A>I_{BS} \tag{1-12}$$

可见，$u_i=1V$ 时三极管处于放大状态，$u_i=3V$ 时三极管处于饱和状态。

2．开关三极管的主要参数

开关三极管是专门工作在截止区和饱和区、用来通断电路的三极管，广泛使用在各种开关电路中，如开关电源、驱动电路、高频振荡、数模转换、脉冲电路等。选择开关三极管时，除了要注意与普通三极管相同的一些主要参数，还有几个参数也很重要。

（1）特征频率 f_T。

随着工作频率升高，三极管结电容效应明显，使三极管放大能力下降。f_T 是指共发射极时对应于 $\beta=1$ 的频率。如果 $f>f_T$，那么三极管失去放大作用。

（2）开通时间 t_{on} 与关断时间 t_{off}。

开关三极管经常需要在截止状态与饱和状态之间快速转换。在状态转换时，内部载流子有一个“累积”和“消散”的过程，这就需要一定时间。

由截止到饱和所需的时间称为开通时间 t_{on}，由饱和到截止所需的时间称为关断时间 t_{off}，这两个时间决定了开关三极管开关的速度。

探究思考题

探究思考题答案

1.4.1　放大电路中处于放大状态的四个三极管各极电位或电流分别如题 1.4.1 图所示。试判断各三极管的类型（NPN 或 PNP），并确定各引脚电极（e，b，c）。

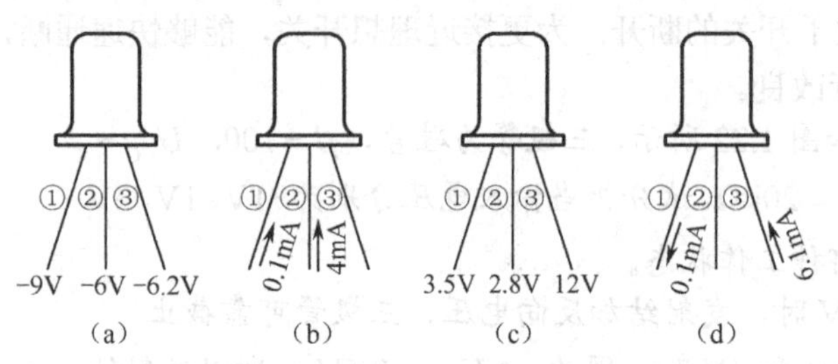

题 1.4.1 图

1.4.2　根据题 1.4.2 图所示各型号三极管及各电极电位的数据，分析各三极管的材料（硅管/锗管）、类型（NPN/PNP）、三极管工作状态（饱和/截止/放大）以及有无结损坏。

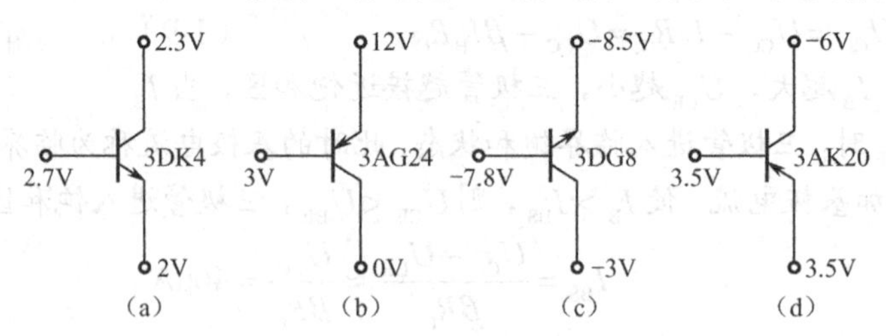

题 1.4.2 图

1.4.3（选择题）当温度升高时，三极管发射结电压 U_{BE}（增大/减小/不变），穿透电流 I_{CEO}（增大/减小/不变），电流放大系数 β（增大/减小/不变）。

1.4.4　三极管的极限参数 P_{CM} 为 1W，I_{CM} 为 300mA，在集电极与发射极间电压 U_{CE} 为 5V、集电极电流 I_C 为 250mA 时，三极管是否可以工作？

1.4.4　有三个三极管型号分别为 3DG6、2N3904 和 2SC2001，请查阅资料了解它们的主要参数，了解不同的三极管型号命名规则。

1.5　场效应管

场效应管也是一种三端半导体器件，它的三个端子（电极）分别叫作栅极 G（Gate）、漏极 D（Drain）和源极 S（Source）。它的内部只有多数载流子导电，故又称单极型晶体管。1.4 节介绍的晶体三极管内部电子与空穴均参与导电，故又称双极型晶体管。根据结构的不同，场效应管又分为结型场效应管（Junction type Field Effect Transistor，JFET）和绝缘栅型场效应管（Insulated Gate Field Effect Transistor，IGFET）。

1.5.1　结型场效应管

结型场效应管（JFET）的结构示意图如图 1.23（a）所示。它在一块 N 型硅半导体的两侧制造两个 P 区，形成两个 PN 结。把两个 P 区连在一起引出作为栅极 G，从 N 型半导体两端各引出一个电极，分别是源极 S 和漏极 D。夹在两个 PN 结中间的 N 区称为 N 型导电沟道，这种管子称为 N 型沟道结型场效应管，它的符号如图 1.23（b）所示，箭头的方向表示 PN 结正方向。如果在一块 P 型半导体的两侧制造两个 N 区，则可构成 P 型沟道结型场效应管，它的符号如图 1.23（c）所示。

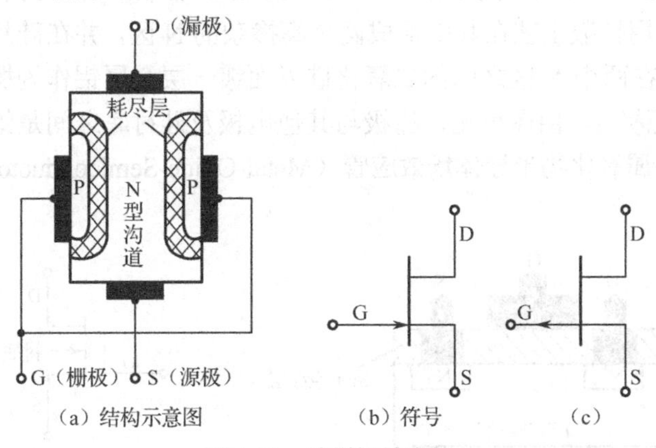

图 1.23　结型场效应管

结型场效应管的工作原理是：当漏极与源极间的电压 U_{DS} 为一定值时，会有一定值的漏极电流 I_D 流经导电沟道，如图 1.24（a）所示。当改变栅极与源极之间的电压 U_{GS}，且 $U_{GS}<0$ 时，PN 结变宽，导电沟道变窄（相当于导体截面积变小），于是电阻 R_{DS} 增加，漏极电流 I_D 减小，如图 1.24（b）所示，$|U_{GS}|$ 愈大，导电沟道愈窄，I_D 愈小。当 $|U_{GS}|$ 增大到某一定值时，PN 结靠拢，导电沟道完全被"夹断"，漏极电流 $I_D\approx 0$，此时的栅极电压 U_{GS} 称为夹断电压 $U_{GS(off)}$，如图 1.24（c）所示。可以看出，I_D 随 U_{GS} 的变化而变化。这就是 U_{GS} 对 I_D 的控制作用，场效应管是一种电压控制元件。其中，场效应管参数跨导 g_m 定义为

$$g_m=\frac{\Delta I_D}{\Delta U_{GS}}\Big|_{U_{GS}=\text{常数}} \tag{1-13}$$

该参数体现了栅源电压对漏极电流的控制能力。（可扫描二维码，用 Multisim 仿真 JFET 特性曲线。）

仿真文件下载

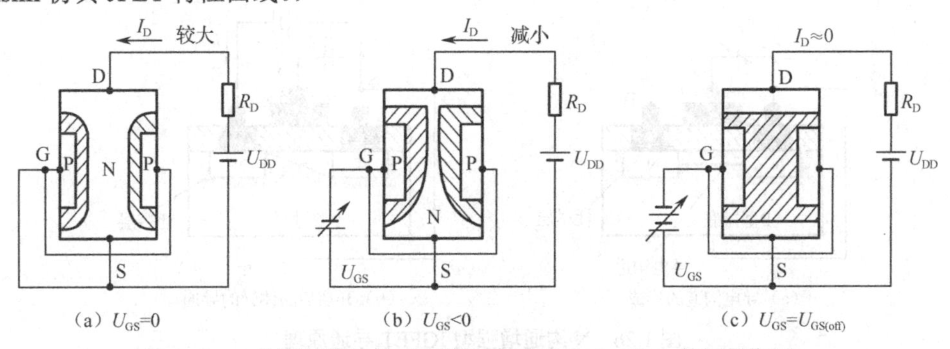

图 1.24　N 沟道结型场效应管的工作原理（U_{GS} 对 I_D 的控制作用）

1.5.2 绝缘栅型场效应管

绝缘栅型场效应管（IGFET）按制造工艺分为增强型与耗尽型两类，按衬底的不同有 N 沟道和 P 沟道之分。

1．增强型 IGFET

（1）结构特点。

N 沟道增强型 IGFET 的结构示意图及符号如图 1.25 所示。用一块杂质浓度较低的 P 型薄硅片作为衬底，利用扩散工艺在其中形成两个高掺杂的 N 区，并在硅片表面生成一层薄薄的二氧化硅绝缘层。在两个 N 区之间的二氧化硅表面镀一层金属铝作为栅极 G，从两个 N 区分别引出漏极 D 和源极 S。由图可见，栅极与其他电极及硅衬底之间是绝缘的，故称绝缘栅型场效应管，又称金属氧化物半导体场效应管（Metal-Oxide-Semiconductor FET，MOSFET），简称 MOS 管。

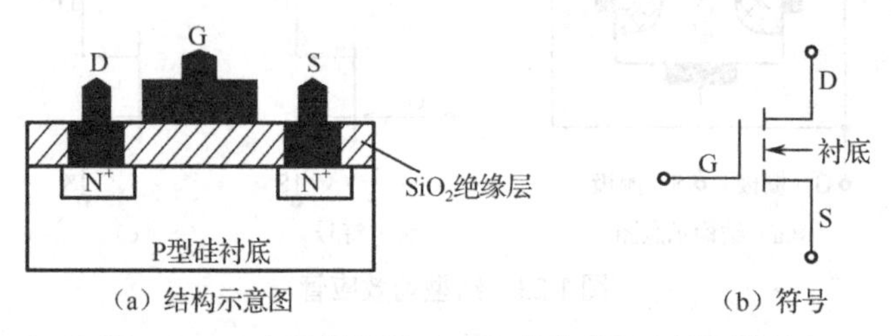

（a）结构示意图　（b）符号

图 1.25　N 沟道增强型 IGFET 的结构示意图及符号

（2）基本工作原理与特性曲线。

在图 1.25（a）中可以看出，漏极和源极之间是两个反向的 PN 结而没有导电沟道。当栅极电压 U_{GS}=0 时，不论 D、S 之间如何施加电压，总有一个 PN 结是反向偏置的，因此漏极电流基本为零。

如果按照图 1.26（a）所示，将源极与衬底相连，在栅极和漏极之间加正向电压 U_{GS}>0，于是产生了垂直于衬底表面的电场，栅极 G 与 P 型衬底相当于一个以二氧化硅为介质的电容器。P 型衬底中的少子（电子）受到电场力的吸引到达表层，而多子（空穴）则被排斥到衬底底层。当 U_{GS} 大于一定值时，表层集聚的电子数多到足以将两个 N 区连通起来，形成漏极和源极之间的 N 型导电沟道（称为反型层）。

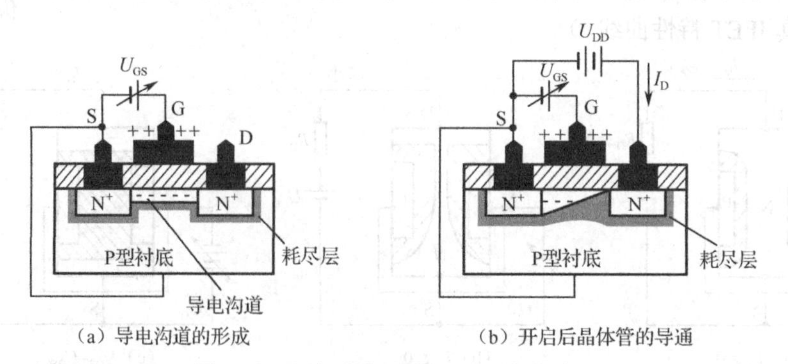

（a）导电沟道的形成　（b）开启后晶体管的导通

图 1.26　N 沟通增强型 IGFET 导通原理

导电沟道形成后，若在漏源极之间加上电压U_{DD}，则晶体管导通，有漏极电流I_D产生，如图 1.26（b）所示。U_{GS}越大，导电沟道越宽，D、S 之间的等效电阻越小。图 1.27（a）和图 1.27（b）分别示出晶体管的转移特性曲线 $I_D = f(U_{GS})\big|_{U_{DS}=常数}$ 和输出特性曲线 $I_D = f(U_{DS})\big|_{U_{GS}=常数}$。图 1.27（a）中$U_{GS(th)}$称为开启电压，当$U_{GS} < U_{GS(th)}$时，导电沟道尚未形成，电流$I_D$为零，当$U_{GS} \geqslant U_{GS(th)}$时，沟道形成，在电源$U_{DD}$作用下有漏极电流$I_D$产生，当$U_{DS}$较小时，漏极电流$I_D$随$U_{DS}$增加而迅速上升，由于电流经过导电沟道，这使得导电沟道各处电位不同，沟道厚度将变得不均匀，靠近源端厚，靠近漏端薄。当U_{DS}增大到一定数值时，$U_{DG} = U_{DS} - U_{GS} = U_{GS(th)}$，靠近漏极端 PN 结承受的反向电压最大，耗尽层最宽，刚好使导电沟道夹断。此时若继续增加U_{DS}，则I_D趋于饱和。

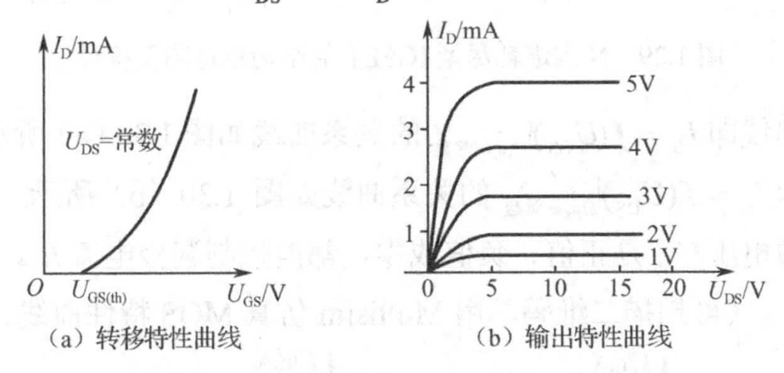

图 1.27　N 沟道增强型 IGFET 的特性曲线

图 1.28 为 P 沟道增强型 IGFET 的结构示意图及符号，其工作原理与 N 沟道的相似，这里不再赘述。

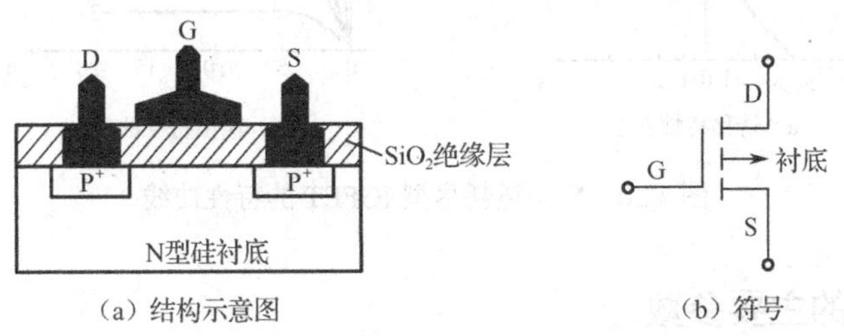

图 1.28　P 沟道增强型 IGFET 的结构示意图及符号

2. 耗尽型 IGFET

（1）结构特点。

前面介绍的增强型 IGFET 只在$|U_{GS}| > |U_{GS(th)}|$时才形成导电沟道，如果在制造晶体管时就使它具有一个原始导电沟道，这种绝缘栅型场效应管就属于耗尽型。图 1.29（a）是 N 沟道耗尽型 IGFET 的结构示意图，其符号如图 1.29（b）所示。在二氧化硅绝缘层中掺有大量的正离子，因而在两个N^+之间便感应出较多电子，形成原始导电沟道。与增强型相比，它的结构变化不大，但其控制特性明显改进。在U_{DS}为常数的条件下，当U_{GS}=0 时，漏源间也能导通，流过原始导电沟道的漏极电流为I_{DSS}，I_{DSS}又称为漏极饱和电流。

（2）基本工作原理与特性曲线。

若所加栅压U_{GS}为负值，就会在沟道中感应一些正电荷与原有的电子复合，自由电子数减少，使N沟道变薄，则I_D减少。当U_{GS}达到一定负值时，由于沟道中正负电荷的复合，使自由电子耗尽，这与结型场效应管相似，沟道被夹断，$I_D=0$，这时的栅压称为夹断电压$U_{GS(off)}$。当U_{GS}为正值时，在沟道中将感应出更多的电子，使沟道更宽，因此I_D随U_{GS}的增大而增大。这就是U_{GS}对I_D的控制作用。

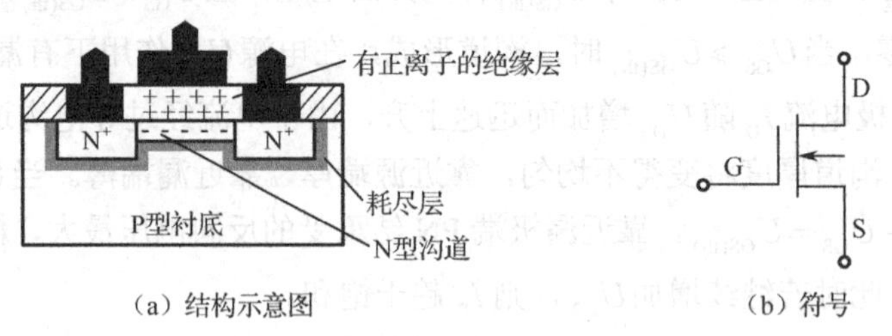

（a）结构示意图　　（b）符号

图1.29　N沟道耗尽型IGFET的结构示意图及符号

它的转移特性曲线即$I_D = f(U_{GS})|_{U_{DS}=常数}$的关系曲线如图1.30（a）所示，其输出特性（或称漏极特性）曲线即$I_D = f(U_{DS})|_{U_{GS}=常数}$的关系曲线如图1.30（b）所示。可见，耗尽型绝缘栅场效应管不论栅源电压U_{GS}是正值、负值或零，都能控制漏极电流I_D，这个特点使它的应用具有较大的灵活性。（可扫描二维码，用Multisim仿真MOS特性曲线。）

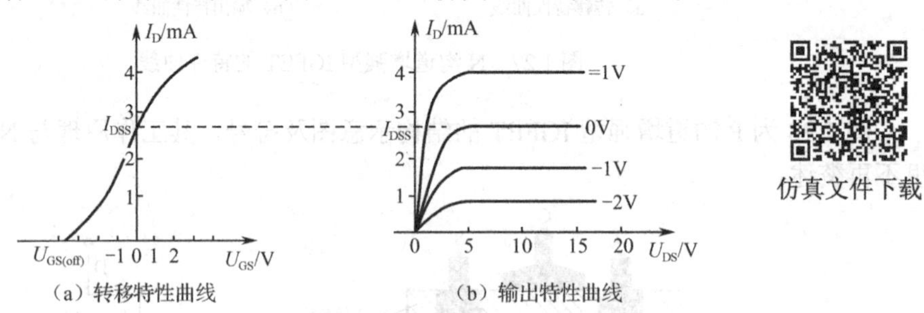

（a）转移特性曲线　　（b）输出特性曲线

图1.30　N沟道耗尽型IGFET的特性曲线

1.5.3　场效应管的主要参数

（1）跨导g_m。

该参数体现了栅源电压对漏极电流的控制能力。

（2）饱和漏极电流I_{DSS}。

该参数是耗尽型场效应管在$U_{GS}=0$时晶体管的漏电流。

（3）开启电压$U_{GS(th)}$。

增强型场效应管建立起导电沟道所需要的栅源电压。在$U_{GS} \geqslant U_{GS(th)}$之后，晶体管才导通。

（4）夹断电压$U_{GS(off)}$。

当U_{DS}保持一定时，使耗尽型场效应管截止（夹断）的最小栅源电压定义为夹断电压。在$U_{GS} > U_{GS(off)}$之后，FET导通。

（5）漏源击穿电压$U_{(BR)DS}$。

在场效应管的输出特性曲线上，U_{DS}增大的过程中，使I_D急剧增大时的漏源电压U_{DS}称为漏源击穿电压$U_{(BR)DS}$。正常工作时漏源电压不允许超过此值。

（6）栅源击穿电压 $U_{(BR)GS}$。

在场效应管正常工作时，栅源之间的 PN 结反向偏置，U_{GS} 过高，有可能使二氧化硅层击穿。场效应管正常工作时栅源电压的最大允许值称为栅源击穿电压 $U_{(BR)GS}$。超过该值，晶体管即损坏。

（7）最大漏极电流 I_{DM}。

I_{DM} 为场效应管正常工作时的最大允许漏极电流。

（8）漏极最大允许耗散功率 P_{DM}。

场效应管工作时，漏极耗散功率 $P_D = U_{DS}I_D$，即漏极电流与漏源之间电压的乘积。P_{DM} 为漏极允许耗散功率的最大值，使用时应保证 $P_D < P_{DM}$。

探究思考题

1.5.1　场效应晶体管与双极型晶体管在导电机理和应用上有何差异？

1.5.2　绝缘栅型场效应管在使用和保存时有什么注意事项？

探究思考题答案

扩展阅读

1．半导体材料发展现状。

2．国产半导体器件型号命名方法及部分器件参数。

扩展阅读 1

扩展阅读 2

本章总结

本章介绍了半导体的导电方式，半导体内部参与导电的载流子有两种——自由电子和空穴。N 型半导体的多数载流子是自由电子，P 型半导体的多数载流子是空穴。PN 结具有单向导电性，它是构成半导体器件的基础。

半导体二极管的实质就是一个 PN 结，其特性可以通过伏安特性关系曲线体现。稳压管是一种特殊的二极管，它与一般二极管的不同之处是它的反向击穿电压低、击穿特性曲线陡，通常可以工作于击穿区以稳定同它并联的负载电压。

半导体三极管是具有三个极、两个 PN 结的半导体器件。两种类型的三极管（NPN 型和 PNP 型）工作原理相同，但外接电源电压极性相反。三极管是一种电流控制器件，它具有电流放大作用和开关作用，其特性可以通过三极管输入特性曲线和输出特性曲线体现，在一定条件下它可以分别工作于放大区、截止区和饱和区。具有电流放大作用的三极管工作于放大状态，主要应用于模拟电子电路；具有开关作用的三极管工作于开关状态（即工作于截止区和饱和区），主要应用于数字电路中。

场效应管是一种电压控制型元件，可以分为结型和绝缘栅型两种类型，它们都是通过栅-源间电压 U_{GS} 实现对漏极电流 I_D 的控制。

第 1 章自测题

自测题答案

1.1　PN 结上加反向电压，使得外加电场与内电场方向（　　）。

A．相反，内电场加强　　B．相反，内电场减弱

C．一致，内电场加强　　D．一致，内电场减弱

1.2 在杂质半导体中，少数载流子的浓度（ ）。

A．与掺杂浓度及温度均无关 B．只与掺杂浓度有关

C．只与温度有关 D．与掺杂浓度及温度均有关

1.3 自测题1.3图所示电路中，二极管为同一型号的理想元件，$u_A = 3\sin\omega t$(V)，$u_B = 3$V，$R = 4$kΩ，则u_F等于（ ）。

A．3V B．$3\sin\omega t$(V) C．$3\text{V} + 3\sin\omega t$(V)

1.4 自测题1.4图所示电路中，稳压管的稳定电压$U_Z = 10$V，稳压管的最大稳定电流$I_{Zmax} = 20$mA，输入直流电压$U_i = 20$V，限流电阻R最小应选为（ ）。

A．0.1kΩ B．0.5kΩ C．0.15kΩ

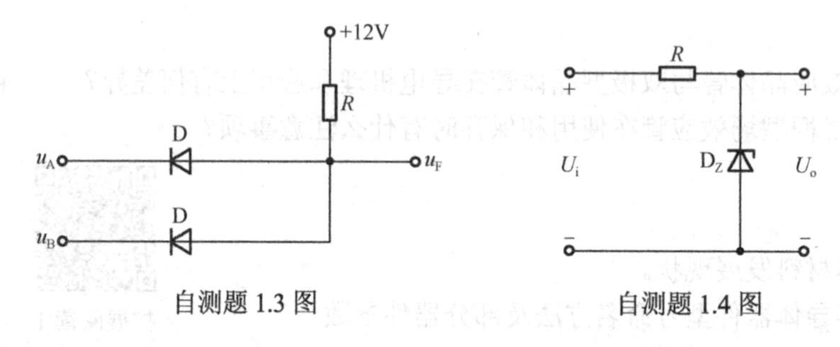

自测题1.3图 自测题1.4图

1.5 某NPN型三极管的电压$U_{BE} = 0.6$V，$U_{CE} = 0.3$V，则该三极管工作状态为。

A．放大状态 B．截止状态 C．饱和状态 D．击穿状态

1.6 当三极管工作在放大区时，发射结和集电结应为（ ）。

A．发射结正偏，集电结正偏 B．发射结正偏，集电结反偏

C．发射结反偏，集电结反偏 D．发射结反偏，集电结正偏

1.7 PNP型三极管工作在饱和状态时，其三个极的电位应为（ ）。

A．$U_E > U_B$，$U_C > U_B$，$U_E > U_C$

B．$U_E > U_B$，$U_C < U_B$，$U_E > U_C$

C．$U_E < U_B$，$U_C > U_B$，$U_E > U_C$

1.8 NPN型三极管工作在放大状态时，（ ）电位最高，（ ）电位最低。

A．发射级 B．集电极 C．基极 D．不一定

1.9 具有自测题1.9图所示输出特性曲线的器件是（ ）。

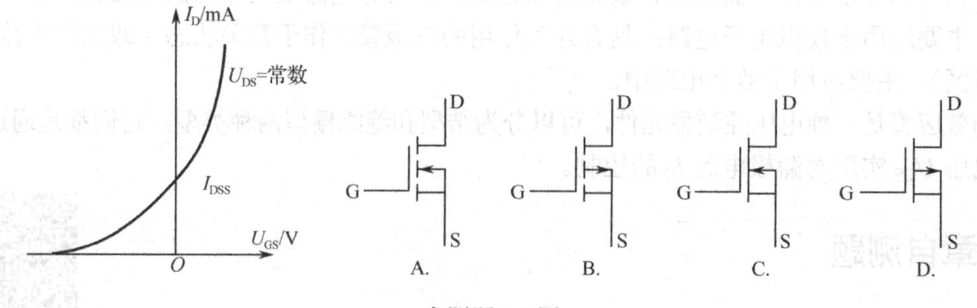

自测题1.9图

1.10 U_{GS}=0时，能够工作于恒流区的场效应管为（ ）。

A．结型管 B．增强型MOS管 C．耗尽型MOS管

习题一

分析、计算题

1.1　在习题 1.1 图中，理想二极管是导通还是截止？求出输出电压U_o。

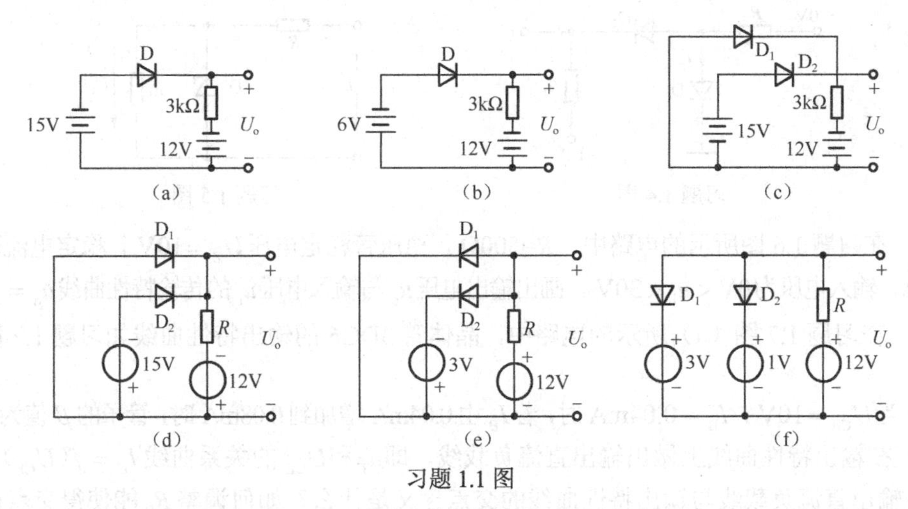

习题 1.1 图

1.2　在习题 1.2 图所示的理想二极管限幅电路中，已知$U_{S1}=5V$，$U_{S2}=3V$，输入电压$u_i=10\sin\omega t(V)$。画出电路输出电压u_o的波形。

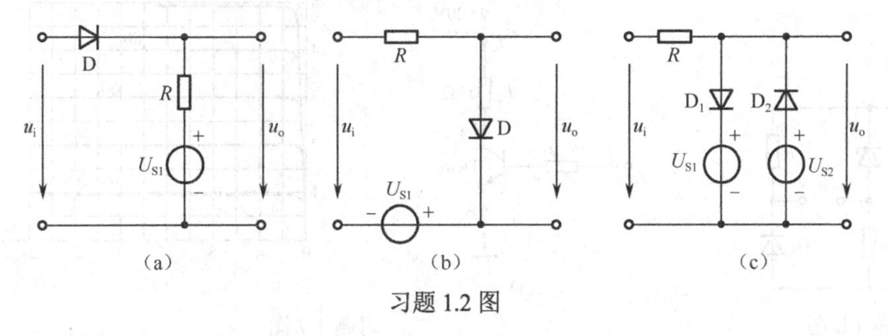

习题 1.2 图

1.3　在习题 1.3 图（a）所示的二极管电路中，二极管 D 分别用 2CP12、2CP16、2CZ11C 代替。

（1）当$U_S=50V$和$U_S=-50V$时，测得U_D分别如题 1.3 图（b）所示。分析这三个二极管的质量。

（2）当$U_S=150V$和$U_S=-150V$时，分别会出现什么问题？

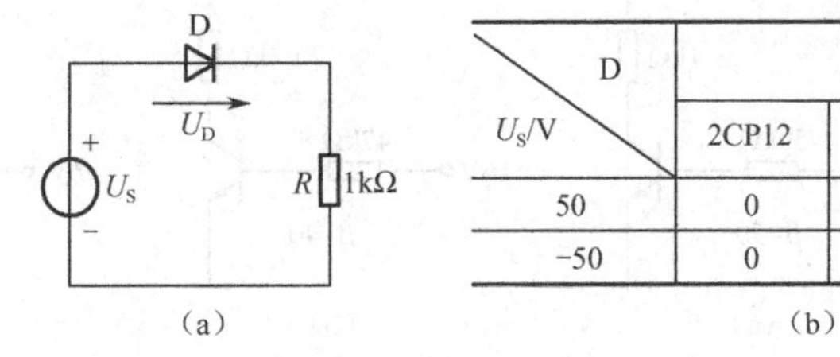

U_S/V ＼ D	U_D/V		
	2CP12	2CP16	2CZ11C
50	0	50	0.6
−50	0	−50	−50

(b)

习题 1.3 图

1.4　在习题 1.4 图所示的电路中，已知二极管的导通电压U_D=0.7V 。

（1）若R_1=5kΩ、R_2=10kΩ，I_1和U_o分别为多少？

（2）若R_1=10kΩ、R_2=5kΩ，I_1和U_o分别为多少？

1.5　在习题 1.5 图所示的电路中，R=R_L=100Ω，稳压管稳定电压和稳定电流分别为$U_Z=10$V、$I_Z=5$mA，最大稳定电流为$I_{Z\max}=50$mA 。求稳压管能实现稳压作用的输入电压u_i的范围。

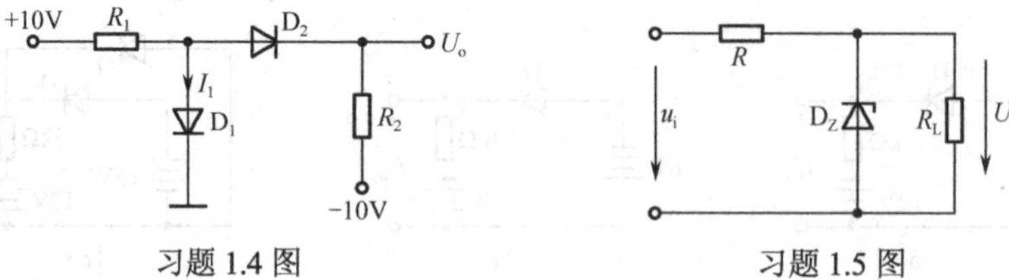

习题 1.4 图　　习题 1.5 图

1.6　在习题 1.6 图所示的电路中，R=500Ω，稳压管稳定电压$U_Z=10$V，稳定电流范围为 5～25mA，输入电压为$0\text{V}<u_i<30\text{V}$。画出输出电压u_o与输入电压u_i的传输特性曲线$u_o=f(u_i)$。

1.7　在习题 1.7 图（a）所示的电路中，晶体管 3DG6 的输出特性曲线如习题 1.7 图（b）所示。

（1）当$U_{CE}=10$V，$I_B=0.04$mA 时，若I_B由 0.04mA 增加到 0.08mA 时，管子的β值为多少？

（2）在输出特性曲线上做出输出直流负载线，即I_C和U_{CE}的关系曲线$I_C=f(U_{CE})$。

（3）输出直流负载线与输出特性曲线的交点含义是什么？如何调整R_B能使得交点在直流负载线中点处？

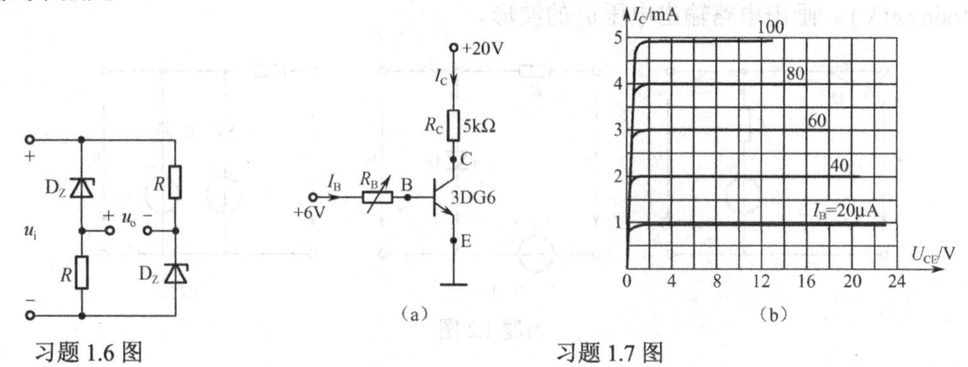

习题 1.6 图　　习题 1.7 图

1.8　在习题 1.8 图所示的电路中，U_S=10V，U_{CC}=10V，R_C=1kΩ，R_B=10kΩ，开关 K 以 1kHz 的频率通断，画出输出电压u_o的波形并分析这个电路的功能（忽略U_{BE}）。

1.9　在习题 1.9 图所示的电路中，晶体管为硅管，试分析各晶体管的工作状态。

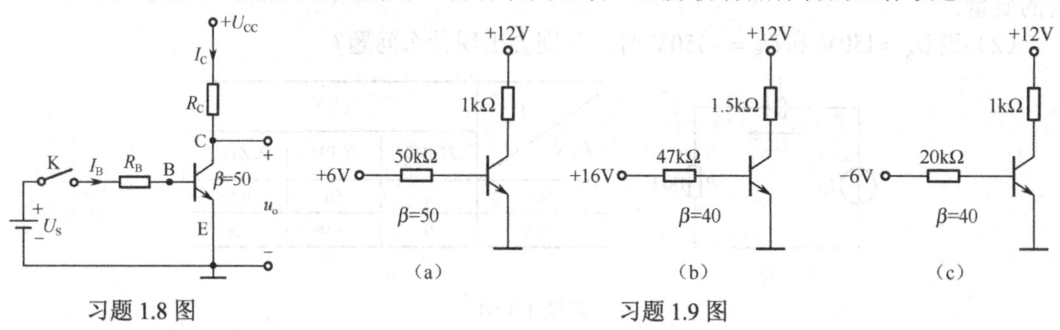

习题 1.8 图　　习题 1.9 图

综合应用题

1.10　电路如习题 1.10 图所示，$R = R_1 = R_2 = 10\text{k}\Omega$，$U_1 = 10\text{V}$，$u_i = 40\sin\omega t(\text{V})$，设 D_1、D_2 均为理想元件。试画出 a 点和 b 点对地电压的波形，并用 Multisim 仿真验证。

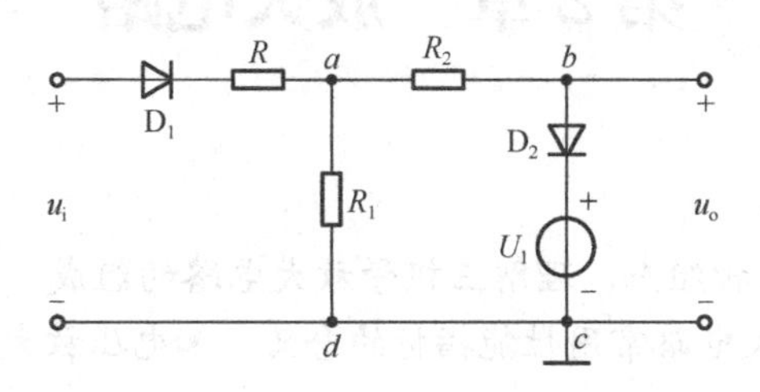

仿真文件下载

习题 1.10 图

1.11　在习题 1.11 图中，（a）与（b）为两个二极管钳位电路，（c）为输入信号电压 u_i 的波形，其周期 T=1ms，电路中 C=10μF，R=10kΩ，E=1V，D 为理想器件，电容的初始电压为 0V。画出输出电压 u_o 的波形，说明钳位电平值，并用 Multisim 仿真验证。

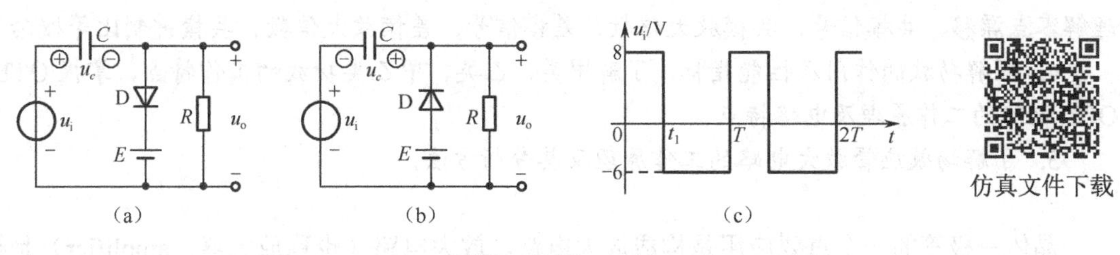

习题 1.11 图

1.12　在习题 1.12 图所示电路中，已知 $U_{CC} = 12\text{V}$，$R_C = 1\text{k}\Omega$，$R_B = 10\text{k}\Omega$；三极管 $\beta = 100$，$U_{BE} = 0.7\text{V}$，$U_{CES} = 0.4\text{V}$；稳压管 U_Z=4V，U_D=0.7V，I_Z=5mA，$I_{Z\max} = 25\text{mA}$。

（1）u_i 分别为 0V、1.5V、2.5V 时，u_o 分别为多少？

（2）如果 R_C 短路，将发生什么现象？

1.13　用数字电压表测量习题 1.13 图中三极管各极电位如下，试判断电路可能出现的故障。（1）U_B 为微伏量级、U_C 近似 9V；（2）U_B 近似 0.7V、U_C 为微伏量级；（3）U_B 近似为 3V、U_C 近似为 9V；（4）U_B 近似为 0.7V、U_C 近似为 9V。

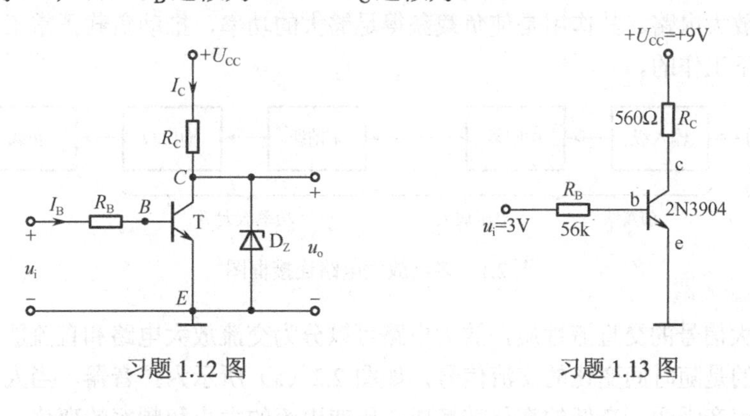

习题 1.12 图　　习题 1.13 图

第2章　放大电路

本章要求（学习目标）

1. 了解放大电路的三种组态，理解三极管放大电路的组成、原理，理解静态工作点设置的目的和意义，理解放大电路常用性能指标的含义，如电压放大倍数、输入电阻、输出电阻、通频带、电源效率等。

2. 掌握放大电路的静态分析方法、动态分析方法，能对放大电路进行静态分析、动态分析。理解静态、动态、直流通路、交流通路、饱和失真、截止失真、频率特性、耦合方式、多级放大等相关概念。

3. 理解差动放大器组成及工作原理，掌握差动放大器不同输入、输出方式的工作特点，理解零点漂移、共模信号、共模放大倍数、差模信号、差模放大倍数、共模抑制比等概念。

4. 理解功放的作用及性能指标，了解甲类、乙类、甲乙类功放的工作特点，掌握OTL、OCL电路的工作原理及电路特点。

5. 了解场效应管放大电路的工作原理及其分析方法。

晶体三极管的一个重要应用是构成放大电路。放大电路（也称放大器，amplifier）是模拟电子技术的核心和基础，它的作用是将微弱的电信号进行放大，应用于广播、通信、测量及自动控制等领域。

电子电路中的电信号是指随时间变化的电压或电流，在实际应用中，人们常将各种非电信号量通过传感器转换成电信号，经过提取、放大、传送、处理等达到应用目的。

放大电路按功能可分为电压放大电路和功率放大电路。在现场采集的电信号通常很微弱，因此常需要经过多级放大，如图2.1所示，一般前面输入级及中间各级以电压放大为目标，称为电压放大电路，其作用是将微弱的电压信号放大到足够的幅度，以推动后级放大电路工作，因此电压放大电路通常在小信号情况下工作；而末级（及末前级）以功率放大为目标，称为功率放大电路，其作用是使负载获得足够大的功率，推动负载正常工作，因而它是在大信号情况下工作的。

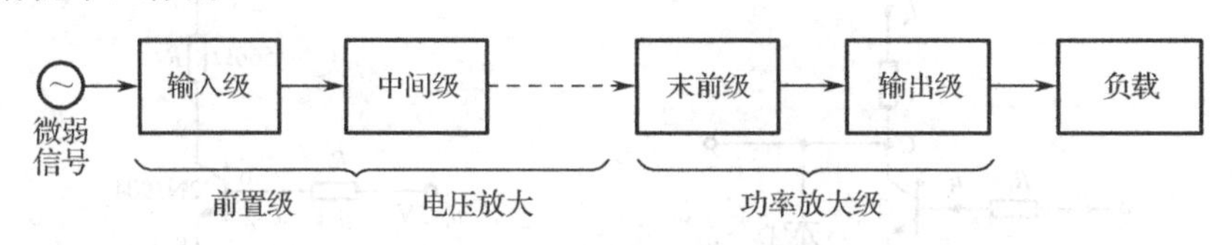

图2.1　多级放大电路连接框图

根据被放大信号的交直流性质，放大电路可以分为交流放大电路和直流放大电路。交流放大电路放大的是随时间变化的交流信号，如图2.2（a）所示为扩音器。当人们对着话筒讲话时，话筒将声音强弱、高低的变化转换成电压或电流的大小和频率的变化。这一电信号数值很小，经放大电路放大后送至扬声器，便可使电能转换成声能。直流放大电路放大的是缓慢变化的或不随时间变化的信号，如图 2.2（b）所示的测温电路，用热电偶测量温度的高低时，由热电偶转换而来的电信号常常非常微弱且变化缓慢而难以直接测量，需要利用直流放大电路将电信号加以放大，再用电压表测量。这里所说的放大的信号均为变化量，并且负载所获得的能量（或功率）远大于信号源送出的能量（或功率），能量的来源就是直流电源，是通过三极管的控制作用将直流能量变成随输入信号变化的能量。可见，放大的本质是能量的控制和转换，其基本特征就是功率放大。当然，放大的前提是不失真，也就是输入与输出始终保持线性关系，只有在不失真的前提下放大才有意义。

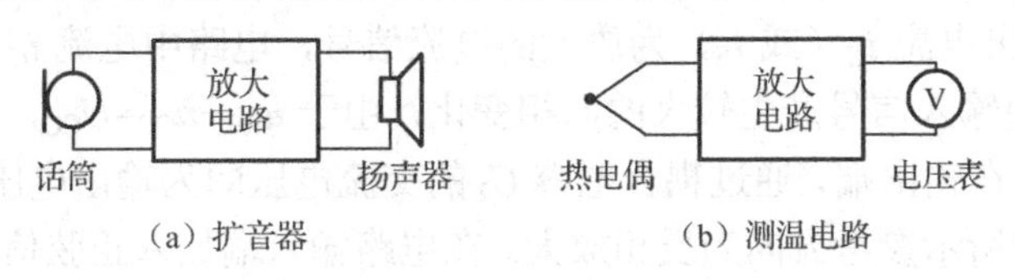

图 2.2　放大电路应用举例

本章主要研究由分立元件组成的各种常用放大电路，分析它们的电路结构、工作原理和特性，介绍放大电路的基本分析方法等。本章是模拟电路的理论基础，第 3 章将介绍集成放大电路及其应用。

2.1　放大电路组成、原理和性能指标

三极管放大电路有三种组态，即共发射极（也称共射极，Common-Emitter，CE）组态、共基极（Common-Base，CB）组态、共集电极（Common-Collector，CC）组态。这里，我们以 NPN 型三极管为核心元件构建一个共发射极基本放大电路，实现对交流电压信号的放大。在图 2.3 中，输入信号 u_i 加到基极，输出信号 u_o 从集电极取出，发射极作为输入与输出回路的公共端，因此电路称为共发射极放大电路。

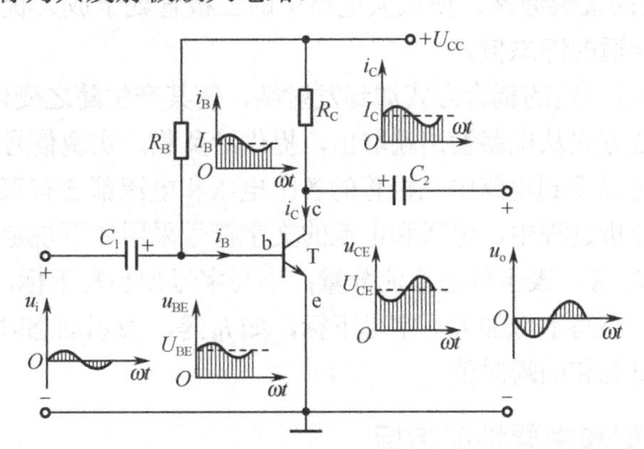

图 2.3　阻容耦合共发射极基本放大电路和波形

2.1.1　放大电路的组成和原理

当 u_i=0 时，称放大电路处于静态。直流电源 U_{CC} 一方面通过基极电阻 R_B 保证发射结正偏，并为基极提供合适的偏置电流；另一方面通过集电极电阻 R_C 使集电结反偏，使三极管处

于放大状态。耦合电容 C_1、C_2 具有"隔直流"的作用，可以隔断放大电路与信号源、负载之间的直流通路，使三者无直流联系，互不影响。选择合适的 R_B、R_C，可以使电路具有合适的静态值，U_{BE}、I_B、I_C、U_{CE} 的静态值如图 2.3 中各波形图中的虚线所示。

在合适的静态值基础上，加入交流信号 u_i 时，称为动态。本例采用的是阻容耦合方式，由于耦合电容对交流信号有"通交流"的作用，输入信号 u_i 将作用在三极管发射结，对于发射结电压，在静态值 U_{BE} 基础上，其电压 u_{BE} 随输入信号而作微小变化，导致其基极电流 i_B 随之同相变化。因三极管处于放大状态（合适的静态值保证输入信号变化过程中三极管始终处于放大状态），输出电流 i_C（或 i_E）为放大的电流信号，电路中电流 i_C 流过电阻 R_C，所以 R_C 两端的电压 u_{RC} 随输入信号产生较大的同相变化，由于 $u_{RC}+u_{CE}=U_{CC}$，u_{CE} 则呈现与 u_{RC} 相同幅度的反相变化；在输出端，通过耦合电容 C_2 的交流电压即为输出电压 u_o，实现了电压信号的放大，且按图中所示参考方向为反相放大。在电路输入端加入正弦信号 u_i，电路各电流、电压变化情况如图 2.3 中各波形的实线所示。

从上述信号放大过程中可以看到，耦合电容 C_1、C_2 的另一个作用是"通交流"，起到信号源、放大电路、负载的交流耦合作用，保证输入信号 u_i 能作用在三极管发射结，输出电压 u_o 能达到负载；集电极负载电阻 R_C 的另一个作用是将三极管放大的电流变化转换为电压变化；直流电源 U_{CC} 除了与 R_B、R_C 配合，保证发射结正偏、集电结反偏（即处于放大状态）外，还为电路提供能量。也就是用能量较小的输入信号，通过三极管的控制作用，去控制电源 U_{CC} 所供给的能量，以在输出端获得一个能量较大的信号，这也是放大作用的实质，而三极管是一个控制元件。

在实际电路中，U_{CC} 一般取值为几伏到几十伏，R_B 取值为几十千欧到几百千欧，R_C 取值为几千欧到几十千欧。C_1、C_2 一般取值为几微法到几十微法，它们是有极性的电解电容，使用时要注意极性。

通过信号的放大过程可知，构成放大电路时必须满足以下两个原则：

① 电路要有合适的直流通路，使放大电路中的三极管处于放大状态；电路参数取值要合适，使放大电路有合适的静态值。

② 输入信号能通过一定的耦合方式加到发射结，使其产生随之变化的 Δu_{BE}；放大的信号也能通过一定的耦合方式从电路输出端取出，提供给负载，实现信号的放大。

通过分析，我们可以看到电路中三极管的各个电压和电流都含有直流分量和交流分量，是交直流叠加量。在分析过程中，电压和电流的文字符号采用如下规定：大写字母加大写字母下标，如 I_B、I_C、U_{CE} 等，表示静态直流分量；小写字母加小写下标，如 u_i、i_b 等，表示动态交流分量的瞬时值；小写字母加大写字母下标，如 i_B 等，表示动态时的实际电压和电流，即直流分量和交流分量总和的瞬时值。

2.1.2 放大电路模型和主要性能指标

尽管放大电路内部很复杂，但是，当我们分析信号源和负载特性时，可以把放大电路看成是信号源和负载之间的一个接口，运用戴维南等效的概念对放大电路进行简化，如图 2.4 所示。

图中 1-1′为放大电路输入端，其端口电压 u_i 为输入电压，i_i 为输入电流，外接 u_s 与 R_s 串联为信号源（或等效信号源）；2-2′为放大电路输出端，其端口电压 u_o 为输出电压，i_o 为输出电流，外接 R_L 为负载（或等效负载）。下面说明放大电路三个常用的性能指标：电压放大倍数、输入电阻和输出电阻。

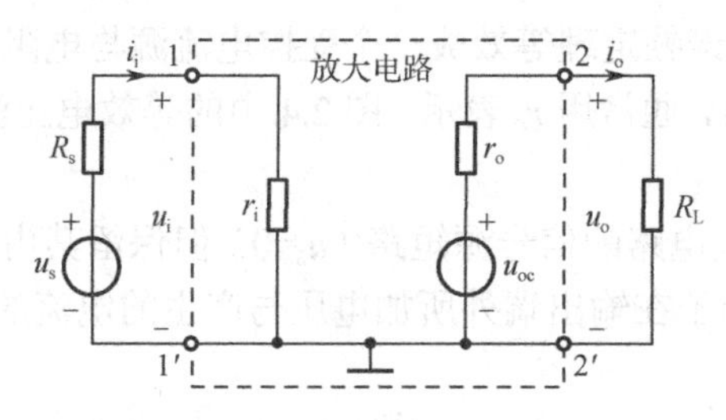

图 2.4　放大电路的电路模型

（1）电压放大倍数（voltage gain）。

放大倍数是衡量放大电路放大能力的重要指标，其值为输出变化量与输入变化量之比。对于电压放大电路，一个重要的性能指标是电压放大倍数，它体现了放大电路对输入电压信号的放大能力。

电压放大倍数定义为放大电路的输出电压的变化量与其输入电压的变化量之比：

$$A_u = \frac{\Delta U_o}{\Delta U_i} = \frac{u_o}{u_i}$$

在输入信号为正弦交流信号时，可以用相量表示，即

$$A_u = \frac{\dot{U}_o}{\dot{U}_i} \tag{2-1}$$

需要说明的是，放大倍数的定义是以信号基本不失真为前提的，在输出波形没有明显失真的情况下，讨论放大倍数才有意义，这一点也适用于其他各项性能指标。

工程上还有另外一种表示放大倍数的方法，即

$$A_u(\text{dB}) = 20\lg|A_u|$$

计算出的放大倍数称为电压增益，单位是分贝（dB），如表 2.1 所示。

表 2.1　放大倍数及分贝对应关系

倍数	1/10	1/2	$1/\sqrt{2}$	1	$\sqrt{2}$	2	10	100	1000
增益/dB	−20	−6	−3	0	3	6	20	40	60

（2）输入电阻（input resistance）与输出电阻（output resistance）。

放大电路总是与其他电路相连接，它的输入端接信号源，输出端接负载。这样，电路各部分之间必然是相互影响的，这种相互影响是由放大电路的输入电阻和输出电阻来体现的。

对信号源来说，放大电路相当于它的负载，这个负载可以用一个电阻来表示。从放大电路输入端看进去的交流等效电阻就称为放大电路的输入电阻，通常用 r_i 表示，如图 2.4 所示，在数值上等于输入电压的变化量与输入电流的变化量之比。当输入信号为正弦信号时，

$$r_i = \frac{\dot{U}_I}{\dot{I}_I} \tag{2-2}$$

如果 r_i 较小，放大电路将从信号源“索取”较大的电流，这势必增加信号源的负担。信号源存在内阻 R_s，从而导致实际加到放大电路的输入电压 u_i 减小，则输出电压 u_o 也将减小。

因此，电压放大电路的输入电阻 r_i 越大越好。

对负载来讲，放大电路相当于它的信号源。信号源可用戴维南定理等效成受控电压源与电阻串联形式表示（也可用诺顿定理等效成一个受控电流源与电阻并联的形式）。这个等效电阻称为放大电路的输出电阻，通常用 r_o 表示。图 2.4 中的等效电压源 u_{oc} 为放大电路空载时的输出电压。

输出电阻 r_o 可以在放大电路的信号源短路（u_s=0）但保留其内阻 R_s 和负载开路（$R_L=\infty$）的条件下求得，r_o 的大小等于在输出端外所加电压与产生的电流的比值。当外加输入信号为正弦信号时，

$$r_o = \frac{\dot{U}}{\dot{I}}\bigg|_{\dot{U}_S=0,R_L=\infty} \tag{2-3}$$

可以分析，r_o 愈小，放大电路的输出电压受负载变化的影响愈小；反之，r_o 愈大，输出电压受负载变化影响愈大。因此，输出电阻 r_o 是用来衡量放大电路带负载能力的参数，电压放大电路的输出电阻 r_o 越小越好。

描述放大电路性能，除了以上三个指标，还有通频带、电源效率等，这些参数我们将根据研究的需要在后面的电路中介绍。

探究思考题答案

探究思考题

2.1.1　升压变压器实现电压提升能否称为放大？为什么？

2.1.2　题 2.1.2 图所示电路中，哪些能进行正常放大？哪些不能？简要说明原因。

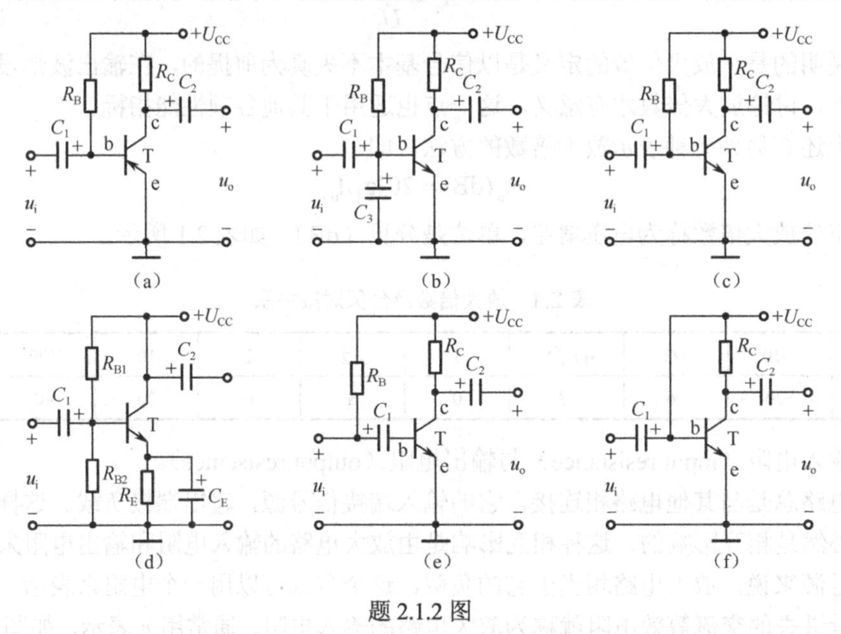

题 2.1.2 图

2.1.3　在某直流放大电路中，当输入直流电压为 100mV 时，其输出电压为 6V；当输入直流电压为 200mV 时，其输出电压为 4V。其电压放大倍数为多少？

2.1.4　在某交流放大电路中，负载开路时输出电压为 4V，接入 12kΩ 的负载电阻后输出电压为 3V。放大电路的输出电阻为多少？

2.1.5　仿真电路如图 2.3 所示，U_{CC}=12V、R_B=300kΩ、R_C=3kΩ、C_1=10μF、C_2=10μF，

三极管电流放大系数设置为β=50。在电路输入端施加频率为 1kHz、幅值为 10mV 的正弦信号。试用示波器观察输入、输出电压的波形，并用 Multisim 瞬态分析观察电流 i_B、i_C 和电压 u_{BE}、u_{CE} 的变化。

仿真文件下载

2.2　共发射极基本放大电路

通过 2.1 节的分析可以看到，三极管的各电压和电流都含有直流分量和交流分量（信号分量），而放大电路的分析就是在理解其工作原理的基础上，主要进行对直流量的静态分析和对交流量的动态分析。需注意的是，交流量是“驮附”在直流量上面的，不同的静态值对放大电路的动态影响很大，甚至使输出波形产生失真，失去了放大的意义，所以，分析放大电路时应遵循“先静态，后动态”的原则。下面对前述的共发射极基本放大电路进行电路分析，以此为例介绍放大电路的分析方法。

2.2.1　放大电路静态分析

静态是指放大电路没有输入信号时（即 u_i=0）的工作状态。静态分析主要是分析计算放大电路直流量 I_B、I_C、U_{CE} 等静态值（也称为静态工作点，quiescent point）。静态分析的目的是验证或判断电路的工作状态，并使放大电路具有合适的静态工作点。放大电路的性能与其静态工作点的关系很大，现在讨论放大电路静态分析的基本方法。

静态时，电路中的电压、电流都是直流量，由于 C_1、C_2 的“隔直”作用，可以得到图 2.5（a）所示放大电路的直流通路（direct current path），如图 2.5（b）所示。

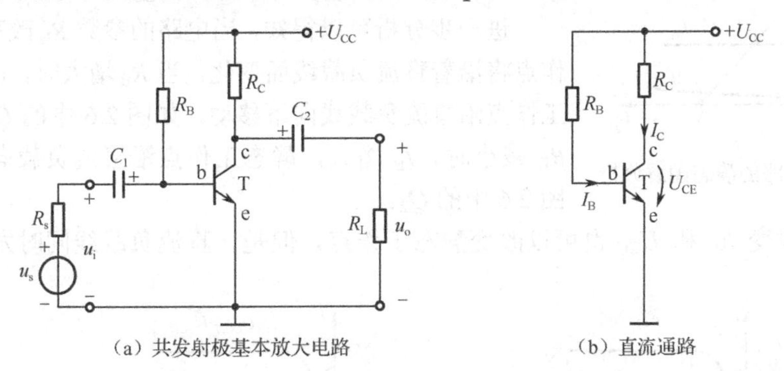

图 2.5　共发射极基本放大电路及其直流通路

1. 静态工作点的近似估算法

由直流通路，可得出静态基极电流：

$$I_B = \frac{U_{CC} - U_{BE}}{R_B} \approx \frac{U_{CC}}{R_B} \tag{2-4}$$

可以看出，R_B 一经选定，I_B 也就固定不变。因此，图 2.5（a）这种电路也称为固定偏置放大电路（fixed-bias amplifier）。

由三极管的电流放大作用可得出集电极电流 I_C，进一步可求出集-射极电压 U_{CE}：

$$I_C = \beta I_B \tag{2-5}$$

$$U_{CE} = U_{CC} - I_C R_C \tag{2-6}$$

值得注意的是，C_1、C_2采用的是有极性的电解电容，其对于直流电路来说相当于开路，它们两端的电压分别为

$$U_{C1} = U_{BE}$$
$$U_{C2} = U_{CE}$$

2. 静态工作点的图解分析法

图解分析法就是通过作图对静态工作点进行分析的方法。

由式（2-4）可以估算基极电流：

$$I_B \approx \frac{U_{CC}}{R_B} = I_{BQ}$$

由三极管的输出特性曲线，可以确定已知I_{BQ}条件下三极管的I_C与U_{CE}满足图 2.6（图中粗线部分）所示的关系。

在直流通路中，由 KVL 可以得到

$$U_{CC} = I_C R_C + U_{CE} \tag{2-7}$$

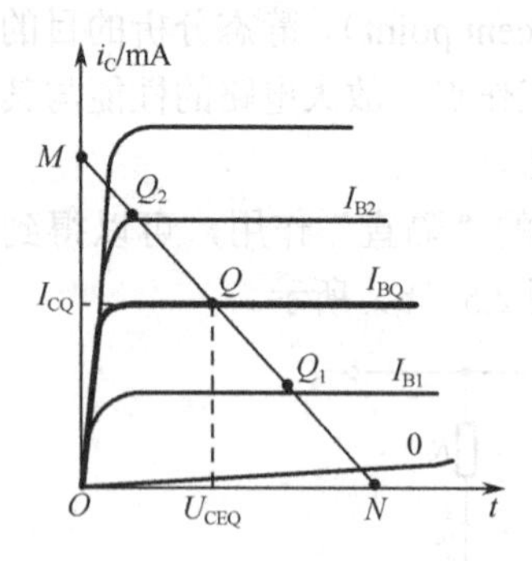

图 2.6　放大电路的静态图解分析

此方程表示受 KVL 约束的I_C与U_{CE}的关系，如图 2.6 中直线 *MN* 所示，此线（与横轴交于U_{CC}，与纵轴交于U_{CC}/R_C，其斜率为$-1/R_C$）也称直流负载线（direct load line）。

因此，电路的静态工作点即为上述两条线的交点 Q，即 Q 点的横坐标为U_{CEQ}，纵坐标为I_{CQ}。

进一步分析可以得知，当电路的参数R_B改变时，静态工作点将沿着直流负载线而变化。当R_B增大时，I_B减小，静态工作点沿直流负载线向下移动，如图 2.6 中的Q_1。反之，当R_B减小时，I_B增大，静态工作点沿直流负载向上移动，如图 2.6 中的Q_2。

当然，改变R_C和U_{CC}也可以改变静态工作点，但是，直流负载线同时发生改变，如图 2.7 所示。

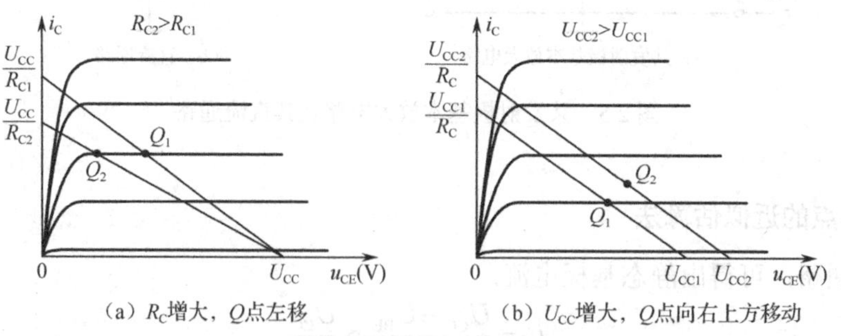

（a）R_C增大，Q点左移　　（b）U_{CC}增大，Q点向右上方移动

图 2.7　电路参数对 Q 点位置的影响

2.2.2　放大电路动态分析

动态是指有输入信号时电路的工作状态。动态分析是在合理的静态工作点的基础上，分

析静态基础上电路的电压和电流的交流分量，即信号分量，分析放大电路的动态性能指标，如电压放大倍数、输入电阻、输出电阻等。下面介绍放大电路动态分析的两种方法：微变等效电路分析法和动态图解分析法。

对交流分量来说，电容 C_1、C_2 可以视为短路；同时，一般直流电源的内阻很小，可以忽略不计，也视为短路，因此，可以得到图 2.5（a）所示放大电路的交流通路（alternating current path），如图 2.8 所示。

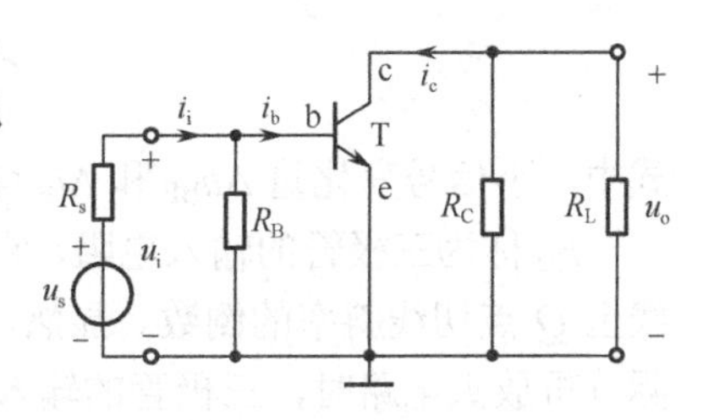

图 2.8　放大电路的交流通路

1．微变等效电路分析法

微变等效电路分析法是在小信号条件下，把放大电路的非线性元件——三极管（或场效应管）用等效的线性电路代替，然后应用线性电路的分析方法分析和计算放大电路的性能和参数。

（1）三极管的微变等效电路。

小信号工作条件是把三极管线性化的先决条件，而等效的概念是指从求得的线性电路的输入端和输出端看进去，其伏安特性与三极管的输入特性和输出特性基本一致。

当三极管组成共发射极接法的放大电路时，它的输入端口和输出端口如图 2.9（a）所示。

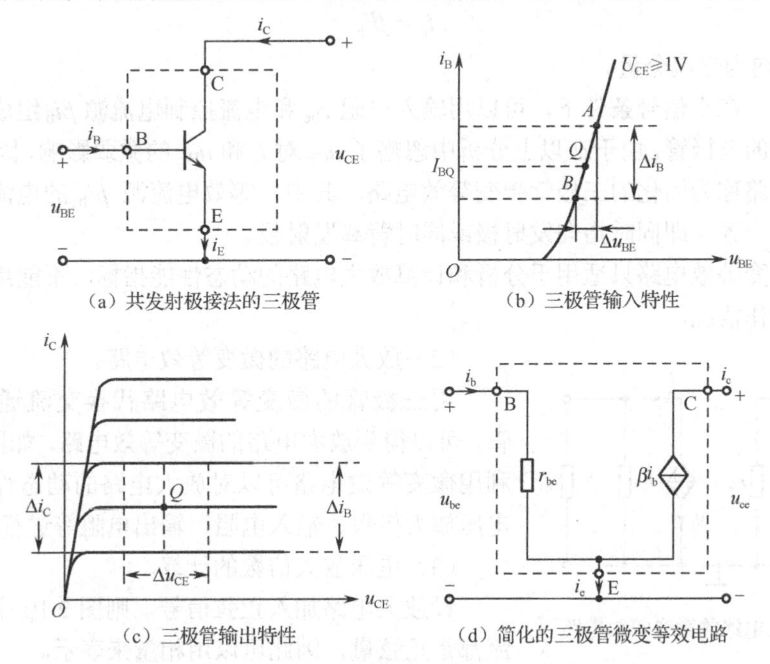

（a）共发射极接法的三极管　（b）三极管输入特性

（c）三极管输出特性　（d）简化的三极管微变等效电路

图 2.9　三极管微变等效电路

三极管输入端口的电压与电流之间的关系由图 2.9（b）中的输入特性曲线来确定。从输入特性看到，它是非线性曲线。输入小信号时，工作点将在静态工作点 Q 附近 AB 间小范围变化，因此可用 AB 间直的线段近似代替 AB 间的曲线，则输入电压变化量 Δu_{BE} 与电流变化量 Δi_B 成正比关系（当 u_{CE} 一定时），因此，输入端可以用一个等效的线性电阻 r_{be} 来反映输入电压与输入电流之间的关系，即

$$r_{be}=\frac{\Delta u_{BE}}{\Delta i_B}\Big|_{u_{CE}一定}=\frac{u_{be}}{i_b}\Big|_{u_{CE}一定}$$

式中，小信号变化量Δu_{BE}和Δi_B可用其交流分量u_{be}和i_b来代替。

r_{be}称为三极管的输入电阻，它是动态电阻（dynamic resistance），其大小等于输入特性曲线上Q点切线斜率的倒数。显然，r_{be}的大小与Q点位置有关，Q点愈高，r_{be}值愈小。在实际分析放大电路时，三极管的输入电阻可按下式进行估算，即

$$r_{be}=r_{bb'}+(1+\beta)\frac{26(\text{mV})}{I_E(\text{mA})} \tag{2-8}$$

式中，$r_{bb'}$为基区体电阻，对于小功率管，其值多在几十欧到几百欧，可以查阅手册得到（本书中未特别说明时，取$r_{bb'}$=300Ω）。I_E为发射极静态电流值。r_{be}的值通常为几百欧到几千欧。

三极管的输出端的电压与电流关系由图2.9（c）中的输出特性来确定。由输出特性可以看到，在静态工作点Q附近的输出特性曲线是一组近似平行于横轴且相互间隔相等的直线，这表明集电极电流i_C基本上只受基极电流i_B控制而可以忽略u_{CE}的影响，即Δi_C仅受Δi_B的控制而与Δu_{CE}无关。因此，当u_{CE}一定时，Δi_C与Δi_B之比等于常数，即

$$\beta=\frac{\Delta i_C}{\Delta i_B}\Big|_{u_{CE}一定}=\frac{i_c}{i_b}\Big|_{u_{CE}一定}$$

则

$$i_c=\beta i_b$$

式中，i_c和i_b均为交流分量。

综上所述，在小信号条件下，可以用输入电阻r_{be}和电流控制电流源βi_b组成的线性电路来代替非线性的三极管。由于在以上分析中忽略了u_{CE}对i_c和u_{BE}的微弱影响，因此图2.9（d）所示的等效电路称为简化的三极管微变等效电路。其中，等效电流源βi_b的电流方向要和基极电流i_b方向一致，即同时指向发射极或同时背离发射极。

注意，微变等效电路只适用于分析和计算放大电路的动态性能指标，不能用来分析放大电路的静态工作情况。

（2）放大电路的微变等效电路。

用三极管的微变等效电路代换交流通路中的三极管，可以得到放大电路的微变等效电路，如图2.10所示。利用微变等效电路可以对放大电路的动态性能指标——电压放大倍数、输入电阻、输出电阻等进行估算。

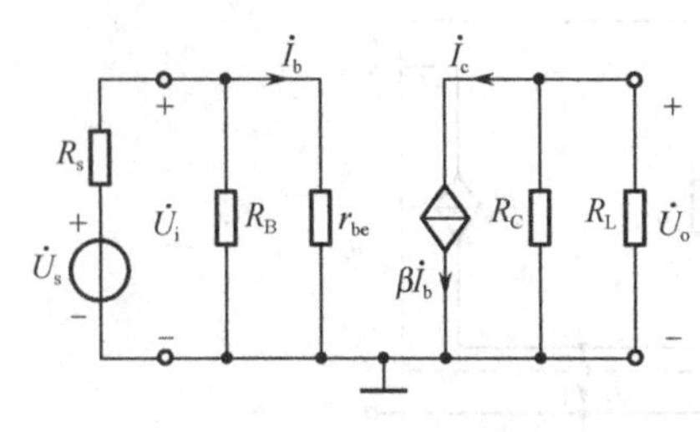

图2.10 放大电路的微变等效电路

（3）电压放大倍数的计算。

设放大电路加入正弦信号，则图2.10中的电压、电流都是正弦量，因此可以用相量来表示。

当R_s=0时，输入电压为

$$\dot{U}_s=\dot{U}_i=r_{be}\dot{I}_b$$

输出电压为

$$\dot{U}_o=-R'_L\dot{I}_c=-\beta R'_L\dot{I}_b$$

式中，$R'_L=R_C//R_L=\dfrac{R_CR_L}{R_C+R_L}$。

放大电路的电压放大倍数为

$$A_u = \frac{\dot{U}_o}{\dot{U}_i} = -\frac{\beta R_L'}{r_{be}} \tag{2-9}$$

式（2-9）中，负号表示输入电压与输出电压相位相反，其大小与 R_L'、β、r_{be} 有关。

若放大电路空载，即 $R_L=\infty$，则

$$A_u = -\frac{\beta R_C}{r_{be}} \tag{2-10}$$

若考虑信号源内阻 $R_s \neq 0$，则电压放大倍数记为 A_{u_s}，

$$A_{u_s} = \frac{\dot{U}_o}{\dot{U}_s} = \frac{\dot{U}_i}{\dot{U}_s} \times \frac{\dot{U}_o}{\dot{U}_i} = \frac{r_i}{R_s + r_i} \times A_u = \frac{r_i}{R_s + r_i}\left(-\frac{\beta R_L'}{r_{be}}\right) \tag{2-11}$$

一般 $R_B \gg r_{be}$，所以式中

$$r_i = R_B // r_{be} = \frac{R_B r_{be}}{R_B + r_{be}} \approx r_{be}$$

因而，式（2-11）也可写成

$$A_{u_s} = -\frac{\beta R_L'}{R_s + r_{be}} \tag{2-12}$$

（4）放大电路输入电阻的计算。

放大电路的输入电阻是信号源的等效负载，如图 2.11 所示，可以通过外加激励法求得。由式（2-2）得

$$r_i = \frac{\dot{U}_i}{\dot{I}_i} = R_B // r_{be} \approx r_{be} \tag{2-13}$$

（5）放大电路输出电阻的计算。

放大电路输出电阻是负载的等效信号源内阻，如图 2.12 所示，可以通过外加激励法求得。由式（2-3）得

$$r_o = \left.\frac{\dot{U}}{\dot{I}}\right|_{\dot{U}_S=0, R_L=\infty} = R_C \tag{2-14}$$

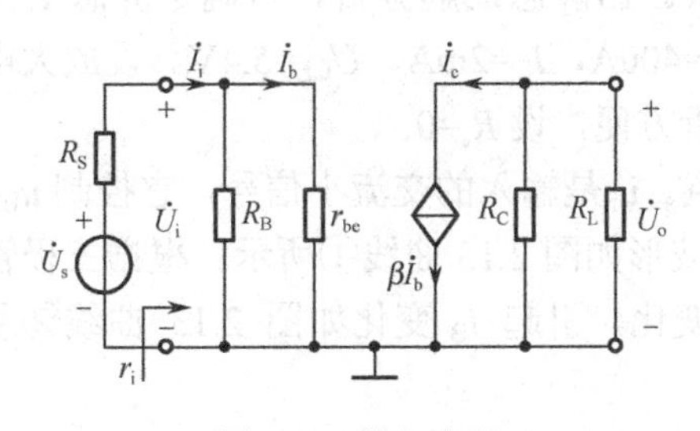
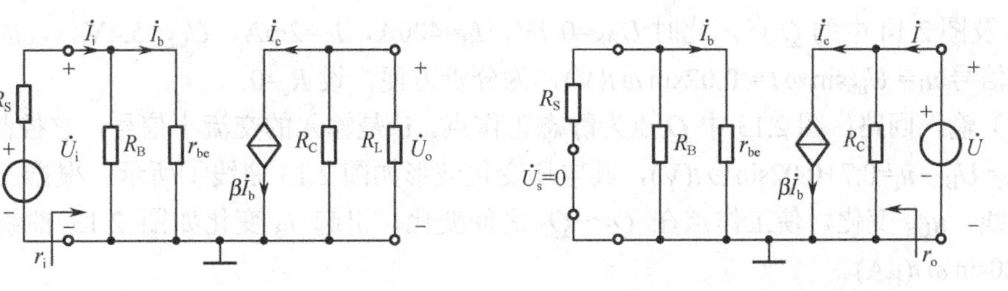

图 2.11　输入电阻　　　　图 2.12　输出电阻

【例 2-1】在图 2.5（a）所示电路中，已知 U_{CC}=12V，R_B=300kΩ，R_C=3.3kΩ，β=50。试计算：

（1）R_s=0 时的 A_u，设负载分别为 $R_L=\infty$ 和 R_L=5.5kΩ。

（2）R_s=1kΩ 时的 A_{us}，设负载为 R_L=5.5kΩ。

解：（1）首先计算 R_s=0 时的 A_u。

$$I_B=\frac{U_{CC}-U_{BE}}{R_B}\approx\frac{U_{CC}}{R_B}=40\mu A$$

$$I_E\approx I_C=\beta I_B=2mA$$

则 $r_{be}=0.96k\Omega$。

当 $R_L=\infty$ 时，

$$A_u=-\frac{\beta R_C}{r_{be}}=-172$$

当 $R_L=5.5k\Omega$ 时，

$$R_L'=R_C//R_L=2k\Omega$$

$$A_u=-\frac{\beta R_L'}{r_{be}}=-104$$

（2）计算 $R_s=1k\Omega$ 时的 A_{us}。

因为 $R_B\gg r_{be}$，由式（2.12）得

$$A_{us}=-\frac{\beta R_L'}{R_s+r_{be}}=-51$$

经过以上分析和计算可以看到，共发射极基本放大电路的电压放大倍数不但和 R_L 有关，还和信号源内阻 R_s 的大小有关。负载电阻 R_L 增大则 A_u 增大，R_L 减小则 A_u 减小；信号源内阻 R_s 减小则 A_{us} 增大，内阻 R_s 增大则 A_{us} 减小。

由式（2-9）或式（2-11）可知，当 R_s 和 R_L 一定时，电压放大倍数还与 β 和 r_{be}（或 I_E）有关。当 I_E 一定时，提高 β 值，A_u 增加，但由于 r_{be} 也增加，因而使 A_u 不能同比例地上升；当 β 值很大时，A_u 将变化不大。当 β 一定时，提高 I_E 值，可以减小 r_{be}，从而提高 A_u 值，这是提高 A_u 的一种常用的有效方法。

综上所述，提高放大电路电压放大倍数的方法主要是选择较大 β 值的三极管，适当增加静态工作点的 I_E 值，并使负载电阻 R_L 尽量大一些。

2. 动态图解分析法*

动态图解分析就是在静态分析的基础上，利用三极管的特性曲线，通过作图的方法分析各个电压和电流的交流分量的传输情况和相互关系。

电路如图 2.5（a）所示，电路参数同例 2-1。由静态图解分析，可确定静态工作点如图 2.13 及图 2.14 中的 Q 点，此时 U_{BE}=0.7V，I_B=40uA，I_C=2mA，U_{CE}=5.4V。设放大电路加入正弦信号 $u_i=U_{im}\sin\omega t=0.02\sin\omega t$(V)，为分析方便，设 R_s=0。

（1）输入回路：图 2.13 中 Q 点为静态工作点。u_i 是输入的交流小信号，它控制 u_{BE} 的变化，$u_{BE}=U_{BE}+u_i=0.7+0.02\sin\omega t$(V)，其电压变化波形如图 2.13 曲线①所示。根据三极管输入特性曲线，u_{BE} 变化，使工作点在 Q_1～Q_2 之间变化，引起 i_B 变化如图 2.13 曲线②所示，$i_B=I_B+20\sin\omega t$(μA)。

（2）输出回路：根据三极管输出特性曲线及交流负载线（alternating load line）MN，如图 2.14 所示，i_B 变化（图中曲线②），使工作点在 Q_1～Q_2 之间变化，控制 i_C 的变化（图中曲线③），同时引起 u_{CE} 的变化（图中曲线④）。由于电容 C_2 的隔直作用，u_{CE} 的直流分量 U_{CE} 不能达到输出端，只有交流分量 u_{ce} 能通过 C_2 构成输出电压 u_o。从图中可以看出输出电压与输入电压相位相反。

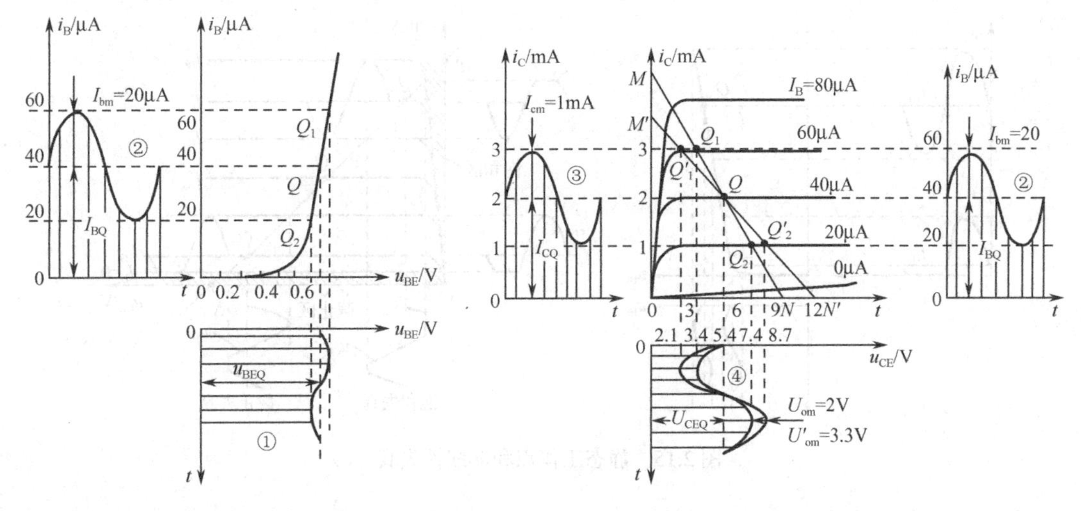

图 2.13　输入回路动态图解　　　　图 2.14　输出回路动态图解

电压放大倍数可通过作图法求得，即

$$A_u = \frac{\dot{U}_{om}}{\dot{U}_{im}} = -\frac{U_{om}}{U_{im}} = -100\ （R_L = 5.5\text{k}\Omega）$$

图中，$M'N'$为直流负载线，直流负载线反映的是静态时电流 I_C 和电压 U_{CE} 的变化关系；MN 是交流负载线，交流负载线反映的是动态时电流 i_C 和电压 u_{CE} 的变化关系。从放大电路的交流通路（图 2.8）可知：$i_c = -u_{ce}/R'_L$，交流负载线的斜率为 $-1/R'_L$。而交流负载线与直流负载线相交于静态工作点 Q（因为当交流信号为零的时候，必然会在 Q 点工作）。因此可知，i_C 和 u_{CE} 的关系为过 Q 点且斜率为 $-1/R'_L$ 的直线，即图中的交流负载线 MN。在交流信号作用下，瞬时工作点沿着交流负载线 MN 运动。要进一步了解交流负载线，请扫描二维码。

交流负载线

当 $R_L = \infty$ 时，$i_c = -\frac{1}{R_C}u_{ce}$，直流负载线与交流负载线重合，如图 2.14 中的 $M'N'$所示。

此时电压放大倍数为

$$A_u = \frac{\dot{U}_{om}}{\dot{U}_{im}} = -\frac{U_{om}}{U_{im}} = -165\ （R_L = \infty）$$

从图中可以看出，与空载相比，放大电路带上负载后，交流负载线变陡，其输出电压减小，电压放大倍数下降。这与用微变等效电路分析法的结论一致。

2.2.3　静态工作点设置和波形失真分析

通过前面的分析可以看到，放大电路的性能与其静态工作点的选择关系很大。而且，静态工作点 Q 选择不当，会使放大器工作时产生信号波形失真，如图 2.15 所示。

若静态工作点设置在交流负载线上的位置过高，即 I_B 过大，如图 2.15 中 Q_A 处，信号的正半周可能进入饱和区，造成输出电压波形负半周期被部分消除，产生“饱和失真”（saturation distortion）；若静态工作点在交流负载线上位置过低，即 I_B 过小，如图 2.15 中 Q_B 处，则信号负半周期可能进入截止区，造成输出电压的正半周期被部分切掉，产生“截止失真”（cut-off distortion）。

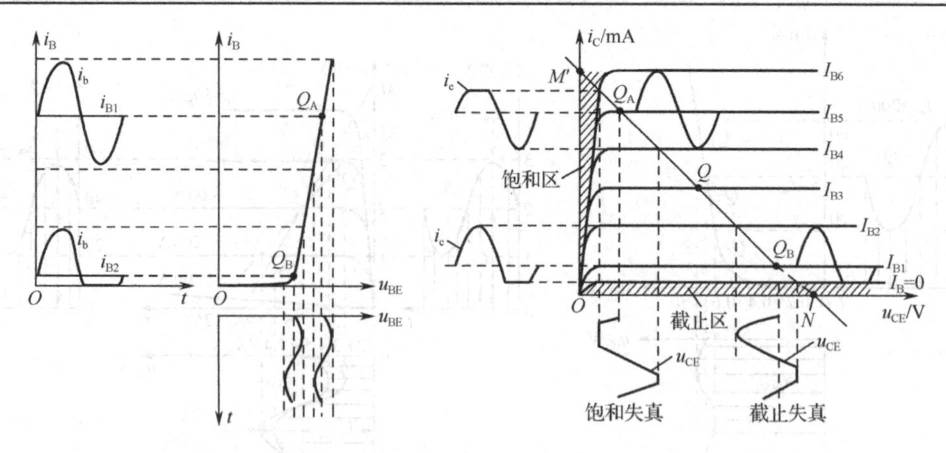

图 2.15 静态工作点和非线性失真

饱和失真和截止失真均是由于静态工作点接近三极管特性的非线性部分、信号变化进入到非线性部分引起的失真，因此统称为非线性失真。

因此，要使放大电路不产生非线性失真，必须有一个合适的静态工作点，工作点 Q 一般应选在交流负载线的中点，这样可以获得最大不失真输出电压，即可以获得较高的动态范围。如果输入信号较小，应使 Q 点低一些，即 I_B 和 I_C 小一些，这样可以减少电源的能量损耗。当然，I_C 也不能过小，否则会使 β 和 A_u 变小。

对于 PNP 三极管放大电路的失真情况，读者可以自行分析。

探究思考题答案

探究思考题

2.2.1 为什么放大电路要设置合适的静态工作点？

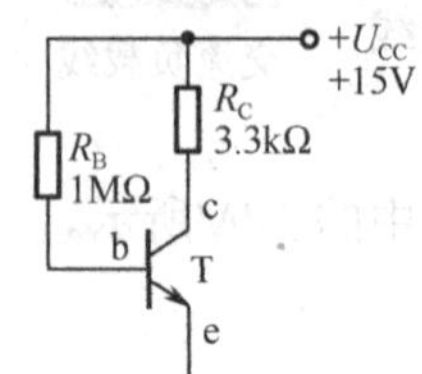

题 2.2.2 图

2.2.2 电路如题 2.2.2 图所示，三极管电流放大系数 β 由 100 换成 300，分析 I_C 和 U_{CE}（设 U_{BE}=0.7V）。

2.2.3 当题 2.2.2 图中电路出现下列情况时，确定集电极电流是增加、减少还是保持不变：

（1）基极接地短路；（2）减小 R_C；（3）温度升高；（4）减小 R_B。

2.2.4 题 2.2.4 图中（a）所示放大电路的输出波形如（b）（d）（c）所示。试判断各输出波形属于何种类型失真，分析产生失真的原因，并说明采取何种措施才能使失真得到改善。设 U_{CC}=12V，估算电路可获得的最大不失真输出电压幅值 U_{OM}（U_{CES} 可忽略）。

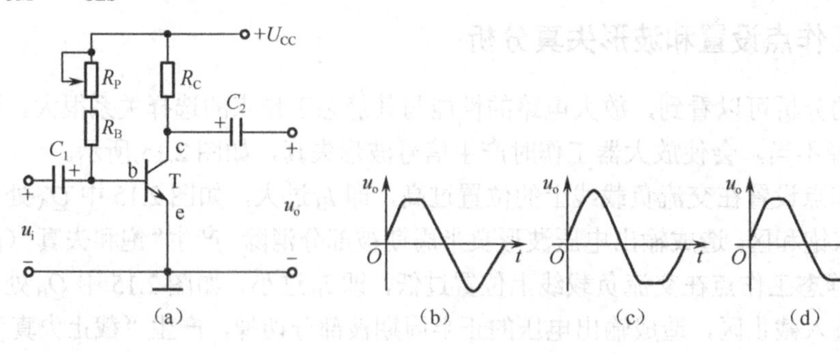

题 2.2.4 图

2.2.5　利用探究思考题 2.1.5 的仿真电路，用 Multisim 仿真电路的静态工作点，测量电路的电压放大倍数、输入电阻、输出电阻（测量方法参阅本章末尾的扩展阅读：电子电路的 Multisim 仿真分析），并与理论计算对比。

2.3　静态工作点稳定电路

要使放大电路正常工作，必须选择合适的静态工作点。但在实际运用中，静态工作点 Q 还受到环境温度变化的影响。当温度变化时，三极管的 β、I_{CEO}、U_{BE} 等参数都会随之改变，这样，原来设置的静态工作点就会发生变化，使放大器的性能变坏。

为了稳定放大电路的静态工作点，必须在电路结构上加以改进，使放大电路在温度变化时静态工作点保持稳定，最常见的是分压式偏置放大电路（voltage-divider bias amplifier）。

2.3.1　稳定静态工作点原理

图 2.16（a）所示的电路就是这种能稳定静态工作点的放大电路，图 2.16（b）为其直流通路。若选择合适的 R_{B1} 和 R_{B2}，使基极结点电流满足 $I_1 \approx I_2 \gg I_B$，则有

$$U_B \approx \frac{R_{B2}}{R_{B1}+R_{B2}}U_{CC} \tag{2-15}$$

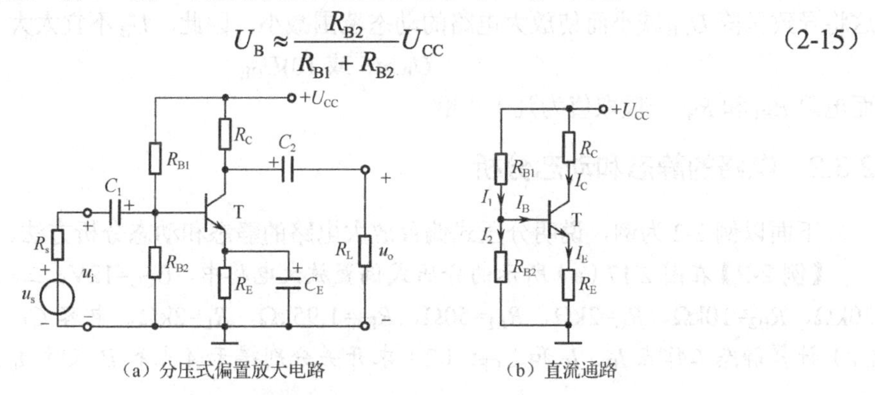

图 2.16　分压式偏置放大电路及其直流通路

可以认为基极电位 U_B 与三极管的参数无关，不受温度的影响，仅由 R_{B1} 和 R_{B2} 的分压电路决定。

若同时满足 $U_B \gg U_{BE}$，则集电极电流为

$$I_C \approx I_E = \frac{U_B - U_{BE}}{R_E} \approx \frac{U_B}{R_E} \tag{2-16}$$

由于 U_B 不随温度变化而改变，电流 I_E 以及 I_C 受温度影响很小，从而保证了工作点的稳定。此电路也称为分压式偏置电路。

这种偏置电路之所以能稳定静态工作点，是因为得益于两点：第一点是 R_{B1} 和 R_{B2} 的分压使基极电位 U_B 保持固定；第二点是发射极电阻 R_E 检测电流 I_E，把它两端的电压 $U_E(=R_EI_E)$ 送到输入回路以控制 U_{BE}（$=U_B-U_E$），最终控制 I_B、I_C 稳定。

若温度升高，则电路自动稳定电流 I_C 的变化过程可表示如下：

$$T\uparrow \rightarrow \left\{\begin{matrix}\beta\uparrow \\ U_{BE}\downarrow \\ I_{CBO}\uparrow\end{matrix}\right\} \rightarrow I_C\uparrow \rightarrow I_E\uparrow \rightarrow U_E\uparrow \rightarrow U_{BE}\downarrow \rightarrow I_B\downarrow \rightarrow I_C\downarrow$$

从稳定静态工作点的过程看到，若 R_E 增大，则电压 U_E 也增大，U_{BE} 下降明显，因此稳定静态工作点效果也就更好。但 R_E 过大，U_E 也大，为保证放大电路输出同样幅度的电压，势必要提高 U_{CC}，这是人们所不希望的。对于小功率三极管，R_E 可取几百欧到几千欧；对于大功率三极管，R_E 可取几欧到几十欧。

发射极电阻 R_E 用于稳定静态工作点。但同时它对交流信号也有作用，使电压放大倍数下降，这一点通过例 2-2 的计算可以看到。为解决这个问题，通常在 R_E 两端并联一个几十微法到几百微法的电解电容，实现对交流信号的短路，因此 C_E 称为交流旁路电路。

在前面的分析中看到，只要满足 $I_1 \gg I_B$ 和 $U_B \gg U_{BE}$ 这两个条件，就认为基极电压 U_B 和发射极电流 I_E 与三极管的参数几乎无关。

由 $I_1 \approx I_2 \gg I_B$ 可知，I_1、I_2 愈大，I_B 愈小，U_B 及静态工作点就愈稳定，但这要求 R_{B1} 和 R_{B2} 更小。这一方面会增加电路功耗，另一方面会加大对交流信号的分流作用而使输入信号减小。因此，通常取

$$I_1 \approx I_2 \geqslant (5 \text{ 或 } 10)I_B \tag{2-17}$$

同样，当 $U_B \gg U_{BE}$ 时，$I_E = \dfrac{U_B - U_{BE}}{R_E} \approx \dfrac{U_B}{R_E}$，工作点更加稳定。但 U_B 过大，U_E 也大，这将导致压降 U_{CE} 减小而使放大电路的动态范围减小。因此，U_B 不宜太大，一般取

$$U_B \geqslant (5 \text{ 或 } 10)U_{BE} \tag{2-18}$$

而电阻 R_{B1} 和 R_{B2} 一般取值为几十千欧。

2.3.2　电路的静态和动态分析

下面以例 2-2 为例，说明分压式偏置放大电路的静态和动态分析方法。

【例 2-2】 在图 2.17（a）所示的分压式偏置放大电路中，U_{CC}=12V，三极管的 β=40，R_{B1}=20kΩ，R_{B2}=10kΩ，R_C=2kΩ，R_{E1}=50Ω，R_{E2}=1.95kΩ，R_L=2kΩ，电容 C_1、C_2、C_3 足够大。（1）计算静态工作点 I_B、I_C 和 U_{CE}；（2）求开关分别接于 A 点和 B 点时 A_u、r_i 和 r_o 的大小。

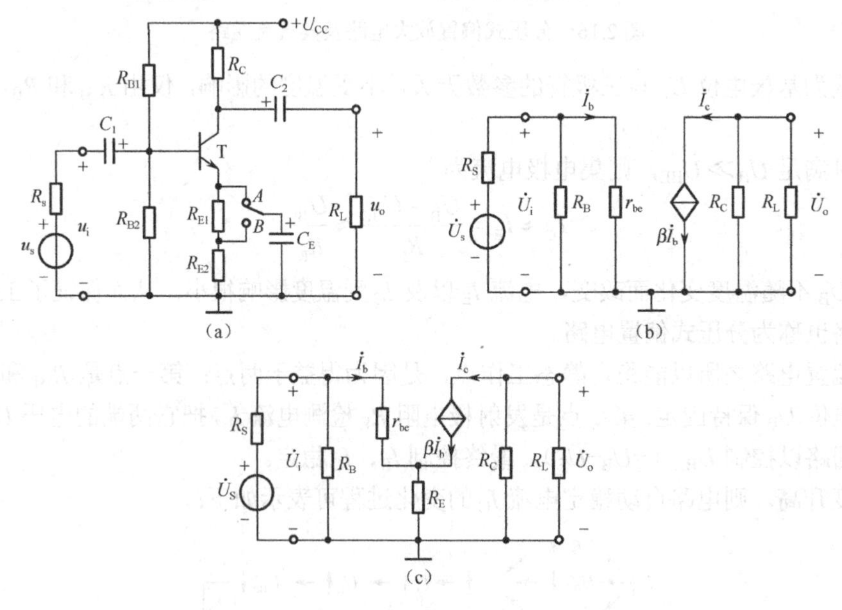

图 2.17　例 2-2 图

解：（1）求静态工作点。无论开关接于 A 点还是 B 点，电路的直流通路不变，$R_E=R_{E1}+R_{E2}=2\text{k}\Omega$。应用时，一般满足 βR_E 大于 5 或 10 倍的 R_{B2} 时即认为 $I_1\approx I_2\gg I_B$，则

基极电压为

$$U_B\approx\frac{R_{B2}}{R_{B1}+R_{B2}}U_{CC}=4\text{V}$$

发射极与集电极电流为

$$I_C\approx I_E=\frac{U_B-U_{BE}}{R_E}\approx\frac{U_B}{R_E}=2\text{mA}$$

基极电流为

$$I_B=\frac{I_C}{\beta}=50\mu\text{A}$$

集电极-发射极间电压为

$$U_{CE}=U_{CC}-I_C(R_C+R_E)=4\text{V}$$

注：不论电路参数是否满足 $I_1\approx I_2\gg I_B$，都可以利用戴维南定理进行分析。要了解具体分析方法，请扫描二维码。

戴维南定理方法

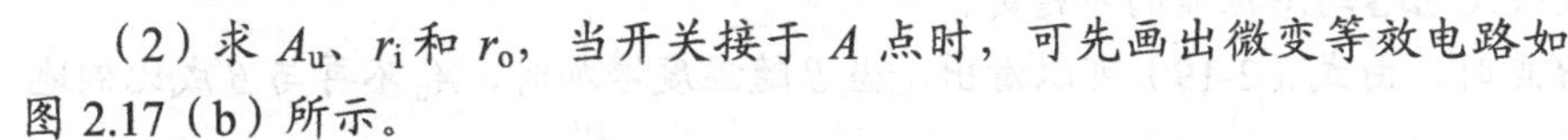

（2）求 A_u、r_i 和 r_o，当开关接于 A 点时，可先画出微变等效电路如图 2.17（b）所示。

已知 $I_E=2\text{mA}$，则

$$r_{be}=0.83\text{k}\Omega$$

等效负载电阻为

$$R'_L=R_C//R_L=1\text{k}\Omega$$

则电压放大倍数为

$$A_u=\frac{\dot{U}_o}{\dot{U}_I}=-\frac{\dot{I}_cR'_L}{\dot{I}_br_{be}}=-\frac{\beta R'_L}{r_{be}}=-48$$

输入电阻为

$$r_i=R_{B1}//R_{B2}//r_{be}\approx r_{be}=0.83\text{k}\Omega$$

输出电阻为

$$r_o=R_C=2\text{k}\Omega$$

当开关接于 B 点时，可画出微变等效电路如图 2.17（c）所示。

输入电压为

$$\dot{U}_i=\dot{I}_b[r_{be}+(1+\beta)R_{E1}]$$

输出电压为

$$\dot{U}_o=\beta\dot{I}_bR'_L$$

则电压放大倍数为

$$A_u=\frac{\dot{U}_o}{\dot{U}_i}=-\frac{\beta\dot{I}_bR'_L}{\dot{I}_b[r_{be}+(1+\beta)R_{E1}]}=-\frac{\beta R'_L}{r_{be}+(1+\beta)R_{E1}} \tag{2-19}$$

式中，$R'_L=R_C//R_L=1\text{k}\Omega$。代入数据，有

$$A_u=-\frac{40\times1}{0.83+41\times0.05}=-13.89$$

计算放大电路的输入电阻 r_i。

先计算 r_i'：

$$r_i' = \frac{\dot{U}_i}{\dot{I}_b} = r_{be} + (1+\beta)R_{E1}$$

则

$$r_i = \frac{\dot{U}_i}{\dot{I}_i} = R_{B1} // R_{B2} // [r_{be} + (1+\beta)R_{E1}]$$

代入数据得

$$r_i \approx 1.57\text{k}\Omega$$

输出电阻为

$$r_o = R_C = 2\text{k}\Omega$$

当开关接于 A 点时，从例 2-2 的分析计算可以看出，图 2.16（a）所示分压式偏置放大电路与图 2.5（a）所示共发射极基本放大电路的微变等效电路完全相同，其动态参数 A_u、r_i 和 r_o 亦相同。这两种形式的电路，在温度升高时，由于 β 增加，电压放大倍数 A_u 与 β 近似成比例增加，这将导致放大电路动态性能的不稳定。

当开关接于 B 点时，由式（2-19）可以看出，当 β 随温度增加时，A_u 不再与 β 成比例地变化，特别是当 $r_{be} \ll (1+\beta)R_{E1}$ 时，A_u 基本与 β 无关，近似等于 $\frac{R_L'}{R_{E1}}$，为一固定值，其稳定性大大提高。不过放大倍数减小很多，远小于 $\frac{\beta R_L'}{r_{be}}$。因此，为使放大倍数不致下降太多，$R_{E1}$ 阻值都比较小，一般选取几十欧至几百欧，相应地 β 可以略大些。另外，电路的输入电阻亦有明显增加，而输出电阻不变。

2.3.3 放大电路频率特性

频率特性（frequency characteristic）反映了放大电路对不同频率信号的放大效果。频率特性也是动态分析的主要内容之一，这里以图 2.16 所示分压式偏置电路为例，只做定性分析，所得结论也适用于其他交流放大电路。

在放大电路中，由于耦合电容、发射极旁路电容、三极管中 PN 结的结电容以及接线分布电容的存在，它们的容抗必将随着信号频率的变化而改变。另外，β 值也随频率的不同而改变，因此，当信号的频率不同时，放大电路的输出电压会发生变化，从而使电路的电压放大倍数随频率的变化而改变，当然，输出电压与输入电压的相位差也会改变。因此，放大电路的电压放大倍数（包括输出与输入电压之间的相位差）是频率的函数，可表示为

$$A_u = A\angle\varphi = F(f) \tag{2-20}$$

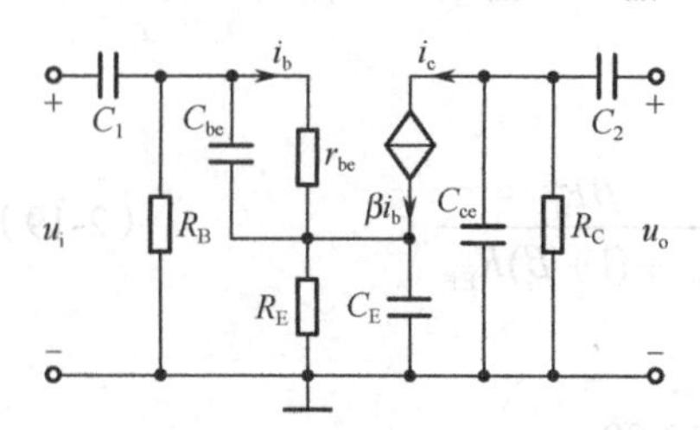

图 2.18　考虑各电容影响时的微变等效电路

式（2-20）称为放大电路的频率特性或频率响应（frequency response）。其中，放大倍数的幅值与频率的关系称为幅频特性（amplitude-frequency characteristic），而输出与输入电压的相位差与频率的关系称为相频特性（phase-frequency characteristic）。

图 2.18 示出了单管放大电路考虑各电容影响时

的微变等效电路，其中耦合电容常选为 10～50μF，旁路电容选几十微法至几百微法，而 PN 结结电容通常只有几十皮法至一二百皮法。图 2.19 中示出了相应的幅频特性和相频特性。

下面以幅频特性为例分析放大电路的频率响应。

由图 2.19 看到，在中间一段频率范围之内，电压放大倍数 A_{uo} 与频率无关。这一频段称为中频段。随着频率的降低或升高，即在低频段或高频段，电压放大倍数都要减小。当电压放大倍数下降为 $\frac{A_{uo}}{\sqrt{2}}$ 时所对应的两个频率分别称为下限截止频率（lower cut-off frequency）f_L 和上限截止频率（upper cut-off frequency）f_H。这两个频率之间的频率范围称为放大电路的通频带（pass-band，也简称为通带）。通频带带宽 $B_f = f_H - f_L$，是表示放大电路频率特性的重要指标。

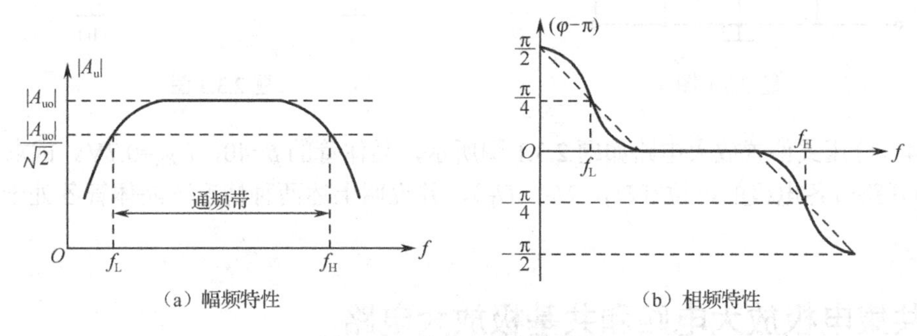

图 2.19　放大电路频率特性

在中频段，由于信号频率较高，耦合电容和旁路电容容抗较小，近似于短路，而结电容的容抗仍较大，近似于开路。

在低频段，即 $f < f_L$ 时，耦合电容及旁路电容的容抗较大，不能像中频段那样视为短路，其上会分压，从而使输出电压幅度减小，相位也有所变化。

在高频段，$f > f_H$，耦合电容和旁路电容容抗更小，仍可视为短路，而此时结电容 C_{be}、C_{ce} 的容抗增大到与 r_{be}、R_C 相当的程度，不可视为开路，其分流作用将使输出电压减小，放大倍数下降，同时相位亦有所改变。

由于放大电路的输入信号通常不是单一频率的正弦波，而是包括各种不同频率的正弦分量，输入信号所包含的正弦分量的频率范围称为输入信号的频带。放大电路必须对输入信号各个不同频率的正弦分量具有相同的放大能力，否则会引起波形失真。这种因电压放大倍数随频率变化而引起的失真称为频率失真。要想不引起频率失真，输入信号的频带应在放大电路的通频带内。

探究思考题

探究思考题答案

2.3.1　在题 2.3.1 图所示放大电路中，

（1）如果 R_{B2} 开路，U_B 将（　　），U_C 将（　　）；

（2）如果 R_C 开路，U_B 将（　　），U_C 将（　　）；

（3）如果 R_E 增大，集电极电阻电压 U_{RC} 将（　　），电压增益将（　　）；

（4）如果 C_E 电容开路，发射极电位 U_E 将（　　），电压增益将（　　），输入电阻将（　　）。

（a）增大　（b）减小　（c）不变

2.3.2 在题2.3.1图中（去掉电容 C_E），如果三极管电流放大系数由50变成100，对静态 I_C 和 U_{CE} 有何影响？对动态 A_u、r_i 和 r_o 有何影响？

2.3.3 电路如题2.3.3图所示，三极管电流放大系数 β 由100变成300。分析 I_C 和 U_{CE}（设 U_{BE}=0.7V，U_{CES}=0）的情况，并说明电路能否稳定静态工作点。

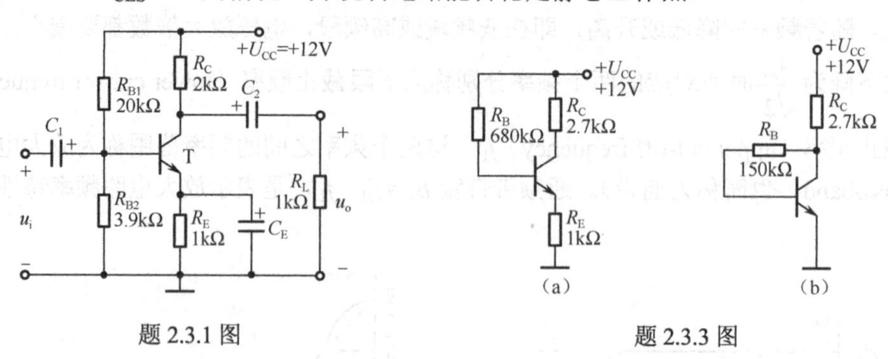

题2.3.1图　　　　题2.3.3图

2.3.4 分压式偏置放大电路如题2.3.1图所示，晶体管的 β=40，U_{BE}=0.7V。试求当 R_{B1}、R_{B2} 分别开路时各电极的电位（U_B，U_C，U_E），并说明上述两种情况下晶体管各处于何种工作状态。

2.4 共集电极放大电路和共基极放大电路

2.4.1 共集电极放大电路分析

在图2.20（a）所示的放大电路中，由于电源 U_{CC} 对交流信号相当于短路，集电极是输入回路和输出回路的公共端，因此该电路有共集电极放大电路之称。输出信号从发射极输出，故又称为射极输出器。

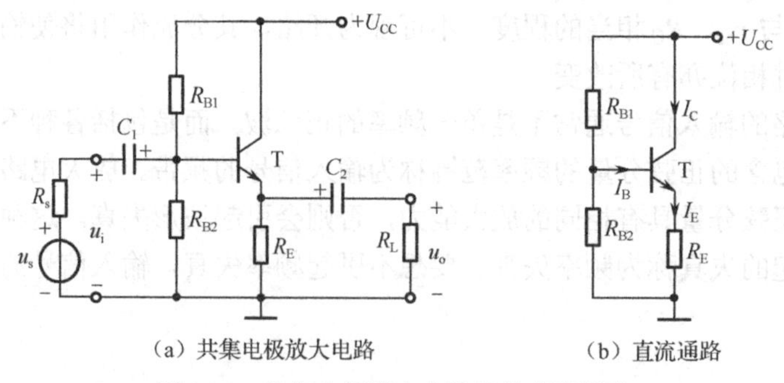

（a）共集电极放大电路　　（b）直流通路

图2.20 共集电极放大电路及其直流通路

1. 静态分析

图2.20（b）是共集电极放大电路的直流通路。利用式（2-15）和式（2-16）可以求出

$$U_B \approx \frac{R_{B2}}{R_{B1}+R_{B2}}U_{CC}$$

$$I_C \approx I_E = \frac{U_B - U_{BE}}{R_E} \approx \frac{U_B}{R_E}$$

进一步可求得

$$I_B = \frac{I_C}{\beta}$$

$$U_{CE} = U_{CC} - I_E R_E$$

2．动态分析

为了进行动态分析，画出图 2.20（a）所示电路的交流通路及微变等效电路，如图 2.21 所示。

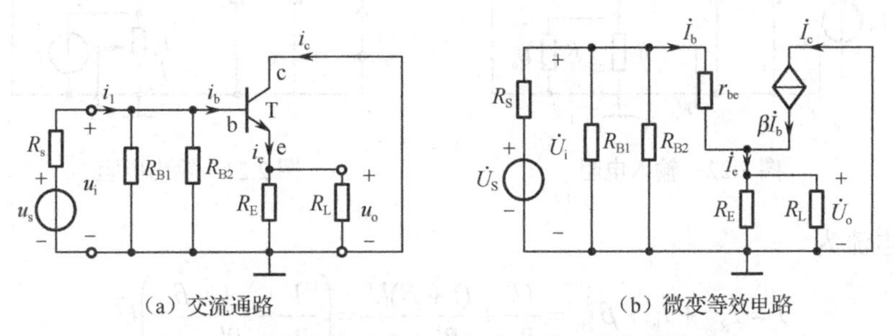

（a）交流通路　　（b）微变等效电路

图 2.21　共集电极放大电路交流通路和微变等效电路

（1）电压放大倍数。

$$A_u = \frac{\dot{U}_o}{\dot{U}_i} = \frac{(1+\beta)R_L'\dot{I}_b}{[r_{be}+(1+\beta)R_L']\dot{I}_b} = \frac{(1+\beta)R_L'}{r_{be}+(1+\beta)R_L'} \tag{2-21}$$

式中，$R_L' = R_E // R_L$，又因为$r_{be} \ll (1+\beta)R_L'$，因此

$$A_u = \frac{\dot{U}_o}{\dot{U}_i} \approx 1 \tag{2-22}$$

但略小于 1，即$\dot{U}_o \approx \dot{U}_i$。

上式说明输出电压与输入电压大小近似相等，相位相同，具有电压跟随的作用，因此，共集电极放大电路又称为射极跟随器（emitter follower）。

射极跟随器虽然没有电压放大作用，但由于 $i_e=(1+\beta)i_b$，它仍具有一定的电流放大和功率放大作用。

（2）输入电阻。

根据微变等效电路，如图 2.22 所示，有

$$r_i' = \frac{\dot{U}_i}{\dot{I}_b} = r_{be} + (1+\beta)R_L'$$

$$r_i = \frac{\dot{U}_i}{\dot{I}_i} = R_B // r_i' = R_B // [r_{be} + (1+\beta)R_L'] \tag{2-23}$$

式中，$R_B=R_{B1}//R_{B2}$一般为几十千欧至几百千欧，而$r_{be}+(1+\beta)R_L'$也很大，因此射极跟随器的输入电阻很高，可达几十千欧到几百千欧。

（3）输出电阻。

根据图 2.23 所示电路，利用加电压求电流法求输出电阻r_o。图中 R_S 为信号源短路保留

的内阻，$\dot{U}$ 为外加电源，$\dot{I}$ 为施加 $\dot{U}$ 产生的电流。

由于 $\dot{U}_s = 0$，因此这时的 $\dot{I}_b$ 电流是由 $\dot{U}$ 作用而产生的，即

$$\dot{I}_b = \frac{\dot{U}}{R'_S + r_{be}}$$

式中，$R'_S = R_S // R_B$。因 $\dot{I}_b$ 的方向是由射极到基极，故受控电流源 $\dot{I}_c = \beta \dot{I}_b$ 的方向也与原来相反，即由射极指向集电极。

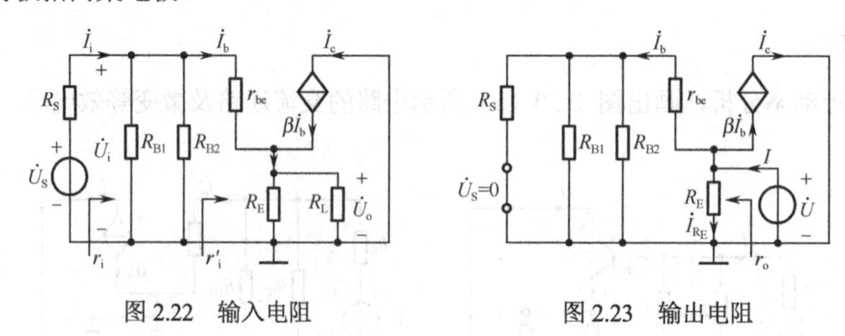

图 2.22 输入电阻 图 2.23 输出电阻

因此，电流为

$$\dot{I} = \dot{I}_{R_E} + \dot{I}_b + \beta \dot{I}_b = \frac{\dot{U}}{R_E} + \frac{(1+\beta)\dot{U}}{R'_S + r_{be}} = \left(\frac{1}{R_E} + \frac{1+\beta}{R'_S + r_{be}} \right) \dot{U}$$

则输出电阻为

$$r_o = \frac{\dot{U}_o}{\dot{I}_o} = \frac{1}{\dfrac{1}{R_E} + \dfrac{1}{\dfrac{R'_S + r_{be}}{1+\beta}}} = R_E // \frac{r_{be} + R'_S}{1+\beta}$$

通常情况下，$R_E \gg \dfrac{r_{be} + R'_S}{1+\beta}$，$R_B \gg R_S$，所以

$$r_o \approx \frac{r_{be} + R_S}{1+\beta} \tag{2-24}$$

若信号源内阻 R_S=0，则

$$r_o = \frac{r_{be}}{1+\beta}$$

可见，射极输出器（跟随器）输出电阻 r_o 很小，约为几十欧到几百欧。这说明射极跟随器的带负载能力强，即具有恒压输出特性。

综上所述，射极输出器输入电阻很大，向信号源吸取的电流很小，并能获得较大的输入电压，所以常用作多级放大电路的输入级。例如，测量仪器的放大电路要求有高的输入电阻，以减小测量仪器接入时对被测电路产生的影响。射极输出器的输出电阻很小，具有较强的带负载能力；虽然没有电压放大作用，但具有一定的电流放大能力，故常用作多级放大电路的输出级。此外，还常常接于两个共射放大电路之间，作为缓冲级或中间隔离级，以减少前后级之间的影响。

2.4.2　共基极放大电路分析*

在图 2.24（a）所示的放大电路中，由于电容 C_1、C_2、C_3 及电源 U_{CC} 对交流信号相当于短路，基极是输入回路和输出回路的公共端，因此，该电路为共基极放大电路。

1．静态分析

电路的直流通路与图 2.16（b）一致，静态分析计算过程与 2.3 节相同。

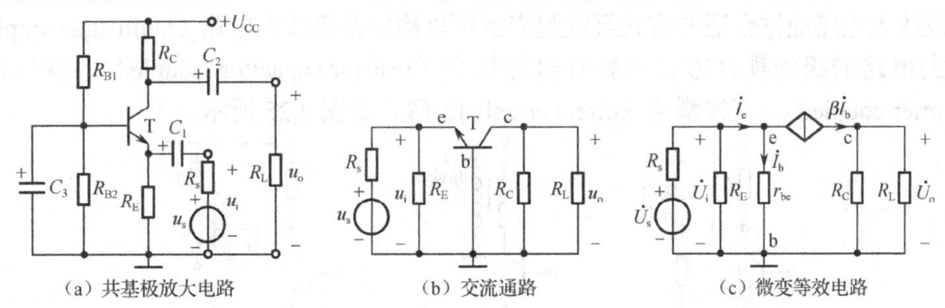

图 2.24　共基极放大电路及其交流通路、微变等效电路

2．动态分析

画出图 2.24（a）所示电路的交流通路及微变等效电路，如图 2.24 中的（b）和（c）所示。根据 2.2 节所介绍的微变等效分析法，可求得

① 电压放大倍数为

$$A_u = \frac{\dot{U}_o}{\dot{U}_i} = \frac{\beta \dot{I}_b R'_L}{\dot{I}_b r_{be}} = \frac{\beta R'_L}{r_{be}} \qquad R'_L = R_C // R_L \tag{2-25}$$

② 输入电阻为

$$r_i = R_E // \frac{r_{be}}{1+\beta} \approx \frac{r_{be}}{1+\beta} \tag{2-26}$$

③ 输出电阻为

$$r_o = R_C \tag{2-27}$$

由于共基极电路的输入回路电流为 i_e，输出回路电流为 i_c，所以没有电流放大能力，但其具有电压放大能力，且输入电压与输出电压同相。

2.4.3　三种组态放大电路性能比较

（1）共发射极放大电路。

该电路的特点是：输入与输出信号相位相反；有电压、电流放大作用，所以功率增益最高；输入阻值在三种电路中居中，输出电阻较大（一般为几千欧），常用于电压放大电路。

（2）共集电极放大电路。

该电路的特点是，输入与输出信号相位相同；无电压放大作用，有电流放大作用，所以也有功率放大作用；输入电阻较大，输出电阻很小，常用于功率放大和阻抗匹配电路。

（3）共基极放大电路。

该电路的特点是，输入与输出信号相位相同；有电压放大作用，无电流放大作用，所以也有功率放大作用；输入电阻很小，输出电阻较大，在低频放大电路中一般很少应用，但由于其频率特性好，适用于宽频电路或高频电路。

需要指出的是，共发射极、共基极电路都有如下特点：输入电阻与负载无关，输出电阻与信号源内阻无关。但共集电极电路的输入电阻与负载大小有关，它的输出电阻与信号源内阻有关，在多级电路级联时需特别注意。

2.4.4 多级放大电路概述

单级放大电路通过合适的方式级联起来就可以构成多级放大电路（multistage amplifier）。多级放大电路的级间耦合方式主要有阻容耦合（resistor-capacitor coupled）、变压器耦合（transformer coupled）、直接耦合（direct coupled）等，如图 2.25 所示。

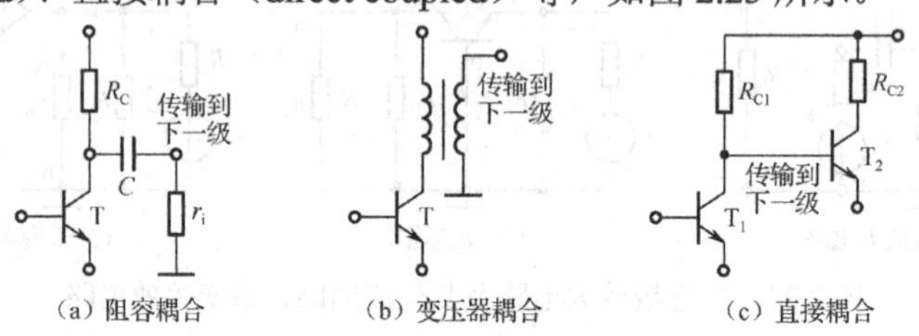

图 2.25 耦合方式

（1）阻容耦合。

用电容将两级放大电路连接起来，利用电容和后级输入电阻组成阻容耦合。它的优点是由于电容的隔直作用，各级放大电路之间的静态是相互独立的，这样比较容易设置；缺点是它不能放大直流信号，对低频信号有较强的衰减作用。

（2）变压器耦合。

用变压器连接前后两级放大电路，可以实现高频信号的传递，且隔开了前后两级放大电路的静态，具有与阻容耦合类似的优缺点，在频率较高时使用较多。

（3）直接耦合。

两级放大电路用导线、电阻等直接相连。图 2.25（c）所示电路中第一个三极管的集电极直接连到第二个三极管的基极，从而将直流和交流电压同时耦合到下一级。因为没有对低频的限制，直接耦合放大器有时又称为直流放大器。在集成电路中一般也采用这种方式。直接耦合方式的优点是可以进行直流或低频信号的放大。缺点一是前后级静态工作点相互影响，分析、计算、调试等比较麻烦，而且后级静态工作点较难稳定；二是存在零点漂移（关于零漂将在 2.5 节介绍）。

对于多级放大电路，可以建立其模型如图 2.26 所示（以三级放大为例），从图中可以看出，其输入电阻等于第一级放大电路的输入电阻，其输出电阻等于末级电级的输出电阻。而中间第 i 级放大电路的输入电阻是第 i-1 级的负载；第 i 级的输出电阻是第 i+1 级放大电路的等效信号源内阻。

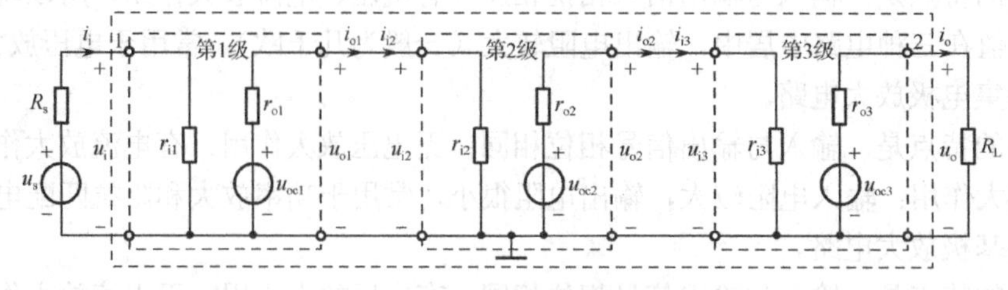

图 2.26 放大电路的级联电路模型

进一步可以分析 n 级放大电路的电压放大倍数：

$$A_u = A_{u1} \cdot A_{u2} \cdots A_{u(n-1)} \cdot A_{un} \tag{2-28}$$

即总的电压放大倍数等于各级放大倍数的乘积。

【例 2-3】 将射极输出器与分压式放大电路组成两级放大电路，如图 2.27 所示。已知 U_{CC}=12V，三极管 T_1 的电流放大系数 β_1=60，R_{B1}=200kΩ，R_{E1}=2kΩ，三极管 T_2 的电流放大系数 β_2=40，R'_{B1}=20kΩ，R'_{B2}=10kΩ，R_{C2}=R_{E2}=2kΩ，R_L=2kΩ。求：（1）第一级电路的静态工作点；（2）放大电路的输入电阻 r_i 和输出电阻 r_o；（3）电路的电压放大倍数 A_{us}。

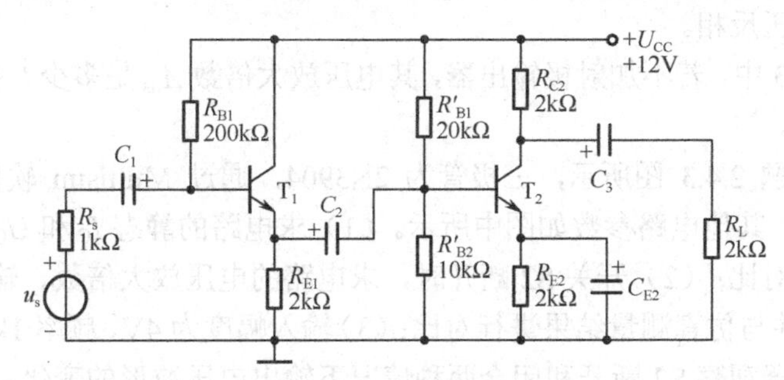

图 2.27 例 2-3 的阻容耦合两级放大电路

分析： 电路为阻容耦合两级放大电路。由于电容的隔直作用，前后级的静态工作点相互独立，故可单独计算。多级放大电路的输入电阻等于第一级电路的输入电阻，输出电阻等于末级电路的输出电阻，电压放大倍数等于各级电压放大倍数的乘积。

解：（1）第一级电路静态工作点的计算：

$$I_{B1} = \frac{U_{CC} - U_{BE1}}{R_{B1} + (1+\beta_1)R_{E1}} = 0.035\text{mA}$$

$$I_{C1} \approx I_{E1} = (\beta_1 + 1)I_{B1} = 2.14\text{mA}$$

$$U_{CE1} = U_{CC} - I_{E1}R_{E1} = 7.72\text{V}$$

（2）放大电路的输入电阻和输出电阻的计算：

$$r_{be1} = 1.04\text{k}\Omega$$

输入电阻为

$$r_i = r_{i1} = R_{B1} // [r_{be1} + (1+\beta_1)R'_{L1}]$$

式中，$R'_{L1} = R_{E1} // r_{i2}$ 为前级的负载电阻，其中，r_{i2} 为后级的输入电阻，在例 2-2 中求得 r_{i2}=0.83kΩ，于是

$$R'_{L1} = R_{E1} // r_{i2} = 0.59\text{k}\Omega$$

代入数值：

$$r_i = 31.2\text{k}\Omega$$

输出电阻 $r_o = r_{o2} = R_{C2} = 2\text{k}\Omega$。

（3）电路的电压放大倍数的计算：

$$A_{u1} = \frac{(1+\beta_1)R'_{L1}}{r_{bel} + (1+\beta_1)R'_{L1}} = 0.97$$

$$A_{u2} = -\frac{\beta_2 R'_L}{r_{be_2}} = -48 \text{（详见例 2-2）}$$

$$A_u = A_{u1} \cdot A_{u2} = -47.6$$

$$A_{us} = \frac{r_i}{R_s + r_i} \times A_u = -46.1$$

探究思考题答案

探究思考题

2.4.1 在共发射极、共基极、共集电极三种组态的基本放大电路中，（ ）的输入电阻最高，（ ）的输入电阻最低，（ ）的输出电阻最低，（ ）的电压放大倍数最低，（ ）的输入电压与输出电压反相。

2.4.2 在例 2-3 中，若不加射极输出器，其电压放大倍数 A_{us} 是多少？并说明第一级加入射极输出器的意义。

2.4.3 电路如题 2.4.3 图所示，三极管为 2N3904，通过 Multisim 软件可以获得其参数 β=166、U_{BE}=0.7V，其他电路参数如图中所示。（1）求电路的静态 I_C 和 U_{CE}，并与仿真测量进行对比；（2）开关 S2 断开时，求电路的电压放大倍数、输入电阻和输出电阻，并与仿真测量结果进行对比；（3）输入幅度为 4V、频率 1kHz 的正弦波，用示波器观察 S2 断开和闭合两种情况下输出电压波形的变化，并解释原因。

仿真文件下载

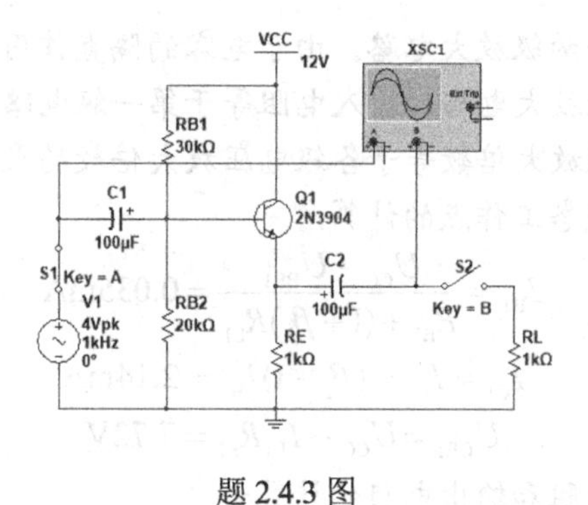

题 2.4.3 图

2.5 差动放大电路

在实际应用中，有时需放大的信号往往是变化非常缓慢的信号，如用热电偶测量的温度信号。对于这样的信号，不能采用阻容耦合或变压器耦合方式，而只能采用直接耦合方式。

2.4 节谈到直接耦合放大电路存在零点漂移。零点漂移（zero drift）是指当 u_i=0 时，输出端电压有缓慢而无规则变化的现象，也简称为零漂。如图 2.28 所示。

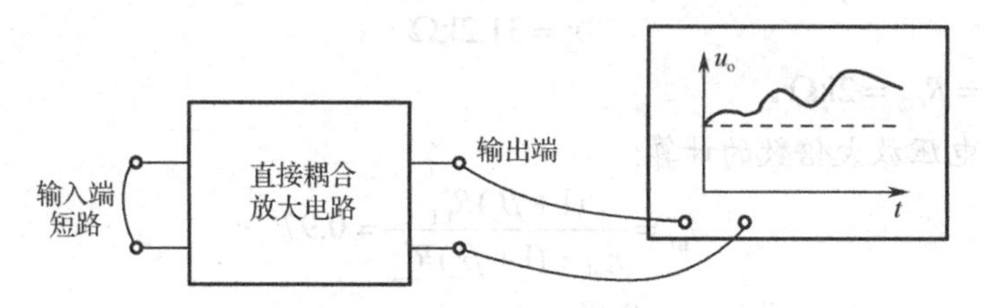

图 2.28 直接耦合放大电路中的零点漂移

产生零点漂移的原因很多，如温度变化、电源电压波动、三极管参数变化等。其中，温度变化是主要因素，因此零漂也称为温漂。在直接耦合放大电路中，任何一点电位的变化都会被逐级放大，在输出端产生漂移电压，从而使输出值偏离其应有的数值。当漂移电压的大小可以和有效信号电压相比时，就会将有效信号电压“淹没”，使放大电路无法正常工作。因此，在直接耦合放大电路中必须抑制零点漂移。

在交流放大电路中也存在零点漂移现象，但缓慢变化的零点漂移信号被耦合电容或耦合变压器隔断，将其限制在本级内，不会传递到下一级继续放大。因此，也不会对放大电路正常工作产生严重的影响，所以，一般在交流放大电路中不考虑零点漂移问题。

为了减小零点漂移，人们采用了很多方法，其中，差动放大电路（也称为差分放大电路，differential amplifier）是解决零漂的一种较好的电路形式，如图 2.29 所示，它在直接耦合放大电路及线性集成放大电路（第 3 章介绍）中得到广泛应用。

2.5.1 差动放大电路抑制零漂的原理

图 2.29 为典型的差动放大电路。从电路形式上看，它是由两个完全对称的共发射极单管放大电路组成的，并且它们有公共的发射极电阻 R_E。差动放大电路有两个不接地的输入端和输出端。当输出信号从两管的集电极间（c_1、c_2）取输出时，称为双端输出，如图中的 u_o。而从 c_1（或 c_2）与地之间取输出时，称为单端输出，如图中的 u_{o1} 或 u_{o2}。

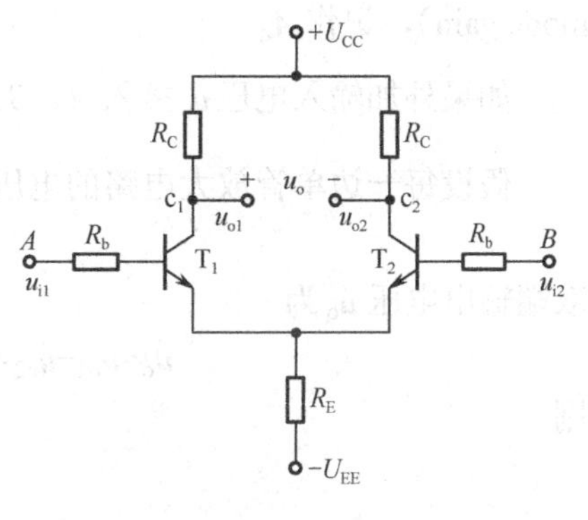

图 2.29 典型差动放大电路

静态时，即 $u_i=0$（$u_{i1}=u_{i2}=0$）时，由于电路对称，两管集电极电位相等，故有双端输出电压 $u_o=u_{o1}-u_{o2}=0$。

当温度变化时，T_1、T_2 都会产生零点漂移现象，但由于电路两边是对称的，所以两管产生的漂移电压相等，使差动放大电路的双端输出电压 u_o 始终为 0，从而使零点漂移得到有效的抑制。但实际上，电路完全对称是不可能的，所以电路两边对称性越好，抑制零点漂移的能力也就越强。

更重要的是，在典型的差动放大电路中，由于加入公共发射极电阻 R_E 的作用是稳定静态工作点，所以可以进一步减小 u_{o1}、u_{o2} 产生的零点漂移。例如，当温度升高时，I_{c1} 和 I_{c2} 均增加，产生如下抑制零点漂移过程：

$$T\uparrow \rightarrow \left.\begin{array}{l} I_{c1}\uparrow \rightarrow I_{E1}\uparrow \\ I_{c2}\uparrow \rightarrow I_{E2}\uparrow \end{array}\right\} I_E\uparrow \rightarrow (I_E R_E)\uparrow \rightarrow \left\{\begin{array}{l} U_{BE1}\downarrow \rightarrow I_{B1}\downarrow \rightarrow I_{c1}\downarrow \\ U_{BE2}\downarrow \rightarrow I_{B2}\downarrow \rightarrow I_{c2}\downarrow \end{array}\right.$$

由此可见，R_E 的阻值越大，稳定作用就越强，工作点的漂移就越小。但 R_E 取值不宜过大，因为随着 R_E 的阻值增大，R_E 上的直流压降增大，会使晶体管静态电压 U_{CE} 下降，导致输出电压动态范围减小。

2.5.2 信号输入（对输入信号的放大原理）

差动放大电路对不同类型输入信号的放大能力不同。

（1）共模输入。

大小相等、极性相同的两个输入信号称为共模信号（common-mode signal），即 $u_{i1}=u_{i2}$，这种信号输入方式就称为共模输入。此时电压放大倍数称为共模电压放大倍数（common-mode gain），记作 A_c。

例如，将 u_{i1} 和 u_{i2} 同时接到信号源上，即 $u_{i1}=u_{i2}=u_i$，可以分析，在双端输出方式下，$A_c=\dfrac{u_o}{u_i}=0$。

在此情况下，对共模信号没有放大作用，却有很强的抑制作用。对于差动放大电路，我们希望其共模电压放大倍数 A_c 越小越好。因为差动放大电路抑制共模信号能力的大小，也反映出它对零点漂移的抑制水平。R_E 阻值愈大，电路的对称性愈好，对零点漂移的抑制能力愈强。

（2）差模输入。

大小相等、极性相反的两个输入信号称为差模信号（difference-mode signal），即 $u_{i1}=-u_{i2}$，这种信号输入方式就称为差模输入。此时，电压放大倍数称为差模电压放大倍数（differential-mode gain），记作 A_d。

如果外加输入电压 u_i 接入 A、B 之间，即 $u_{AB}=u_i$，则可以看出 $u_{i1}=-u_{i2}=\dfrac{1}{2}u_i$。

假设每一边单管放大电路的电压放大倍数相同：

$$A_{u1}=A_{u2}=A_u$$

双端输出电压 u_o 为

$$u_o=u_{o1}-u_{o2}=u_{i1}A_{u1}-u_{i2}A_{u2}=(u_{i1}-u_{i2})A_u=u_iA_u$$

则

$$A_d=\frac{u_o}{u_i}=A_u$$

即

$$A_d=A_{u1}=A_{u2}=-\frac{\beta R_C}{R_b+r_{be}}\quad(R_L=\infty)\tag{2-29}$$

在如图 2.29 所示典型差动放大电路中，对于差模信号，两个晶体管的信号电流在 R_E 上的变化大小相等、方向相反。因此，流过 R_E 的信号电流为零，信号电压也为零，所以 R_E 对差模信号不起作用。

上式说明，差动放大电路的差模电压放大倍数与单管放大电路的电压放大倍数相同，且与 R_E 的大小无关。当在两管的集电极之间接入负载电阻 R_L 时，

$$A_d=-\frac{\beta R_L'}{R_b+r_{be}}\tag{2-30}$$

式中，$R_L'=R_C//\dfrac{1}{2}R_L$。这是因为当输入差模信号时，如果一管的集电极电位升高，另一管的则降低，在 R_L 中点的交流电位为零，所以相当于接“地”，每管各带一半的负载电阻。

两输入端之间的差模输入电阻为

$$r_i=2(R_b+r_{be})\tag{2-31}$$

两集电极之间的差模输出电阻为

$$r_o=2R_C\tag{2-32}$$

（3）任意输入。

将两个任意的输入信号 u_{i1}、u_{i2} 分别加到差动放大电路的两个输入端。

因为

$$u_{i1}=\frac{u_{i1}+u_{i2}}{2}+\frac{u_{i1}-u_{i2}}{2}\text{；}\quad u_{i2}=\frac{u_{i1}+u_{i2}}{2}-\frac{u_{i1}-u_{i2}}{2}$$

所以可以把信号分解为共模分量和差模分量之和。双端输出时，差动放大器对共模信号没有放大作用，对差模信号的放大能力与单管放大能力相同，因此，输出电压与输入电压的关系可表示为

$$u_o=A_d(u_{i1}-u_{i2}) \tag{2-33}$$

即差模输入信号为两输入信号的差值。

在实际应用中，将差动放大电路的一个输入端接地，称为单端输入，如图 2.30 所示。此时 $u_{i2}=0$，$u_{i1}=u_i$，差模输入信号仍然为 u_i，所以 $u_o=A_du_i$，即单端输入与双端输入的差模放大能力相同。

在差模输入方式下，由于 $u_{o1}=-u_{o2}$，双端输出电压 $u_o=u_{o1}-u_{o2}=2u_{o1}=-2u_{o2}$，而单端输出时，$u_o=u_{o1}$ 或 $u_o=u_{o2}$，输出电压大小为双端输出电压的一半，而极性取决于从哪一端输出。因此单端输出时，其差模电压放大倍数是双端输出差模电压放大倍数的一半。典型的差动放大电路及输入、输出方式性能比较如表 2.1 所示。

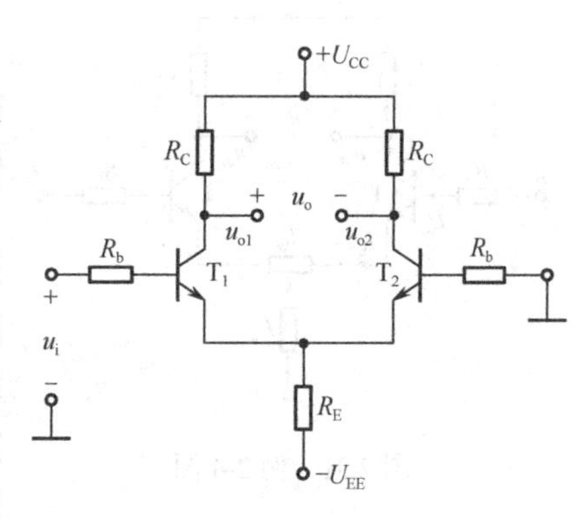

图 2.30　单端输入差动放大电路

表 2.1　典型差动放大电路性能比较

输入方式	双端		单端	
输出方式	双端	单端	双端	单端
差模放大倍数 A_d	$-\frac{\beta R_C}{R_b+r_{be}}$	$\pm\frac{\beta R_C}{2(R_b+r_{be})}$	$-\frac{\beta R_C}{R_b+r_{be}}$	$\pm\frac{\beta R_C}{2(R_b+r_{be})}$
差模输入电阻 r_i	$2(R_B+r_{be})$		$2(R_B+r_{be})$	
差模输出电阻 r_o	$2R_C$	R_C	$2R_C$	R_C

（4）共模抑制比（common-mode rejection ratio）。

在实际工程上，要求差动放大电路对差模信号有尽可能大的放大能力，对共模信号有尽可能强的抑制作用。因此，为综合考查其性能，用共模抑制比 K_{CMR} 来表示。

$$K_{CMR}=\left|\frac{A_d}{A_c}\right| \tag{2-34}$$

一般地，K_{CMR} 的数值很大，为方便起见，用分贝表示，即

$$K_{CMR}\text{（dB）}=20\lg\left|\frac{A_d}{A_c}\right| \tag{2-35}$$

显然，共模抑制比越大，表示抑制零点漂移的能力越强。理想情况下，双端输出时，共模抑制比为无穷大。

在差动放大电路中，公共的发射极电阻 R_E 对共模输入信号起负反馈作用，降低了单端输

出及双端输出时的共模输出量，从而减小了共模放大倍数A_{c1}、A_{c2}及A_c；但R_E对差模信号没有负反馈作用，使电路的共模抑制比大大提高（关于反馈的概念将在第3章介绍）。

【例 2-4】在图 2.31 所示电路中，已知β=50，U_{BE}=0.6V，R_b=1kΩ，R_C=12kΩ，R_W=200Ω，R_E=5.6kΩ，U_{CC}=12V，$-U_{EE}$=−6V。

（1）确定电路的静态工作点；

（2）当在两输入端A、B加入10mV的输入电压时，计算输出电压值；

（3）计算输入电阻和输出电阻。

解：（1）求静态工作点。将A、B点对地短接，因电路对称，左右两侧静态值相同，列写其中一个回路的KVL方程（注意，流过R_E的电流为$2I_E$）：

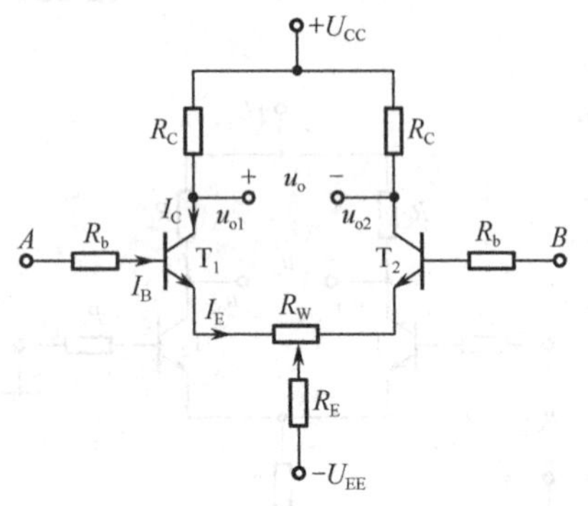

图 2.31 例 2-4 图

$$I_B R_b + U_{BE} + (1+\beta)\left(\frac{R_W}{2} + 2R_E\right) I_B = U_{EE}$$

则

$$I_B = \frac{U_{EE} - U_{BE}}{R_b + (1+\beta)\left(\frac{R_W}{2} + 2R_E\right)}$$

代入数据得

$$I_B = 10.4\mu A$$

$$I_C = \beta I_B = 0.52mA$$

$$U_C = U_{CC} - I_C R_C = 5.76V$$

（2）先求A_d。

$$A_d = -\frac{\beta R_C}{R_b + r_{be} + (1+\beta)\frac{R_W}{2}}$$

$$r_{be} = 2.85k\Omega$$

则

$$A_d = -\frac{50\times 12}{1 + 2.85 + 51\times 0.1} = -67$$

输出电压为

$$U_o = A_d U_i = 670mV$$

若忽略$\frac{R_W}{2}$对差模信号的作用（负反馈作用），则

$$A_d = -\frac{\beta R_C}{R_b + r_{be}}$$

（3）输入电阻为

$$r_i = 2(R_b + r_{be}) + (1+\beta)R_W$$

代入数据得

$$r_i = 17.9k\Omega$$

输出电阻为

$$r_o = 2R_C = 24k\Omega$$

探究思考题

探究思考题答案

2.5.1　什么是零点漂移？为什么会出现零点漂移？零点漂移对直流放大电路的工作有什么影响？为什么在阻容耦合放大电路中不强调零点漂移问题？

2.5.2　差动放大电路的差模输入信号是两个输入端信号的（　　），共模输入信号是两个输入端信号的（　　）。

A．差　　　　　B．和　　　　　C．平均值

2.5.3　题 2.5.3 图为基本差动放大电路，分析其双端输入-单端输出的差模及共模放大倍数，此电路在单端输出时能否抑制零点漂移？

2.5.4　如题 2.5.4 图所示，基极直流偏置电压为零，假设对三极管 T_1 有 I_C/I_E=0.98，对三极管 T_2 有 I_C/I_E=0.975，计算直流差分输出电压 u_o（设 U_{BE}=0.7V）。

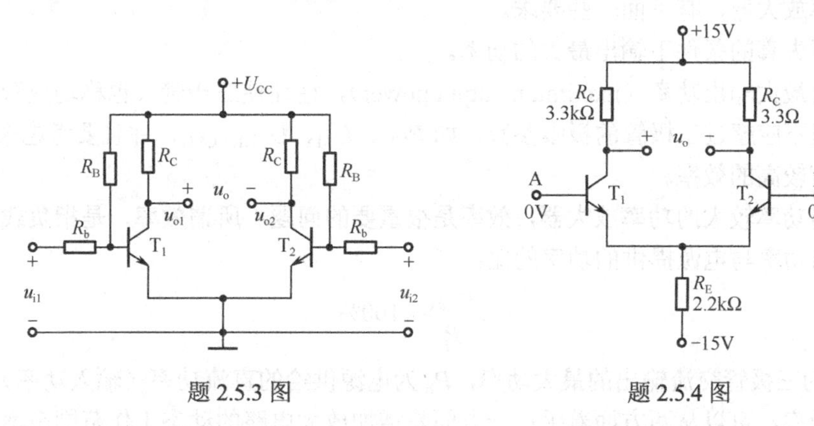

题 2.5.3 图　　　　　题 2.5.4 图

2.5.5　如果构成差动放大电路的两个单管放大电路分别有独立的发射极电阻 R_E，那么能否抑制零点漂移？请通过对题 2.5.5 图对比仿真分析，说明差动放大电路中公共的发射极电阻 R_E 的作用。

仿真文件下载

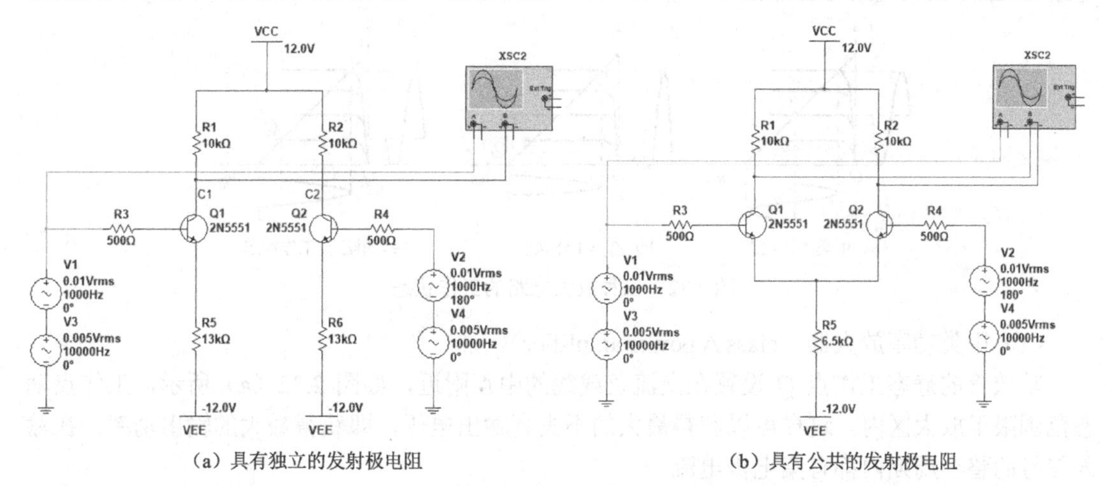

（a）具有独立的发射极电阻　　　　（b）具有公共的发射极电阻

题 2.5.5 图

2.6 功率放大电路

在实际应用中，经常要用放大的信号去推动负载工作，如驱动扬声器发声等，要求放大器有较大的输出功率，即，不但要有较大的输出电压，而且要有较大的输出电流。完成这个任务的就是多级放大电路中的末前级和末级放大器，也就是功率放大器。

功率放大器和电压放大器并没有本质区别，二者都是能量转换器（利用放大器件的控制作用，把直流电源供给的功率按输入信号的变化规律转换给负载）。电压放大器工作在小信号状态，要求输出较大的电压；而功率放大器工作在大信号状态，要求输出较大的功率。

2.6.1 基本要求和分类

对于功率放大器，有下面一些要求。

（1）在不失真的条件下输出最大的功率。

为了获得最大输出功率（maximum output power），往往使三极管（也称功放管）工作在极限状态，但不应超过三极管的极限参数，如 P_{CM}、I_{CM}、$U_{(BR)CEO}$，并且要考虑失真问题。

（2）要有较高的效率。

对于输出功率较大的功率放大器，效率是很重要的问题。所谓效率，是指负载得到的最大不失真输出功率与电源提供的功率的比：

$$\eta = \frac{P_{omax}}{P_E} \times 100\% \tag{2-36}$$

式中，P_{omax} 为三极管交流输出的最大功率，P_E 为电源供给的直流功率（输入功率）。

为提高效率，可以从两方面着手：一方面是增加放大电路的动态工作范围来增加输出功率，另一方面是减小电源供给的功率。

根据功放管静态工作点设置的不同，可分为甲类、乙类、甲乙类三种功率放大器（放大电路）。三种放大电路对应的工作状态示于图 2.32 中。

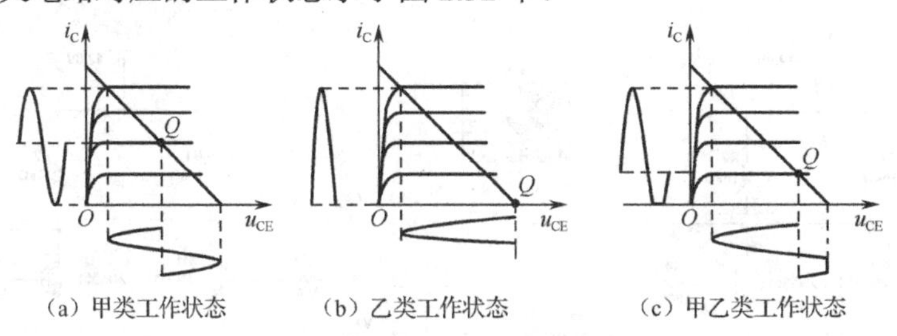

图 2.32　三种放大电路的工作状态

（1）甲类功率放大器（class A power amplifier）。

功放管的静态工作点 Q 设置在交流负载线的中点附近，如图 2.32（a）所示，工作点动态范围限于放大区内。这样可以获得最大的不失真输出电压，即获得最大的输出功率。在输入信号的整个周期内都有集电极电流。

（2）乙类功率放大器（class B power amplifier）。

功放管静态工作点 Q 设置在截止区的边缘上，如图 2.32（b）所示，在输入信号的半个周期内，才有集电极电流。

（3）甲乙类功率放大器（class AB power amplifier）。

功放管的静态工作点 Q 设置在放大区并靠近截止区，如图 2.32（c）所示，在输入信号的多半个周期内，有集电极电流。

在甲类工作状态，不论有无信号，电源供给的功率 $P_E=U_{CC}I_C$ 总是不变的。随着信号增大，输出功率增大。可以证明，在理想情况下，甲类功率放大器的最高效率只能达到 50%；乙类和甲乙类功率放大器由于静态电流很小，功率损耗也很小，因而提高了效率，可以证明，理论上其最高效率为 78.5%。可见，乙类和甲乙类放大器虽然提高了效率，但产生了严重的截止失真，为此，这两类电路均采用互补对称的结构来实现正常的放大功能。

乙类效率计算

2.6.2　互补对称功率放大电路

1. OTL 互补对称放大电路

OTL 是无输出变压器功率放大电路的简称。图 2.33 所示为 OTL 乙类互补对称功率放大电路。它由两个发射极输出器组成，T_1、T_2 是不同类型的三极管，它们的特性基本一致。C_L 为耦合电容，其值要大，一般取 2000μF 或更大。

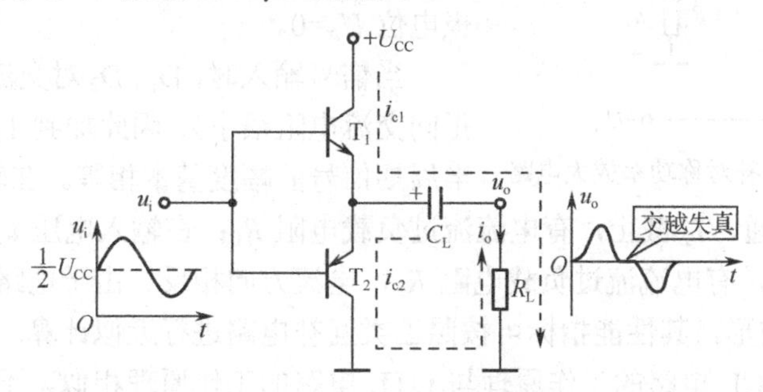

图 2.33　OTL 乙类互补对称功率放大电路

静态时，发射极电位 $U_E=\frac{1}{2}U_{CC}$，耦合电容电位 $U_{CL}=\frac{1}{2}U_{CC}$，因为每个管的发射结电位均为零，只有很小的 I_{CEO} 通过，所以都处于截止状态，即两管工作于乙类状态。

动态时，在输入信号正半周期，当输入电压 u_i 高于死区电压 U_{ON1} 时，T_1 导通，T_2 截止，T_1 以发射极输出的方式向负载 R_L 提供电流 $i_o=i_{c1}$，使负载 R_L 上得到正半周期输出电压，同时对电容 C_L 充电。在输入信号负半周期，当输入电压 u_i 高于死区电压 U_{ON2} 时，T_1 截止，T_2 导通，电容 C_L 通过 T_2、R_L 放电，T_2 也以发射极输出方式向 R_L 提供电流 $i_o=-i_{c2}$，在负载 R_L 上得到负半周期输出电压，电容 C_L 在这时起到电源的作用。为了使输出波形对称，即 i_{C1} 与 i_{C2} 大小相等，必须保持 C_L 上的电压恒为 $\frac{U_{CC}}{2}$，也就是 C_L 在放电过程中，其端电压不能下降过多，因此，C_L 的容量必须足够大。

忽略互补管的饱和压降，最大输出电压幅值为 $\frac{U_{CC}}{2}$，所以 OTL 最大不失真功率为

$$P_{om}=\frac{U_{CC}^2}{8R_L} \tag{2-37}$$

在乙类功率放大电路中，三极管 T_1 和 T_2 都存在死区电压，当输入电压 u_i 低于死区电压时，T_1、T_2 都不导通，负载电流基本为 0，即输出电压正、负半周期交界处产生失真，如图 2.33 所示，由于这种失真发生在两管交替工作的时刻，故称为交越失真（crossover distortion）。

为了克服交越失真，可给两互补管的发射结设置一个很小的偏置电压，使它们在静态时处于微导通状态，因而静态工作点很低，这样既消除了交越失真，又使功放工作在接近乙类的甲乙类状态，效率仍然很高。下面以 OCL 电路为例，说明甲乙类互补对称放大电路如何克服交越失真。

2. OCL 互补对称功率放大电路

在 OCT 互补对称放大电路中，需采用大容量的极性电容 C_L 与负载耦合，因而影响电路的低频性能，并且无法实现集成化。为此可去掉电容，另加一路负电源来构成 OCL 功率放大电路——无输出耦合电容互补对称功率放大电路。

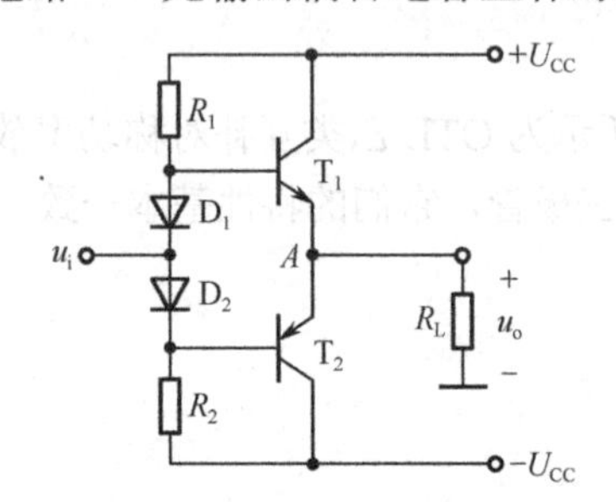

图 2.34　OCL 甲乙类互补对称功率放大电路

图 2.34 所示电路工作于甲乙类状态。静态时，二极管 D_1、D_2 两端的压降加到 T_1、T_2 的基极之间，使两管处于微导通状态。由于电路对称，静态时两管的电流相等，负载 R_L 中无电流通过，两管的发射极电位 U_A=0。

当信号输入时，D_1、D_2 对交流信号近似短路（其正向交流电阻很小），因此加到 T_1、T_2 两管基极正负半周期信号的幅度基本相等。在输入电压 u_i 的正半周期，三极管 T_1 导通、T_2 截止，有电流流过负载电阻 R_L；在输入电压 u_i 的负半周期，三极管 T_1 截止、T_2 导通，有电流流过负载电阻 R_L，电流方向相反。由于电路对称，使之能向负载提供完整的输出波形，其性能指标可按照乙类互补电路进行近似计算。

由上述分析，OCL 电路的工作原理与 OTL 电路的工作原理相似，不同之处仅在于采用双电源供电而使最大输出电压幅值从 $\dfrac{U_{CC}}{2}$ 变为 U_{CC}，因而在电路计算时，只要将 $\dfrac{U_{CC}}{2}$ 改为 U_{CC} 即可。

OCL 最大不失真功率为

$$P_{om}=\frac{U_{CC}^2}{2R_L} \tag{2-38}$$

上述互补对称功率放大电路要求有一对特性相同的 NPN 和 PNP 型功率三极管，在输出功率较小时，可以选配这对三极管，但在要求输出功率较大时，就难以配对，因此采用复合管。图 2.35 给出了两种类型的复合管。

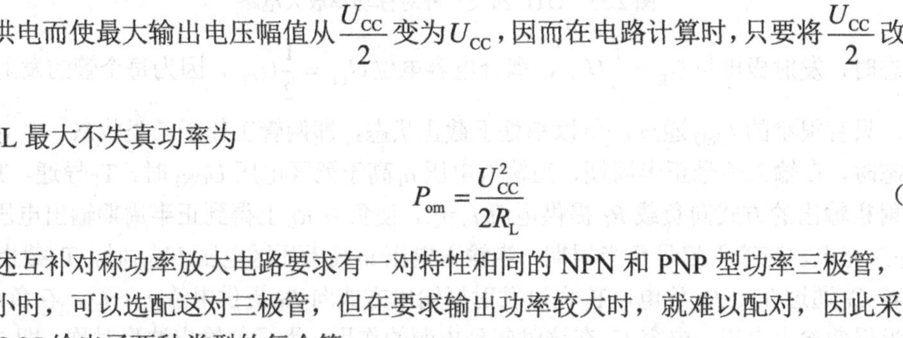

（a）NPN型

（b）PNP型

图 2.35　复合管电路及其符号

以图 2.35（a）为例，可知：

$$i_c = i_{c1} + i_{c2} = \beta_1 i_{b1} + \beta_2 i_{b2} = \beta_1 i_{b1} + \beta_2 i_{e1} = \beta_1 i_{b1} + \beta_2 (1+\beta_1) i_{b1} \approx \beta_2 \beta_1 i_{b1} = \beta_2 \beta_1 i_b$$

可以分析，复合管的电流放大系数近似等于两管电流放大系数的乘积；复合管的类型与第一个三极管的类型相同。例如，图 2.35（a）中的复合管等效为 $\beta \approx \beta_1 \beta_2$ 的 NPN 型三极管，图 2.35（b）中的复合管等效为 $\beta \approx \beta_1 \beta_2$ 的 PNP 型三极管。

3. 实际的互补对称功率放大电路*

在一些只能采用单电源的场合，必须采用单电源的功率放大电路。图 2.36 所示为具有推动级的 OTL 甲乙类互补对称功率放大电路。

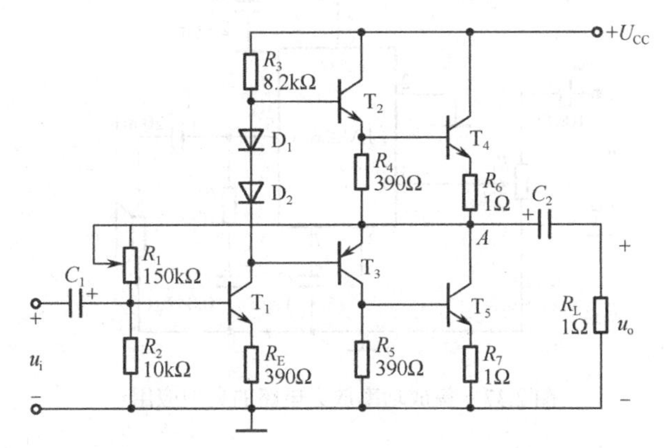

图 2.36 具有推动级的 OTL 甲乙类互补对称功率放大电路

图中采用 T_2、T_4 构成 NPN 型复合管，T_3、T_5 构成 PNP 型复合管。设两复合管特性相同，则调节电阻 R_1 可使得静态时 A 点的电位为 $\frac{U_{CC}}{2}$，大电容 C_2 的直流电压也将为 $\frac{U_{CC}}{2}$，相当于 OCL 电路的负电源。

二极管 D_1、D_2 接在 T_2、T_3 两管基极之间，其压降为两管提供一定的偏压以克服交越失真。二极管的动态电阻很小，因此它的交流压降很小，可不加旁路电容。

R_4 和 R_5 把复合管中的第一个管（T_2 和 T_3）的穿透电流 I_{CEO} 分流，不让其流入第二个管（T_4 和 T_5）的基极，以减小总的穿透电流，提高温度稳定性。

R_6 和 R_7 是电流负反馈电阻，用于使功率放大器稳定工作。

推动级是分压式偏置静态工作点稳定电路。静态时 A 点的电位为 $\frac{U_{CC}}{2}$，推动级的静态偏置并没有取自电源电压 U_{CC}，而是取自 A 点。优点是引入了一个交直流负反馈，既可以稳定静态工作点，又可以使放大电路的指标得到改善。

2.6.3 集成功率放大电路

集成功率放大电路（integrated circuit power amplifier）的种类和型号繁多，它的内部结构大体包括四个部分：输入级、推动级、输出级及保护电路。例如，LM386 是一种低电压集成功放，它具有增益可调（20～200 倍）、通频带宽（300kHz）、低功耗（U_{CC}=6V 时静态功耗仅为 24mW）等特点而得到广泛应用。它的输入级是双端输入、单端输出的差分放大电路；

推动级是共发射极放大电路；输出级是 OTL 互补对称放大电路，因为单电源供电，输出端外接耦合电容 C_5。

图 2.37 所示是由 LM386 组成的一种典型应用。集成功率放大电路有两个输入端，其中 2 是反相输入端，3 是同相输入端；4 是公共端，5 是输出端，6 是电源端，7 是去耦端，1 和 8 是增益设定端（图中未画出），图中 R_2C_4 是电源去耦电路，滤掉电源中的高频交流分量；R_3C_3 是相位补偿电路，以消除自激振荡，并改善高频时的负载特性；C_2 也用来防止电路产生自激振荡。

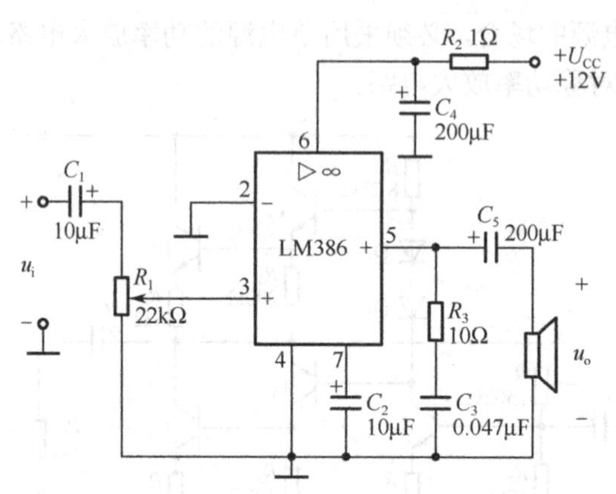

图 2.37　集成功率放大电路的典型应用

探究思考题答案

探究思考题

2.6.1　功率放大电路与电压放大电路的区别是（　）。

A．前者比后者电源电压高；　　　　　　B．前者比后者电压放大倍数数值大；

C．前者比后者效率高；　　　　　　　　D．前者比后者的输出功率大。

E．在电源电压相同的情况下，前者比后者的最大不失真输出电压大。

2.6.2　根据功放管静态工作点设置不同，功率放大器可分为哪几类？各自有什么特点？

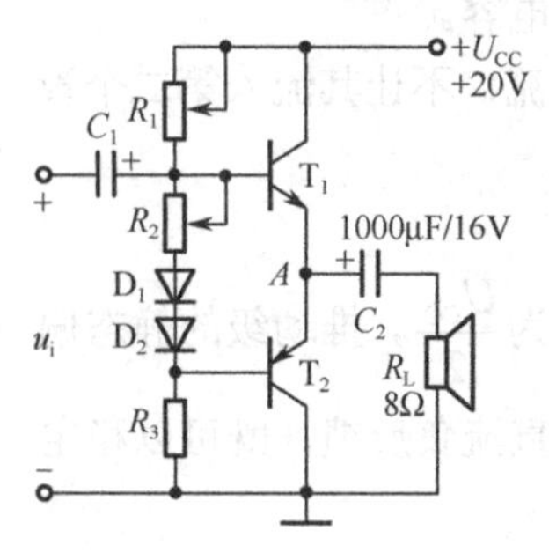

题 2.6.3 图

2.6.3　如题 2.6.3 图所示 OTL 功率放大电路。

（1）说明该电路静态时，A 点的电位应该等于多少？是通过调节哪个电阻实现的？

（2）说明电路采用大容量电容 C_2 的作用，电容 C_2 两端电压应等于多少？

（3）为消除交越失真，应调节哪个电阻？

（4）当忽略管压降 U_{CES} 时，估算电路最大峰值输出电压和电流，负载得到的最大不失真功率是多少？

（5）对比图 2.34 所示电路，说明 OTL 电路与 OCL 电路的区别。要使 OCL 电路负载获得相同的功率，电源电压 U_{CC} 为多少？

2.7　场效应管放大电路

我们知道，场效应管是电压控制元件，它的突出特点是输入电阻很高，因此适合作为多级放大电路的输入级以提高放大电路的输入电阻。对于高内阻或不能提供电流的信号源，只有采用场效应管放大电路才能有效地放大。由于场效应管的噪声低，可在微小电流下工作，因此可用来作为低噪声、低功耗的微弱信号放大器。

场效应管放大电路和三极管放大电路有相似之处。为保证场效应管电路正常放大，像三极管一样，也必须为它加上偏置电路以设置合适的静态工作点。不同的是，三极管是电流控制器件，要设置适当的基极电流 I_B 或集电极电流 I_C；而场效应管是电压控制器件，则要设置合适的栅压 U_{GS}。

2.7.1　偏置电路和静态工作点计算

为使场效应管正常放大，减少电源种类及提供适当的栅压，常采用自给偏压式偏置电路和分压式偏置电路。

（1）自给偏压式偏置电路。

图 2.38 所示电路为耗尽型场效应管自给偏压式偏置电路。R_D 为漏极电阻，其阻值为几十千欧；R_S 为源极电阻，其阻值为几千欧；R_G 为栅极电阻，其阻值为 200kΩ～10MΩ，它用于构成栅源间的直流通路。

这种电路静态工作点建立过程为：接通电源 U_{DD}（对 N 沟道管，要求 $U_{DD}>0$）后，便产生电流 I_D，流过源极电阻 R_S 产生压降 R_SI_D。因为栅流 $I_G=0$，所以 $U_G=0$，则栅源极之间的偏压 U_{GS} 为

$$U_{GS}=U_G-U_S=0-R_SI_D=-R_SI_D \tag{2-39}$$

由式（2-39）可知，确定静态工作点的偏压 U_{GS} 是依靠管自身电流 I_D 产生的，因此这种提供偏压的方法称为自给偏压式偏置电路。

对于增强型场效应管，由于工作时必须加一定的栅源电压，当 $U_{GS}=0$ 时，$I_G=0$，因此不能采用自给偏压式偏置电路。

（2）分压式偏置电路

图 2.39 是典型的分压式偏置电路。图中的 R_{G1} 和 R_{G2} 为分压电阻，R_G 为栅极电阻，用以构成栅源间通路并增加放大电路的输入电阻。由于栅源电阻值很大，R_G 上无电流流过，因此

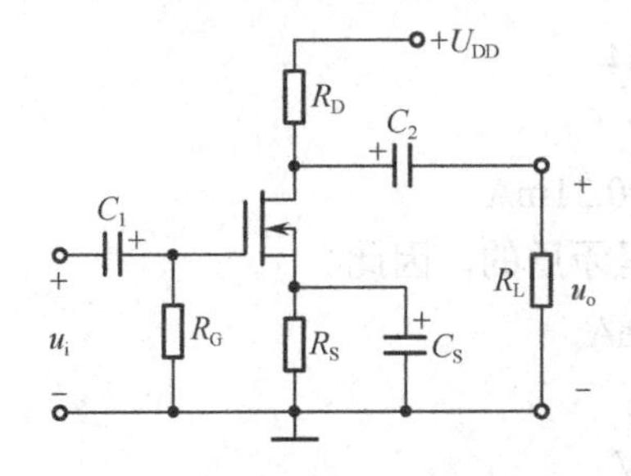

图 2.38　自给偏压式偏置电路

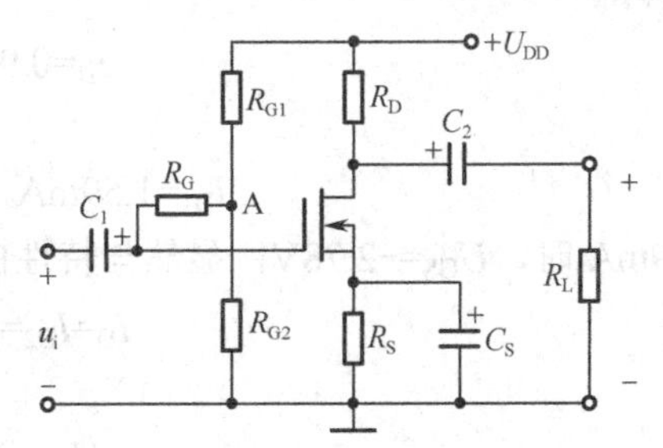

图 2.39　分压式偏置电路

$$U_G=U_A=\frac{R_{G2}}{R_{G1}+R_{G2}}U_{DD}$$

$$U_S=I_DR_S$$

则栅源电压为

$$U_{GS}=U_G-U_S=\frac{R_{G2}}{R_{G1}+R_{G2}}U_{DD}-I_DR_S \tag{2-40}$$

对于不同类型的场效应管，要提供不同的偏压。例如，对于N沟道结型场效应管，要满足 $U_{GS}<0$，即 $\frac{R_{G2}}{R_{G1}+R_{G2}}U_{DD}<I_DR_S$；对于增强型场效应管，要使 $U_{GS}>U_{GS(th)}$，即

$$\frac{R_{G2}}{R_{G1}+R_{G2}}U_{DD}>I_DR_S+U_{GS(th)}$$

通常通过调节 R_{G1}、R_{G2} 和 R_S 来实现这一点。

【例 2-5】 在图 2.39 中，R_{G1}=2MΩ，R_{G2}=47kΩ，R_G=10MΩ，R_D=30kΩ，R_S=2kΩ，U_{DD}=18V，耗尽型场效应管 3D01 的 $U_{GS(off)}$=−1V，I_{DSS}=0.1mA，试求静态工作点。

解：结型场效应管和耗尽型场效应管的转移特性有如下近似公式：

$$I_D=I_{DSS}\left(1-\frac{U_{GS}}{U_{GS(off)}}\right)^2 \tag{2-41}$$

则通过求解如下式（2-40）和式（2-41）的联立方程组：

$$\begin{cases}I_D=I_{DSS}\left(1-\dfrac{U_{GS}}{U_{GS(off)}}\right)^2\\ U_{GS}=U_G-U_S=U_G-R_Si_D\end{cases}$$

求出电路的静态工作点 U_{GS} 和 I_D 值。

栅极电压 U_G 为

$$U_G=\frac{R_{G2}}{R_{G1}+R_{G2}}U_{DD}\approx 0.4\text{V}$$

把 $U_{GS(off)}$、I_{DSS} 及 U_G 的值代入上述方程组，得

$$\begin{cases}I_D=0.5\times(1+U_{GS})^2\\ U_{GS}=0.4-2I_D\end{cases}$$

整理后，解得

$$I_D=0.95\pm0.64$$

即

$$I_{D1}=1.59\text{mA},\ I_{D2}=0.31\text{mA}$$

当 I_{D1}=1.59mA 时，U_{GS}=−2.78V，显然与特性曲线呈矛盾的，因此

$$I_D=I_{D2}=0.31\text{mA}$$

由此可得

$$U_{GS}=-0.22\text{V}$$

$$U_{DS}=8.1\text{V}$$

则静态工作点为

I_D=0.31mA，U_{GS}=−0.22V，U_{DS}=8.1V

自给偏压式和分压式偏置电路的静态工作点也可用图解法来确定，读者可参考有关书籍。

2.7.2　场效应管放大电路动态分析

1．场效应管的微变等效电路

和三极管一样，在小信号工作条件下，场效应管也可用线性电路来等效，其微变等效电路如图 2.40 所示。

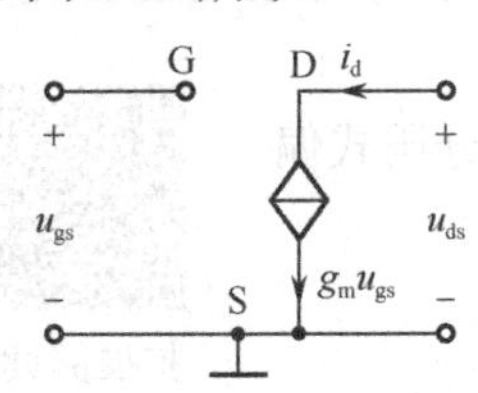

图 2.40　场效应管微变等效电路

因为栅源电阻很大，I_G≈0，所以场效应管输入端可用开路状态等效。在输出回路，当场效应管工作在恒流区即放大区时，漏极电流 I_D 仅受栅源电压 U_{GS} 的控制而与漏源电压 U_{DS} 无关，在小信号条件下，可认为 $\frac{\Delta i_D}{\Delta u_{GS}}=\frac{i_d}{u_{GS}}$，其值为常数。因此输出端的 i_d 可用一个电压控制电流源 $i_d=g_m u_{gs}$ 来等效代替。其中，$g_m=i_d/u_{gs}$ 称为跨导，它是衡量场效应管栅源电压对漏极电流控制能力的重要参数，单位是微安每伏（μA/V）或毫安每伏（mA/V），其值在 0.1～10mA/V 范围内。

2．动态参数 A_u、r_i 和 r_o 的计算

动态参数的求解与双极性的三极管放大电路相同，即先画出场效应管放大电路的微变等效电路，然后根据等效电路来求解 A_u、r_i 和 r_o。

【例 2-6】在图 2.39 所示的分压式偏置电路中，已知 U_{DD}=20V、R_D=10kΩ、R_S=10kΩ、R_{G1}=200kΩ、R_{G2}=50kΩ、R_G=1MΩ；负载电阻 R_L=15kΩ，晶体管的 I_{DSS}=0.9mA、$U_{GS(off)}$=−4V、g_m=1.5mA/V。求电路的电压放大倍数 A_u、输入电阻 r_i 和输出电阻 r_o。

解： 首先画出该放大电路的微变等效电路，如图 2.41 所示。根据等效电路得

$$\dot{U}_o=-\dot{I}_d R_L'=-g_m\dot{U}_{GS}R_L'$$

则

$$A_u=\frac{\dot{U}_o}{\dot{U}_i}=\frac{\dot{U}_o}{\dot{U}_{GS}}=-g_m R_L'$$

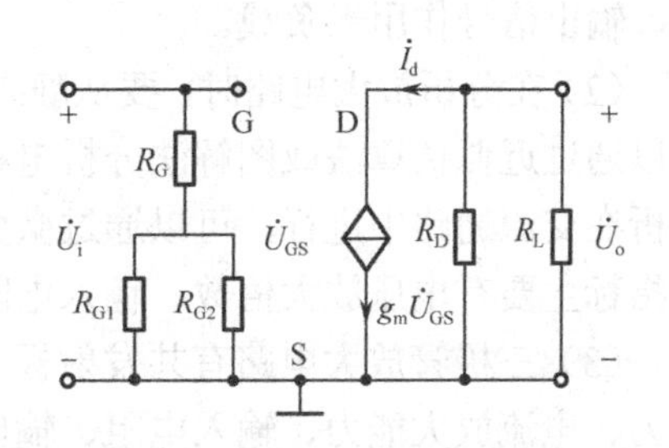

图 2.41　分压式偏置电路的微变等效电路

式中 $R_L'=R_D//R_L$。代入数据得

$$A_u=-1.5\times\frac{10\times15}{10+15}=-9$$

输入电阻为

$$r_i=R_G+R_{G1}//R_{G2}$$

代入数据得

$$r_i=1040\text{k}\Omega=1.04\text{M}\Omega$$

或 $R_G\gg R_{G1}$，$R_G\gg R_{G2}$，因此

$$r_i\approx R_G=1\text{M}\Omega$$

输出电阻为

$$r_o \approx R_D = 10\text{k}\Omega$$

经计算可以看到，场效应管放大电路的输入电阻非常大，这是三极管放大电路无法相比的。因此，它常被用在多级放大电路的输入级。

探究思考题

探究思考题答案

2.7.1　在图 2.38、图 2-39 电路中为什么加入电阻 R_G？在 $R_G=0$、$R_G=\infty$ 两种情况下，分别对电路有何影响？

2.7.2　自给偏压式偏置电路适用于何种类型的场效应管？电路中如果源极电阻增大，跨导 g_m 及电压放大倍数 A_u 有何变化？

2.7.3　试比较图 2.39 共源极分压式偏置电路与图 2.16 共发射极分压式偏置电路的异同。

扩展阅读 1

扩展阅读

1．电子电路的 Multisim 仿真分析。
2．中国半导体科技奠基人。

扩展阅读 2

本章总结

扩展阅读 1
仿真文件下载

本章是模拟电子技术的基础，这一章的知识对于学习理解集成电路的工作原理及性能十分重要。本章重点研究了三极管构成的放大电路，主要学习放大电路的基本构成及特点，放大电路的分析方法、性能指标等。

（1）放大电路的核心元件是晶体三极管，主要是利用其电流放大作用。要使放大电路正常工作，必须建立合适的静态工作点，并使输入信号作用于发射结，输出信号作用于负载。

（2）在分析放大电路时，要从静态和动态两方面进行分析。静态分析在直流通路中进行，可以通过近似估算法或图解法分析电路的静态工作点，确保放大电路实现正常的放大。动态分析在交流通路中进行，可以通过微变等效电路法或图解法来分析放大电路的性能。动态性能指标主要有电压放大倍数、输入电阻、输出电阻、通频带等。

（3）三极管放大电路有共发射极、共集电极、共基极三种接法。这三种电路在电压放大能力、电流放大能力、输入电阻、输出电阻等性能指标方面各具特点，因而可以应用在不同场合。构成多级放大时，耦合方式主要有直接耦合、变压器耦合、阻容耦合，各种耦合方式也各具特点。

（4）直接耦合放大电路的零点漂移是必须解决的问题，因此多采用差动放大电路，差动放大电路利用电路对称性和引入共模负反馈来抑制零点漂移。差动放大电路有双端输入-双端输出、双端输入-单端输出、单端输入-双端输出、单端输入-单端输出四种接法，它们的性能可用差模放大倍数、共模放大倍数、共模抑制比、输入电阻、输出电阻等表示。

（5）多级放大电路的末级（及末前级）主要作用是功率放大。功率放大与电压放大本质相同，但功率放大器工作于大信号条件下，微变等效电路的分析法不再适用，可以采用图解法分析。由于其特殊的作用，分析侧重点也与电压放大不同，如重点讨论最大输出功率、效率等性能。同时，为了在不失真的情况下获得较高的功率及效率，电路常采用 OTL、OCL 形式。

（6）场效应管放大电路与三极管放大电路一样，必须设置合适的静态工作点，场效应管是电压控制器件，要设置合适的栅压 U_{GS}，其动态性能可以利用微变等效法进行分析。

第2章自测题

自测题答案

2.1 如果一个放大电路的电压增益为 40dB，那么实际电压放大倍数为（ ）；如果一个两级放大电路每级的电压增益都是 40dB，则总的电压增益是（ ）dB，电压放大倍数为（ ）。

A．80　　B．100　　C．1000　　D．1600

E．10000

2.2 放大电路 A、B 的放大倍数相同，但输入电阻、输出电阻不同，用它们对同一个具有内阻的信号源电压进行放大，在负载开路条件下测得 A 的输出电压小，这说明 A 的（ ）。

A．输入电阻大　　B．输入电阻小　　C．输出电阻大　　D．输出电阻小

2.3 固定偏置放大电路中，晶体管的β=50，若将该晶体管调换为β =100 的另外一个晶体管，则该电路中晶体管集电极电流 I_C 将（ ）；如果是分压式偏置放大电路，那么它的集电极电流 I_C 将（ ）。

A．增加　　B．减少　　C．基本不变

2.4 放大电路如图 2.16（a）所示，由于 R_{B1} 和 R_{B2} 阻值选取不合适而产生饱和失真。为改善失真，正确的做法是（ ）。

A．适当增加 R_{B2}，减小 R_{B1}　　B．保持 R_{B1} 不变，适当增加 R_{B2}

C．增加 R_{B1}，适当减小 R_{B2}　　D．保持 R_{B2} 不变，适当减小 R_{B1}

2.5 放大电路如图 2.16（a）所示，若发射极交流旁路电容 C_E 因介质失效而导致电容值近似为零，此时电路（ ）。

A．不能稳定静态工作点

B．能稳定静态工作点，但电压放大倍数降低

C．能稳定静态工作点，电压放大倍数升高

2.6 就放大作用而言，发射极输出器是一种（ ）。

A．有电流放大作用而无电压放大作用的电路

B．有电压放大作用而无电流放大作用的电路

C．电压和电流放大作用均没有的电路

2.7 使输入与输出信号反相的单管放大器是共（ ）放大器。

A．发射极　　B．基极　　C．集电极

2.8 两级共射极阻容耦合放大电路，若将第二级换成射极输出器，则第一级的电压放大倍数将（ ）。

A．提高　　B．降低　　C．不变

2.9 在差动放大电路中，单端输入-双端输出时的差模电压放大倍数（ ）。

A．等于双端输入-双端输出的差模电压放大倍数

B．是双端输入-双端输出的差模电压放大倍数的一半

C．等于单端输入-单端输出时的差模电压放大倍数

2.10　在双端输入的差动放大电路中，已知 u_{i1}=10mV，u_{i2}=−6mV，则差模输入信号电压为（　　），共模输入信号电压为（　　）。

A．4mV　　B．16mV　　C．10mV　　D．2mV

2.11　始终工作在线性区的放大器是（　　）。

A．甲类放大器　　B．乙类放大器　　C．甲乙类放大器　　D．以上都对

2.12　OTL 功率放大电路如图 2.33 所示，该电路输出的正弦波幅度最大约等于（　　）。

A．U_{CC}　　B．$\frac{1}{2}U_{CC}$　　C．$\frac{1}{4}U_{CC}$

习题二

部分习题答案

分析、计算题

2.1　在习题 2.1 图所示基本放大电路中，已知 U_{CC}=12V，R_B=190kΩ，R_C=2kΩ，三极管的 β=50。

（1）试计算电路的静态工作点（I_B、I_C、U_{CE}）（设 U_{BE}=0.6V）。（2）若使 U_{CE}=3V，R_B 应取多大值？

2.2　在习题 2.1 中，三极管的输出特性曲线如习题 2.2 图所示。（1）做出直流负载线，求出静态工作点 Q，确定 I_{BQ}、I_{CQ}、U_{CEQ}。（2）利用图解法分别求出 R_L=∞和 R_L=2kΩ 时的最大不失真输出电压幅值 U_{OM}。（3）分别在图中标出 R_C 由 2kΩ 变为 4kΩ、U_{CC} 由 12V 变为 6V、R_B 由 190kΩ 变为 380kΩ 三种情况下静态工作点的变化情况。

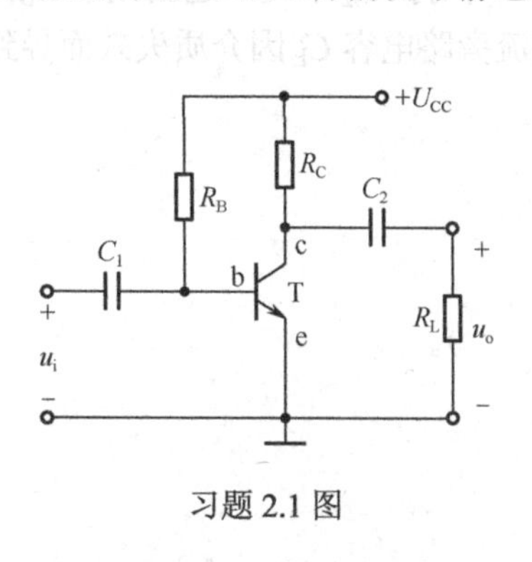

习题 2.1 图

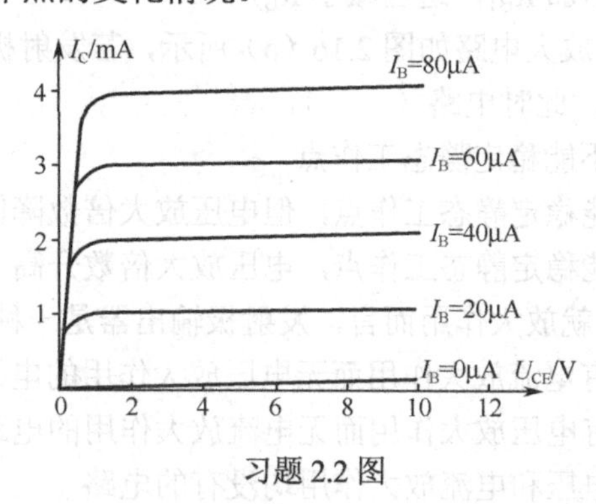

习题 2.2 图

2.3　电路如习题 2.3 图所示，已知 U_{CC}=12V，R_C=2kΩ，R_B=100kΩ，电位器总电阻 R_P=1MΩ，β=50，取 U_{BE}=0.6V。

（1）试求 R_P 调到 0 时的静态工作点（I_B、I_C、U_{CE}），并判断三极管的工作状态。

（2）试求 R_P 调到最大时的静态工作点，并判断三极管的工作状态。

（3）要使 U_{CE}=6V，R_P 应调节到多大？

（4）在以上三种情况下输入正弦信号，当逐渐增加输入信号 u_i 时，首先会出现何种失真？画出失真波形。

2.4　电路如习题 2.4 图所示，晶体管的 β=60，U_{BE}=0.7V，$r_{bb'}$=100。

（1）求静态工作点及 A_u、r_i 和 r_o。

（2）设 U_s=10mV，求 U_i 和 U_o 的值。若 C_3 开路，求 U_i 和 U_o 的值。

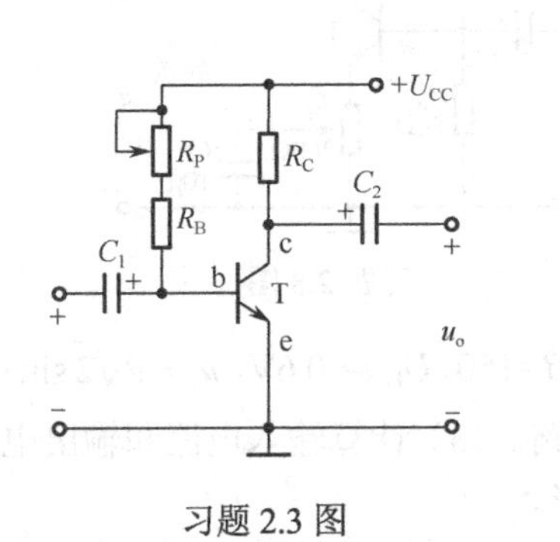

习题 2.3 图

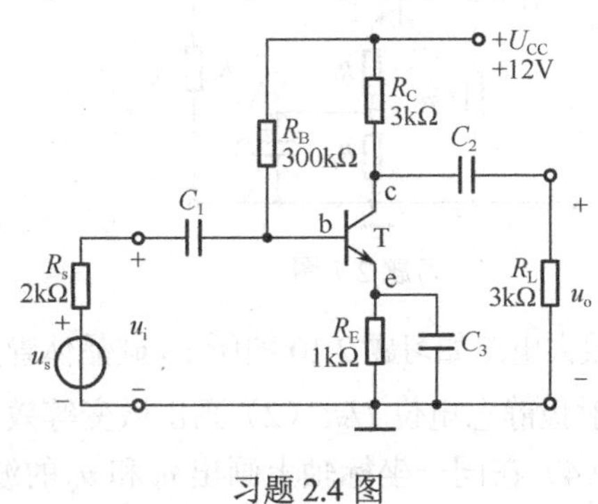

习题 2.4 图

2.5　电路如习题 2.5 图所示，三极管电流放大系数 β=100，U_{BE}=0.7V。估算三极管各极的电位及电流 I_C，分析并用 Multisim 仿真验证下列参量分别发生微弱增加时集电极电位如何变化：

（1）R_{B1}；（2）R_{B2}；（3）R_C；（4）R_E；（5）U_{CC}；（6）β。

仿真文件下载

2.6　放大电路如习题 2.6 图所示，已知 U_{CC}=15V，R_C=3.3kΩ，R_E=1.5kΩ，R_{B1}=33kΩ，R_{B2}=10kΩ，R_L=5.1kΩ，三极管的 β=60，设 U_{BE}=0.6V。

（1）求静态工作点 I_B、I_C、U_{CE}。（2）计算放大电路的输入电阻和输出电阻。（3）计算 R_S=0 时的 A_u 值。（4）若 R_s=1kΩ，计算此时的 A_{us} 值。

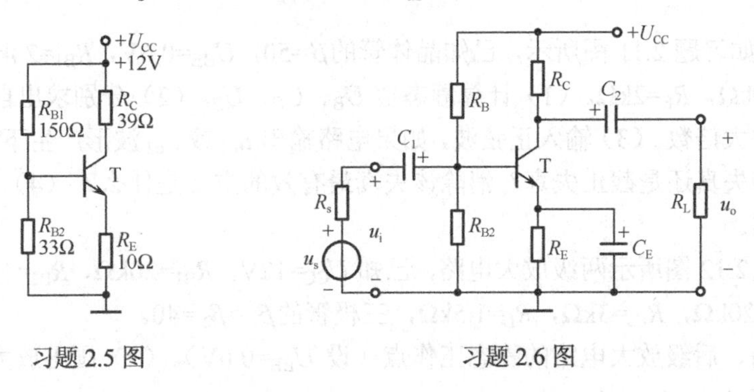

习题 2.5 图　　习题 2.6 图

2.7　如习题 2.7 图所示放大电路中，已知 U_{CC}=20V，R_{B1}=75kΩ，R_{B2}=25kΩ，R_C=3.3kΩ，R_{E2}=1.3kΩ，β=100，R_L=1.5kΩ。（1）画出 R_{E1}=200Ω 时的微变等效电路，并求其输入电阻、输出电阻及电压放大倍数 A_u。（2）若参数 $\beta R_{E1} \gg r_{be}$，试证明电路的电压放大倍数为 $A_u = -\dfrac{R_C//R_L}{R_{E1}}$。

2.8　习题 2.8 图中放大电路具有可变增益控制，估算该放大电路增益的最大值和最小值（三极管 β=150，U_{BE}=0.6V，$r_{bb'}$可忽略）。

2.9　电路如习题 2.9 图所示，晶体管的 β =80，r_{be}=1.5kΩ、U_{BE}=0.6V，信号源为正弦交流电源，U_s=200mV，R_s=50kΩ。（1）计算静态工作点（I_B、I_C、U_{CE}）。（2）画出微变等效电路。（3）计算交流量的有效值 U_i、I_i、I_b、I_c、U_o。

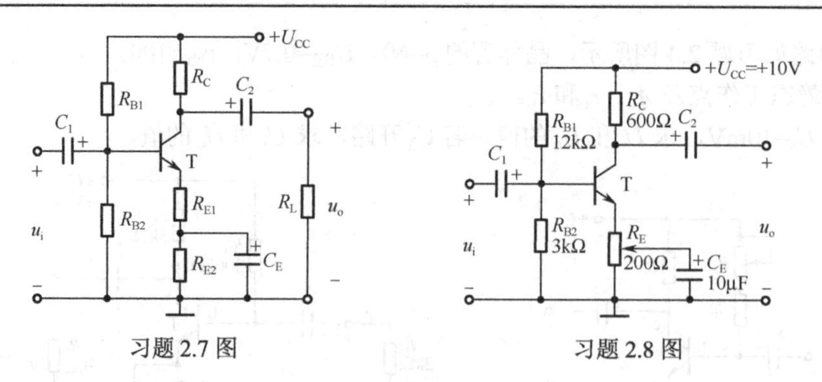

习题 2.7 图　　　　习题 2.8 图

2.10　放大电路如习题 2.10 图所示，硅晶体管的β=150、U_{BE}=−0.6V，$u_s = 2\sqrt{2}\sin\omega t$（mV）。（1）计算发射极静态电位 U_E。（2）画出微变等效电路。（3）计算输入电流和输出电压的有效值 I_i 和 U_o。（4）在同一坐标轴上画出 u_s 和 u_o 的波形。

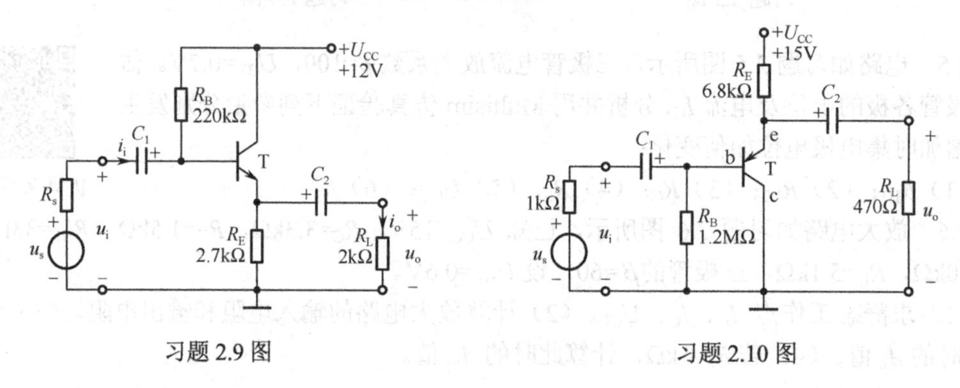

习题 2.9 图　　　　习题 2.10 图

2.11　电路如习题 2.11 图所示，已知晶体管的β=50，U_{BE}=0.6V，R_{B1}=24kΩ，R_{B2}=15kΩ，R_C=2kΩ，R_L=10kΩ，R_E=2kΩ。（1）计算静态值 U_B、U_C、U_E。（2）分别求出自 M、N 两端点输出时的电压放大倍数。（3）输入正弦波，如果电路输出 u_{o1} 或 u_{o2} 波形产生下削波失真波形，请问分别是饱和失真还是截止失真？消除该失真最有效的方法是什么？（4）比较 M、N 输出时的输出电阻。

2.12　习题 2.12 图所示两级放大电路，已知 U_{CC}=12V，R_{B1}=20kΩ，R_{B2}=15kΩ，R_C=3kΩ，R_{E1}=4kΩ，R_B=120kΩ，R_{E2}=3kΩ，R_L=1.5kΩ，三极管的$\beta_1 = \beta_2$ =40。

（1）计算前、后级放大电路的静态工作点（设 U_{BE}=0.6V）。（2）画出放大电路的微变等效电路，并计算 A_{u1}、A_{u2}、A_u。

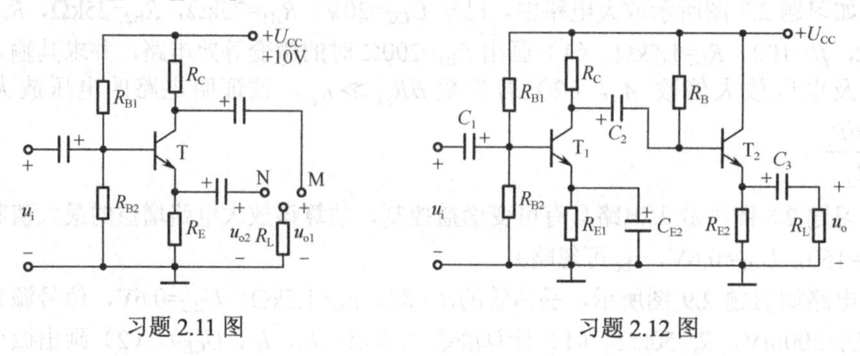

习题 2.11 图　　　　习题 2.12 图

2.13　典型的差动放大电路如习题 2.13 图所示。设$\beta_1=\beta_2=30$（R_W可忽略不计）。

（1）计算电路的静态工作点I_B、I_C、U_{CE}（设U_{BE}=0.6V）。（2）若A点、B点间加入的输入电压为 10mV，计算输出电压的数值。（3）若在两个集电极之间接入R_L=5kΩ，求此时的差模电压放大倍数。

2.14　习题 2.13 图所示典型差动放大电路中，设$u_{i1}=u_{i2}=u_i$，即加入共模输入信号。试证明单端输出时共模电压放大倍数为

$$A_C=\frac{u_{01}}{u_i}=\frac{u_{02}}{u_i}=-\frac{\beta R_C}{R_B+r_{be}+2(1+\beta)R_E}\approx-\frac{R_C}{2R_E}$$

在一般情况下，$R_B+r_{be}\gg 2(1+\beta)R_E$。

2.15　如习题 2.15 图所示的甲乙类功率放大电路，$\beta_1=\beta_2=200$。（1）计算下列直流参数：U_{B1}、U_{B2}、U_E、U_{CE1}、U_{CE2}。（2）确定电路的最大峰值输出电压和峰值负载电流。（3）如果输入电压为 10V（峰-峰值），则负载上获得的功率为多少？

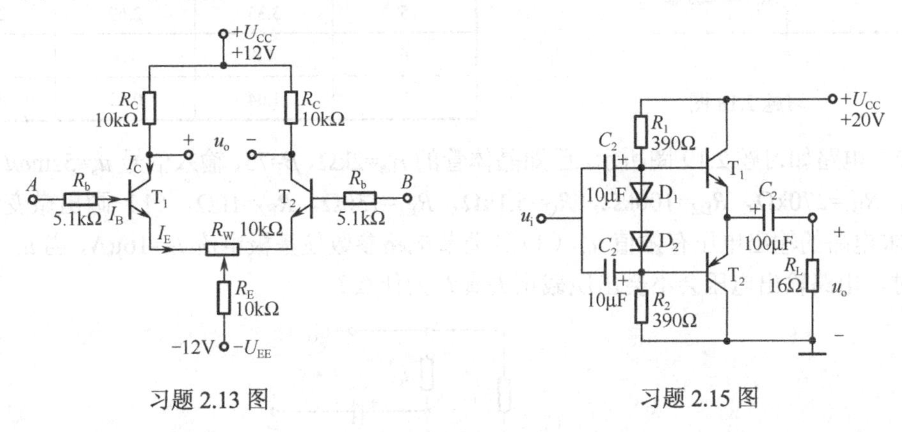

习题 2.13 图　　　　习题 2.15 图

2.16　在习题 2.16 图所示的 OCL 互补对称功率放大电路中，若正负电源电压为±15V，负载电阻R_L=8Ω，静态时A点的电位是多少？若$|U_{CES}|$=3V，试计算负载R_L获得的最大不失真功率P_{om}是多少？为使输出功率达到P_{om}，输入电压的有效值为多少？若R_1虚焊，会出现什么结果？

2.17　如习题 2.17 图所示放大电路，已知U_{DD}=10V，R_G=1MΩ，R_{G1}=200kΩ，R_{G2}=100kΩ，R_D=5.6kΩ，R_s=600Ω，场效应管的g_m=2mA/V、R_L=3.6kΩ。（1）画出放大电路的微变等效电路。（2）计算U_s=10mV 时u_o的值。（3）计算放大电路的输入电阻和输出电阻。

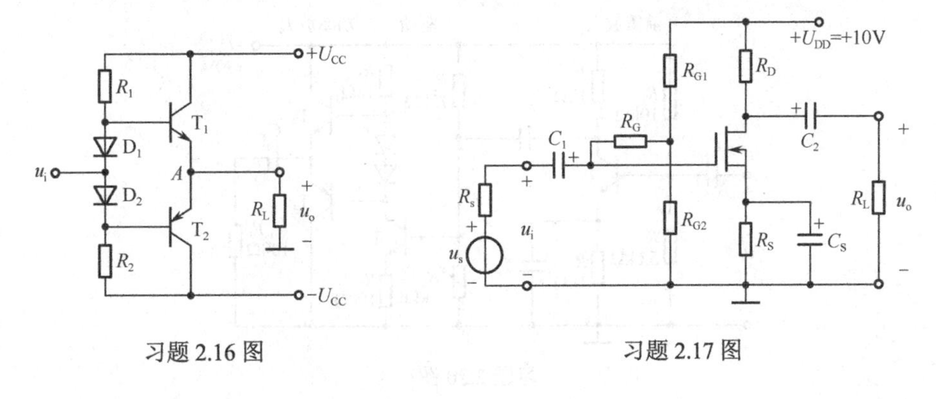

习题 2.16 图　　　　习题 2.17 图

综合应用题

2.18 电路参数如习题 2.18 图所示，正常工作时，用内阻为 10MΩ 的直流电压表测三极管三个极的电位。当测得三极管三个极的电位 U_B、U_E、U_C 如习题 2.18 表所示时，试分析确定电路可能出现的故障，并用 Multisim 仿真验证。

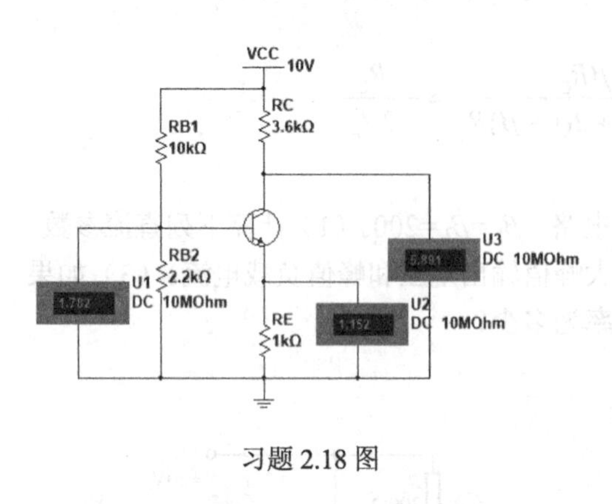

习题 2.18 图

习题 2.18 表 测量数据

测试序号	U_B（V）	U_E（V）	U_C（V）
1	10	9.3	9.4
2	0.7	0	0.1
3	1.8	1.2	10
4	0	0	10
5	3.35	2.69	2.72
6	1.8	1.4	10
7	1.04	0.42	0.44

2.19 电路如习题 2.19 图所示，已知晶体管的 r_{be}=2kΩ、β=75，输入信号 $u_s=5\sin\omega t$（mV），R_S=6kΩ，R_{B1}=270kΩ，R_{B2}=100kΩ，R_C=5.1kΩ，R_{E1}=150Ω，R_{E2}=1kΩ。（1）画出微变等效电路。（2）求电路的输出电压有效值 u_o。（3）若调节电路参数使基极电流 I_B=16μA，当 $u_s=50\sin\omega t$（mV）时，电路输出电压会不会出现截止失真？为什么？

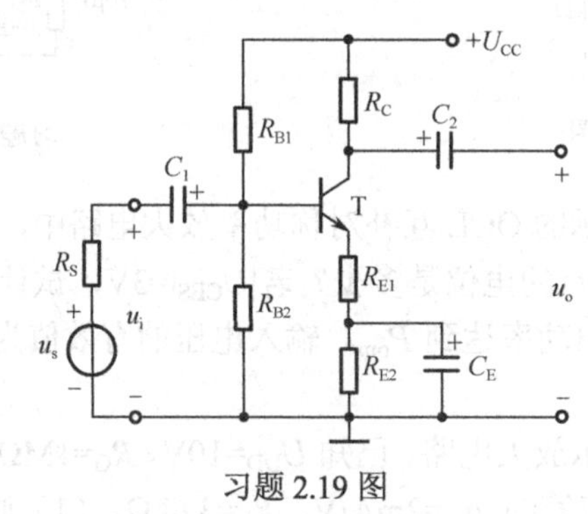

习题 2.19 图

2.20 在习题 2.20 图所示电路中，各三极管的β=200，T_2 的发射极电位为 1.43V。

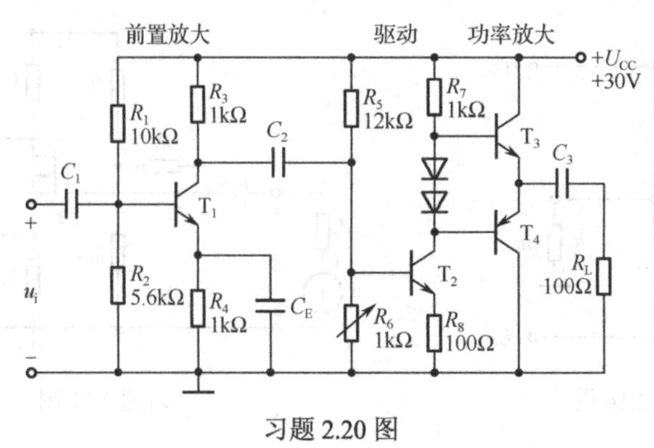

习题 2.20 图

（1）估算各三极管各极电位。

（2）估算第一级电路的电压放大倍数、第二级的电压放大倍数及三级总的电压放大倍数。

（3）电路的最大输出功率是多少？

2.21　在习题 2.21 图所示电路中，估算第 1 级电路接负载 R_L=270Ω 时的电压放大倍数 A_u；估算接入第二级射极输出器时（R_{L2}=270Ω）两级的电压放大倍数 A_u，并通过仿真观察相关实验结果，说明射极输出器是如何在高输出阻抗和低负载电阻之间起缓冲器作用的（$r_{bb'}$可忽略）。

仿真文件下载

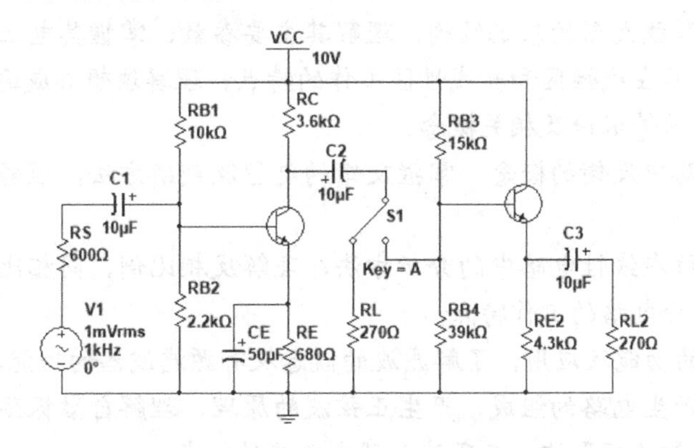

习题 2.21 图

第3章　集成运算放大器

本章要求（学习目标）

1. 了解集成运算放大器的基本结构，理解其主要参数，掌握其电压传输特性，掌握理想运放的特点，理解其在线性区和非线性区工作的特点。理解理想集成运放、虚短、虚断、线性运用、非线性运用等术语及相关概念。

2. 理解放大电路中反馈的概念，掌握反馈的类型及判断方法，理解反馈对放大器性能的影响。

3. 掌握集成运放在线性电路中的分析方法，理解反相比例、同相比例、反相加法、减法器、微分电路、积分电路的工作特点。

4. 理解比较器的功能及应用，了解滤波的概念及有源滤波器的功能与特点。

5. 理解正弦波产生电路的组成，产生正弦波的原理，理解自激振荡的概念、振荡产生条件，理解非正弦信号（矩形波、三角波）产生电路的特点。

集成运算放大器（integrated operational amplifier，简写为Op-Amp或OA，也称集成运放）是高放大倍数的直接耦合放大电路。它是利用特殊的半导体工艺把半导体器件和连线制作在一块半导体基片上，封装后构成一个完整的、具有高放大倍数的集成器件。因最初在模拟计算机中用于运算而得名。其体积小、成本低、性能稳定，使用非常方便，在信号处理、工业自动控制、测量及其他电子设备等方面有极为广泛的应用。

本章首先简要介绍集成运算放大器的基本结构、主要参数、理想运算放大器的电路模型，分析运算放大器电路的两条重要原则，然后介绍一些典型的信号运算和处理电路，最后给出一些应用实例。

3.1　概述

集成运算放大器种类很多，内部电路各异，但从结构上可分成四部分，如图3.1所示。

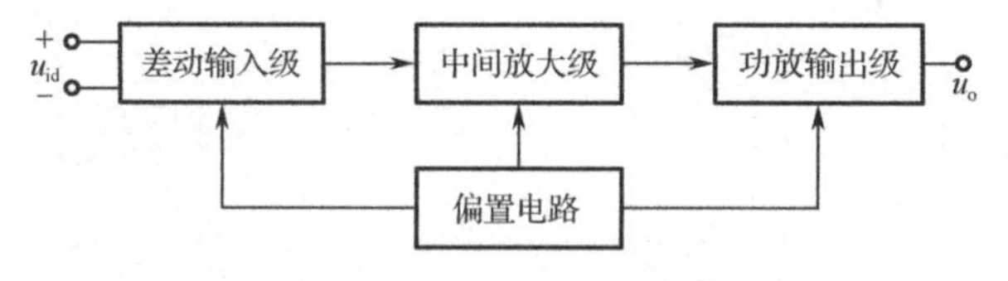

图3.1　集成运算放大器组成框图

差动输入级能有效抑制零点漂移，有很高的输入电阻、电压放大倍数和共模抑制比；有同相和反相两个输入端。

中间放大级要提供很高的电压放大倍数，以保证运算精度。

输出级采用互补对称功率放大电路以提高带负载能力，输出电阻很小，此外还有一定的保护功能。

偏置电路的作用是为各级电路提供稳定的偏置电流，以使各其工作稳定且功耗低。

图 3.2 给出了典型器件××741 的外观及电路接法。集成运放的型号很多，引脚也有差别，具体型号的引脚功能在集成电路手册上可以查到。图 3.2（b）所示的矩形图形及其外引脚是实际集成运算放大器的电路符号。其中，“▷”表示信号传递方向，类似于箭头“→”；A_{od} 是该器件的差模放大倍数；输入与输出分别以“+”、“−”与“+”标注，两个“+”是同极性的，而“+”与“−”是互为反极性的，以此来区分同相输入端和反相输入端。

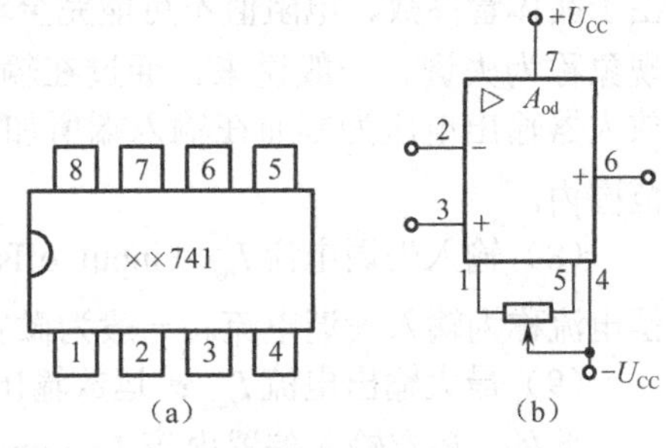

图 3.2　××741 外观及电路接法

1 脚、5 脚：用于外接调零电位器，以保证运算放大器零输入时输出电压也为零。电位器的移动端接在 4 脚上。

2 脚：运算放大器的反相输入端。若由此端输入信号，则输出信号与输入信号反相。

3 脚：运算放大器的同相输入端。若由此端输入信号，则输出信号与输入信号同相。

4 脚：负电源端，接$-U_{CC}$ 电源。集成运算放大器通常采用双电源供电，需要两个对称的直流电压源。

6 脚：运算放大器的信号输出端，负载接在该端上。

7 脚：正电源端，接$+U_{CC}$ 电源。

8 脚：空脚。

集成运算放大器的应用非常广泛，后文将其简称为运算放大器，或进一步简称为运放。

3.1.1　主要参数和传输特性

运算放大器的型号、种类也非常多，主要分为通用型和特殊型。特殊型运算放大器在某些技术指标上有特殊要求，如高速、宽带、高精度、高输入阻抗、低功耗等。下面简要介绍一些常用参数。

（1）开环（差模）电压增益 A_{od}（open loop voltage gain）：增益也称为放大倍数，是运算放大器自身固有的差模电压放大倍数。一般 A_{od} 可达 80～140dB。

（2）电源电压$\pm U_{CC}$（supply voltage）：对称双电源供电，以××741 器件为例，电压 U_{CC} 的值在 9～12V 之间。即，电源电压的值应不超出这个范围。

（3）最大输出电压 $U_{op\text{-}p}$（maximum output voltage）：峰-峰值，但通常以$\pm U_{om}$ 表示，U_{om} 是单向输出电压的最大值。该指标表示运算放大器能够输出的最大不失真电压极限值。由于集成运算放大器的输出级是功放电路，实际工作时最大不失真输出电压与所施加的电源电压 U_{CC} 相当。

（4）输入差模电压范围 U_{idm}（maximum differential mode input voltage）：运算放大器同相、反相输入端间所能承受的最大电压范围。

（5）共模抑制比 K_{CMRR} 或 K_{CMR}（common mode rejection ratio）：运算放大器开环差模电压增益 A_{od} 与共模电压增益 A_{oc} 的比。其值越大越好，反映运放对共模信号的抑制能力。

（6）差模输入电阻r_{id}（input resistance）：差模输入下运放的输入端等效电阻，通常阻值都比较大，达到兆欧级。××741 的r_{id}典型值是 2MΩ。

（7）输入失调电压U_{os}（input offset voltage 或 input v-offset）：运放输入级为差动电路，由于晶体管参数、电阻值不可能完全对称，因此在输入电压为零时输出电压并不为零，这种现象称为失调。一般说来，通过在输入端加适当的补偿电压或电流可以克服。使集成运算放大器输出电压为零而在输入端所加的补偿电压叫输入失调电压U_{OS}。U_{OS}一般在 1～10mV 范围内。

（8）输入失调电流I_{os}（input offset current）：为了使输出电压为零而在输入端施加的补偿电流称为输入失调电流。一般为微安量级。

（9）最大输出电流I_{om}：运放输出最大电压时的短路电流。

此外，还有输入偏置电流I_B（input bias current）、输出电阻r_{od}（output resistance）、单位增益带宽（unit gain bandwidth）、静态功耗（power dissipation）、转换速率S_R（slew rate）等。表 3-1 列出几种集成运算放大器的部分参数以供参考。

表 3-1　几种集成运算放大器的参数

参数及单位	通用型		高速	高压	高阻	低功耗
	F007（μA741）	F324 四运放（LM324）	F715（μA715）	BG315	F081（TL081）	F3078（CA3078）
开环（差模）电压增益A_{od}（dB）	100～106	100	90	110	106	100
最大输出电压U_{op-p}（V）	±12		±13	52	±12	±5.3
电源电压U^-～U^+（V）	±（9～12）	±（1.5～15）可单电源工作	±15	±60	±15	±6
输入差模电压范围U_{idm}（V）	±30		±15		±30	±6
输入共模电压范围U_{icm}（V）	±12		±12	52	±12	±5.5
共模抑制比K_{CMR}	70～80	70	92	100	86	115
差模输入电阻r_{id}（MΩ）	1		1	0.5	10^6	0.9
输入失调电压U_{os}（mV）	1～10	2	2	10	6	0.7
输入失调电流I_{os}（nA）	50～100	5		0.1	0.3	200
输入偏置电流I_B（nA）	200	45	400	500	1	7
U_{OS}温漂$\frac{dU_{OS}}{dT}$（μV/℃）	10～30			10	10	6
I_{OS}温漂$\frac{dI_{OS}}{dT}$（nA/℃）	5～50			0.5		0.07
单位增益带宽f_T（MHz）	1	1		1	3	2
静态功耗P_C（mW）	100～150		165		42	0.24
转换速率S_R（V/μs）	0.5		100	2	13	1.5

运算放大器输出电压u_o与输入电压u_i之间的关系称为传输特性，记为$u_o = f(u_i)$，这里$u_i = u_{id} = u_+ - u_-$。

图 3.3 为运算放大器的开环电压传输特性，运放可以工作在线性工作区或非线性工作区。

1. 线性工作区

任意一个具体的运算放大器器件，在线性工作区，其开环（差模）电压增益 A_{od} 是常数。设运放的差模输入电压为$u_i = u_+ - u_-$，则输出电压$u_o = A_{od}u_i$，u_o与u_i是线性关系，故名线性工作区。

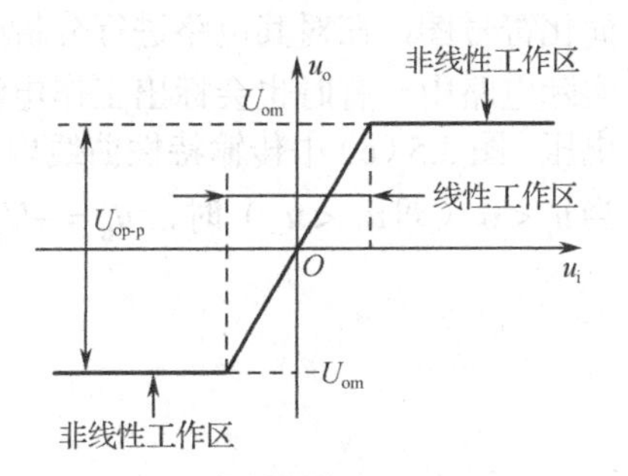

图 3.3 运算放大器开环电压传输特性

运算放大器的开环电压增益很高，而输出电压的最大值$+U_{om}$或$-U_{om}$又接近电源电压值，数值很小，因此，运算放大器在开环应用时，只在输入电压极小的范围内才工作在线性区。

【例 3-1】 设一个运放器件的工作电压为+12V 与−12V，已知该器件最大输出电压范围 U_{op-p} 为±12V，开环（差模）电压增益 A_{od} 为 100dB，要使运放处于线性工作区，对应的输入电压的最大值是多少？

解： 由于$100\text{dB} = 20\lg A_{od}$，可知开环电压增益为 $A_{od} = 10^5$。再由$U_{om} = \pm 12\text{V}$可知，在其线性开环工作区，$-0.12\text{mV} \leqslant u_{id} \leqslant 0.12\text{mV}$。可见，要保持其工作在线性状态，输入电压的变化范围非常小。

2. 非线性工作区

当运放的差模输入电压u_i比较大时，运放内部的输出级达到饱和，输出电压u_o的值不再随输入电压u_i值的增加而增加，而是保持在最大输出电压U_{om}或$-U_{om}$的水平。这一段特性也称为饱和特性。

3.1.2 理想运算放大器

工程上，根据需要将运算放大器的参数理想化，得到理想运算放大器，这样可以使电路分析简化。

理想运算放大器的主要参数如下：

- 开环电压增益$A_{od} \to \infty$。
- 差模电压范围$U_{idm} \to \infty$。
- 最大输出电压$U_{op-p} = U_{om} - (-U_{om}) = 2U_{om}$，通常$U_{om}$在数值上等于电源电压。
- 共模抑制比$K_{CMR} \to \infty$。
- 输入电阻$r_{id} \to \infty$。
- 输出电阻$r_o = 0$。
- 输入失调电压$U_{os} = 0$，失调电压温漂$\dfrac{\mathrm{d}U_{os}}{\mathrm{d}T} = 0$。
- 输入失调电流$I_{os} = 0$，失调电流温漂$\dfrac{\mathrm{d}I_{os}}{\mathrm{d}T} = 0$。

理想运算放大器电路符号和开环电压传输特性如图 3.4 所示。

在图 3.4（a）中，通常只标出反相输入端、同相输入端和输出端，隐去电源端、公共端（地）等，实际的集成运算放大器必须正确接电源和接地才能正常工作。图 3.4（a）只是一个简化符号图，在对其电路进行分析时，均默认电源及地等其他端已按规范要求设置完好。在实际电路中，有时也会标出工作电源及相关引脚，如图3.4（b）所示，以强调所施加的电源电压。图3.5（c）中传输特性曲线内没有线性工作区，即，当$u_i > 0$（即$u_+ > u_-$）时，$u_o = U_{om}$；当$u_i < 0$（即$u_+ < u_-$）时，$u_o = -U_{om}$。

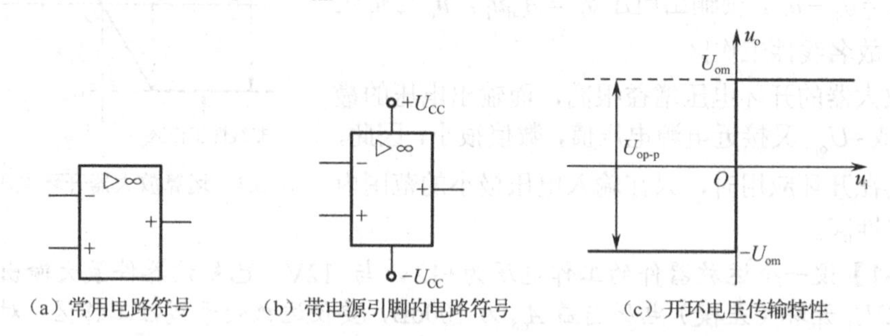

图3.4 理想运算放大器的电路符号和开环电压传输特性

探究思考题

3.1.1 什么是理想运算放大器？理想运算放大器工作于线性区和非线性区时各有什么特点？

探究思考题答案

3.1.2 若某一实际运算放大器的开环电压增益$A_{od} = 10^6$，最大输出电压为±13V，现分别在运算放大器输入端加入下列电压，求输出电压，并指明运放是处于线性还是非线性工作状态。

（1）$u_+ = 1\text{V}$，$u_- = 1.001\text{V}$；

（2）$u_+ = -10\mu\text{V}$，$u_- = 0\mu\text{V}$；

（3）$u_{id} = u_+ - u_- = 2\cos 6283t(\text{mV})$。

3.1.3 若运算放大器为理想器件，针对题3.1.2的三种输入电压，求输出电压的波形及参数。

3.1.4 集成运算放大器经常用来处理以一定频率变化的动态信号，运放的内部结构本质上相当于一个直接耦合的多级放大电路，因此其具有低通特性。换言之，运放相当于一个低通滤波器，当信号频率大到一定程度时，随输入信号频率f的增加A_{od}将减小。“增益带宽积$A_{od}f_C$”是指开环（差模）电压增益A_{od}与滤波器截止频率的乘积；“单位增益带宽”则是指开环（差模）电压增益A_{od}下降到1时对应的频率。请解释增益带宽积、单位增益带宽这两个参数的不同以及它们的意义。

3.2 放大电路中的负反馈

反馈技术在电子系统和自动控制系统中普遍应用。

通过例3-1的结果可以看出，由于实际运放器件的开环放大倍数非常大，工程中，要想开环使用运放实现输入信号的线性放大几乎是不可能的，因为无法保证输入的差模电压维持在那么小的值，一般的电子电路中干扰信号的幅度都远远超出这个数值范围。工程中，要将运放用于信号的线性处理（含放大），必须引入负反馈。

3.2.1　反馈的基本概念和分类

反馈就是把放大电路输出端的信号的全部或一部分送回到输入回路，如图 3.5 所示。

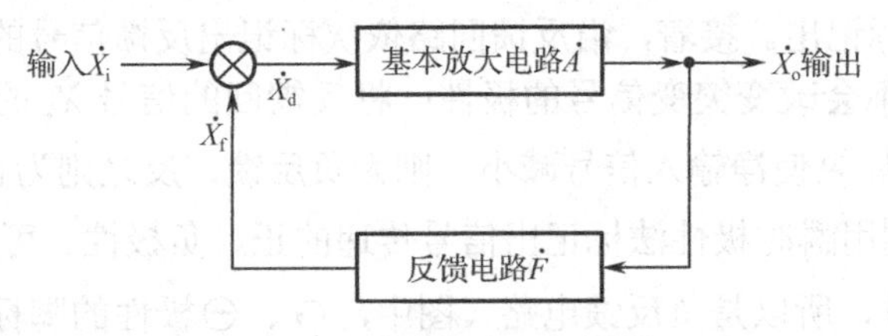

图 3.5　反馈放大电路框图

图 3.5 中，$\dot{X}_i$ 表示原始输入信号，又称为给定信号；$\dot{X}_o$ 为输出信号；$\dot{X}_f$ 为反馈回输入回路的信号，称为反馈信号；$\dot{X}_d$ 为放大电路的净输入信号；⊗ 表示信号的求和点。反馈电路一般是用电阻、电容等无源元件构成的电路。图 3.5 所示的系统由基本放大电路与反馈电路组成一个闭合路径，称为环。所以，有反馈的电路称为闭环，无反馈的电路称为开环。

设 $\dot{X}_d = \dot{X}_i - \dot{X}_f$，由图 3.5 可知各信号量之间有以下关系：

$$\dot{X}_o = \dot{A}\dot{X}_d,\quad \dot{X}_f = \dot{F}\dot{X}_o$$

式中，$\dot{A}$ 称为开环放大倍数，$\dot{F}$ 称为反馈系数。

闭环电路的放大系数为

$$\dot{A}_f = \frac{\dot{X}_o}{\dot{X}_i} = \frac{\dot{A}}{1+\dot{A}\dot{F}} \tag{3-1}$$

从式（3-1）可以看出，闭环放大倍数 $\dot{A}_f$ 与开环放大倍数 $\dot{A}$ 不同，这就是反馈的作用。如果反馈信号 $\dot{X}_f$ 使净输入信号 X_d 小于给定输入 X_i，则称为负反馈；如果反馈信号 $\dot{X}_f$ 使净输入信号 X_d 大于给定输入 X_i，则称为正反馈。

（1）若 $|1+\dot{A}\dot{F}|>1$，则 $|\dot{A}_f|<|\dot{A}|$，即 $\left|\frac{\dot{X}_o}{\dot{X}_i}\right| < \left|\frac{\dot{X}_o}{\dot{X}_d}\right|$，这种反馈是负反馈，负反馈使放大倍数减小。

（2）若 $|1+\dot{A}\dot{F}|<1$，则 $|\dot{A}_f|>|\dot{A}|$，即 $\left|\frac{\dot{X}_o}{\dot{X}_i}\right| > \left|\frac{\dot{X}_o}{\dot{X}_d}\right|$，这种反馈是正反馈，正反馈使放大倍数增大，但也使放大电路输出发散，直至饱和值，所以使得放大电路性能不稳定，在信号放大电路中不能使用。

（3）若 $|1+\dot{A}\dot{F}|=0$，则 $|\dot{A}_f|\to\infty$，放大电路在没有输入信号时也会有输出信号，称为放大电路的自激振荡。

可见，$|1+\dot{A}\dot{F}|$ 的值是区分反馈性质的一个重要指标，工程上称为反馈深度，它体现了负反馈对放大电路影响的程度。

3.2.2　负反馈的类型及其判断

由于正反馈和负反馈的效果完全不同，所以分析反馈电路首先要判明反馈的性质，通常采用瞬时极性法判别。

瞬时极性法：先假定放大电路的输入信号 $\dot{X}_i$ 有一个正突变量，用⊕标记出，然后按照该突变信号被放大的过程，从输入端到输出端逐级标出每一级的放大结果。如果是同相放大级，则放大后的结果依然是正突变信号，用⊕标记出；如果是反相放大级，则放大后的结果是负突变信号，用⊖标记出。接着，沿反馈回路依次标记出反馈信号的极性，由若干电阻元件串并联构成的电路不会改变突变信号的极性；将反馈回的信号 $\dot{X}_f$ 的极性与给定输入信号 $\dot{X}_i$ 的突变分量比较，如果使净输入信号减小，则为负反馈，反之则为正反馈。

以图 3.6 为例，利用瞬时极性法标记出信号传递的正、负极性。可见，反馈电压 $\dot{U}_f$ 使净输入电压 $|\dot{U}_{be}|$ 小于 $|\dot{U}_i|$，所以是负反馈电路（图中，⊕、⊖极性的脚标代表标记时的顺序）。

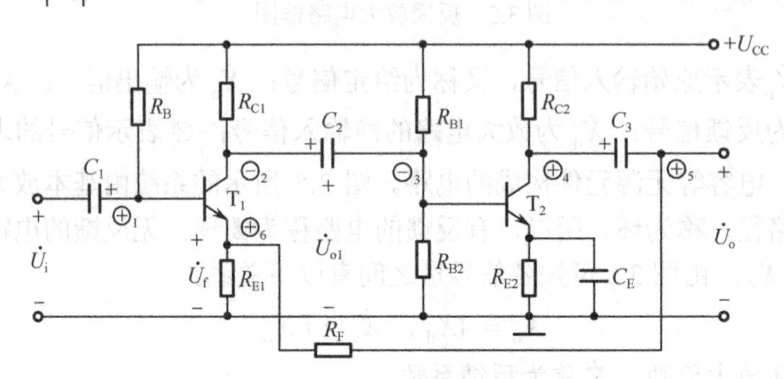

图 3.6 电压串联负反馈多级放大电路

根据反馈信号 $\dot{X}_f$ 与放大电路输出信号电压或电流的关系，负反馈可分为电压型和电流型两种。

- 电压型负反馈：反馈信号取自输出电压，$\dot{X}_f$ 与输出电压 $\dot{U}_o$ 成正比，如果电压为零，则反馈信号消失。
- 电流型负反馈：反馈信号取自输出电流，$\dot{X}_f$ 与输出电流 $\dot{I}_o$ 成正比。

判别电压型反馈与电流型反馈的方法是，把信号输出端短路，即令 $\dot{U}_o = 0$，如果反馈信号不存在，则为电压型反馈；如果反馈信号仍然存在，即 $\dot{X}_f \neq 0$，则为电流型反馈。对图 3.6 所示电路进行分析，将输出端与地短路，R_F 与 R_{E1} 成为并联的，虽然并联电阻两端电压不为零，但与输出端已完全没有关系。也就是说，不能把输出级的变化回馈到输入级，由输出级反馈的信号为零，所以是电压型负反馈。

根据反馈支路在放大电路输入级连接方式，可以将负反馈分为串联型和并联型。

- 并联型负反馈：反馈信号直接影响放大电路的净输入电流，给定信号电流 $\dot{I}_i$ 与净输入电流 $\dot{I}_d$、反馈电流 $\dot{I}_f$，三者之间的关系为 $\dot{I}_i = \dot{I}_{id} + \dot{I}_f$。
- 串联型负反馈：反馈信号直接影响放大电路的净输入电压，给定信号电压 $\dot{U}_i$ 与净输入电压 $\dot{U}_d$、反馈电压 $\dot{U}_f$，三者之间的关系为 $\dot{U}_i = \dot{U}_{id} + \dot{U}_f$。

用图形表示出串联型负反馈与并联型负反馈，放大电路输入级的连接形式如图 3.7 所示。

对图 3.6 所示电路进行分形，反馈支路接在 T_1 的发射极，给定信号加在 T_1 的基极，反馈电压直接影响 T_1 的净输入电压 U_{be}。所以，该电路是一个串联型负反馈。

根据反馈电路在输入端、输出端的不同形式，可以组合成电压串联型、电压并联型、电流串联型和电流并联型四种负反馈类型。

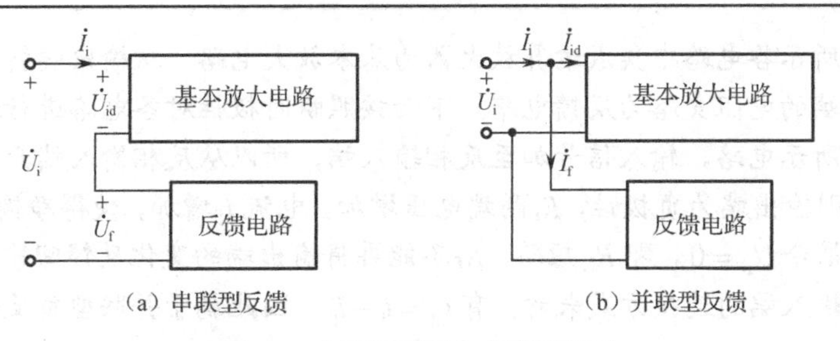

图 3.7　串联型反馈与并联型反馈

【例 3-2】分析图 3.8 所示多级放大电路的反馈性质，并判断负反馈的类型。

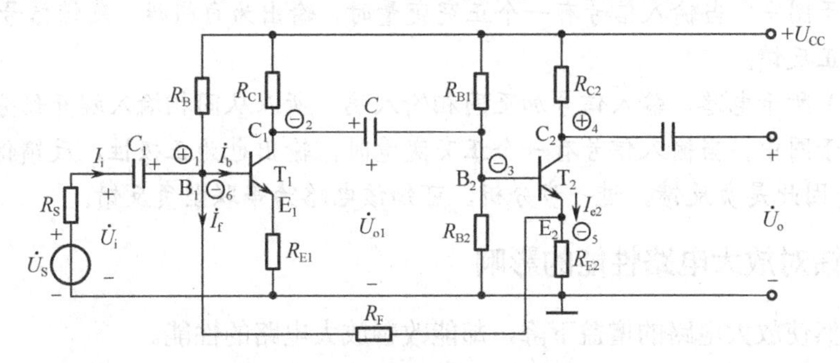

图 3.8　多级放大电路

解： 按照瞬时极性法，设在 T_1 的基极 B_1 处，输入信号 $\dot{U}_i$ 有一个正突变量，其极性以 $\oplus_1$ 标记于图中。突变信号经放大电路到达 T_2 的发射极 E_2 时变为负极性，以 $\ominus_5$ 标记，其他各点处信号极性均标于图 3.8 中。

分析可知，当输入信号有一个正突变量出现后，净输入信号也随之产生正突变增量。接着反馈支路 R_F 两端的电位差值加大，即电压增加，电流 $|\dot{I}_f|$ 增加，这样，净输入电流 $|\dot{I}_b|$ 将减小。对比闭环与开环（即无反馈支路）两种状态下的净输入电流 $\dot{I}_b$，可见，反馈支路使净输入电流变小，因此，该电路是一个负反馈放大电路。

在明确该电路属于负反馈电路以后，再来判别反馈的类型。设 $\dot{U}_o=0$，即输出端短路，R_F 依然能够将输出端的变化反馈回输出端，即 $I_f\neq 0$，因此是电流型反馈；再根据输入端的连接方式以及前面的分析有 $\dot{I}_b=\dot{I}_i-\dot{I}_f$，可见是并联型的。所以该电路是电流并联型负反馈放大电路。

【例 3-3】分析图 3.9 所示集成运算放大器电路中反馈的性质及反馈的类型。

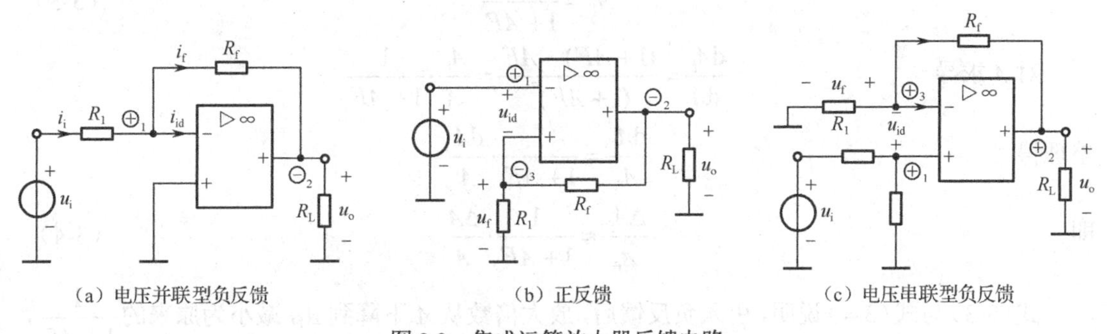

(a) 电压并联型负反馈
(b) 正反馈
(c) 电压串联型负反馈

图 3.9　集成运算放大器反馈电路

解： 图 3.9 所示各电路中集成运算放大器为基本放大电路，从输出端引至运放反相输入端或者同相输入端的电阻支路为反馈电路。下面按照瞬时极性对各电路进行逐一分析。

图 3.9（a）所示电路，输入信号加至反相输入端，所以从反相输入端开始，假设输入信号有正突变量，则输出端为负极性，R_f两端电压增加，电流 i_f增加，使得净输入电流 i_{id}减小，故是负反馈。如果令$\dot{U}_o = 0$，即 R_L短路，R_f不能再将输出端的变化反馈回输入端，因此属于电压型反馈。从输入端的连接方式来看，有 $i_{id} = i_i - i_f$，因此属于并联型负反馈。故为电压并联型负反馈电路。

图 3.9（b）所示电路，输入信号加至反相输入端，所以从反相输入端开始分析，将各点的瞬时极性标于图中。当输入信号有一个正突变量时，输出为负极性，反馈信号使净输入 u_{id} 增大，因此是正反馈。

图 3.9（c）所示电路，输入信号加至同相输入端，所以从同相输入端开始分析，将各点的瞬时极性标于图中。当输入信号有一个正突变量时，输出也为正极性，反馈信号使净输入电压 u_{id} 变小，因此是负反馈。进一步分析，可知该电路为串联型负反馈。

3.2.3 负反馈对放大电路性能的影响

负反馈虽然使放大电路的增益下降，却能改善放大电路的性能。

1．提高增益（放大倍数）的稳定性

根据图 3.5 所示的反馈系统框图，我们已经推导过式（3-1），这里重新写出以便分析。

$$\dot{A}_f = \frac{\dot{A}}{1+\dot{A}\dot{F}}$$

在深度负反馈，即$1+\dot{A}\dot{F} \gg 1$的条件下，有

$$\dot{A}_f \approx \frac{1}{\dot{F}} \tag{3-2}$$

此式说明，在深度反馈的条件下，闭环放大倍数（增益）仅与反馈电路的参数有关，基本不受外界因素变化的影响，放大电路工作很稳定。

在非深度负反馈的条件下，如温度变化、元件参数改变及电源电压波动时，放大倍数的相对变化量也比未引入负反馈时的相对变化量小得多。若只考虑各相量的模值并注意到 $\dot{A}\dot{F}$ 为正实数，则式（3-1）可写成

$$A_f = \frac{A}{1+AF} \tag{3-3}$$

对 A 求导
$$\frac{dA_f}{dA} = \frac{(1+AF)-AF}{(1+AF)^2} = \frac{A_f}{A} \cdot \frac{1}{1+AF}$$

整理得
$$\frac{dA_f}{A_f} = \frac{1}{1+AF} \cdot \frac{dA}{A}$$

即
$$\frac{\Delta A_f}{A_f} \approx \frac{1}{1+AF} \cdot \frac{\Delta A}{A} \tag{3-4}$$

式(3-3)与式(3-4)说明，引入负反馈后，放大倍数从 A 下降到 A_f，减小为原来的$\dfrac{1}{1+AF}$，

但放大倍数的相对变化量只是未引入负反馈时相对变化量的$\frac{1}{1+AF}$，即稳定性提高至$1+AF$倍。

2. 减小非线性失真

在放大电路中，由于三极管是非线性元件，所以，当静态工作点选择不当或输入信号过大时将引起输出波形失真。采用负反馈会使输出信号的失真程度得到改善。

图 3.10 所示的电压串联负反馈电路框图说明了负反馈减小输出波形非线性失真的原理。设输入信号为 u_i，无负反馈时输出波形为 u_{o1}，上半周期大下半周期小。加入负反馈时，经过线性反馈电路把 u_{o1} 的部分信号送到输入回路，则净输入信号 $u_d=u_i-u_f$，也是失真波形，为上半周期小下半周期大。因为 u_d 的失真恰好与 u_{o1} 的失真方向相反，所以经过放大后的波形 u_o 比原来的 u_{o1} 波形有所改善。

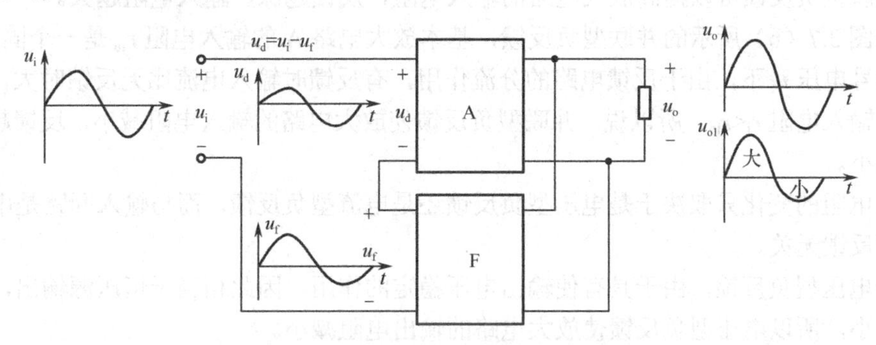

图 3.10 负反馈减小非线性失真原理框图

从本质上讲，负反馈利用净输入信号波形的失真来补偿放大电路的非线性失真，从而减小输出波形的失真。负反馈愈强，输出波形失真愈小，但是，利用负反馈不能完全消除非线性失真。

3. 展宽通频带

负反馈能展宽放大电路的通频带。图 3.11 的曲线①为放大电路无负反馈时的幅频特性，曲线半功率点对应的放大倍数为$\frac{A_0}{\sqrt{2}}$，相应的上、下限截止频率分别为f_H、f_L。

当引入负反馈后放大电路的幅频特性如图 3.11 中曲线②所示。由式（3-3）可知，在 $f=f_H$ 或 $f=f_L$ 时，

$$A_f=\frac{\frac{A_0}{\sqrt{2}}}{1+\frac{A_0}{\sqrt{2}}\cdot F}=\frac{A_0}{\sqrt{2}+A_0F}>\frac{A_{f0}}{\sqrt{2}}$$

其中，$A_{f0}=\frac{A_0}{1+A_0F}$。

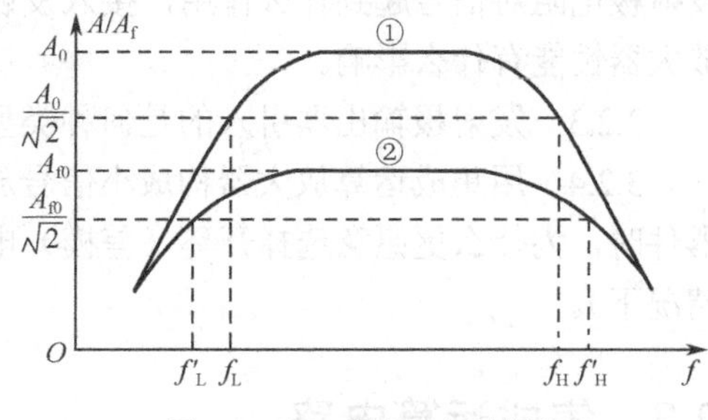

图 3.11 负反馈展宽通频带

这一结果说明，频率达到 f_H 或 f_L 时，闭环放大倍数尚未下降到半功率点的值$\frac{A_{f0}}{\sqrt{2}}$。可

见，引入负反馈的通频带明显展宽了。

4．负反馈对输入电阻和输出电阻的影响

放大电路引入负反馈后，输入电阻和输出电阻都要发生变化。

输入电阻的改变只取决于输入回路是串联型负反馈还是并联型负反馈，而与输出回路是电压型反馈还是电流型反馈无关。对于图 3.7（a）所示的串联型负反馈，有无负反馈，基本放大电路 A 的输入电阻 r_{ia} 都是固定不变的。无负反馈时，放大电路的输入电阻 $r_i=r_{ia}$，有负反馈时，由于反馈信号使净输入电压 $U_{id}<U_i$，即，加入负反馈后净输入电压减小，净输入电流 $I_i=\frac{U_{id}}{r_{ia}}$，所以 I_i 也减小，而给定信号 u_i 不变。因此，反馈电路总的输入电阻 $r_i=\frac{U_i}{I_i}>r_{ia}$。所以说串联型负反馈可以提高放大电路的输入电阻，反馈越深，输入电阻越大。

对于图 3.7（b）所示的并联型负反馈，基本放大电路 A 的输入电阻 r_{ia} 是一个固定参数，在给定信号电压 u_i 下，由于反馈电路的分流作用，有反馈时输入电流比无反馈时大，因此，有反馈时输入电阻 $r_i<r_{ia}$。所以说，并联型负反馈使放大电路的输入电阻减小，反馈越深，输入电阻越小。

输出电阻的变化只取决于是电压型负反馈还是电流型负反馈，而与输入回路是串联型还是并联型反馈无关。

对于电压型负反馈，由于具有使输出电压稳定的作用，因此相当于恒压源输出，而恒压源内阻很小，所以电压型负反馈使放大电路的输出电阻减小。

对于电流型负反馈，由于具有使输出电流稳定的作用，因此相当于恒流源输出，而恒流源内阻很高，故电流型负反馈电路的输出电阻较高。

因此，可以根据对输入和输出电阻的实际要求引入不同类型的负反馈。如果要求输入电阻增加而输出电阻减小，则可在电路中引入电压串联负反馈。

探究思考题

探究思考题答案

3.2.1　什么是负反馈？放大电路中负反馈有几种类型？引入负反馈时对放大器性能有何影响？

3.2.2　利用反馈的知识，分析三极管分压式射极偏置放大电路中的发射极电阻对信号起到什么作用，接入发射极旁路电容 C_E 和去除 C_E 对放大器性能有什么影响。

3.2.3　发射极输出器引入的是何种类型的负反馈？为什么说它的反馈深度很大？

3.2.4　用集成运算放大器构成小信号放大电路，试从反馈深度的角度解释，在实际选择器件时，为什么更愿意选择开环（差模）电压增益 A_{od} 数值更大的器件（在其他参数相当的情况下）。

3.3　集成运算电路

本节主要介绍几种由集成运算放大器构成的线性运算电路。所谓运算电路，是指电路输出信号与输入信号之间具有某种数学运算关系，比如，加法运算、减法运算、积分运算、微分运算等。用集成运算放大器可以构成很多种信号运算电路，实现各种数学运算，它们也是模拟式计算机的基本单元。

在例 3-1 中我们已经看到，由于集成运放器件普遍具有很高的开环增益，而其最大的输出电压值又与电源电压相当，要使它保持在线性工作状态，净输入电压就必须非常小，一般不足几毫伏。通常，信号的幅度很难保证这么小，即使有如此小的信号，也都被噪声淹没了。所以，用于构成信号线性运算及处理功能的集成放大器电路必须引入深度负反馈，使闭环增益减小到能够适应输入信号的幅度，而不至于使输出达到饱和值。另一方面，深度负反馈使电路更稳定，对噪声有很强的抑制作用。

集成运算放大器构成的信号运算电路中，在深度负反馈的作用下，可以将集成运放视为理想器件，用理想运算放大器的模型参数代替其实际参数。这样就得出分析集成运算电路的两个重要原则。

（1）虚短原则。

处于线性工作状态的集成运算放大器，净输入的差模电压$u_{id}=u_{+}-u_{-}$在数值上非常小，在计算过程忽略其数值，认为$u_{id}\approx 0$，即

$$u_{+}\approx u_{-} \tag{3-5}$$

也就是，运算放大器两个输入端之间的电位近似相等，两端之间近似于“短路”。故而，这一原则称为“虚短”。

要特别强调的是，运放只有在线性工作状态时才可以使用“虚短”的原则！如果运放工作在非线性区，这个原则不一定成立。

（2）虚断原则。

由于运放的差模输入电阻r_{id}很大（兆欧级），而其可承受的输入差模电压范围U_{idm}不过几十伏（见表 3-1），所以在两个输入端产生的电流也非常小；并且，处于线性工作区时实际输入的差模电压不足毫伏级，所以两个输入端的电流可以近似视为零。即，从同相输入端和反相输入端进入运放内部的电流

$$i_{+}\approx i_{-}\approx 0 \tag{3-6}$$

而电流为零，相当于开路，所以这一原则称为“虚断”。

运放无论是工作在线性区还是工作在非线性区，虚断的原则总是成立的。

虚短和虚断原则的得出，是实际运放理想化的结果。即，对于理想的运算放大器，自然可以得到这两个原则。

3.3.1　比例运算电路

1. 反相比例电路

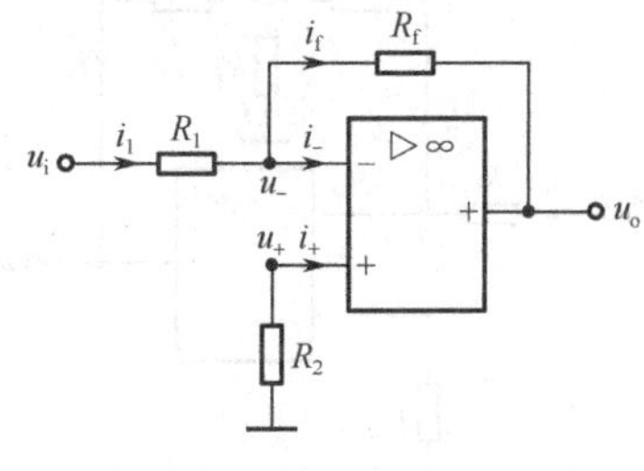

图 3.12　反相比例运算电路

如图 3.12 所示，输入信号经电阻R_1从运算电路的反相输入端引入，电阻R_f构成了电压并联负反馈。

由虚断原则，可知$i_{+}=i_{-}\approx 0$，于是有

$$u_{+}=0-i_{+}R_2\approx 0$$

由虚短原则，可知$u_{-}\approx u_{+}$，即$u_{-}\approx 0$。可见，运放的反相输入端电位与“地”基本相等，但反相端并未接地，所以把这种情况称为“虚地”。

对图 3.12 所示电路利用基尔霍夫定律进行分析，有

$$\begin{cases} i_1 = i_f + i_- \approx i_f \\ i_1 = \dfrac{u_i - u_-}{R_1} \approx \dfrac{u_i}{R_1} \\ i_f = \dfrac{u_- - u_o}{R_f} \approx -\dfrac{u_o}{R_f} \end{cases}$$

由此得到

$$\frac{u_i}{R_1} = -\frac{u_o}{R_f}$$

即

$$u_o = -\frac{R_f}{R_1}u_i \tag{3-7}$$

或

$$A_{u_f} = -\frac{R_f}{R_1} \tag{3-8}$$

式（3-7）表示，输出电压等于输入电压乘以比例系数 $-R_f/R_1$，这就实现了比例运算。图 3.12 中 R_2 为平衡电阻，$R_2 = R_1//R_f$，其作用是保持静态基极电流一致。当电阻 R_f、R_1 足够精确且反馈深度足够大时，就可以得到很高的运算精度。

当 $R_f = R_1$ 时，

$$u_o = -u_i \tag{3-9}$$

这时运算放大电路称为反相器或反号器。

因运算放大器反相端为虚地点，因此闭环输入电阻为 $r_{if} \approx R_1$；因电路构成电压负反馈，使输出电压稳定，因此其输出电阻很小，理想情况下，$r_{of} = 0$，这说明反相比例运算电路的带负载能力很强。

【例 3-4】 电路如图 3.13 所示，求电压增益 $A_{u_f} = \dfrac{u_o}{u_i}$ 的数值，设集成运算放大器是理想的。

解： 该电路为反相输入方式，参照图 3.12 反相比例运算电路的分析过程，可知 $u_- \approx 0$。在图示电流参考方向下，利用虚地概念可得

$$R_2 i_2 = R_4 i_4$$

$$u_i = R_1 i_1$$

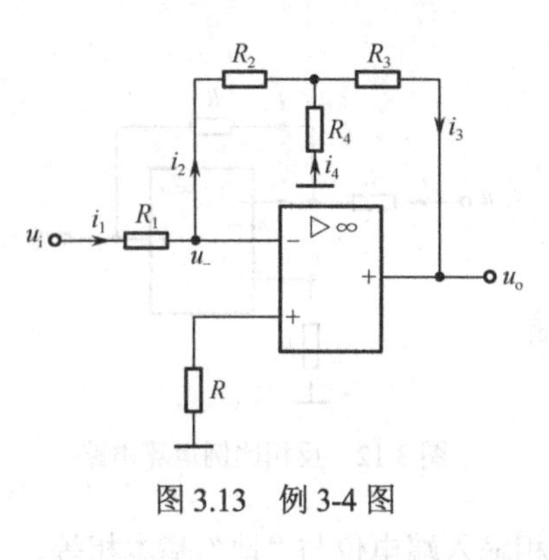

图 3.13 例 3-4 图

由虚断原则可得

$$i_1 = i_2$$

输出电压

$$u_0 = -R_3 i_3 - R_2 i_2 = R_3(i_2 + i_4) - R_2 i_2$$

整理得 $u_o = -\left(R_2 + R_3 + \dfrac{R_2 R_3}{R_4}\right) i_2$

则电压增益（放大倍数）为

$$A_{u_f} = \frac{u_o}{u_i} = -\left(\frac{R_2}{R_1} + \frac{R_3}{R_1} + \frac{R_2 R_3}{R_1 R_4}\right)$$

2. 同相比例电路

如图 3.14 所示，输入信号 u_i 经电阻 R_2、R_3 分压加到同相输入端。反馈电阻 R_f 接在输出端和反相端之间，因此引入了电压串联负反馈。

根据运算放大器虚短，即 $u_+ = u_-$ 的原则，有

$$\frac{R_1}{R_1+R_f}u_o = \frac{R_3}{R_2+R_3}u_i$$

由此得

$$u_o = \frac{R_1+R_f}{R_1}\cdot\frac{R_3}{R_2+R_3}u_i \tag{3-10}$$

上式说明输出电压与输入电压为同相比例运算关系，其比例系数为

$$\left(1+\frac{R_f}{R_1}\right)\frac{R_3}{R_2+R_3}$$

当 $R_3 = \infty$ 时，有

$$u_o = \left(1+\frac{R_f}{R_1}\right)u_i \tag{3-11}$$

上式说明，同相端只接 R_2 电阻时构成的比例电路的比例系数总大于 1，这一点与反相比例运算电路不同。

进一步考察式（3-11）发现，当 $R_f = 0$ 或 $R_1 = \infty$ 时，有

$$u_o = u_i \tag{3-12}$$

这个关系式成立，与之对应的电路如图 3.15 所示。由式（3-12）可知，输出电压与输入电压总是一致的，故称为电压跟随器。

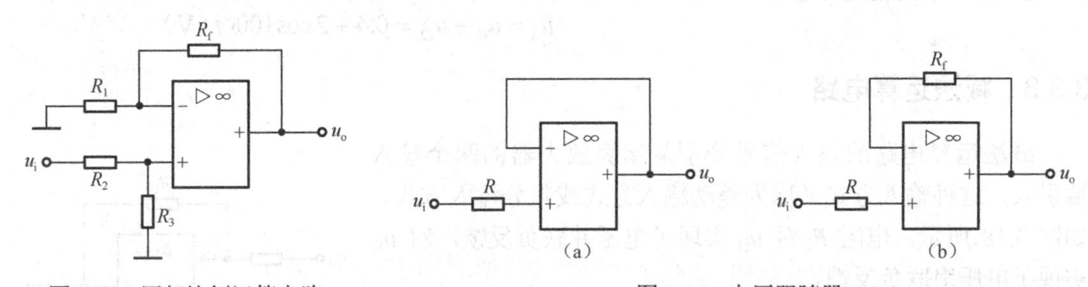

图 3.14　同相比例运算电路　　　图 3.15　电压跟随器

就同相比例运算放大器来说，由于它构成的是电压串联型负反馈，因此电路的输入电阻很高，输出电阻很低，理想情况下，有

$$r_{if} \approx \infty, \quad r_{of} \approx 0$$

3.3.2 加法运算电路

加法器（加法运算电路）可以由反相输出运算电路构成，如图 3.16 所示。

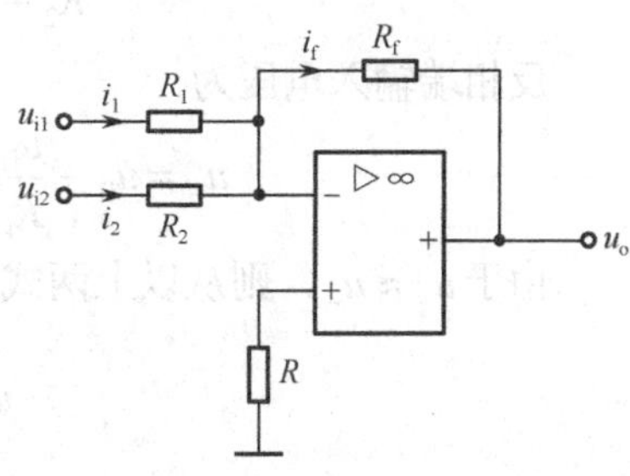

图 3.16　反相输入加法器

输入电压 u_{i1}、u_{i2} 经电阻 R_1、R_2 加到运算放大器的反相输入端。

因反相端为虚地，故有

$$i_1=\frac{u_{i1}}{R_1},\ i_2=\frac{u_{i2}}{R_2},\ i_f=-\frac{u_o}{R_f}$$

根据虚断原则，得

$$i_f=i_1+i_2$$

则

$$u_o=-R_f i_f=-\left(\frac{R_f}{R_1}u_{i1}+\frac{R_f}{R_2}u_{i2}\right) \tag{3-13}$$

上式说明，信号u_{i1}和u_{i2}实现比例相加。若R_1=R_2=R_f，则

$$u_o=-(u_{i1}+u_{i2}) \tag{3-14}$$

若要实现多个信号相加，可在反相端扩展多个外接电阻并加入相应的信号。

【例 3-5】一个集成运算电路如图 3.17 所示，已知$R_1=50\text{k}\Omega$，$R_2=120\text{k}\Omega$，$R_f=75\text{k}\Omega$，$R=60\text{k}\Omega$，$u_{i1}=0.4\text{V}$，$u_{i2}=2\cos1000t$（V），求输出电压u_o的大小。

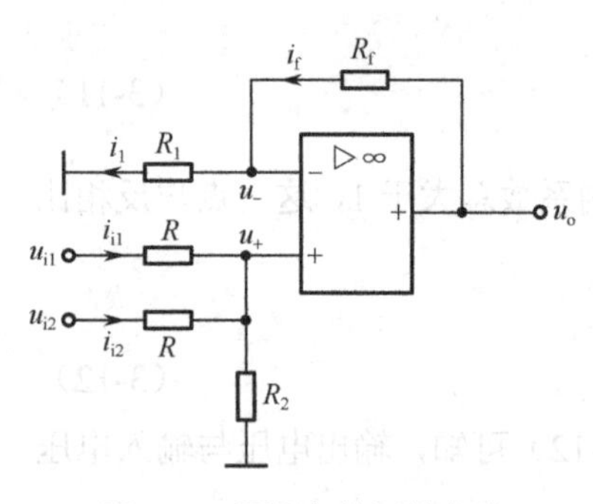

图 3.17 同相加法运算电路

解：根据虚断原则，可求得运放同相输入端电位：

$$u_+=\frac{\frac{u_{i1}}{R}+\frac{u_{i2}}{R}}{\frac{1}{R}+\frac{1}{R}+\frac{1}{R_2}}=\frac{u_{i1}+u_{i2}}{2+\frac{R}{R_2}}$$

再利用同相比例运算电路的运算关系，有

$$u_o=\left(1+\frac{R_f}{R_1}\right)u_+=\left(1+\frac{R_f}{R_1}\right)\times\frac{R_2}{2R_2+R}\times(u_{i1}+u_{i2})$$

代入已知参数，有

$$u_o=u_{i1}+u_{i2}=0.4+2\cos1000t\text{（V）}$$

3.3.3 减法运算电路

减法运算电路的输入信号分别从运算放大器的两个输入端引入，这种输入方式又称为差动输入方式或差分输入方式，如图 3.18 所示。电阻 R_f对 u_{i1} 实现了电压并联负反馈，对 u_{i2} 实现了电压串联负反馈。

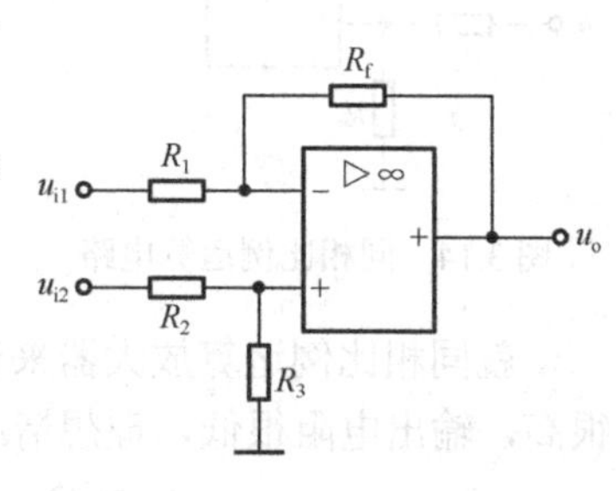

图 3.18 差动输入运算电路

由虚断原则及电路基本定律可求得同相端输入电压为

$$u_+=\frac{R_3}{R_2+R_3}u_{i2}$$

反相端输入电压为

$$u_-=u_{i1}-\frac{u_{i1}-u_o}{R_1+R_f}\cdot R_1$$

由于$u_+\approx u_-$，则从以上两式得

$$u_o=\left(1+\frac{R_f}{R_1}\right)\cdot\frac{R_3}{R_2+R_3}u_{i2}-\frac{R_f}{R_1}u_{i1} \tag{3-15}$$

当 R_1=R_2、R_3=R_f 时，上式变为

$$u_o = \frac{R_f}{R_1}(u_{i2} - u_{i1}) \tag{3-16}$$

当 R_1=R_f 时，有

$$u_o = u_{i2} - u_{i1} \tag{3-17}$$

由以上两式可知，输出电压与两个输入电压之差成正比，即，可做减法运算。当 R_1=R_2、R_3=R_f 时，这种差动输入运算放大器的差模电压增益为

$$A_{u_f} = \frac{u_o}{u_{i2} - u_{i1}} = \frac{R_f}{R_1}$$

由于电路存在共模电压，为保证运算精度，应当选用高共模抑制比的运算放大器。

3.3.4 积分运算电路

图 3.19 是积分运算电路，电路采用反相输入方式，反馈元件是电容。

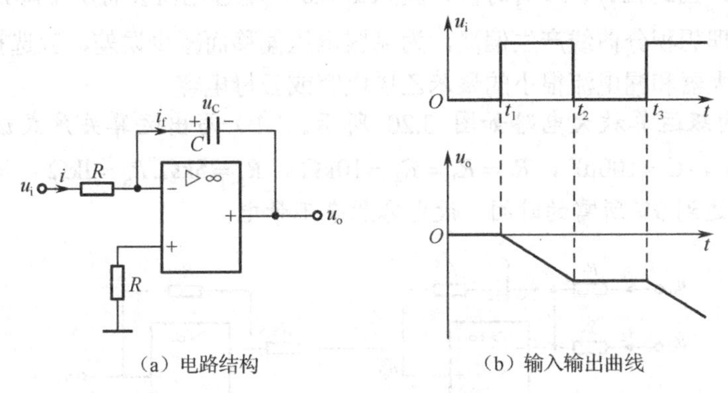

（a）电路结构　（b）输入输出曲线

图 3.19　积分运算电路

因反相端为虚地，所以有

$$i = \frac{u_i}{R}$$

而

$$i_f = C\frac{du_C}{dt} = -C\frac{du_o}{dt}$$

则有

$$-C\frac{du_o}{dt} = \frac{u_i}{R}$$

从上式得到积分关系为

$$u_o = -\frac{1}{RC}\int_{-\infty}^{t} u_i dt = -\frac{1}{RC}\left(\int_{-\infty}^{0} u_i dt + \int_{0}^{t} u_i dt\right)$$

即

$$u_o = U_o(0) - \frac{1}{RC}\int_{0}^{t} u_i dt \tag{3-18}$$

式中 $U_o(0) = -U_C(0)$，它是 u_i 加入之前电容上的电压初始值，其参考极性如图 3.19（a）中所示。若电容原来不带电荷，即 $U_o(0) = 0$，则有

$$u_{\mathrm{o}}=-\frac{1}{RC}\int_{0}^{t}u_{\mathrm{i}}\mathrm{d}t \tag{3-19}$$

以上两式说明，输出电压u_{o}与输入电压成线性积分关系。

当输入信号为阶跃电压或恒定电压时，输出电压为

$$u_{\mathrm{o}}=U_{\mathrm{o}}(0)-\frac{u_{\mathrm{i}}}{RC}t=U_{\mathrm{o}}(0)-\frac{I_{\mathrm{C}}}{C}t \tag{3-20}$$

式中$I_{\mathrm{C}}=\dfrac{u_{\mathrm{i}}}{R}$，可见输入电源以恒流$u_{\mathrm{i}}/R$给电容充电，因此，输出电压与时间成线性关系。图3.19（b）所示u_{i}与u_{o}的波形图中，设$U_{\mathrm{o}}(0)=0$。当u_{i}由零变为某一正值时，电容将开始正向充电，输出电压负向增加；当u_{i}由正值变为零时，电容电压保持原值，电路的输出电压不变；如果u_{o}负向增加到运算放大器的饱和电压U_{om}时，运算放大器进入非线性工作状态，u_{o}与u_{i}之间的积分关系也不复存在。要想使输出电压变回0，必须使输入$u_{\mathrm{i}}<0$。

需要指出，上面讨论的积分电路认为是理想的，但实际上运算放大器存在失调及漂移，电容也有漏电流，因此在$t_2>t>t_3$时段，输入$u_{\mathrm{i}}=0$，电容电压会有所下降，输出u_{o}飘向零轴，积分曲线与理想积分曲线产生偏离。为克服电压偏移而减少误差，应选择高输入阻抗、低漂移的运算放大器和漏电流很小的聚苯乙烯电容或云母电容。

【例 3-6】两级运算放大电路如图3.20所示。（1）写出运算关系式$u_{\mathrm{o}}=f(u_{\mathrm{i1}},u_{\mathrm{i2}})$；（2）$u_{\mathrm{i1}}=u_{\mathrm{i2}}=2\mathrm{V}$，$C=100\mu\mathrm{F}$，$R_1=R_2=R_4=10\mathrm{k}\Omega$，$R_3=5\mathrm{k}\Omega, R_6=1\mathrm{k}\Omega$，$R_5=R_7=20\mathrm{k}\Omega$，求加入信号后$u_{\mathrm{o}}$达到9V所需的时间。设电容原来不带电。

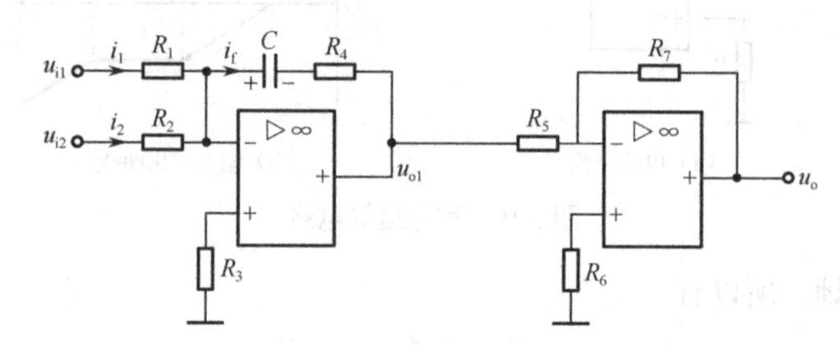

图3.20　两级运算放大器

解：由图看到，两级都是反相输入方式。第二级运放的输入信号就是第一级的输出信号。因此，应首先求出第一级输出电压u_{o1}与u_{i1}、u_{i2}的关系，再求输出电压u_{o}与u_{o1}的关系，则由此得到u_{o}与u_{i1}、u_{i2}的关系。

（1）对于第一级运算放电路，先标出电流i_1、i_2和i_{f}的参考方向。则有

$$i_1=\frac{u_{i1}}{R_1},\ i_2=\frac{u_{i2}}{R_2}$$

而

$$-u_{\mathrm{o1}}=u_{\mathrm{C}}+u_{\mathrm{R_4}}=\frac{1}{C}\int_{-\infty}^{t}i_{\mathrm{f}}\mathrm{d}t+R_4 i_{\mathrm{f}}$$

由于

$$i_{\mathrm{f}}=i_1+i_2=\frac{u_{\mathrm{i1}}}{R_1}+\frac{u_{\mathrm{i2}}}{R_2}$$

代入上式得

$$-u_{o1}=\frac{R_4}{R_1}u_{i1}+\frac{R_4}{R_2}u_{i2}+\frac{1}{C}\int_{-\infty}^{t}\left(\frac{u_{i1}}{R_1}+\frac{u_{i2}}{R_2}\right)dt$$

即

$$-u_{o1}=U_o(0)+\frac{R_4}{R_1}u_{i1}+\frac{R_4}{R_2}u_{i2}+\frac{1}{C}\int_{0}^{t}\left(\frac{u_{i1}}{R_1}+\frac{u_{i2}}{R_2}\right)dt$$

式中，$U_o(0)=-U_C(0)$，$U_C(0)$为电容原来带电的电压值。

对于第二级运算放大电路，有

$$u_o=-\frac{R_7}{R_5}u_{o1}$$

把u_{o1}的值代入上式得

$$u_o=-\frac{R_7}{R_5}U_o(0)+\frac{R_7}{R_5C}\int_{0}^{t}\left(\frac{u_{i1}}{R_1}+\frac{u_{i2}}{R_2}\right)dt+\frac{R_7R_4}{R_5R_1}u_{i1}+\frac{R_7R_4}{R_5R_2}u_{i2}$$

上式即为所求$u_o=f(u_{i1},u_{i2})$的关系式。

（2）若电容原来不带电，即$U_C(0)=0$，则把数据代入u_o的表达式可得

$$u_o=2u_i+\frac{2u_i}{RC}t$$

式中，$u_i=u_{i1}=u_{i2}$，求得

$$t=-\frac{u_o-2u_i}{2u_i}RC$$

代入数据得

$$t=\frac{9-2\times2}{2\times2}\times10\times10^3\times100\times10^{-6}=1.25\text{s}$$

即加入u_{i1}、u_{i2}后 1.25s，输出电压u_o达到 9V。

3.3.5　微分运算电路

把积分电路中反馈支路电容和反相输入端的电阻互换，就构成了图 3.21（a）所示的微分运算电路。

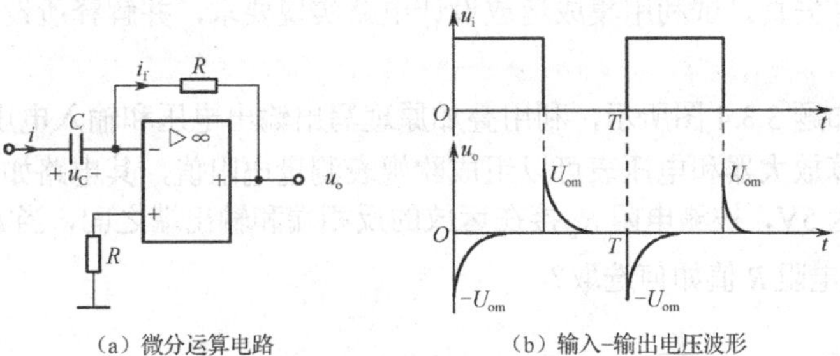

（a）微分运算电路　　（b）输入–输出电压波形

图 3.21　微分运算电路与波形

由图 3.21 可知

$$i=C\frac{du_C}{dt}=C\frac{du_i}{dt}$$

由于$i=i_f$，得

$$u_o = -RC\frac{du_i}{dt} \tag{3-21}$$

图 3.21（b）给出了微分电路对阶跃信号的响应曲线。当u_i发生突变时，输出为尖脉冲电压，其幅度由RC值的大小和$\frac{du_i}{dt}$决定，但最大值由集成运算放大器的正、负向峰值，即正、负向饱和电压$\pm U_{om}$来限定。当u_i不变时，u_o保持零值。

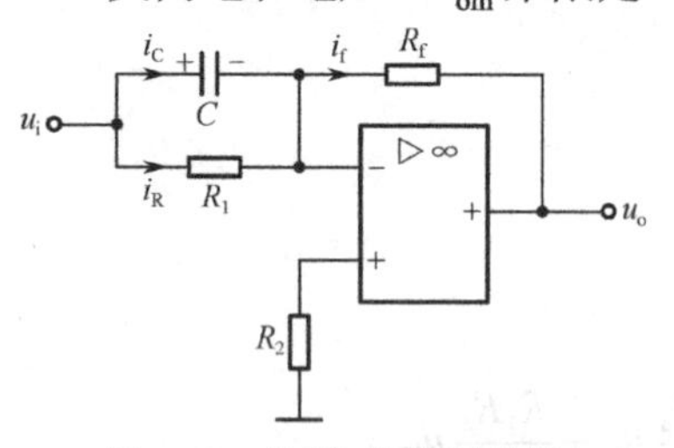

图 3.22　比例-微分调节器

【例 3-7】电路如图 3.22 所示，求$u_o = f(u_i)$的关系式。

解：各电流的参考方向如图中所示。则

$$i_R = \frac{u_i}{R_1} \quad i_C = C\frac{du_C}{dt}$$

由于$i_f = i_R + i_C$，因此

$$-u_o = R_f i_f = \frac{R_f u_i}{R_1} + R_f C\frac{du_i}{dt} \tag{3-22}$$

可见，输出电压u_o是输入电压比例运算和微分运算的组合，因此这种电路称为比例-微分调节器，简称 PD 调节器。其主要用于控制系统中，使调节过程起加速作用。此外还有比例-积分调节器（简称 PI 调节器）和比例-积分-微分调节器（即 PID 调节器）。

集成运算放大器除了可以构成本节介绍的几种运算电路，还可以构成乘法、除法、乘方、开方、对数、反对数等其他运算电路，实现输出信号与输入信号之间时域内的某种运算关系。这部分内容本书不做介绍，有需要的读者可自行参阅其他资料。

探究思考题

探究思考题答案

3.3.1　反相比例、同相比例运算电路各引入什么反馈？与开环理想运放相比，其特性指标有什么变化？

3.3.2　以同相比例运算电路为例说明平衡电阻的作用，其参数应如何选取？

3.3.3　现有 1.5V 直流源和$u_{S1} = 20\cos 6283t$（mV）的信号源，要想合成得到非正弦电压源$u_S = 1.5 + 0.02\cos 6283t$（V）供给负载，但信号源内部不可以流过较大的直流电流，不然会导致其输出的信号失真。试利用集成运放设计电路实现要求，并解释所设计电路为什么不会造成信号源失真。

3.3.4　电路如题 3.3.4 图所示，利用叠加原理写出输出电压和输入电压的关系式。

3.3.5　用运算放大器和电压表可以组成欧姆表测量电阻值，其电路如题 3.3.5 图所示。设电压表满量程为 5V，被测电阻R_x接在运放的反相端和输出端之间，当R_x的测量范围规定为 0～200kΩ时，电阻R值如何选取？

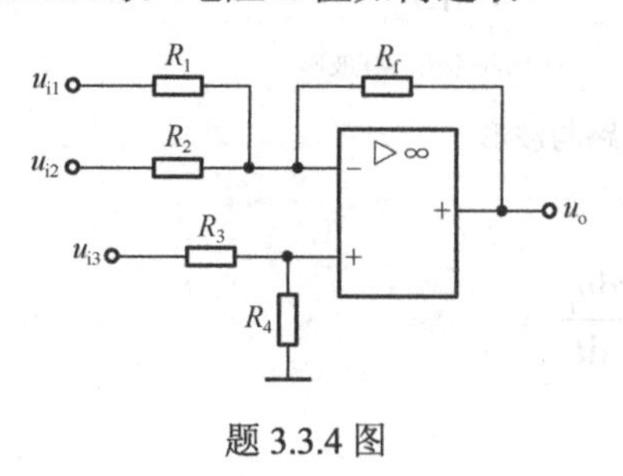

题 3.3.4 图

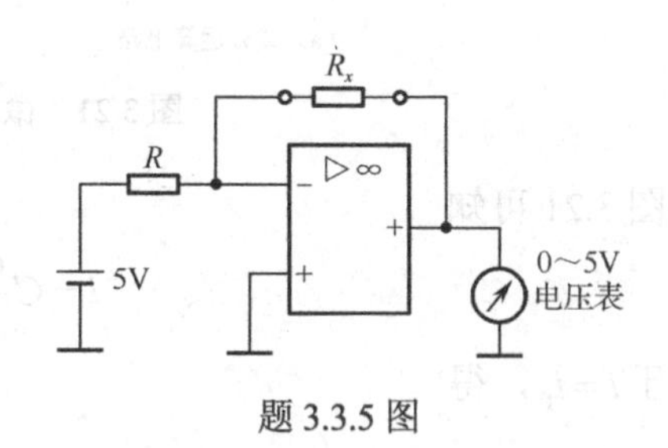

题 3.3.5 图

3.3.6　用运算放大器可以构成测量电压和电流的电路，如题 3.3.6 图所示。设电压表满量程为 5V，试根据图中标记的电压、电流量程，计算 R_1、R_2、R_3、R_4、R_5、R_{f1}、R_{f2}、R_{f3}、R_{f4}、R_{f5} 的阻值。其中，U_i 为被测电压，I_i 为被测电流。

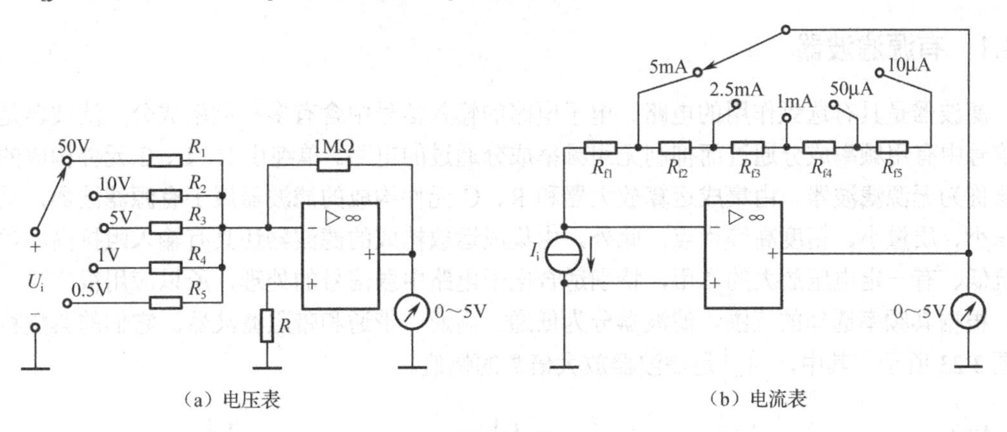

（a）电压表　（b）电流表

题 3.3.6 图

3.3.7　有一个 Multisim 仿真集成运算电路如题 3.3.7 图所示。试分析：（1）开关 S1 闭合，输入为阶跃电压源（step voltage source）V1 时；（2）开关 S2 闭合，输入为频率 1kHz 的双极电压源（bipolar voltage source）V2 时，输出电压的波形，以及周期、峰值、上升时间、下降时间等参数。其中，V1 波形如题 3.3.7 图（b）所示，V2 波形如题 3.3.7 图（c）所示，运放输出最大电压为±12V。

仿真文件下载

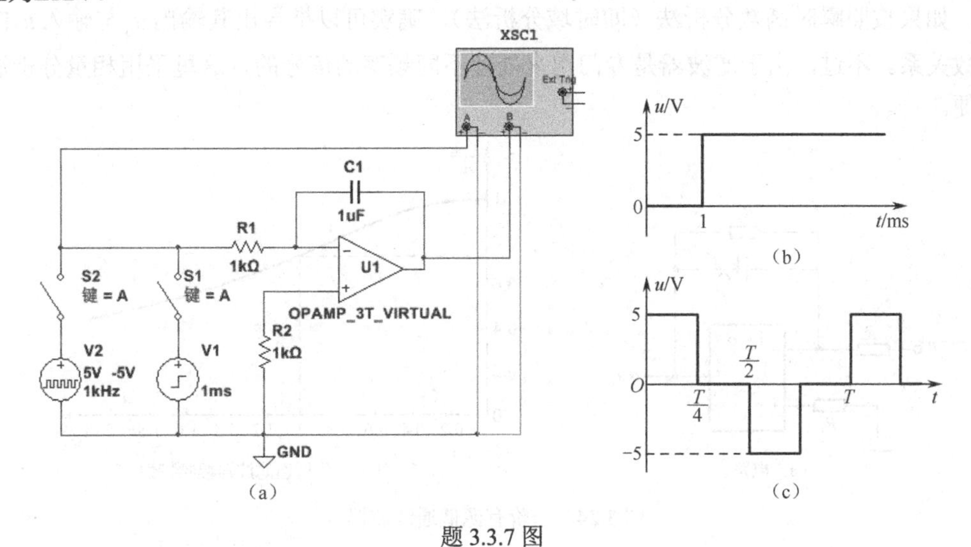

（a）　（b）　（c）

题 3.3.7 图

3.4　信号处理电路

集成运算放大器可以实现输出信号与输入信号在时域内的运算关系，也可以实现频域内的运算关系。当然，由于运放极高的开环电压增益，所有运算关系的实现必须有线性负反馈环。此外，集成运算放大器在开环、只有正反馈或者有非线性负反馈的情况下，工作在非线性区，这样的电路可以对信号进行处理和变换。这一节，我们简要介绍广泛应用在检测或自动控制系统中的有源滤波器和电压比较器电路。

3.4.1 有源滤波器

滤波器是具有选频作用的电路。电子电路的输入信号中含有多种频率成分，滤波器是能让信号中有用频率成分通过而抑制无用频率成分通过的电路。单纯由 R、L、C 元件构成的滤波器称为无源滤波器。由集成运算放大器和 R、C 元件构成的滤波器属于有源滤波器，具有体积小、质量小、精度高等优点。此外，由集成运放构成的滤波器还具有输入阻抗高、输出阻抗低、有一定电压放大的作用，特别适合电子电路中弱信号的处理，所以应用很广泛。

根据其频率选择的范围，滤波器分为低通、高通、带通和带阻滤波器。它们的典型特性如图 3.23 所示，其中，$\left|\dot{A}_{\text{uf}}\right|$ 是滤波器放大倍数的幅值。

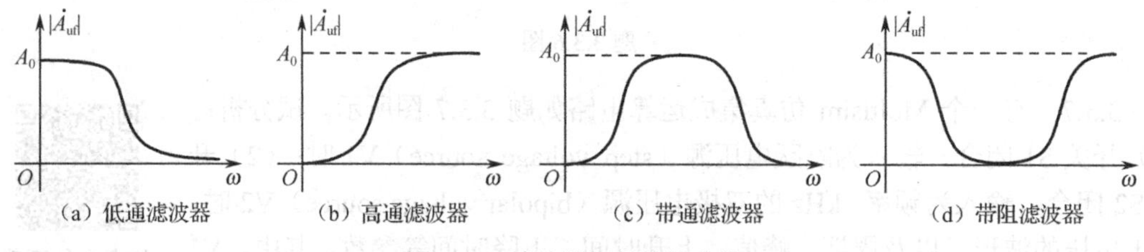

图 3.23 滤波器幅频特性曲线

图 3.24（a）是一个一阶有源低通滤波器的电路。从结构上看，这个电路是一个比例-积分器，如果按照瞬时函数分析法（即时域分析法），确实可以推导出其输出 u_o 与输入 u_i 的动态函数关系。不过，由于滤波器是专门用来处理不同频率的信号的，这里采用相量分析法会更方便。

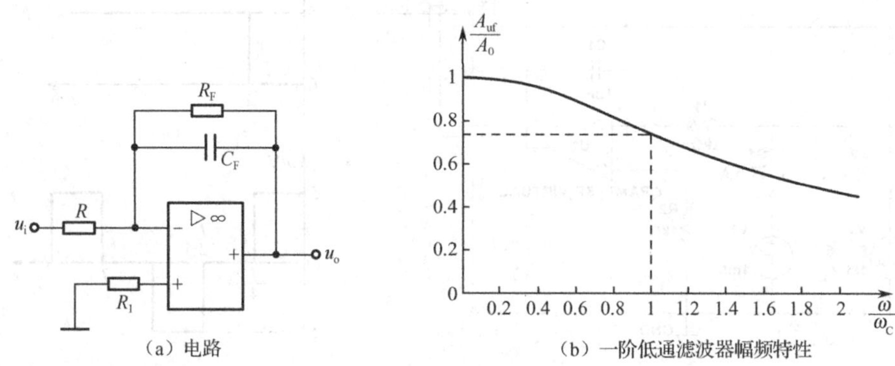

图 3.24 一阶有源低通滤波器

反馈支路总阻抗为

$$Z_\text{f}=\frac{R_\text{F}\cdot\dfrac{1}{\text{j}\omega C_\text{F}}}{R_\text{F}+\dfrac{1}{\text{j}\omega C_\text{F}}}=\frac{R_\text{F}}{1+\text{j}\omega R_\text{F}C_\text{F}}$$

利用反相输入运算放大器的结果得到

$$-\dot{U}_{o}=\frac{Z_{f}}{R}\dot{U}_{i}=\frac{R_{F}/R}{1+j\omega R_{F}C_{F}}\dot{U}_{i}$$

电压增益为

$$\dot{A}_{uf}=\frac{\dot{U}_{o}}{\dot{U}_{i}}=-\frac{R_{F}/R}{1+j\omega R_{F}C_{F}}=-\frac{R_{F}/R}{1+j\dfrac{\omega}{\omega_{C}}} \tag{3-23}$$

式中，$\omega_{C}=\dfrac{1}{R_{F}C_{F}}$，称为截止频率（cut-off frequency）。

电路的幅频特性为

$$A_{uf}=\frac{\dfrac{R_{F}}{R}}{\sqrt{1+\left(\dfrac{\omega}{\omega_{C}}\right)^{2}}}=\frac{A_{uf0}}{\sqrt{1+\left(\dfrac{\omega}{\omega_{C}}\right)^{2}}} \tag{3-24}$$

由上式得到电路的幅频特性曲线如图 3.24（b）所示。曲线中，$\dfrac{\omega}{\omega_{C}}=1$，即 $\omega=\omega_{C}$ 处为半功率点。此时 $A_{uf}=\dfrac{1}{\sqrt{2}}A_{0}$，即输出信号的功率只有最大增益 A_{0} 时信号功率的一半。$\omega\in[0,\omega_{C}]$ 就是这个低通滤波器的通频带。从图 3.24（b）的曲线可以看出，一阶低通滤波器的特性曲线与图 3.23（a）所示典型低通特性曲线相去甚远。图 3.24（a）所示的滤波器虽然对低频信号增益较大，对高频信号增益较小，起到一定的选择与抑制作用，但在 $\omega=\omega_{C}$ 附近增益差别不大，故其滤波效果并不理想，一般需要高阶滤波器才会有比较理想的滤波效果。感兴趣的读者请扫描二维码学习。

集成运算放大器不仅可以构成低通滤波器，也可以构成其他特性的滤波器，当然，如果是线性滤波器，电路必须具有线性负反馈。

有源滤波器是集成运放的一个常见应用，工程中由运放构成的有源滤波器的种类非常多，请读者自行参阅相关书籍，这里不再赘述。

二阶低通滤波器

3.4.2　电压比较器

电压比较器是运算放大器（运放）的非线性应用，其结构特点是没有线性负反馈。因此，由于运放自身很大的电压增益，其输出总是处于饱和值，即 $-U_{om}$ 或 $+U_{om}$。

比较器的基本功能是比较两个模拟输入信号，用输出电平高低来表示比较结果。它多用在模拟和数字信号的转换、控制及测量电路中。

1．单限电压比较器

图 3.25（a）所示电路是基本的单限电压比较器。参考电压 U_{R} 加在反相端，模拟信号 u_{i} 加在同相端。

当 $u_{i}=U_{R}$ 时，输出电压 $U_{o}=0$。

当 $u_{i}>U_{R}$，即 $u_{i}-U_{R}>0$ 时，由于运算放大器开环电压增益很高，输出电压 u_{o} 达到正向饱和值，即 $u_{o}=U_{om}$。

当$u_i < U_R$，即$u_i - U_R < 0$时，输出电压u_o达到负向饱和值，即$u_o = -U_{om}$。

由以上分析得到图3.25（b）所示的电压传输特性，即

$$u_o = \begin{cases} U_{om}, & u_i > U_R \\ 0, & u_i = U_R \\ -U_{om}, & u_i < U_R \end{cases} \tag{3-25}$$

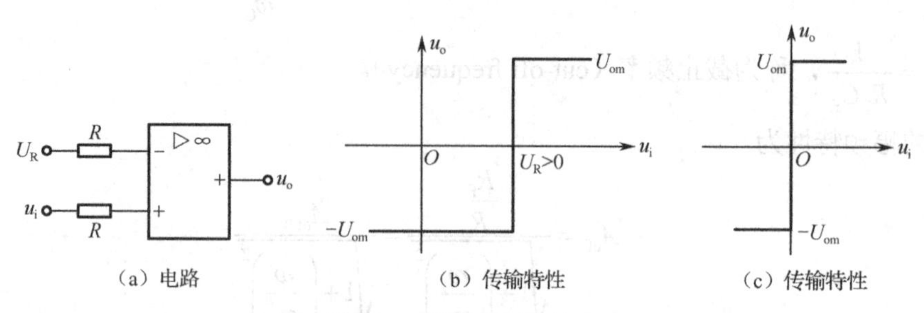

（a）电路　（b）传输特性　（c）传输特性

图3.25　单限电压比较器

这里参考电压U_R又是比较器的门限电压或门限电平。由图3.25（a）看到，只要模拟信号大于门限电平，输出就为高电平；只要模拟信号小于门限电平，输出就为低电平。

在电压比较器中，当$U_R = 0$即反相端经电阻接地时，其电压传输特性如图3.25（c）所示。当输入信号在零电压上下变动时，输出电压发生跃变。因此，称这种比较器为过零电压比较器。

如果要求输出电压较低，或者为获得标准的逻辑高、低电平以便和数字电路连接，那么可以在比较器中加入限幅电路或钳位电路，如图3.26（a）所示。此时运算放大器的输出电压由稳压管D_Z的稳压值U_Z限定，R_0为限流电阻。

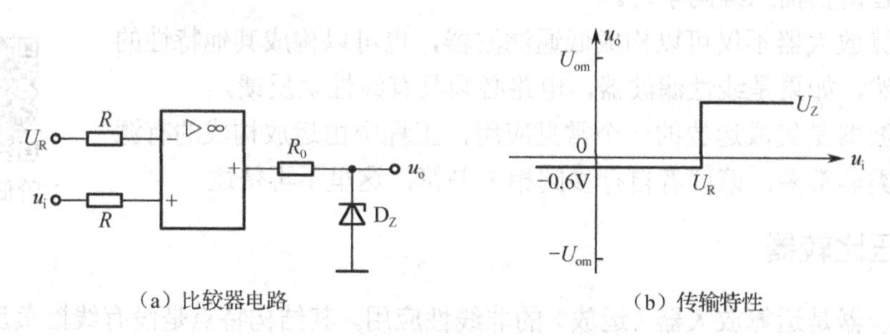

（a）比较器电路　（b）传输特性

图3.26　输出单向限幅电压比较器

图3.27（a）是一个输出双向限幅的电压比较器。根据电路结构可知，反相输入端电位为

$$u_- = \frac{U_R - u_i}{R_1 + R_2} \times R_2 + u_i = \frac{R_2}{R_1 + R_2} U_R + \frac{R_1}{R_1 + R_2} u_i$$

而同相输入电位$u_+ \approx 0$。当$u_- > 0$时，即

$$u_i > -\frac{R_2}{R_1} U_R$$

运算放大器输出电压为负饱和值，电路输出为

$$u_o = -U_Z$$

当$u_- < 0$时，即

$$u_{\rm i} < -\frac{R_2}{R_1}U_{\rm R}$$

运算放大器输出电压为正饱和值，电路输出为

$$u_{\rm o} = U_{\rm Z}$$

这里忽略了稳压管正向导通时的管压降 0.6V。

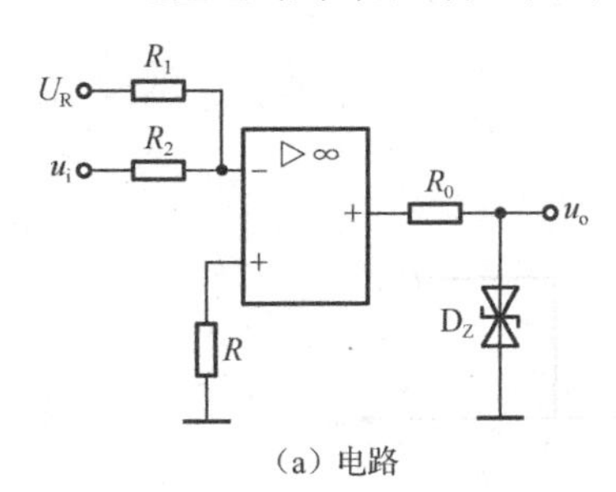

（a）电路

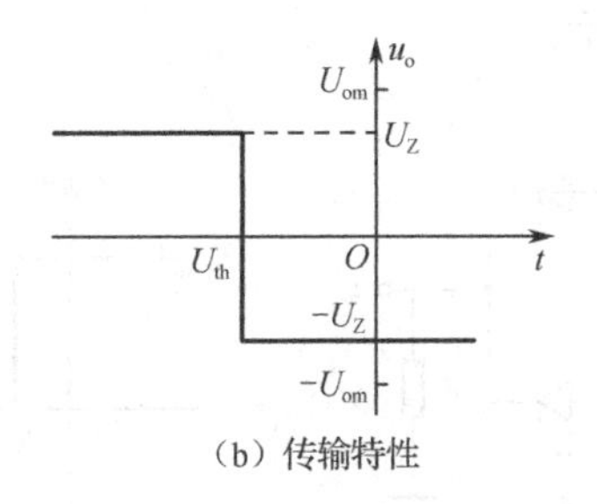

（b）传输特性

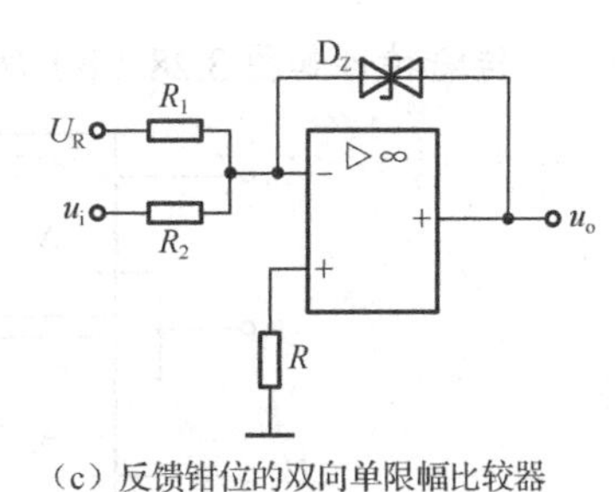

（c）反馈钳位的双向单限幅比较器

图 3.27　双向限幅的电压比较器

因此，电压传输特性为

$$u_{\rm o} = \begin{cases} -U_{\rm Z}, & u_i > -\dfrac{R_2}{R_1}U_{\rm R} \\ U_{\rm Z}, & u_i < -\dfrac{R_2}{R_1}U_{\rm R} \end{cases} \tag{3-26}$$

曲线如图 3.27（b）所示。可见门限电平为$U_{\rm th} = -\dfrac{R_2}{R_1}U_{\rm R}$。改变 R_1、R_2 或 $U_{\rm R}$ 的值就能很方便地调节门限电平的大小。

图 3.27（c）是反馈钳位的双向单限幅比较器，与图 3.27（a）电路具有相同的电压传输特性。只是双向稳压管接在反馈电路中，由于稳压管本身的非线性特性，对于输出电压 $u_{\rm o}$ 虽然不构成线性负反馈，但对于电流则是深度线性负反馈。也可以使用虚短原则来分析这个电路的传输特性，这是一种巧合。原则上，对于非线性负反馈电路，虚短原则不一定成立。

图 3.27（c）所示电路省掉了稳压管的限流电阻 R_0，限流作用由 R_1、R_2 来承担，所以在参数选择时需要兼顾考虑，以免因电流过大或过小损坏稳压管或影响稳压效果。

关于其工作原理及传输特性的分析这里不多讲，感兴趣的读者请扫描二维码学习。

反馈钳位型比较器分析

【例 3-8】图 3.28 为由两个单限电压比较器构成的窗口比较器，其作用是监视输入电压 $u_{\rm i}$ 是否超过规定的上限电压 $U_{\rm RH}$ 或低于规定的下限电压 $U_{\rm RL}$，一旦越限，输出立即给出相应的信号，使 $R_{\rm L}$ 所代表的报警或指示电器动作。试分析其传输特性。

解：从图 3.28（a）电路结构可以看出，$\rm A_1$ 为同相输入信号，$\rm A_2$ 为反相输入信号。

① 当信号电压 $u_{\rm i} < U_{\rm RL}$ 时，$\rm A_2$ 输出电压为 $+U_{\rm om}$，$\rm A_1$ 输出电压为 $-U_{\rm om}$，于是 $\rm D_2$ 经 $R_{\rm L}$ 对地导通，使输出 $u_{\rm o} = +U_{\rm om}$；

② 当信号电压 $U_{\rm RL} < u_{\rm i} < U_{\rm RH}$ 时，$\rm A_1$ 输出为 $-U_{\rm om}$，$\rm A_2$ 输出也为 $-U_{\rm om}$，$\rm D_1$、$\rm D_2$ 均不会导通，$U_{\rm RL}$ 上无电流流过，$u_0 = 0$。

③ 当信号电压$u_i > U_{RH}$时，A_1输出为$+U_{om}$，A_2输出电压为$-U_{om}$，D_1导通，D_2截止，输出$u_o = +U_{om}$。

故其传输特性为

$$u_o = \begin{cases} +U_{om}, & u_i > U_{RH} \text{ 或 } u_i < U_{RL} \\ 0, & U_{RL} < u_i < U_{RH} \end{cases}$$

传输特性如图 3.28（b）所示。

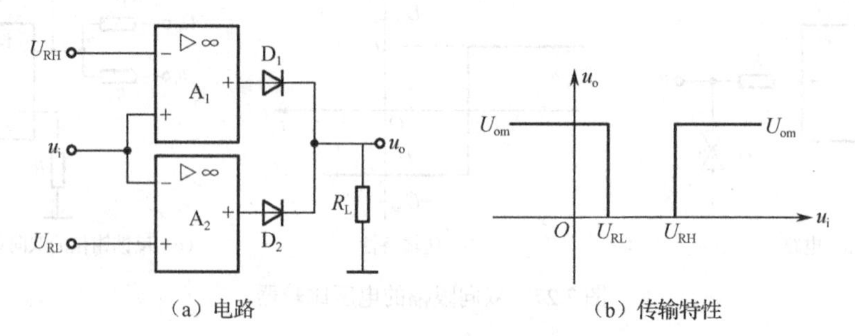

（a）电路　　　（b）传输特性

图 3.28　窗口比较器

2. 迟滞型电压比较器

迟滞型电压比较器是一种具有与磁滞回线类似电压传输特性的电路，因此得名迟滞型电压比较器，图 3.29 给出了这种比较器的电路及特性曲线。参考电压U_R接在同相端，比较信号接在反相端，输出电压U_o经电阻R_F反馈到同相端因而构成正反馈。

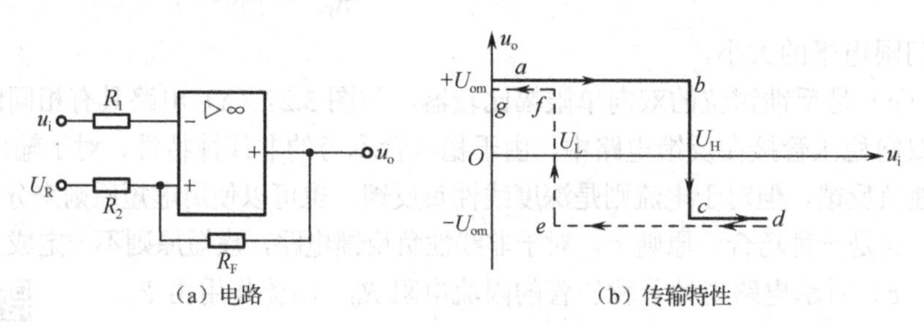

（a）电路　　　（b）传输特性

图 3.29　迟滞型电压比较器电路及其特性曲线

同相端的电压为

$$u_+ = U_R - \frac{U_R - u_o}{R_2 + R_F} R_2 = \frac{R_F}{R_2 + R_F} U_R + \frac{R_2}{R_2 + R_F} U_o$$

当u_o为正向饱和电压U_{om}时，同相端电压为

$$u_+ = \frac{R_F}{R_2 + R_F} U_R + \frac{R_2}{R_2 + R_F} U_{om} = U_H \tag{3-27}$$

U_H称为门限高电平。

当u_o为负向饱和电压$-U_{om}$时，同相端电压为

$$u_+ = \frac{R_F}{R_1 + R_F} U_R - \frac{R_2}{R_2 + R_F} U_{om} = U_L \tag{3-28}$$

U_L称为门限低电平，显然有$U_L < U_H$。

为了分析得出迟滞型电压比较器的传输特性，这里不妨假设输入信号 u_i 从 $-\infty$ 至 $+\infty$ 递增，或 u_i 从 $+\infty$ 至 $-\infty$ 递减变化，然后分段分析。

① 当从 $-\infty$ 开始递增时，无论初始时刻运放同相输入端是门限高电平还是门限低电平，必然有 $u_i < u_+$，输出 $u_o = +U_{om}$，于是同相输入端电压将保持为门限（或变为高门限）高电平 U_H，只要 $u_i < U_H$，比较器输出持续为 $+U_{om}$。

② 当 u_i 增加至 $u_i > U_H$ 后，运放反相输入端电压高于同相输入端，于是输出变为 $-U_{om}$，同时，其同相输入端电压也相应变为门限低电平 U_L。虽然比较器门限发生了变化，但因为 $U_H > U_L$，而 $u_i > U_L$，所以不会导致输出改变，即，$u_o = -U_{om}$ 将随 u_i 的增加一直持续下去。

根据以上分析可以绘出曲线 *abcd* 段。

③ 当 u_i 从 $+\infty$ 开始递减时，无论同相输入端是门限高电平还是门限低电平，必有 $u_i > u_+$，输出 $u_o = -U_{om}$，于是同相输入端电压只能保持在 $u_+ = U_L$，只要 $u_i > U_L$，输出电压与门限电平均保持不变。

④ 当 u_i 减小至 $u_i < U_L$ 时，运放反相输入端电压低于同相输入端电压，输出变为 $u_o = +U_{om}$，接着同相输入端电压也相应变为门限高电平 U_H，这时由于 $u_i < U_L$，而 $U_L < U_H$，所以比较器门限的变化不会引起输出改变，即，随着 u_i 的继续减小，输出 $u_o = +U_{om}$ 将持续下去。

综上分析，可以绘出曲线 *defg* 段。

从传输特性曲线可以看出，当 $u_i < U_L$ 时，输出总是 $-U_{om}$，当 $u_i > U_H$ 时，输出总是 $+U_{om}$，而当 $U_L < u_i < U_H$ 时，比较器上到底是 $+U_{om}$ 还是 $-U_{om}$，要根据 u_i 的变化历程来决定。图中两个门限电平之间的宽度 $\Delta U = U_H - U_L$ 称为回差电压。

由于有两个门限电平，即存在回差电压，因而使这种电压比较器有较强的抗干扰能力而不可发生错误翻转。这一点可从单限比较器看到。若输入信号接近门限电平 U_{th}，在其上叠加很小的干扰信号时就有可能达到门限电平，单限比较器就可能发生误翻转，因而对干扰特别灵敏。而迟滞比较器的输入信号必须超过或小于回差电压 ΔU，比较器输出才能发生翻转。

从式（3-27）和式（3-28）看到，通过改变电阻值和输出电压值，可以调节回差电压。

电压比较器常用于波形整形、变换及对信号进行鉴幅、检测等。作为例子，图 3.30 示出了利用电压比较器将不规则信号 u_i 转换成规则整齐方波 u_o 的过程。

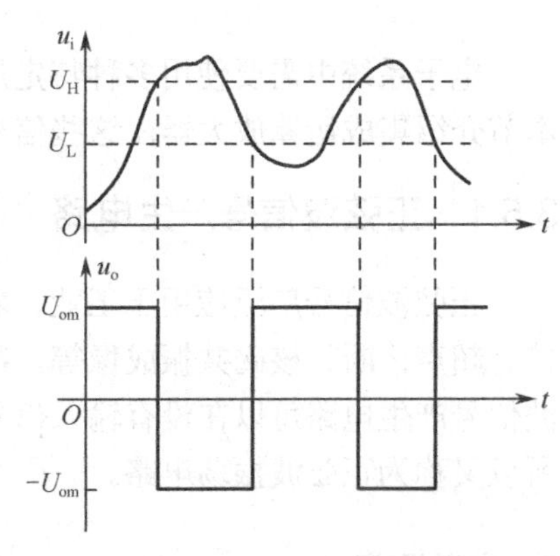

图 3.30　整形过程波形图

探究思考题

3.4.1　以一阶有源低通滤波器和无源 RC 低通滤波器的对比，说明有源滤波器的特点。

3.4.2　图 3.29（a）所示的迟滞型电压比较器，R_F 与 R_2 构成的是什么反馈？

探究思考题答案

3.4.3　题 3.4.3 图所示也是一种带钳位的双向限幅电压比较器电路，设 R_1=R_2=R_0=10kΩ，稳压管的稳压值 U_Z=±10V，运放为理想器件，其最大输出电压 U_{om}=±12V。求以下不同输入条件下反相输入端电压u_-以及输出u_o与u_{o1}：（1）u_i=0.2V；（2）u_i=1.5V；（3）u_i=−3V。根据计算结果，说明虚短原则成立的条件。

仿真文件下载

3.4.4 有一个 Multisim 仿真集成运算电路如题 3.4.4 图所示，画出图示参数对应的输出波形。如果调整可变电阻R_4的比例，分别设置为 0%、80%、100%，波形会变成什么样？

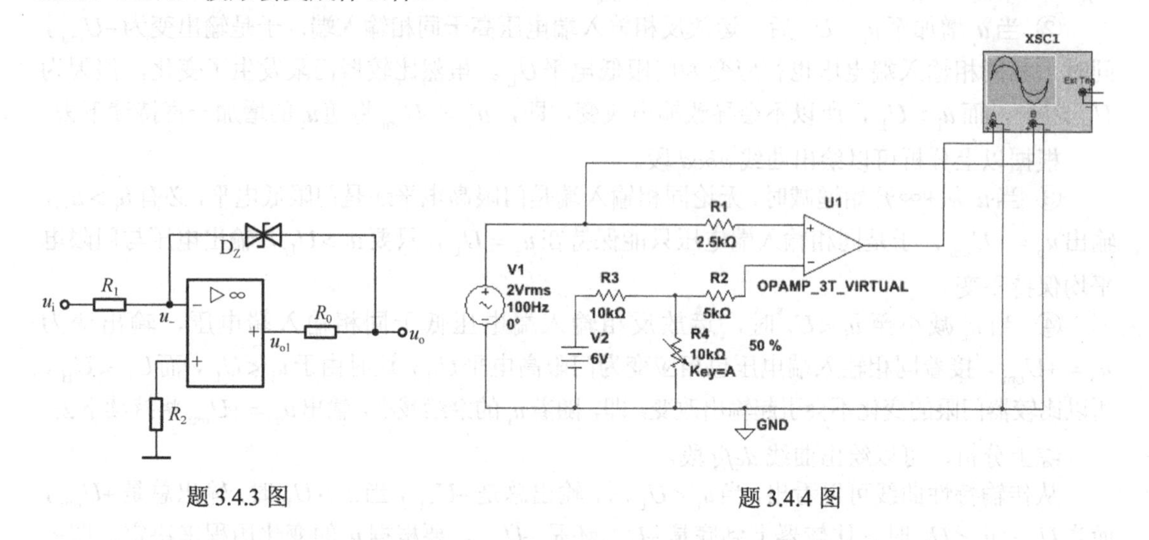

题 3.4.3 图　　　　题 3.4.4 图

3.5 信号产生电路

电子系统中需要使用多种特定形态的信号，比如正弦波、矩形波、三角波、锯齿波等。本节介绍集成运算放大器在这些信号产生电路中的应用。

3.5.1 正弦波信号产生电路

正弦波信号广泛应用于工业、农业、生物医学等领域，如高频感应加热、熔炼、超声焊接、超声诊断、核磁共振成像等，都需要功率或大或小、频率或高或低的正弦波信号。正弦波信号产生电路可以在没有输入信号的情况下，通过电路自身的振荡产生正弦波信号输出，所以又称为正弦波振荡电路。

1. 自激振荡

对于一个电路，不外加输入信号就能输出一定频率和幅度的正弦波的现象称为自激振荡。这样的电路的放大倍数为∞。在 3.2 节讨论反馈系统时我们知道，当反馈深度等于零时，闭环系统增益为无穷大，这就是自激振荡。

我们把自激振荡时的闭环系统框图重新画出，如图 3.31 所示。图中，由基本放大电路可知$\dot{X}_d = \dot{X}_o / A$，由反馈电路可知$\dot{X}_f = \dot{F}\dot{X}_o$。如果要获得一个持续稳定的输出信号$\dot{X}_o$，必须有$\dot{X}_f = \dot{X}_d$，于是可以推导出

$$\dot{A}\dot{F} = 1 \tag{3-29}$$

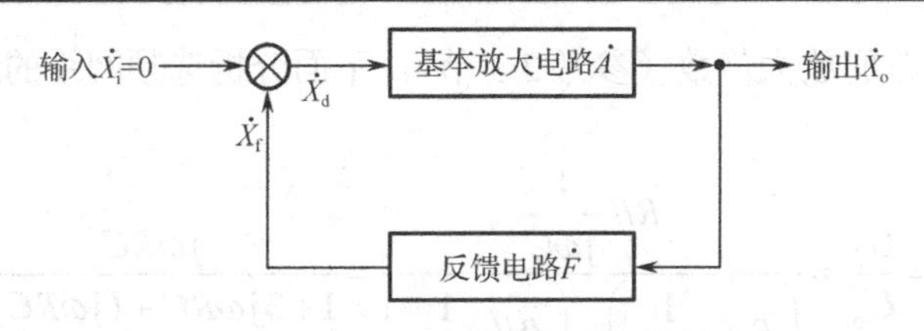

图 3.31　自激振荡系统框图

式（3-29）就是保持自激振荡的基本条件。从幅度和相位两方面分别论述，即

① 幅度平衡条件：$AF=1$，或反馈信号 $\dot{X}_f$ 与输入信号 $\dot{X}_d$ 幅度相等。

② 相位平衡条件：反馈信号与输入信号同相位。

只要满足上述两个条件，反馈系统就会在 $\dot{X}_i=0$ 时有持续稳定的信号输出。

下面谈谈振荡器的起振与稳定。

一个自激振荡的电路，开始时是如何产生输出的呢？实际上，在电路通电的一瞬间，会有各种频率成分的扰动存在，输出端也会有微小的电扰动。而反馈电路一般由 R、C 元件或 L、C 元件构成，这样的电路具有频率选择性，使某一频率的信号最小衰减地通过（比如 L、C 电路谐振频率所对应的信号），而其他频率的小信号则被大幅度衰减。这样，被选频电路确定的某一频率的正弦波反馈信号最强。经过放大电路放大、反馈、再放大、再反馈的循环，输出信号不断增大，振荡也就建立起来。因此，在起振过程中，这一特定频率的信号有 $X_o=AX_d$， $X_f=FX_o$， $X_f>X_d$，于是有

$$AF>1 \tag{3-30}$$

式（3-30）称为起振条件。由此条件可以看出，起振过程是典型的正反馈过程。

电路起振后，特定频率的正弦波信号输出不断增大，其幅度将达到运放的饱和值，从而输出双向失真的振荡信号。这时应当改变电路的参数，使其满足稳定振荡时的幅度平衡条件即 $X_f=X_d$，这样，自激振荡电路就会在 $\dot{X}_i=0$ 的情况下产生持续稳定的正弦波输出。

2．RC 自激振荡电路

图 3.32（a）是一个由集成运算放大器构成的 RC 自激振荡电路。R_1、R_2 与运放构成同相放大电路，起到系统框图中基本放大电路 $\dot{A}$ 的作用。R_1、R_2 实现了电压串联负反馈。RC 串并联网络则构成了正反馈兼选频网络。图 3.32（b）是该电路的另一种画法，可以看出它呈桥式结构，所以这个电路又称为 RC 桥式振荡电路。

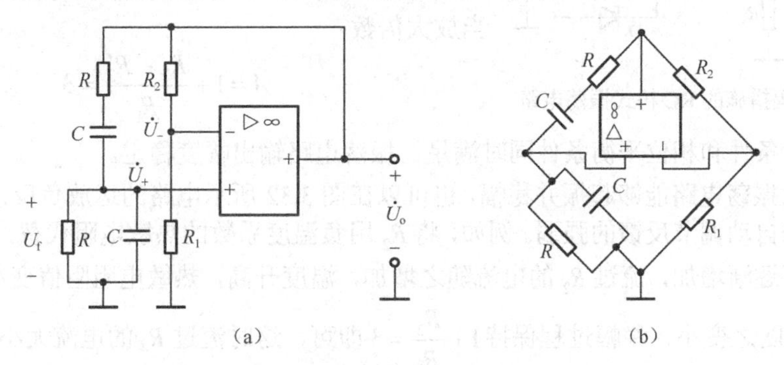

图 3.32　RC 自激振荡电路

已知同相放大电路的放大倍数（参考3.3节），下面分析选频网络的选频作用。

反馈系数为

$$\dot{F}=\frac{\dot{U}_{\mathrm{f}}}{\dot{U}_{\mathrm{o}}}=\frac{R//\dfrac{1}{\mathrm{j}\omega C}}{\left(R+\dfrac{1}{\mathrm{j}\omega C}\right)+\left(R//\dfrac{1}{\mathrm{j}\omega C}\right)}=\frac{\mathrm{j}\omega RC}{1+3\mathrm{j}\omega RC+(\mathrm{j}\omega RC)^{2}}$$

令

$$\omega_0=\frac{1}{RC},\quad \dot{F}=\frac{\mathrm{j}\dfrac{\omega}{\omega_0}}{1+3\mathrm{j}\dfrac{\omega}{\omega_0}-\dfrac{\omega^2}{\omega_0^2}}=\frac{1}{3+\mathrm{j}\left(\dfrac{\omega}{\omega_0}-\dfrac{\omega_0}{\omega}\right)}$$

由此可得选频网络的幅频函数与相频函数为

$$F=\frac{1}{\sqrt{3^2+\left(\dfrac{\omega}{\omega_0}-\dfrac{\omega_0}{\omega}\right)^2}}\tag{3-31}$$

$$\varphi_{\mathrm{F}}=-\arctan\frac{\dfrac{\omega}{\omega_0}-\dfrac{\omega_0}{\omega}}{3}\tag{3-32}$$

进一步可推知，当$\omega=\omega_0=\dfrac{1}{RC}$时，反馈系数的幅值达到最大，$F_{\max}=\dfrac{1}{3}$，而此时恰好相位$\varphi_{\mathrm{F}}=0$。即，角频率为$\omega_0$或频率为$f_0=\dfrac{1}{2\pi RC}$的信号既满足自激振荡的相位平衡条件，其反馈系数也是最大的。这时，只要使放大电路的放大倍数$A>3$，这个电路就可以起振。

图3.33是一个有稳幅措施的RC桥式振荡电路。这个电路在起振之初，由于输出电压u_{o}很小，不足以使二极管D_1、D_2导通，所以D_1、D_2相当于开路，同相放大电路的放大倍数为

$$\dot{A}=1+\frac{R_2+R_3}{R_1}>3$$

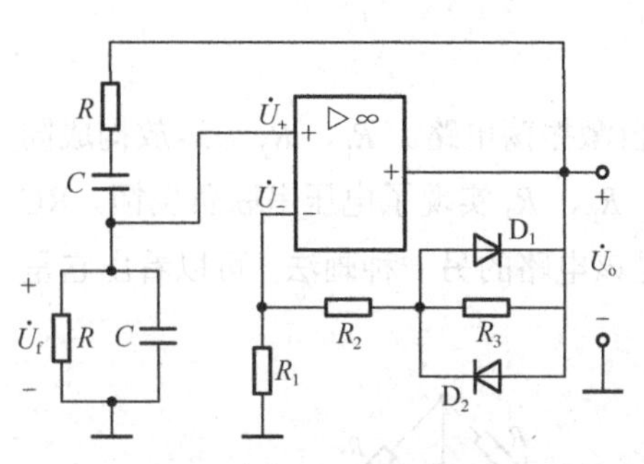

图3.33 有稳幅措施的RC桥式振荡电路

随着输出u_{o}逐渐增大，二极管D_1、D_2交替导通，R_3、D_1、D_2并联部分的等效电阻逐渐减小，记为R_3'，当放大倍数

$$\dot{A}=1+\frac{R_2+R_3'}{R_1}=3$$

时，幅度平衡条件和相位平衡条件同时满足，振荡电路输出幅度稳定。

为使自激振荡电路能够起振并稳幅，也可以在图3.32所示电路的运放负反馈回路里采用非线性元件来自动调节反馈的强弱。例如，将R_2用负温度系数的热敏电阻代替，起振过程中，随着输出电压逐渐增加，流过R_2的电流随之增加，温度升高，热敏电阻阻值变小，同相放大倍数$1+\dfrac{R_2}{R_1}$也随之变小，稳幅过程保持$1+\dfrac{R_2}{R_1}=3$即可，这时流过R_2的电流大小也是稳定的，R_2阻值不再变化。

3. LC 振荡电路

利用 LC 串并联电路构成反馈支路来实现选频，再与适当的放大电路构成闭环，也可以实现自激振荡。图 3.34（a）是 LC 并联谐振电路的原型，其中 r 是电感线圈的等效电阻，通常阻值很小，在谐振时有 $\omega_0 L \gg r$。忽略 r，可知图 3.34（a）所示电路的谐振频率为

$$\omega_0 = \frac{1}{\sqrt{LC}}, \quad f_0 = \frac{1}{2\pi\sqrt{LC}} \tag{3-33}$$

但是，这样的结构只有输入端口，没有输出端口（作为反馈量输出）。为此，对原型结构稍加改变，得到图 3.34 中（b）、（c）、（d）、（e）所示的反馈支路。

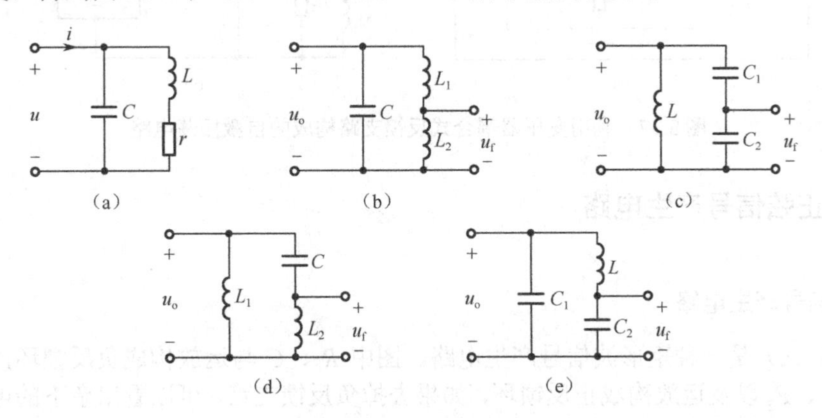

图 3.34　LC 选频电路

谐振时，图 3.34 中（b）、（c）所示结构的 u_f 与 u_o 同相；图 3.34 中（d）、（e）所示结构的 u_f 与 u_o 反相。当然，每种结构的谐振频率不尽相同，读者可以自行分析。此外，也有利用变压器，将 LC 谐振电路的信号经过变换后作为反馈量输出的，如图 3.35 所示。变压器耦合式反馈支路的 u_f 与 u_o 既可以同相也可以反相，视同名端的接法而定。

如果利用第 2 章学习的分压式发射极偏置放大电路作为基本放大单元，已知放大电路是倒相放大的，因此，反馈支路的 u_f 与 u_o 是反相的才能够满足自激振荡的相位平衡条件。利用 LC 选频电路作为反馈支路，构成正弦波振荡电路如图 3.36，这里去掉了原放大电路中的隔直电容 C_2，因为其隔直作用可以由 C_{f1}、C_{f2}、C_1 共同承担。

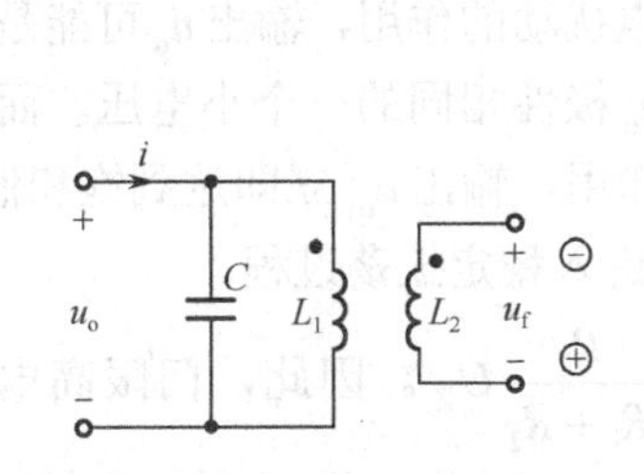

图 3.35　变压器耦合式反馈支路

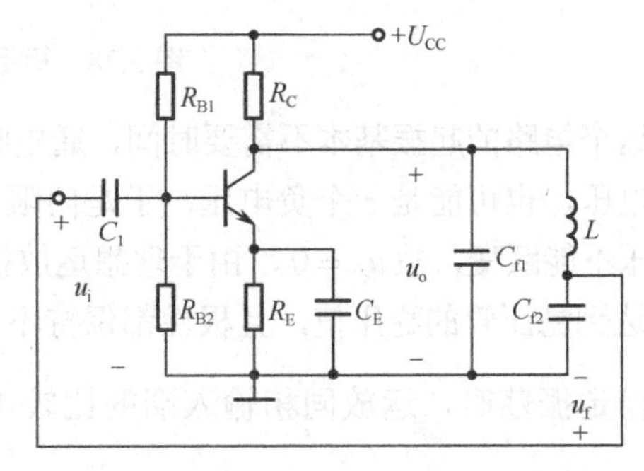

图 3.36　利用 LC 选频网络的自激振荡电路

利用变压器耦合式反馈支路构成的自激振荡电路如图 3.37 所示，这里去掉了原基本放大电路的交流信号输出电阻 R_C，而用变压器原边回路作为交流信号的输出阻抗，既可以保证交

流信号能够输出，又省去了R_C带来的静态功耗。图3.37中，（b）是（a）电路的交流通路，从同名端的位置可以看出$\dot{U}_f$与$\dot{U}_o$是反相的。

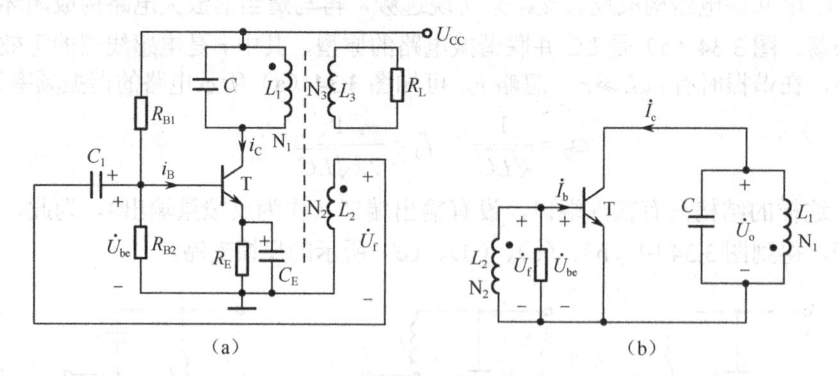

图3.37 利用变压器耦合式反馈支路构成的自激振荡电路

3.5.2 非正弦信号产生电路

1. 矩形波信号产生电路

图3.38（a）是一种矩形波信号产生电路。图中R_F、C与运放构成负反馈环，而由双向稳压管与R_1、R_2以及运放构成正反馈环，如果去掉负反馈支路，可以看出余下的电路是双向限幅的迟滞型比较器。

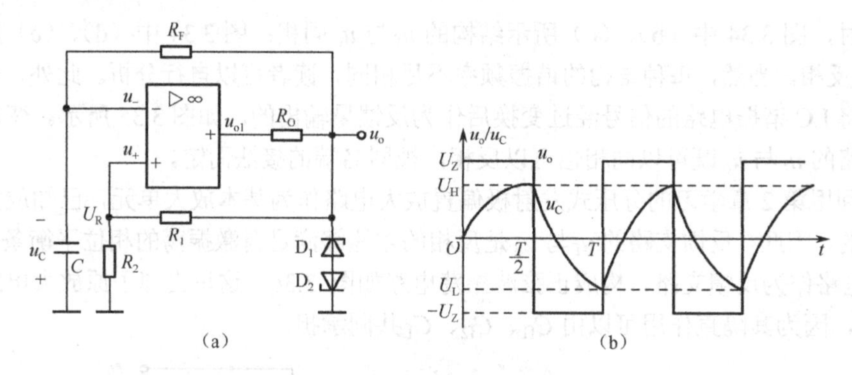

图3.38 矩形波信号产生电路

这个电路的起振基本不需要时间，通电瞬间，由于随机电扰动的作用，输出u_o可能是一个正电压，也可能是一个负电压，于是门限电平U_R也是与u_o极性相同的一个小电压，而电容电压不能跃变，故$u_C=0$，由于理想运放极高放大倍数的作用，输出u_{o1}立即达到饱和值，u_o也达到稳压管的稳压值，且极性都保持不变。这样，电路进入稳定振荡过程。

稳定振荡时，运放同相输入端的比较电压$u_+=U_R=\pm\frac{R_2}{R_1+R_2}U_Z$。因此，门限高电平$U_H=\frac{R_2}{R_1+R_2}U_Z$，门限低电平$U_L=-\frac{R_2}{R_1+R_2}U_Z$。

电路稳定工作后，设$u_o=U_z$，则$U_R=U_H$，即同相端为门限高电平，此时$u_C<U_R$，输出电压U_Z通过R_F对电容充电，u_C按指数规律上升。当u_C增长到门限高电平U_H时，u_o则由

$+U_Z$ 下跳为 $-U_Z$，同相端的参考电压 U_R 也由 U_H 变为 U_L。接着电容开始通过 R_F 放电，而后反向充电。当充电使 u_C 等于负值即 U_L 时，u_o 则有 $-U_Z$ 变为 $+U_Z$。如此周期性地改变，在输出端得到了矩形波电压，在电容两端产生的是近似的三角波电压，如图 3.38（b）所示。

经分析求得矩形波和近似三角波的周期和频率：

$$\left.\begin{aligned} T &= 2R_F C\ln\left(1+2\frac{R_2}{R_1}\right) \\ f &= \frac{1}{T} \end{aligned}\right\} \tag{3-34}$$

改变参数 R_F、C 或 R_1、R_2 的值，可以改变信号波的频率。

2. 三角波和锯齿波信号产生电路

上述电路中，R_F、C 构成一个积分电路，矩形波电压 u_o 经过积分后得到三角波 u_C。将此电路作为三角波产生器输出三角波信号，一则波形不标准，二则如果将负载直接接入电容两端，会改变电容的充放电路径，从而改变输出波形。因此，这样的三角波发生器不实用。

图 3.39（a）所示电路采用两级运放构成闭环，第一级仍然构成迟滞型比较器，第二级是积分电路，这样可以提高三角波发生器的带负载能力。需要注意，这个电路第一级运放的反相输入端电位固定是 0V，同相输入端电位会随 u_{o1} 与 u_o 改变。u_{o1} 与 u_o 的波形见图 3.39（b）。

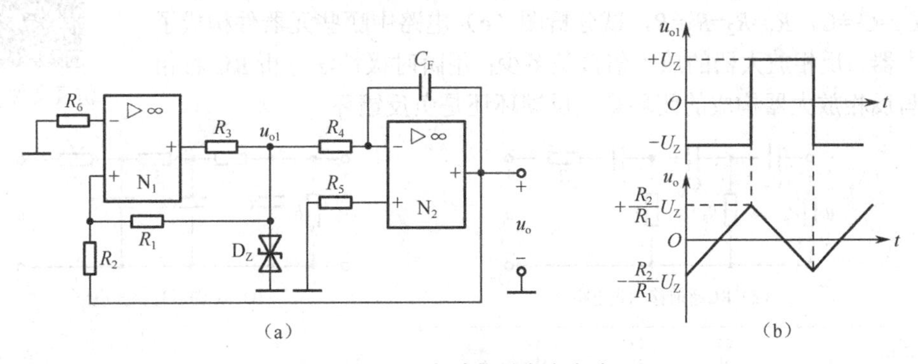

图 3.39　三角波信号产生电路

如图 3.40（a）所示，改变积分电路电容充放电的时间常数，便可以得到锯齿波信号，其波形如图 3.40（b）所示。

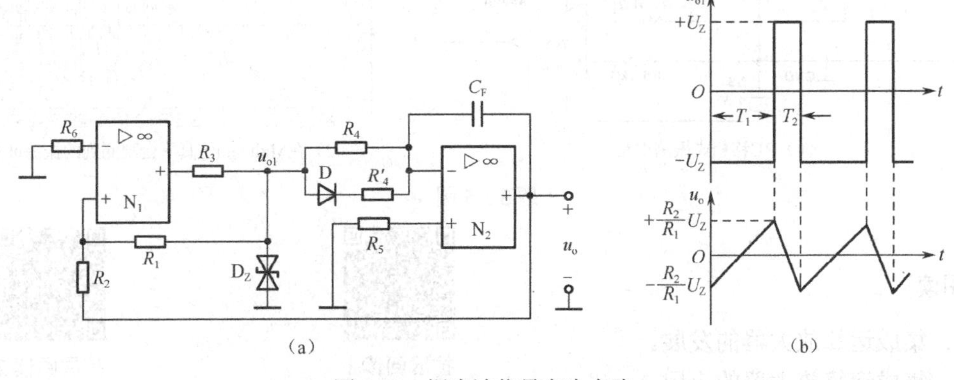

图 3.40　锯齿波信号产生电路

锯齿波电压信号在示波器、数字仪表等电子电路中常用作扫描电压信号。

探究思考题

探究思考题答案

3.5.1　图 3.32 所示电路与图 3.38（a）所示电路同时存在正反馈与负反馈。是否可以使用虚断原则来分析？

3.5.2　比较 3.4 节的所有信号运算电路与 3.5 节的所有信号产生电路，试总结正、负反馈所起的作用。

3.5.3　比较本节介绍的正弦波信号产生电路与非正弦波信号产生电路，总结集成运放所处的工作区。

3.5.4　正弦波信号产生电路的信号频率取决于什么？非正弦波信号产生电路的信号频率取决于什么？

3.5.5　题 3.5.5 图中的（a）是一个 RC 超前移相式电路，u_f 的相位超前于 u_o，二者的相位差 $\Delta\varphi \in (0^\circ, 270^\circ)$；（b）是一个 RC 滞后移相式电路，$u_f$ 的相位滞后于 u_o，二者的相位差 $\Delta\varphi \in (-270^\circ, 0^\circ)$。两个电路都可以实现 u_f 与 u_o 互为倒相，把这样的电路作为反馈支路，与一个反相放大器构成闭环，就能够满足相位平衡条件。如果反相放大器的放大倍数适当，又可以满足幅度平衡条件。（c）是在 Multisim 仿真平台用 741 器件搭建的一个 RC 移相式振荡电路，（d）是观测到的起振及持续振荡过程的波形。设 $C_1=C_2=C_3=C$，$R_1=R_2=R_3=R$，试分析图（c）电路中哪些元器件构成了反相放大器，反相放大器的放大倍数是多少；用瞬时极性法分析 RC 移相式电路与反相放大器构成的闭环是正反馈环还是负反馈环。

仿真文件下载

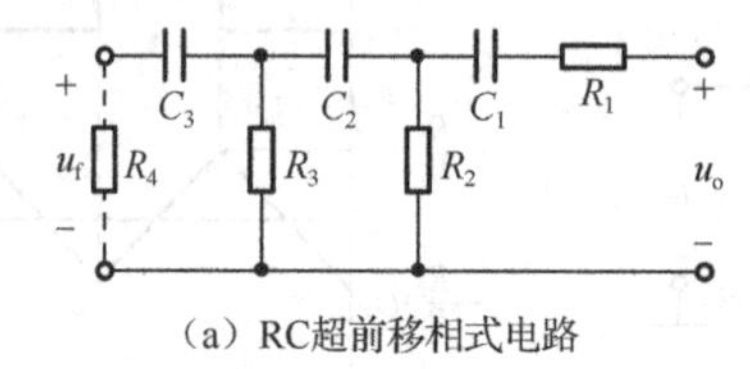

（a）RC超前移相式电路

（b）RC滞后移相式电路

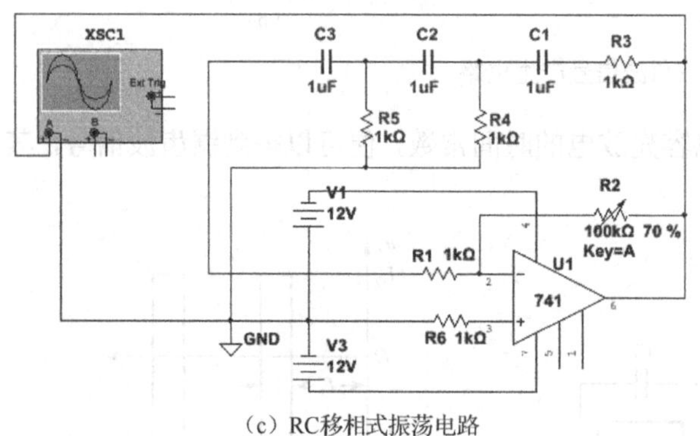

（c）RC移相式振荡电路

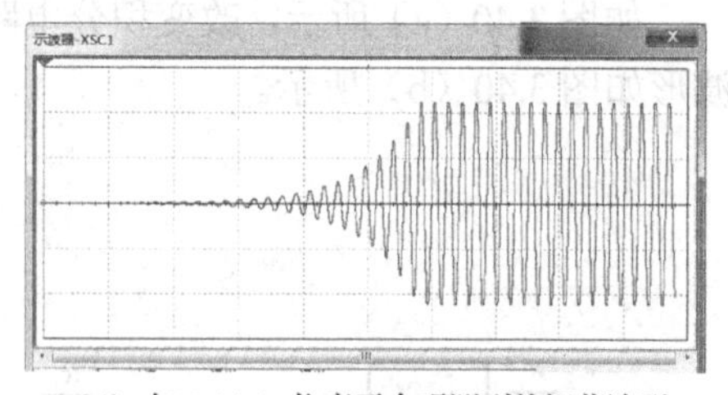

（d）在Multisim仿真平台观测到的振荡波形

题 3.5.5 图

扩展阅读

1．集成运算放大器的发展。

2．集成运算放大器的应用。

扩展阅读 1

扩展阅读 2

本章总结

集成运算放大器是利用集成电路工艺制成的高增益直接耦合放大器。在对集成运算放大器进行分析时，常将运算放大器理想化。

当运算放大器工作于线性区时，

$$i_{+}=i_{-}，\text{“虚断”}$$
$$u_{+}=u_{-}，\text{“虚短”}$$

一般在工作于线性区时，需引入深度负反馈。在振荡电路中通常引入正反馈。

负反馈有电压串联负反馈、电压并联负反馈、电流串联负反馈和电流并联负反馈 4 种类型；不同的反馈类型对放大器的性能有不同的影响。

集成运放的应用很广，有线性应用和非线性应用；按其功能分，有模拟运算电路、信号处理电路、信号产生电路等。

1. 模拟运算电路

模拟运算电路中的运算放大器引入深度负反馈，工作于线性区。按输入与输出的关系，常用的运算电路有反相比例、同相比例、加法、减法、积分、微分运算电路等。

2. 信号处理电路

有源滤波器电路是利用无源 RC 滤波电路和集成运算放大器组合而成的。按其工作频率可分为低通、高通、带通、带阻等类型。

电压比较器对输入信号和参考电压进行比较，比较器的输入是模拟信号，而输出是高电平或低电平。常用的比较器有过零比较器、任意电压比较器等。

3. 信号产生电路

信号产生电路有正弦波信号产生电路和非正弦波信号产生电路。

正弦波信号产生电路有 RC 振荡器、LC 振荡器等，其电路由放大电路、正反馈电路、选频电路等部分构成。

正弦波信号产生电路产生振荡的条件是 $\dot{A}\dot{F}=1$。要满足：

$$\begin{cases}\text{幅值条件为}AF=1\\ \text{相位条件为}\varphi_{\mathrm{A}}=\varphi_{\mathrm{F}}=2k\pi,k\in Z\end{cases}$$

而电路的起振条件为 $|\dot{A}\dot{F}|>1$。

非正弦波信号产生电路有矩形波发生器、三角波发生器、锯齿波发生器等。与正弦波信号产生电路不同，非正弦波信号产生电路不需要选频电路。本章介绍的几种非正弦波信号产生电路的核心电路是迟滞型比较器。

第 3 章自测题

自测题答案

3.1　理想运算放大器的两个输入端的输入电流等于零，其原因是（　　）。

A．同相端和反相端的输入电流相等而相位相反

B．运放的差模输入电阻接近无穷大

C．运放的开环电压放大倍数接近无穷大

3.2　理想运放的开环电压放大倍数 A_{od}、差模输入电阻 r_i 和输出电阻 r_o 分别为（　　）

A．$A_{od}\to 0$，$r_{id}\to 0$，$r_o\to 0$　　B．$A_{od}\to\infty$，$r_{id}\to 0$，$r_o\to\infty$

C．$A_{od}\to\infty$，$r_{id}\to\infty$，$r_o\to 0$　　D．$A_{od}\to\infty$，$r_{id}\to\infty$，$r_o\to\infty$

3.3　若要求负载变化时放大电路的输出电压比较稳定，并且取用信号源的电流尽可能小，应选用（　　）。

A．串联电压负反馈　　B．串联电流负反馈

C．并联电压负反馈　　D．并联电流正反馈

3.4　一个由集成运算放大器组成的同相比例运算电路，电路的反馈类型是（　　）。

A．电压串联负反馈　　B．电流串联负反馈

C．电压并联负反馈　　D．电流并联正反馈

3.5　在自测题 3.5 图所示电路中，能够实现 $u_o = u_i$ 运算关系的电路是（　　）。

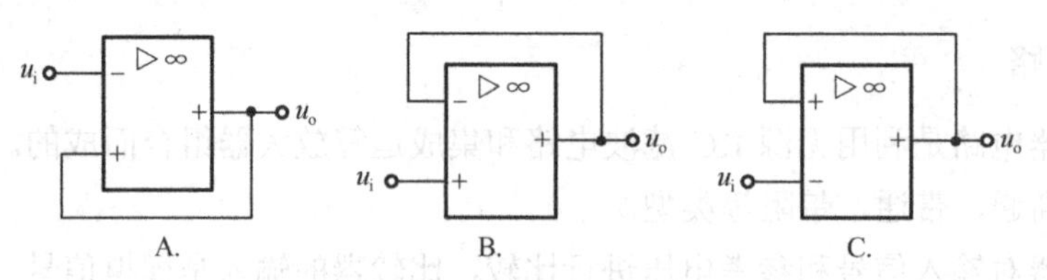

自测题 3.5 图

3.6　电路如自测题 3.6 图所示，若 $u_i = -10\text{V}$，则 u_o 约等于（　　）。

A．50V　　B．−50V　　C．15V　　D．−15V

3.7　电路如自测题 3.7 图所示，D 为理想二极管，若 u_i=1V，R_1=1kΩ，R_2=R_3= 10kΩ，则 u_o 为（　　）。

A．10V　　B．5V　　C．−10V　　D．−5V

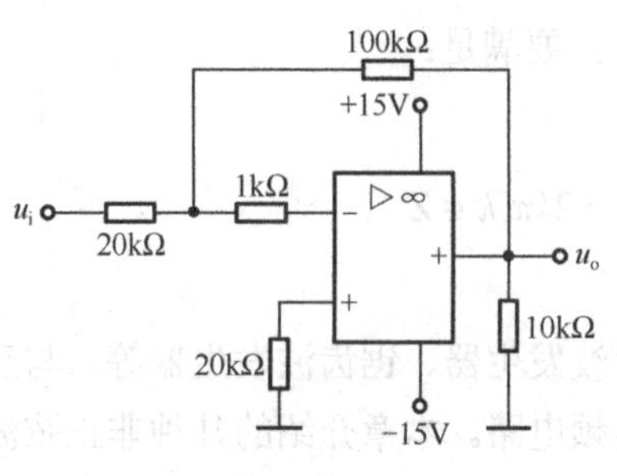

自测题 3.6 图

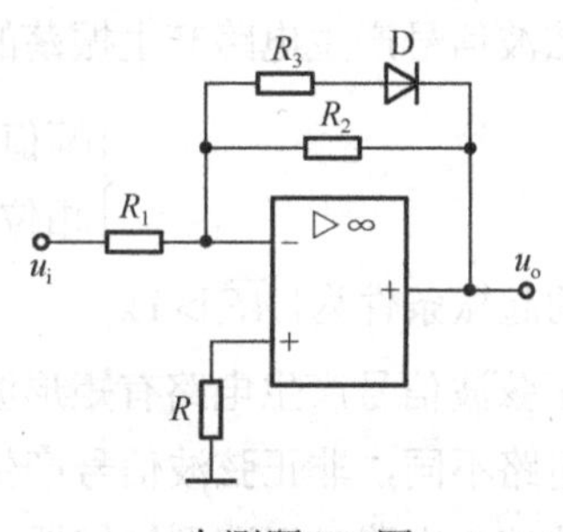

自测题 3.7 图

3.8　电路如自测题 3.8 图所示，如果 u_i 与 R 保持恒定，负载电流 i_L 与负载电阻 R_L 的关系为（　　）。

A．R_L 增加，i_L 减小　　B．i_L 的大小与 R_L 的阻值无关

C．i_L 随 R_L 增加而增大

3.9　微分电路如自测题 3.9 图所示，若 $u_i = \sin\omega t$（V），则 u_o 为（　　）。

A．$R_F\omega C\cos\omega t$（V）　　B．$-R_F\omega C\cos\omega t$（V）

C．$R_F\omega C\sin\omega t$（V）

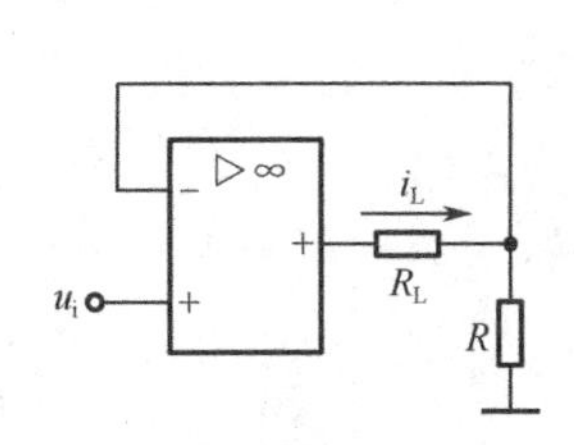

自测题 3.8 图

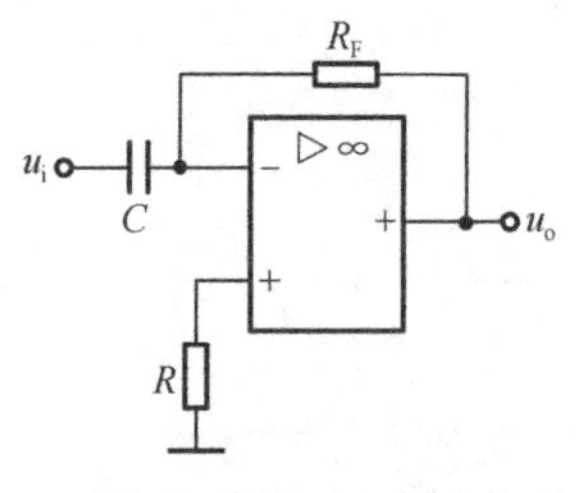

自测题 3.9 图

3.10　电路如自测题 3.10 图所示，其电压放大倍数 $A_u = u_o/u_i =$（　　）。

A．1　　B．$-\dfrac{R_F}{R_1}$　　C．$\dfrac{R_F}{R_1}$　　D．$\dfrac{R_1}{R_F}$

3.11　电路如自测题 3.11 图所示，运算放大器的饱和电压为±12V，晶体管 T 的 β=50，为了使灯 HL 亮，则输入电压 u_i 应满足（　　）。

A．u_i>0　　B．u_i=0　　C．u_i<0

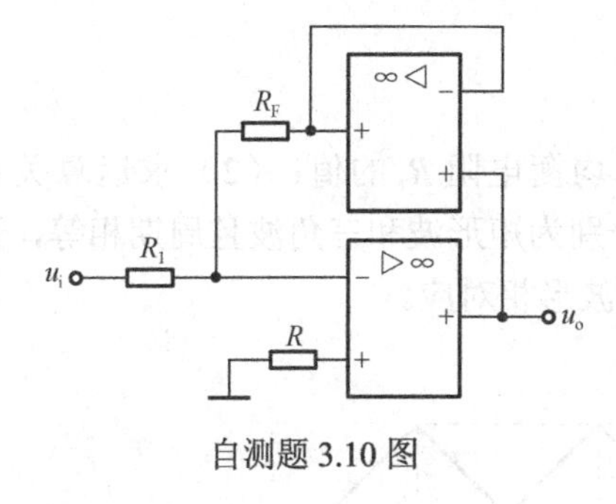

自测题 3.10 图

自测题 3.11 图

3.12　电路如自测题 3.12 图所示，运算放大器的饱和电压为±15V，稳压管的稳定电压为 10V，设正向压降为零，若 $u_i = 5\sin\omega t$（V），则 u_o 为（　　）。

A．最大值为 10V，最小值为零的矩形波　　B．幅值为±15V 的矩形波

C．幅值为±15V 的正弦波

3.13　双限比较器电路如自测题 3.13 图所示，运算放大器 A_1 和 A_2 的饱和电压值大于双向稳压管的稳定电压值 U_Z，D_1 和 D_2 为理想二极管，当 $u_i<U_{R2}$ 时，u_o 等于（　　）。

A．零　　B．$+U_z$　　C．$-U_z$

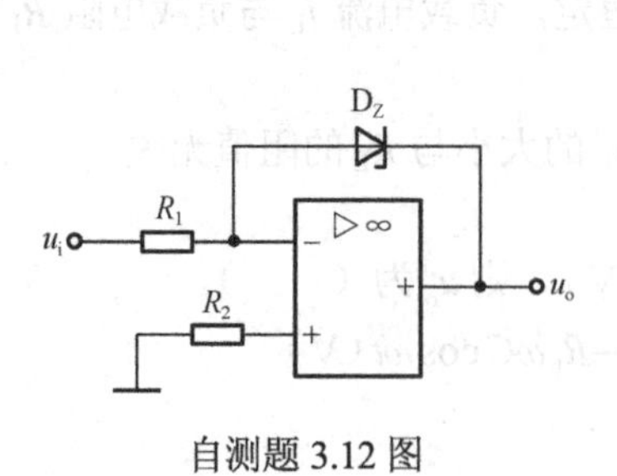

自测题 3.12 图

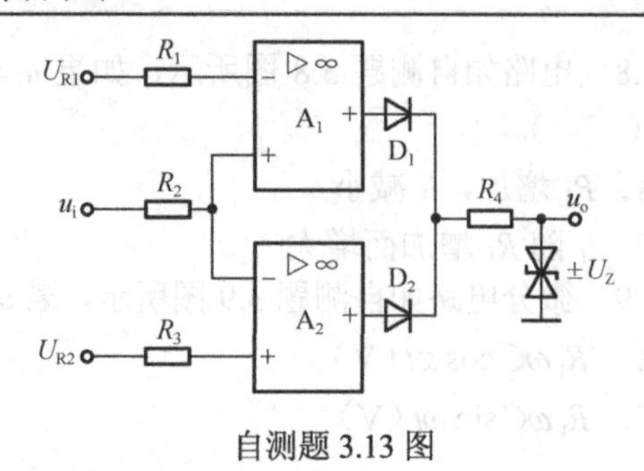

自测题 3.13 图

习题三

部分习题答案

分析、计算题

3.1　一个差分放大电路如习题 3.1 图所示，设集成运算放大电路的开环（差模）放大倍数为 A_{od}，试计算放大电路的输出电压。

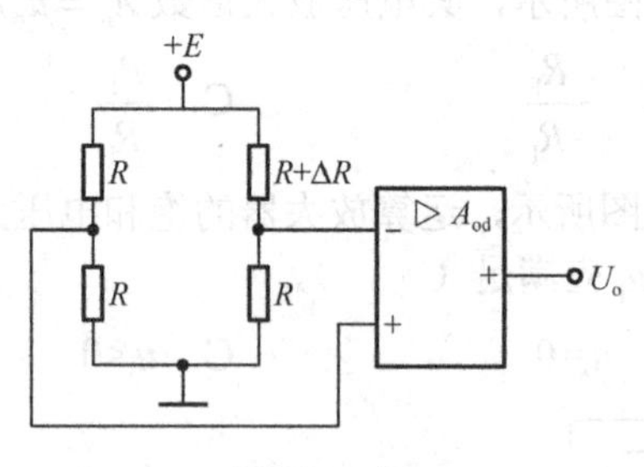

习题 3.1 图

3.2　运算电路如习题 3.2 图所示。（1）计算均衡电阻 R_3 的值；（2）求运算关系式 $u_o = f(u_{i1}, u_{i2})$；（3）设 $R_1 = R_2 = R_F = R$，u_{i1}、u_{i2} 分别为矩形波和三角波且周期相等，试画出输出电压 u_o 的波形图。要求 u_o 的波形与 u_{i1}、u_{i2} 的波形相对应。

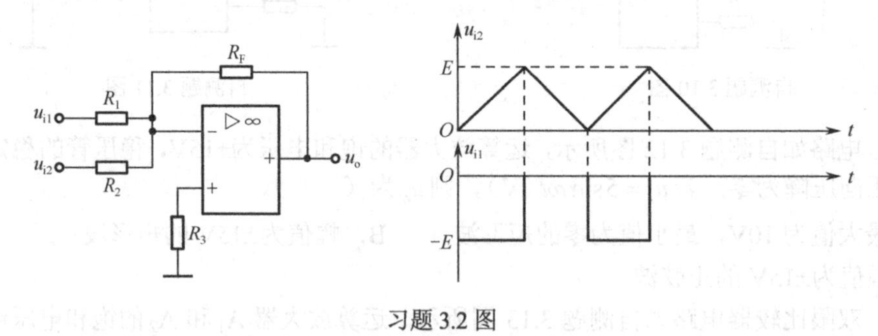

习题 3.2 图

3.3　试画出能实现下列运算关系的运算放大电路：

（1）$u_o = -5u_i$。（2）$u_o = 2u_{i1} - u_{i2}$。（3）$u_o = -3u_{i1} - u_{i2} + 0.2u_{i3}$（给定 $R_F = 100\text{k}\Omega$）。

3.4　电路如习题 3.4 图所示，试写出输出电压 u_o 的表达式。若 $u_i = 2\text{V}$，$R_F = 100\text{k}\Omega$，$R_1 = 10\text{k}\Omega$，$R = 20\text{k}\Omega$，求输出电压 u_o 的值。

3.5　电路如习题 3.5 图所示。写出输出电压与输入电压之间的运算关系。

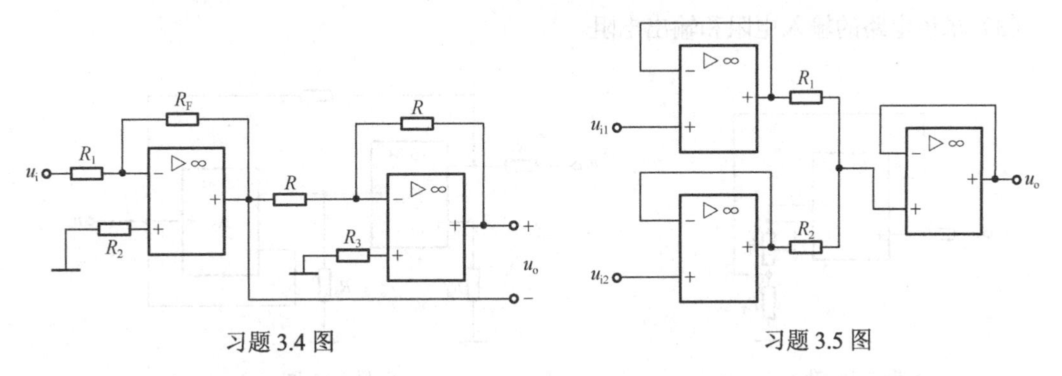

习题 3.4 图　　　　习题 3.5 图

3.6　求习题 3.6 图所示运算放大电路 u_o 与 u_{i1}、u_{i2} 之间的运算关系。

3.7　电路如习题 3.7 图所示，写出 u_o 与 U_Z 之间的运算关系。当 R_L 改变时，u_o 有无变化？R_F 起什么作用？

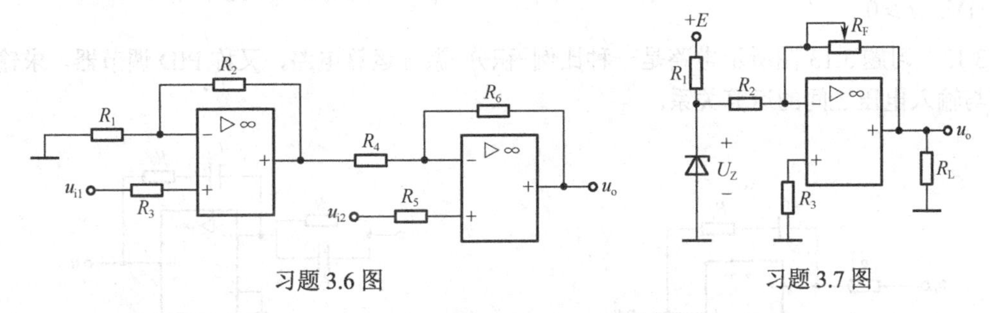

习题 3.6 图　　　　习题 3.7 图

3.8　习题 3.8 图所示电路是产生基准电压的电路。若设稳压管 $u_Z = 5.4\text{V}$，压降 $u_D = 0.7\text{V}$，电阻 $R_1 = R_2 = 2\text{k}\Omega$，$R_W = 1\text{k}\Omega$，$R_3 = 2.5\text{k}\Omega$，试计算输出电压的变化范围。

3.9　习题 3.9 图所示电路为电压-电流变换电路。R_L 是负载电阻，一般 $R \ll R_L$，求负载电流 i_o 与输入电压 u_i 的关系式。说明该电路为何种负反馈。

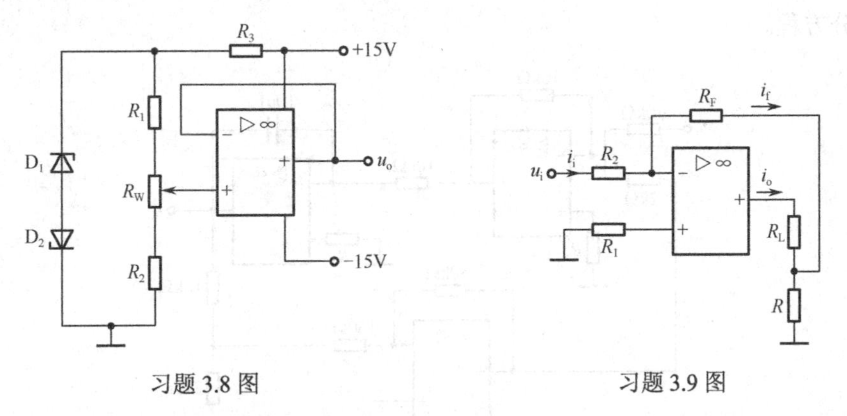

习题 3.8 图　　　　习题 3.9 图

3.10　习题 3.10 图所示电路为电压-电流变换电路，写出输出电流 i_o 与 u_i 之间的关系式。若 $u_i = E$ 为一恒压源。当负载电阻 R_L 改变时，输出电流 i_o 有无改变？电路具有什么功能？

3.11　电路如习题 3.11 图所示。

（1）指出图中的反馈电路，判断反馈极性（正、负反馈）和类型；

（2）写出 u_o 与 u_i 之间的关系式；

（3）求该电路的输入电阻和输出电阻。

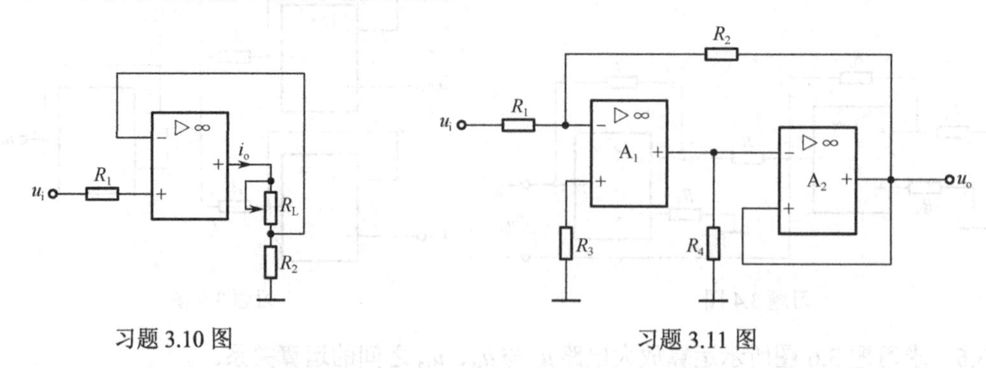

习题 3.10 图　　　　习题 3.11 图

3.12　写出习题 3.12 图示电路输出电压 u_o 与输入电压 u_i 之间的运算关系。设 $u_C(0)=0$，$u_i=\begin{cases}0, & t<0\\ 1\text{V}, & t\geqslant 0\end{cases}$，$R_F=100\text{k}\Omega$，$R_1=20\text{k}\Omega$，$C=20\mu\text{F}$，试画出 u_o 的波形图。

3.13　习题 3.13 图所示电路是一种比例-积分-微分运算电路，又称 PID 调节器。求输出电压与输入电压之间的运算关系。

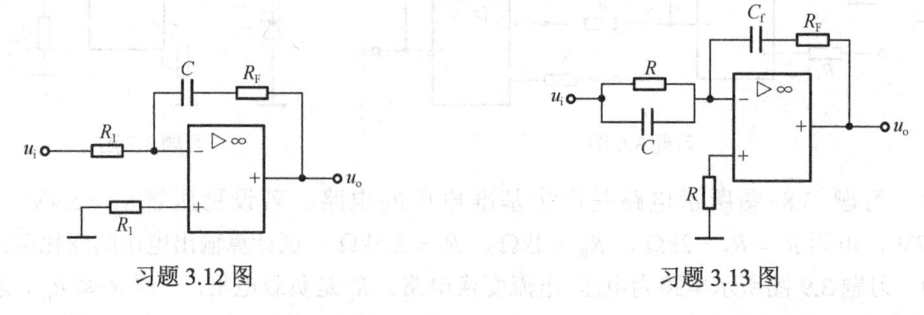

习题 3.12 图　　　　习题 3.13 图

3.14　由运算放大器组成的模拟运算电路如习题图 3.14 所示，参数标在图中，试写出 u_o 与 u_i 的微分方程。

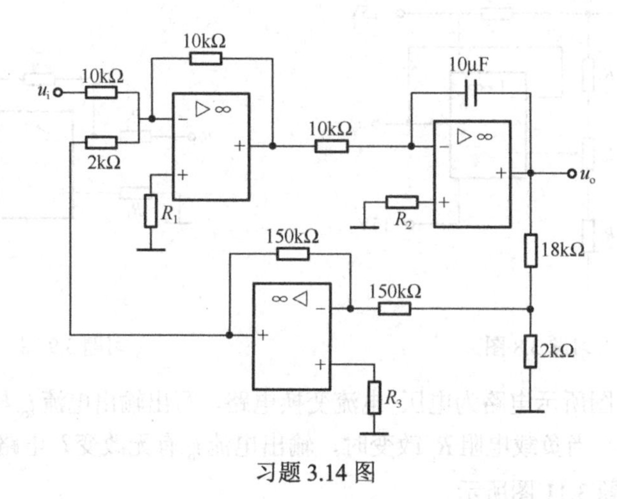

习题 3.14 图

3.15　如习题 3.15 图所示的两个电路，如果将其作为滤波器使用，求 $\dot{A}_f=(j\omega)=\dfrac{\dot{U}_o}{\dot{U}_i}$，并分析它具有什么滤波特性（即高通、低通、带通或带阻特性）。

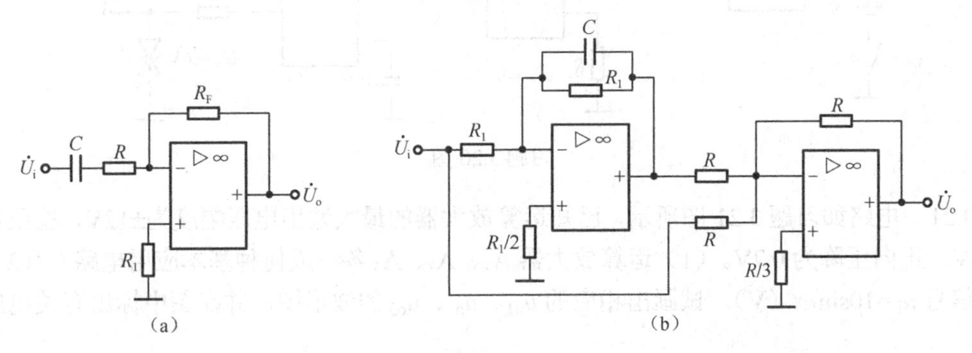

习题 3.15 图

3.16　习题 3.16 图示电路为高通滤波器，u_i 为正弦量，求 $\dot{A}_F(j\omega)=\dfrac{\dot{U}_o}{\dot{U}_i}$，并分析其幅频特性。

3.17　电路如习题 3.17 图所示，稳压管 D_{Z1}、D_{Z2} 的稳压值 U_Z=6V，正向压降忽略不计，输入电压 $u_i=5\sin\omega t$（V），参考电压 U_R=1V，画出输出电压的波形图。

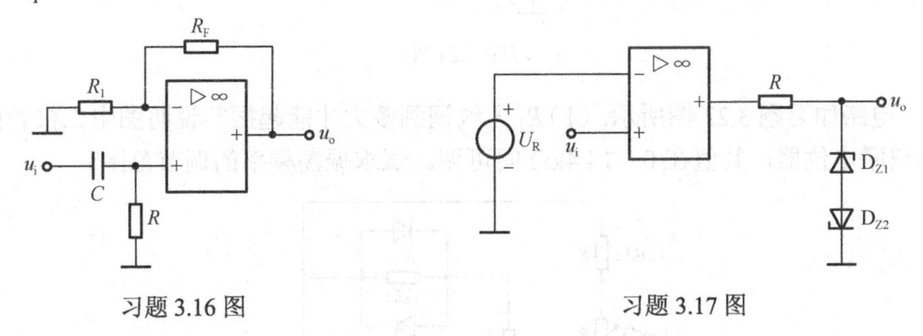

习题 3.16 图　　　　习题 3.17 图

3.18　电路如习题 3.18 图所示，试画出它的电压传输特性曲线。

3.19　电路如习题 3.19 图所示，稳压管 D_Z 的稳定电压 U_Z=6V，正向压降忽略不计，输入电压 $u_i=6\sin\omega t$（V）。（1）画出 $R_1=R_2$ 时 u_o 的波形图；（2）若 $R_2=2R_1$，u_o 的波形如何变化？

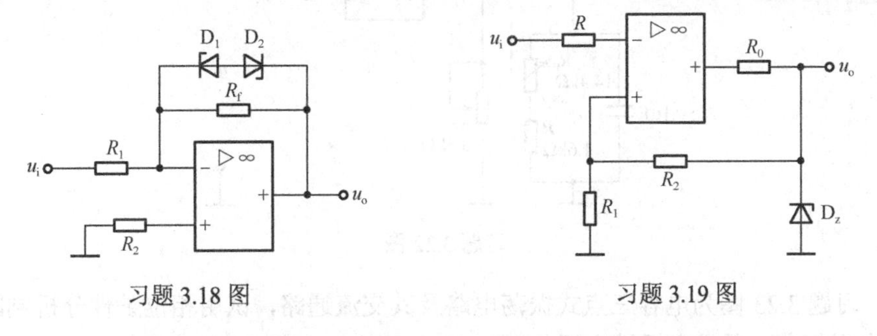

习题 3.18 图　　　　习题 3.19 图

3.20　习题 3.20 图所示电路中，运放为理想器件，其最大输出电压 U_{om}= ±14V，稳压管的 U_Z =±6V，t=0 时刻电容两端的电压 u_C = 0V。试求开关 S 闭合后电压 u_{o1}、u_{o2}、u_{o3} 的表达式。

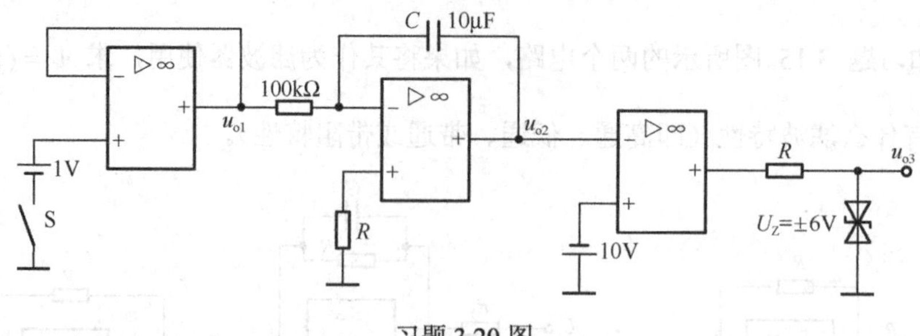

习题 3.20 图

3.21 电路如习题 3.21 图所示，已知运算放大器的最大输出电压幅度为±12V，稳压管的 U_Z=6V，正向压降为 0.7V。（1）运算放大器 A_1、A_2、A_3 各组成何种基本应用电路？（2）若输入信号 $u_i=10\sin\omega t$（V），试画出相应的 u_{o1}、u_{o2}、u_{o3} 的波形图，并在图中标出有关电压的幅值。

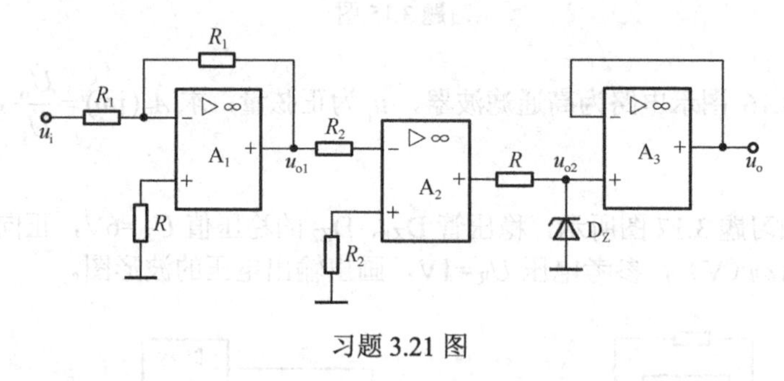

习题 3.21 图

3.22 电路如习题 3.22 图所示。（1）R_1 大致调到多大才能起振？说明图中二极管的作用。（2）R_P 为双联电位器，其值在 0～14.4kΩ 间可调。试求振荡频率的调节范围。

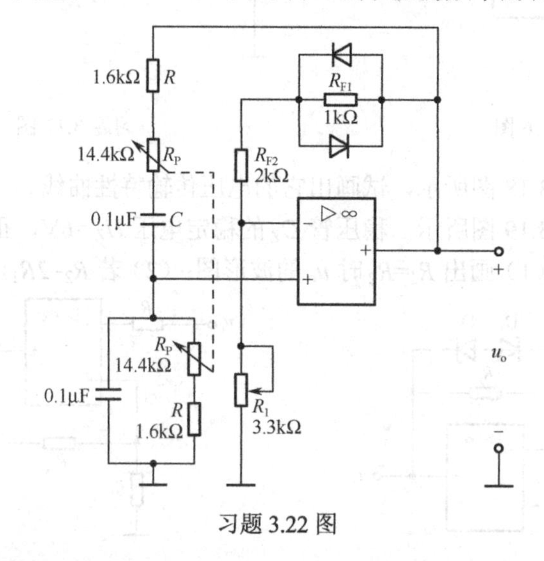

习题 3.22 图

3.23 习题 3.23 图为电容三点式振荡电路及其交流通路，试用相位条件分析判断它们是否能产生自激振荡，并求出反馈电压。

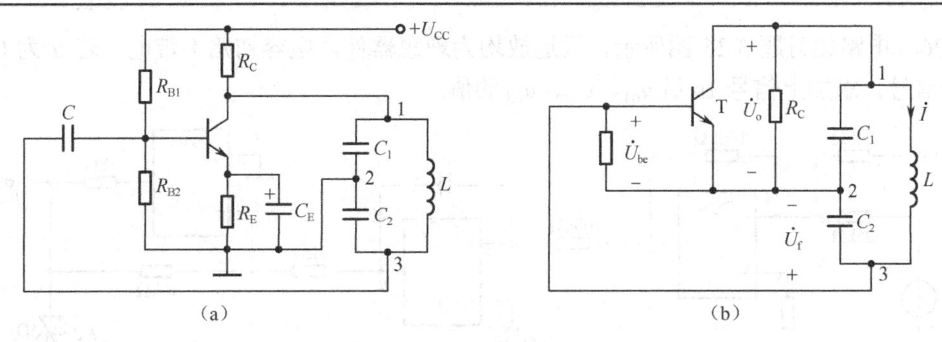

习题 3.23 图

综合应用题

3.24　习题 3.24 图所示电路是由运算放大器组成的可遥控温度报警器。高频低噪声晶体管 T 作为温度传感器，它的发射结电压的温度系数为 –2.2mV/℃，选用 $\beta \geqslant 200$，则 $U_{\alpha} = \frac{R_1 + R_2}{R_1} U_{BE}$；LED 为发光二极管，用于发光报警。

（1）R_4、R_5 的作用是什么？（2）电路在什么情况下能报警？说明原因。（3）若把传感器电压改接到同相输入端，电路还能报警吗？此时 R_4、R_5 也改接到反相端，R_F 不变。

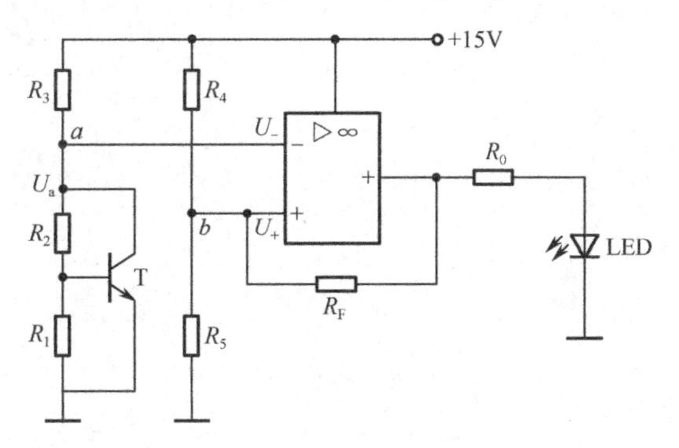

习题 3.24 图

3.25　习题 3.25 图所示为一个精确测量电阻的电路，设 $R_x = R + \Delta R$，电桥的输出电压为 u_{AB}，求 $u_o = f(\Delta R)$ 的关系式。

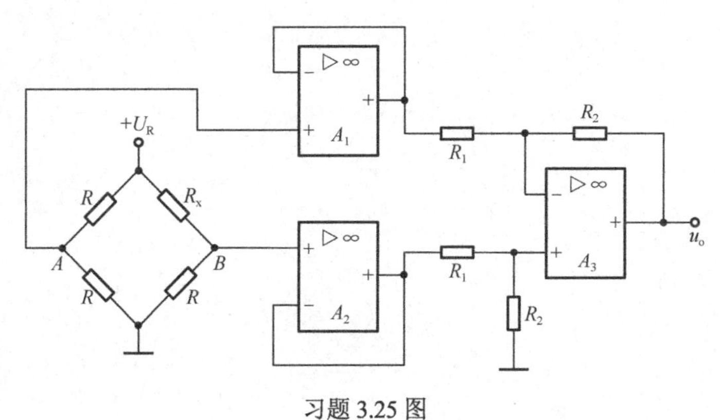

习题 3.25 图

3.26　电路如习题 3.26 图所示，设运放均为理想器件，电容初始不带电，若 u_i 为 0.11V 的阶跃信号，求加上信号 1s 后 u_{o1}、u_{o2}、u_{o3} 的值。

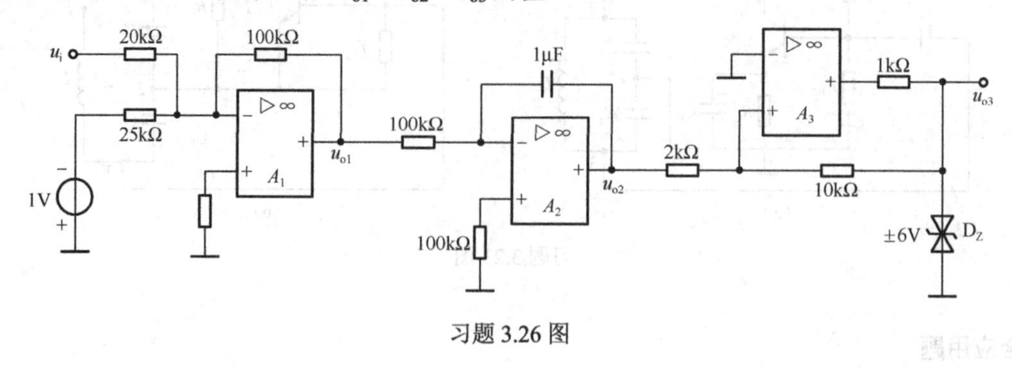

习题 3.26 图

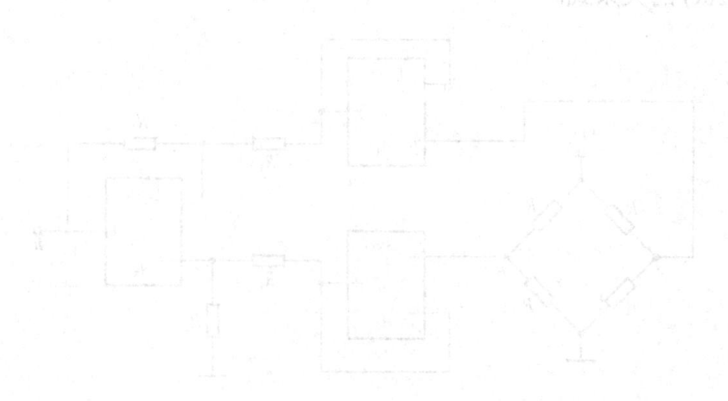

第4章　直流电源

本章要求（学习目标）

1. 了解直流电源的构成及各部分的作用，了解稳压系数、输出电阻、纹波电压等性能指标。

2. 理解整流电路、滤波电路、稳压电路的电路组成、工作原理，能对电路进行分析并能选取合适的电路及元件参数。

科研和生产中经常需要使用稳定的直流电源（direct current source）。电网提供的是交流电，因此需将交流电转换为直流电。将交流电转换成稳定的直流电的电子设备称为直流稳压电源（DC stabilized power supply），图4.1为其原理框图。

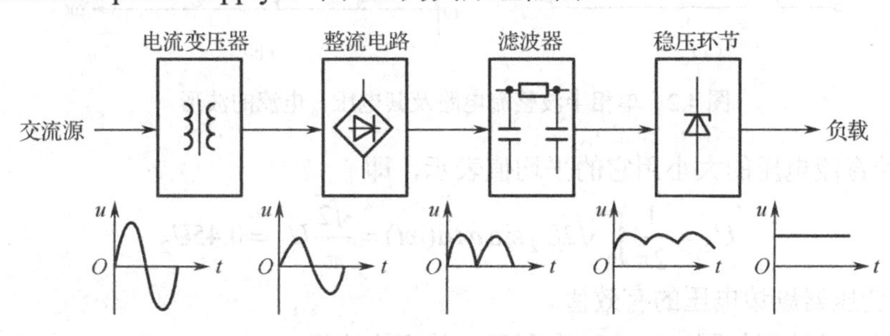

图4.1　直流稳压电源的原理框图

框图中各环节的主要功能说明如下。

- 电源变压器：将电网交流电压变换成符合整流电路所需的交流电压。
- 整流电路：将交流电压变换为单向脉动电压（利用整流元件的单向导电性）。
- 滤波器：减小整流电压的脉动程度，以适应负载的需要。
- 稳压环节：在交流电源电压波动或负载变动时，使直流输出电压稳定。

4.1　整流电路

4.1.1　单相半波整流电路

图4.2是单相半波整流电路（single-phase half-wave rectifier circuit）及其电压、电流的波形。电路由电源变压器（transformer）T_r、整流二极管（rectifier diode）D及负载电阻 R_L 组成。

设变压器副边的交流电压为

$$u_2 = \sqrt{2}U_2 \sin \omega t$$

其波形如图4.2（b）所示。

因为二极管D具有单向导电性，所以只有当它的阳极电位高于阴极电位时才能导通。在变压器副边电压u_2的正半周期，其极性为上正下负，如图4.2（a）所示，即a点的电位高于b点，二极管因承受正向电压而导通，电流通过负载电阻。因为二极管的正向电阻很小，二极管的正向压降也很小，可忽略不计，所以负载电阻R_L上的电压$u_o(t)=u_2(t)$。在电压u_2的负半周期，a点的电位低于b点，二极管因承受反向电压而截止，没有电流通过负载，输出电压$u_o(t)=0$。因此，在负载电阻R_L上得到的是半波整流电压$u_o(t)$，其大小是变化的，而且极性一定，即所谓单向脉动电压，如图4.2（b）所示。

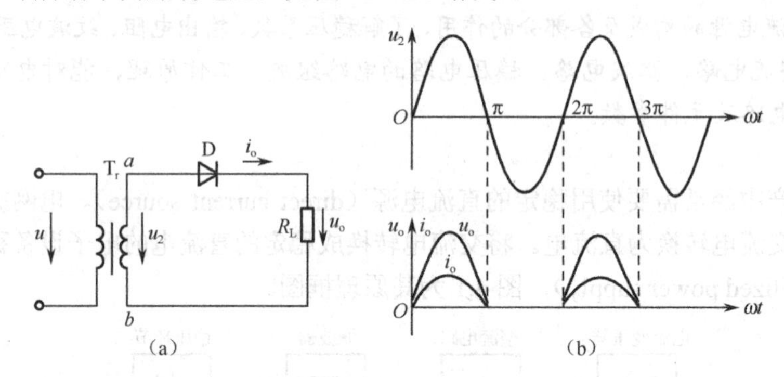

图4.2　单相半波整流电路及其电压、电流的波形

这种脉动直流电压的大小用它的平均值表示，即

$$U_o=\frac{1}{2\pi}\int_0^{\pi}\sqrt{2}U_2\sin\omega t\,\mathrm{d}(\omega t)=\frac{\sqrt{2}}{\pi}U_2=0.45U_2 \tag{4-1}$$

式中，U_2为变压器副边电压的有效值。

负载电流i_o的波形如图4.2（b）中所示，其平均值为

$$I_o=\frac{U_o}{R_L}=0.45\frac{U_2}{R_L} \tag{4-2}$$

在整流电路中，整流二极管的正向电流和反向电压是选择整流二极管的依据。

半波整流电路中，二极管与负载R_L串联，因此流过二极管的平均电流等于负载电流的平均值，即

$$I_D=I_o=0.45\frac{U_2}{R_L} \tag{4-3}$$

当二极管不导通时，承受的最高反向电压就是变压器副边交流电压u_2的最大值U_{2m}，即

$$U_{DRM}=U_{2m}=\sqrt{2}U_2 \tag{4-4}$$

4.1.2　单相桥式整流电路

单相半波整流电路的缺点是只利用了电源的半个周期，同时整流电压的脉动较大。为了克服这些缺点，常采用单相桥式整流电路（single-phase bridge rectifier circuit）。

图4.3是单相桥式整流电路，它由电源变压器T_r、整流二极管D（共4个）和负载电阻R_L组成。因为4个整流二极管接成一个电桥，故称为桥式整流电路（diode-bridge full-wave rectifier，二极管桥式全波整流电路）。图4.3给出桥式整流电路的不同表示形式。

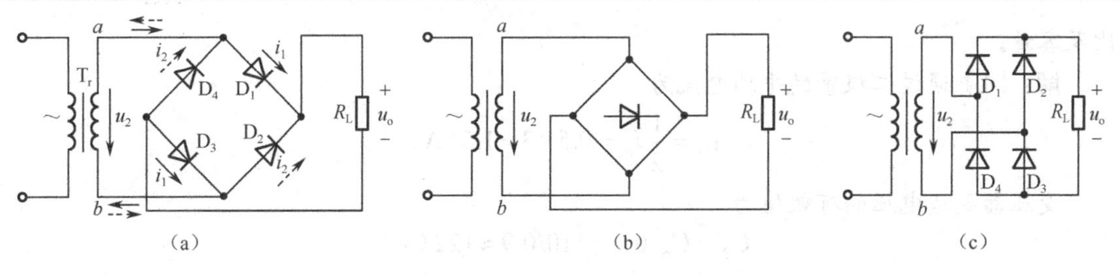

图 4.3　单相桥式整流电路

下面我们按照图 4.3（a）来分析桥式整流电路的工作过程。为了分析方便，假设电源变压器和整流二极管为理想器件，即忽略变压器绕组上的电压降、二极管的正向电压和反向电流。

设变压器副边电压波形如图 4.4（a）所示。在变压器副边电压u_2的正半周期，其极性为上正下负，如图 4.3（a）所示，即 a 点的电位高于 b 点，二极管 D_1 和 D_3 导通，D_2 和 D_4 截止，电流i_1的通路是 $a \to D_1 \to R_L \to D_3 \to b$。这时负载电阻 R_L 上得到一个半波电压，$u_o(t)=u_2(t)$。

在电压u_2的负半周期，变压器副边的极性为上负下正，即 b 点的电位高于 a 点。因此，D_1 和 D_3 截止，D_2 和 D_4 导通，电流i_2的通路是 $b \to D_2 \to R_L \to D_4 \to a$。同样，在 R_L 上得到另一半波电压，即$u_o(t)=-u_2(t)$，并且在两个半周期内流经 R_L 的电流方向一致，如图 4.4（b）所示。

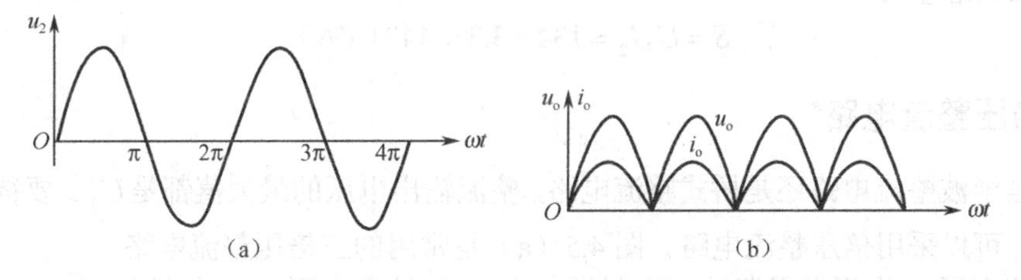

图 4.4　单相桥式整流电路的电压与电流波形

显然，桥式整流电路的整流电压平均值U_o比半波整流时增加了一倍，即

$$U_o = 2 \times 0.45U_2 = 0.9U_2 \tag{4-5}$$

流经 R_L 的直流电流，即输出的直流电流平均值为

$$I_o = \frac{U_o}{R_L} = 0.9\frac{U_2}{R_L} \tag{4-6}$$

两个二极管串联导电半个周期，因此，每个二极管中流过的平均电流只有负载电流的一半，即

$$I_D = \frac{1}{2}I_o = 0.45\frac{U_2}{R_L} \tag{4-7}$$

二极管截止时所承受的最高反向电压，可从图 4.3（a）分析得出。当 D_1 和 D_3 导通时，如果忽略二极管的正向压降，截止二极管 D_2 和 D_4 的阴极电位就等于 a 点的电位，阳极电位就等于 b 点的电位。因此，截止二极管承受的最高反向电压就是电源电压的最大值，即

$$U_{DRM} = \sqrt{2}U_2 \tag{4-8}$$

这一点与半波整流电路相同。

【例 4-1】设一台直流电源采用单相桥式整流电路，交流电路电压为 380V，负载要求输出直流电压 U_o=110V，直流电流 I_o=3A。（1）如何选用晶体二极管？（2）求整流变压器的变

比及容量。

解：（1）通过二极管的平均电流为

$$I_{\mathrm{D}}=\frac{1}{2}I_{\mathrm{o}}=0.5\times 3=1.5\text{（A）}$$

变压器副边电压的有效值为

$$U_2=U_{\mathrm{o}}/0.9=110/0.9\approx 122\text{（V）}$$

考虑到变压器副边绕组及管上的压降，变压器的副边电压大约要高出理论值10%，即取$U_2=122\times 1.1\approx 134$（V），于是二极管承受的最高反向电压为

$$U_{\mathrm{DRM}}=\sqrt{2}\times 134\approx 190\text{（V）}$$

因此，可选用2CZl2F晶体二极管，其最大整流电流为3A，最高反向电压为400V，为了使用安全，在选择二极管的反向耐压和最大整流电流时都要留一定的安全裕量。

（2）变压器的变比为

$$k=\frac{380}{134}\approx 2.8$$

变压器副边电流的有效值为

$$I_2=I_{\mathrm{o}}/0.9=3/0.9\approx 3.3\text{（A）}$$

变压器的容量为

$$S=U_2I_2=134\times 3.3\approx 442\text{（VA）}$$

4.1.3 倍压整流电路*

无论是半波整流电路还是桥式整流电路，整流输出电压的最大值都是U_2。要得到较高的输出电压，可以采用倍压整流电路。图4.5（a）是常用的三倍压整流电路。

当交流电压u_2为正半周期时，D_1导通，电容C_1被充电到U_2，极性如图4.5（b）所示。

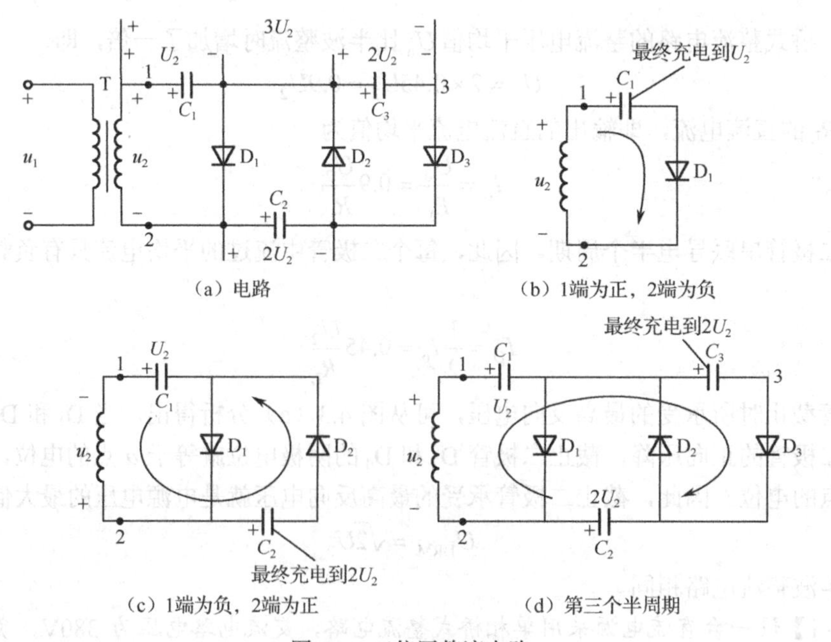

图4.5 三倍压整流电路

当交流电压 u_2 为负半周期时，D_1 截止，D_2 导通，u_2 与电容 C_1 上的电压串联在一起，经 D_2 对电容 C_2 充电，使 C_2 上电压达到 $2U_2$，极性如图 4.5（c）所示。

当交流电压 u_2 为下一个正半周期时，D_1、D_2 截止，D_3 导通，u_2 与电容 C_1、C_2 上的电压串联在一起，经 D_3 对电容 C_3 充电，使 C_3 上电压达到 $2U_2$，极性如图 4.5（d）所示。

由上述分析可知，在 1、3 两端（C_1、C_3 上的电压串联），电压就等于 $3U_2$，从而实现了三倍压整流。

探究思考题

探究思考题答案

4.1.1　如图 4.2（a）所示电路，用直流表测得输出电压为 12V。用交流电流表测量，输出电压为多少？

4.1.2　在图 4.3（a）所示电路中，若发生下述情况，各会有什么问题？

（1）二极管 D_1 极性接反；（2）二极管 D_1 被短路；（3）二极管 D_2 极性接反；（4）二极管 D_1、D_2 极性都接反；（5）二极管 D_1 开路、D_2 被短路。

4.1.3　整流电路如题 4.1.3 图（a）所示，二极管为理想元件，已知整流电压有效值 U_2=500V，负载电阻 R_1=100Ω，u_2 的波形如题 4.1.3 图（b）所示。（1）试定性画出 u_o 的波形，与仿真结果对比，参考仿真电路如题 4.1.3 图（c）所示；（2）求整流电压平均值 U_o 的值；（3）二极管承受的最高反向电压 U_{DRM} 是多少？

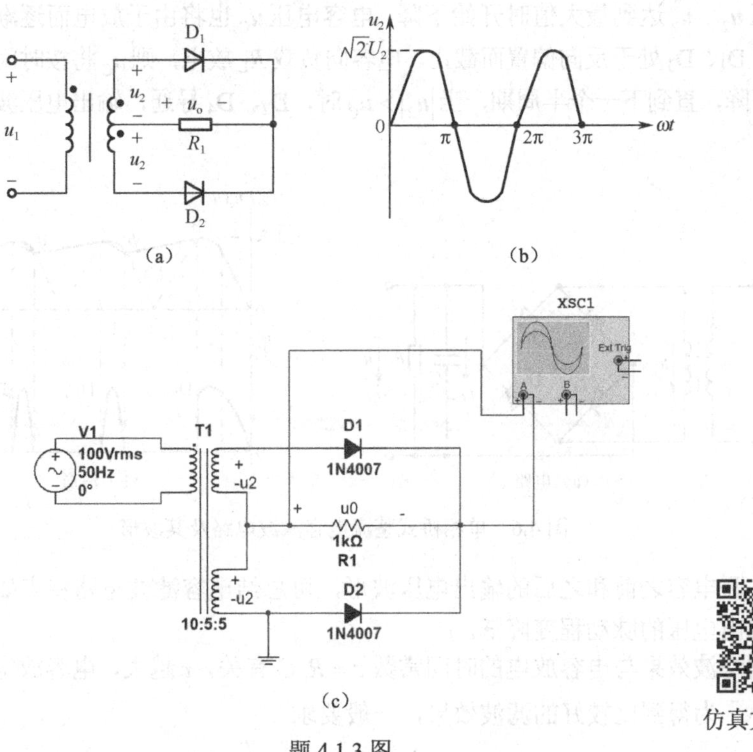

题 4.1.3 图

仿真文件下载

4.1.4　整流电路如图 4.3（a）所示，分析 u_o 的波形，并分别说明其输出电压 u_o 的平均值、有效值与 u_2 有效值的关系。

4.2　滤波电路

整流后的单向脉动直流电压除了含有直流分量，还含有纹波即交流分量。因此，通常要采取一定措施，尽量降低输出电压的交流成分，同时尽量保留其直流成分，得到比较平稳的直流电压波形，这就是滤波。

滤波电路通常采用的滤波元件有电容和电感。由于电容和电感对不同频率正弦波信号的阻抗不同，因此可以把电容与负载并联、电感与负载串联，构成不同形式的滤波电路。或者从另一个角度看，电容和电感是储能元件，它们在二极管导通时储存一部分能量，再逐渐释放出来，从而得到比较平滑的输出波形。

4.2.1　电容滤波电路

将整流电路的输出端与负载并联一个电容，就组成一个简单的电容滤波电路（capacitance filter）。图 4.6（a）是具有单相桥式整流电容滤波电路，它是依靠电容充放电来降低负载电压和电流的脉动的。

未接电容时，整流电路输出电压 u_o 的波形如图 4.6（b）中所示。并联电容后，在 u_2 的正半周期，通过 D_1、D_3 一方面向负载 R_L 提供电流，另一方面向电容充电，电容电压 u_C 的极性为上正下负。如果忽略二极管正向压降，则在二极管导通时，u_C（即输出电压 u_o）等于变压器副边电压 u_2。u_2 达到最大值时开始下降，电容电压 u_C 也将由于放电而逐渐下降。当 $u_2 < u_C$ 时，二极管 D_1、D_3 处于反向偏置而截止，电容向负载 R_L 放电，则 u_C 将按时间常数为 R_LC 的负指数规律下降，直到下一个半周期，当 $|u_2| > u_C$ 时，D_2、D_4 导通，输出电压波形如图 4.6（b）中所示。

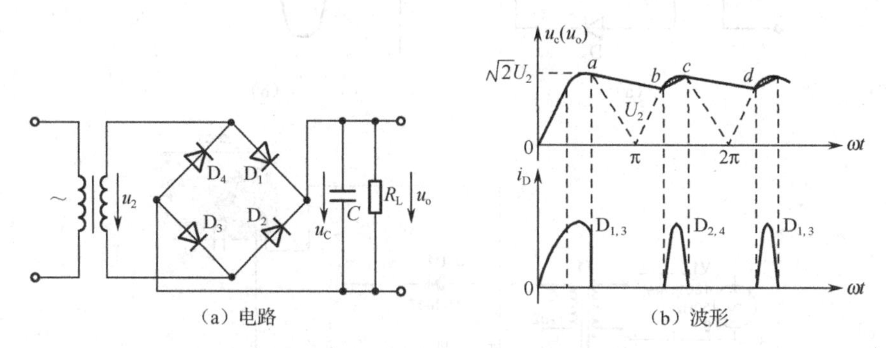

图 4.6　单相桥式整流电容滤波电路及其波形

对比并联电容之前和之后的输出电压波形，可总结电容滤波电路特点如下。

（1）输出电压的脉动程度降低。

电容的滤波效果与电容放电的时间常数 $\tau = R_LC$ 有关，τ 越大，电容放电越慢，输出电压的脉动越小。为得到比较好的滤波效果，一般要求

$$R_LC \geqslant (3\sim5)\frac{T}{2} \tag{4-9}$$

式中，T 为 u_2 的周期。

（2）输出电压的平均值增大。

滤波效果越好，输出电压越大。在满足式（4-9）的条件下，输出电压平均值近似为

$$U_o \approx 1.2U_2 \tag{4-10}$$

（3）输出电压受负载影响较大。

当 $R_L=\infty$ 时，电容没有放电回路，输出电压最大，$U_o=\sqrt{2}U_2$。随着 R_L 的减小，电容放电加快，U_o 急剧下降，输出脉动增大。因此，电容滤波电路适用于负载较大且负载变化不大的场合。

由于滤波电容在一个周期内的充电电荷等于放电电荷，即电容电流的平均值为零，因此，流过每个二极管的平均电流仍然等于负载平均电流的一半。截止时，二极管承受的最大反向电压就是电源电压的最大值。

从图 4.6（b）可以看出，二极管的导通时间很短，通过二极管的电流 i_D 是周期性的脉动电流。在实际应用中，由于滤波电容很大，而整流电路的内阻很小，在接通电源瞬间，二极管将承受很大的冲击电流，容易造成损坏。因此，在选择二极管的最大整流电流时，还应留有一定的裕量。

【例 4-2】 已知负载电阻 $R_L=100\Omega$，负载电压 $U_o=120V$，交流电源频率 $f=50Hz$。现采用单相桥式整流电路，试选择整流二极管及滤波电容器。

解：（1）选择整流二极管。

流过二极管的电流为

$$I_D=\frac{1}{2}I_o=\frac{1}{2}\frac{U_o}{R_L}=\frac{1}{2}\times\frac{120}{100}=0.6(A)=600(mA)$$

变压器副边电压的有效值为

$$U_2=\frac{U_o}{1.2}=\frac{120}{1.2}=100(V)$$

二极管所承受的最高反向电压为

$$U_{DRM}=\sqrt{2}U_2=\sqrt{2}\times100=141(V)$$

因此，可选用 2CZ11C，其最大整流电流为 1000mA，最高反向电压为 300V。

（2）选择滤波电容器。由式（4-9），取系数为 5 时，

$$R_LC=5\times\frac{T}{2}=5\times\frac{1/50}{2}=0.05(s)$$

$$C=\frac{0.05}{R_L}=\frac{0.05}{100}=500\times10^{-6}(F)=500(\mu F)$$

因此，可选用 $C=500\mu F$、耐压为 300V 的电解电容。

4.2.2　电感滤波电路

在整流电路的输出端和负载电阻 R_L 之间串联一个电感量较大的铁芯线圈 L，就构成了电感滤波电路，如图 4.7 所示。

电感滤波的作用可以从两方面理解。一方面，当电感中流过的电流发生变化时，线圈中产生的自感电动势阻碍电流的变化，使得负载电流和负载电压的脉动大为减小。另一方面，经整流后的脉动直流电压既含有直流分量，又含有各次谐波的交流分量。由于电感的直流电

阻很小、交流阻抗很大，因此，当电感 L 与负载 R_L 串联时，直流分量大部分降在 R_L 上，而交流分量大部分降在电感上，这样，负载 R_L 得到比较平坦的电压波形。

关于电感滤波电路的特点，由于滤波电感的自感作用，二极管导通时间比电容滤波电路的时间变大，流过二极管的峰值电流减小；负载改变时外特性好，带负载能力较强。因此，电感滤波适用于负载电流变化比较大的场合。但电感滤波因采用铁芯线圈、体积大，比较笨重，电感自身的电阻不容忽视，会带来一定的直流压降和功率损耗。

为进一步减小输出电压的脉动，可在电感滤波之后再加一电容与 R_L 并联，组成 LC 滤波，如图 4.8 所示。经电容进一步滤波，可得到更为理想的直流电压。

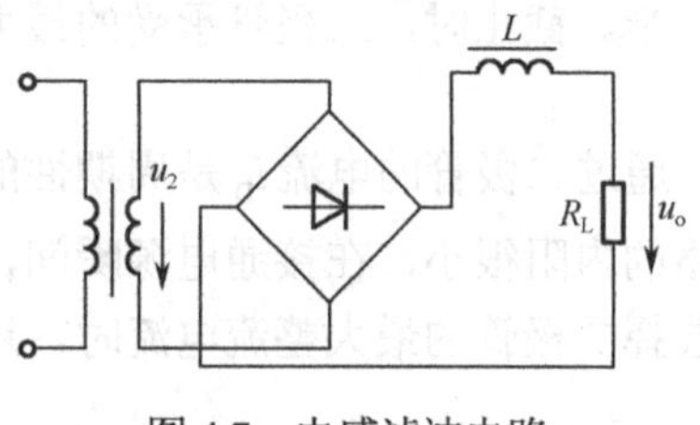

图 4.7 电感滤波电路

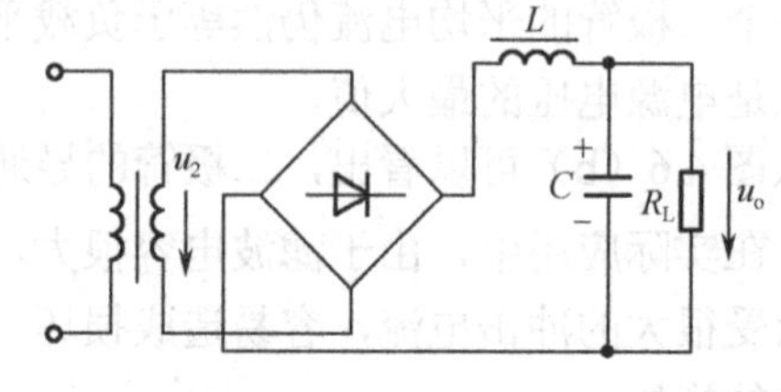

图 4.8 LC 滤波电路

4.2.3 π 形滤波电路

如果要求输出电压的脉动更小，可以采用 CLC-π 形滤波电路或 CRC-π 形滤波电路，如图 4.9 所示。

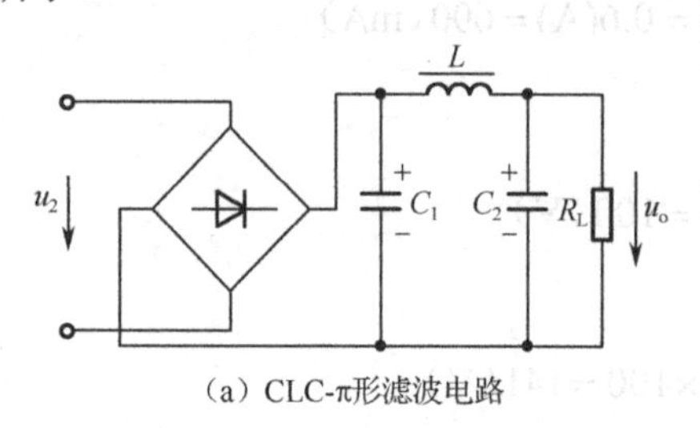

（a）CLC-π形滤波电路

（b）CRC-π形滤波电路

图 4.9 π 形滤波电路

图 4.9（a）是在 LC 滤波前面再并接一个滤波电容，构成 CLC-π 形滤波电路。它的滤波效果比 LC 滤波电路更好，但整流二极管的冲击电流较大。

电感的体积大、成本高，所以，在小功率电子设备中，常用电阻代替图 4.9（a）中的电感，构成 CRC-π 形滤波电路，如图 4.9（b）所示。整流电压先经电容 C_1 滤波后，又经 R、C_2 进一步滤波，使输出电压更为平滑。电阻对于交直流电流具有同样的降压作用，脉动电压的交流分量较多地降落在电阻两端（因为电容 C_2 的交流阻抗很小），而较少地降落在负载上，从而起到滤波作用。电阻 R 越大，滤波效果越好。但 R 太大，将使直流电压 U_o 下降。其性能和应用场合与电容滤波电路相似。该电路适用于负载电流小、输出电压脉动很小的场合。

探究思考题

探究思考题答案

4.2.1 电路如题 4.2.1 图所示，哪一个电路在电源电路中可以起到滤波作用？

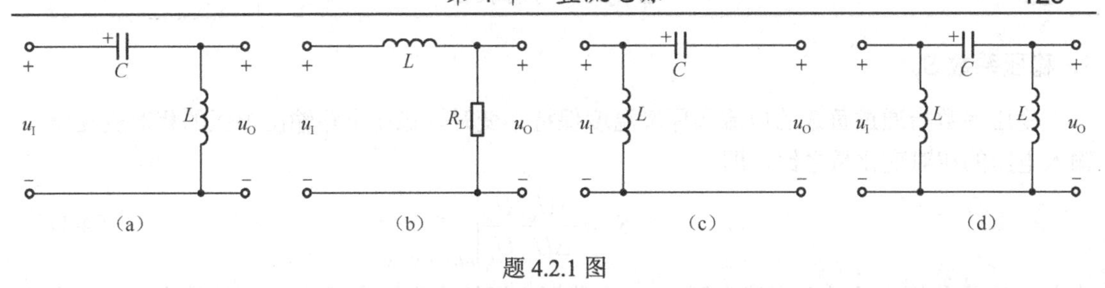

题 4.2.1 图

4.2.2 整流电路带电容滤波器与不带电容滤波器相比有何区别？各具有什么样的特点？

4.2.3 在电容滤波电路中，为了使输出电压的脉动程度较小，应选取什么样的滤波电容和负载电阻？在电感滤波电路中，如何选取滤波电感和负载电阻？

4.2.4 整流电路如题 4.2.4 图所示，二极管为理想元件，C=1000μF，负载电阻 R=100Ω，负载两端的直流电压 U_o=30V，变压器副边电压 $u_2=\sqrt{2}\,U_2\sin\omega t$(V)。(1) 计算变压器副边电压有效值 U_2；(2) 定性画出输出电压 u_o 的波形图，并与仿真结果进行比较；(3) 若电容一端开路，输出电压如何变化？

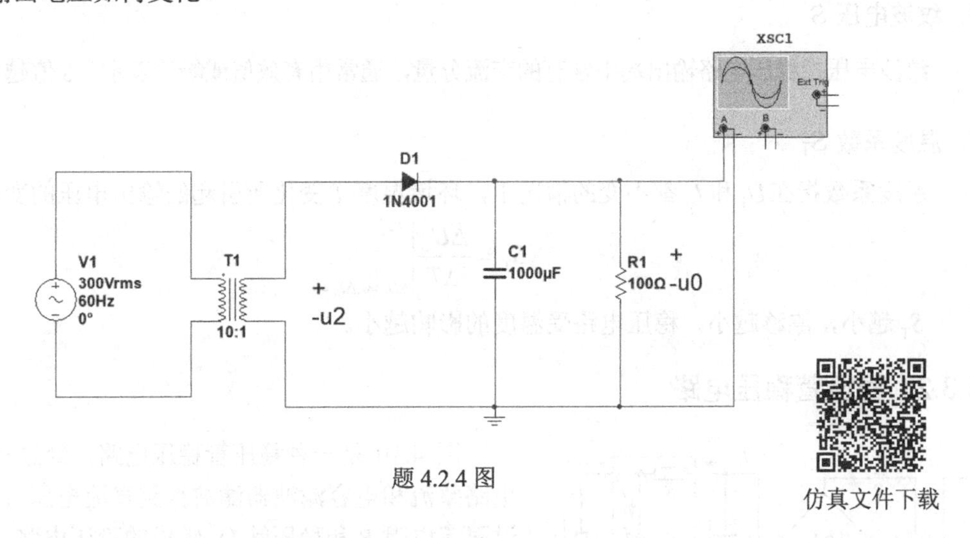

题 4.2.4 图

仿真文件下载

4.3 稳压电路

电子测量仪器、自动控制、计算装置等都要求有很稳定的直流电源供电。但是，通过整流滤波获得的直流电压往往随交流电源电压的波动和负载的变化而变化。电压的不稳定导致电路的工作不稳定，甚至根本无法正常工作。为此，必须在整流滤波电路之后加入稳压环节，以提高输出直流电压的稳定性。

4.3.1 主要性能指标

衡量稳压电路性能的指标包括稳压系数、输出电阻、纹波电压、温度系数等。具体含义如下。

1．稳压系数 S_γ

稳压系数指通过负载的电流和环境温度保持不变时，稳压电路输出电压的相对变化量与输入电压的相对变化量之比，即

$$S_\gamma = \left.\frac{\Delta U_o / U_o}{\Delta U_i / U_i}\right|_{\Delta I_L=0, \Delta T=0} \tag{4-11}$$

式中，U_i 为稳压电源输入直流电压，U_o 为稳压电源输出直流电压。S_γ 的值越小，输出电压的稳定性越好。

2．输出电阻 R_o

当输入电压和环境温度不变时，输出电阻为输出电压的变化量与输出电流的变化量之比，即

$$R_o = \left.\frac{\Delta U_o}{\Delta I_o}\right|_{\Delta U_i=0, \Delta T=0} \tag{4-12}$$

3．纹波电压 S

纹波电压指稳压电路输出端中含有的交流分量，通常用有效值或峰值表示。S 值越小越好。

4．温度系数 S_T

温度系数指在 U_i 和 I_o 都不变的情况下，环境温度 T 变化所引起的输出电压的变化，即

$$S_T = \left.\frac{\Delta U_o}{\Delta T}\right|_{\Delta U_i=0, \Delta I_o=0} \tag{4-13}$$

S_T 越小，漂移越小，稳压电路受温度的影响越小。

4.3.2 稳压管稳压电路

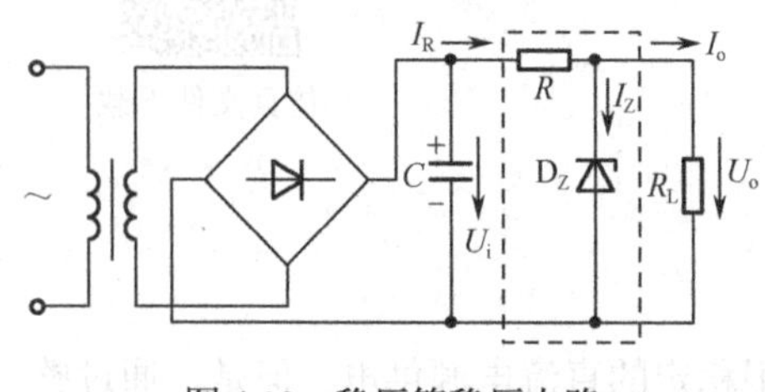

图 4.10 稳压管稳压电路

图 4.10 是一种稳压管稳压电路，经过桥式整流电路整流和电容滤波器滤波得到直流电压 U_i，再经过限流电阻 R 和稳压管 D_Z 组成的稳压电路，负载 R_L 上得到的就是一个比较稳定的电压。

引起电压不稳定的原因是交流电源电压的波动和负载电流的变化。下面分析在这两种情况下稳压电路的作用。

当交流电源电压增加而使整流输出电压 U_i 随着增加时，负载电压 U_o（即稳压管两端的反向电压）也要增加。同时稳压管 D_Z 的电流大大增加，于是 $I_R=I_Z+I_o$ 增加很多，因此电阻 R 上的压降增加，使得输入电压 U_i 的增量绝大部分降落在 R 上，从而使负载电压 U_o 保持近似不变。反之，当 U_i 下降时，U_o 也下降，I_Z 大大减小，电阻 R 上的压降也减小，仍然保持负载电压 U_o 近似不变。

当输入电压 U_i 不变时，负载电流 I_o 增大（R_L 变小），总电流 I_R 增大，电阻 R 上的压降增大，负载电压 U_o 因而下降，从而引起 I_Z 大大减小，因此，I_o 增加的部分几乎被 I_Z 减小部分

所抵消，使总电流基本不变，因而也保持输出电压基本稳定。当负载电流减小时，稳压过程相反。

选择稳压管时，一般取

$$U_Z = U_o \tag{4-14}$$

$$I_{Zmax} = (1.5\sim3)I_{omax} \tag{4-15}$$

$$U_i = (2\sim3)U_o \tag{4-16}$$

选取限流电阻 R 时，应满足以下两种极端情况。

（1）当整流滤波后的电压为最高值 U_{imax}、负载电流为最小值 I_{omin} 时，流过稳压管的电流最大，但应小于稳压管的最大稳定电流 I_{Zmax}，即

$$\frac{U_{imax} - U_o}{R} - I_{omin} < I_{Zmax}$$

$$R > \frac{U_{imax} - U_o}{I_{Zmax} + I_{omin}}$$

（2）当整流滤波后的电压为最小值 U_{imin}、负载电流为最大值 I_{omax} 时，流过稳压管的电流应大于稳压管的最小稳定电流 I_{Zmin}，即

$$\frac{U_{imin} - U_o}{R} - I_{omax} > I_{Zmin}$$

$$R < \frac{U_{imin} - U_o}{I_{Zmin} + I_{omax}}$$

综合起来，限流电阻的阻值应满足下式：

$$\frac{U_{imax} - U_o}{I_{Zmax} + I_{omin}} < R < \frac{U_{imin} - U_o}{I_{Zmin} + I_{omax}} \tag{4-17}$$

限流电阻 R 的额定功率选为

$$P_R = (2\sim3)\frac{(U_{imax} - U_o)^2}{R} \tag{4-18}$$

【例 4-3】 图 4.10 所示的稳压管稳压电路，已知负载电阻 R_L 由开路变为 2kΩ，整流滤波后的电压 $U_i = 30V$（假定电网电压变化范围为±10%），负载电压 U_o=10V，试选取稳压二极管和限流电阻 R。

解： 负载电流最大值为

$$I_{omax} = \frac{U_o}{R_L} = \frac{10}{2} = 5\text{（mA）}$$

由式（4-15），选取系数为 3

$$I_{Zmax} = 3I_{omax} = 15\text{（mA）}$$

$$U_Z = U_o = 10\text{（V）}$$

依据手册，选 2CW18 型稳压二极管（U_Z 为 10～12V，I_Z=5mA，I_{Zmax}=20mA）。

电网电压变化范围为±10%，因此 U_i 变化范围为±10%，则

$$U_{imax} = 1.1\times30 = 33\text{（V）}$$

$$U_{imin} = 0.9\times30 = 27\text{（V）}$$

由式（4-17），有

$$\frac{23-10}{20+0}\text{k}\Omega < R < \frac{27-10}{5+5}\text{k}\Omega$$

$$1.15\text{k}\Omega < R < 1.7\text{k}\Omega$$

选取标称值 R=1.5kΩ。额定功率为

$$P_{\text{R}} = 2.5 \times \frac{(33-10)^2}{1.5 \times 10^3} \approx 0.88\text{（W）}$$

因此，选取限流电阻 R 参数为 1.5kΩ、1W。

4.3.3 串联型稳压电路

稳压管稳压电路的稳压效果不够理想，带负载能力较差，电压不能调节；而串联型稳压电路能较好地解决以上问题。

1. 串联型稳压电路的组成

串联型稳压电路包括以下 4 部分，如图 4.11 所示。

① 采样环节：此环节是由 R_1、R_2、R_P 组成的电阻分压器，它将输出电压 U_o 的一部分取出送到放大环节。

② 基准电压：由稳压管 D_Z 和电阻 R_3 提供，其基准电压为 U_Z，R_3 是稳压管的限流电阻。

③ 电压放大器：采样电压接至放大器的输入端，由三极管 T_1 构成。

④ 调节环节：由功率管 T_2 组成，运算放大器输出信号控制 T_2 的基极电流 I_B，从而改变集电极电流 I_C 和集-射极电压 U_{CE}，达到调整输出电压 U_o 的目的。

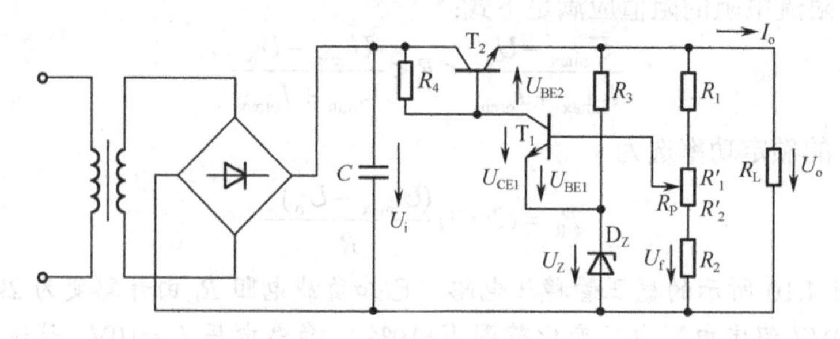

图 4.11 串联型稳压电路

2. 稳压原理

当输出电压 U_o 升高时，采样电压 U_f 增大，T_1 的基-射极电压 U_{BE1} 增大，其基极电流 I_{B1} 增大，集电极电流 I_{C1} 上升，集电极电压 U_{CE1} 下降。因此，T_2 的 U_{BE2} 减小，I_{C2} 减小，U_{CE2} 增大，输出电压 U_o 下降，使输出电压保持稳定。当输出电压降低时，调整过程相反。上述稳压过程可表示如下：

$$U_o \uparrow \to U_f \uparrow \to U_{BE1} \uparrow \to I_{B1} \uparrow \to I_{C1} \uparrow \to U_{CE1} \downarrow \to U_{BE2} \downarrow \to I_{B2} \downarrow \to I_{C2} \downarrow \to U_{CE2} \uparrow \to U_o \downarrow$$

从调整过程来看，图 4.11 所示的串联型稳压电路是一种串联型电压负反馈电路。

3. 输出电压的调节范围

串联型稳压电路的输出电压可在一定范围内进行调节，这种调节可以通过调整电位器 R_P 来实现。

假定流过 R_2 的电流比 I_{B1} 大得多，即略去 I_{B1} 的分流作用，T_1 的基极对地电位为

$$U_{B1}=\frac{R_2+R_2'}{R_1+R_P+R_2}\cdot U_o$$

则

$$U_o=\frac{R_1+R_p+R_2}{R_2+R_2'}U_{B1}=\frac{R_1+R_p+R_2}{R_2+R_2'}(U_Z+U_{BE1}) \tag{4-19}$$

当电位器 R_P 的滑点置最下端时，$R_2'=0$，U_o 最大，即

$$U_{omax}=\frac{R_1+R_p+R_2}{R_2}(U_Z+U_{BE1})$$

当电位器 R_P 的滑点置于上端时，$R_2'=R_P$，U_o 最小，即

$$U_{omin}=\frac{R_1+R_p+R_2}{R_2+R_p}(U_Z+U_{BE1})$$

4.3.4　集成稳压电路

把稳压电路集成在一个芯片内就构成集成稳压器（集成稳压电路）。集成稳压器具有体积小、可靠性高、性能指标好、使用简单灵活及价格便宜等优点。特别是三端集成稳压器，芯片只引出三个端子，分别接输入端、输出端和公共端，内部有限流、过热和过压保护，使用起来更加安全、方便。

三端集成稳压器有固定输出和可调输出两种类型。固定输出的直流电压是固定不变的几个电压等级，又可分为正压和负压两类。

下面以 W7800 和 W7900 系列三端集成稳压器为例，介绍集成稳压器的应用。

W7800 和 W7900 系列三端集成稳压器外形如图 4.12 所示。其中，W7800 系列 1 引脚为输入，2 引脚为输出，3 引脚为公共端；W7900 系列 1 引脚为公共端，3 引脚为输入，2 引脚为输出。W7800 系列输出正电压，W7900 系列输出负电压，电压等级为 5V、6V、8V、12V、15V、18V、24V 等。使用时，将它接在整流滤波电路之后，最高输入电压为 35V，稳压器输入、输出间的电压差最小为 2～3V。

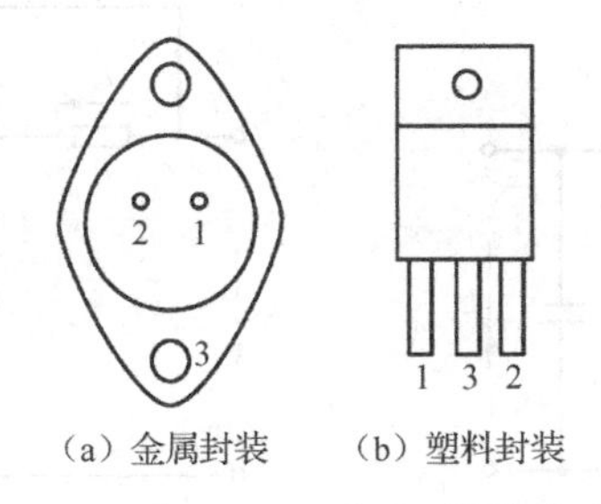

（a）金属封装　　（b）塑料封装

图 4.12　W7800 和 W7900 系列三端集成稳压器外形

1．固定输出的正、负稳压电路

图 4.13（a）是正电压稳压电路。输入端电容 C_1 用来改善纹波和抑制过电压，输出端电容 C_2 用来改善暂态响应；为避免输入端对地短路，输入滤波电容开路造成的输出瞬时过电压，在输入和输出端之间可接保护二极管，如图中虚线所示。

需要负电压输出时，选用 W7900 系列。如图 4.13（b）所示。

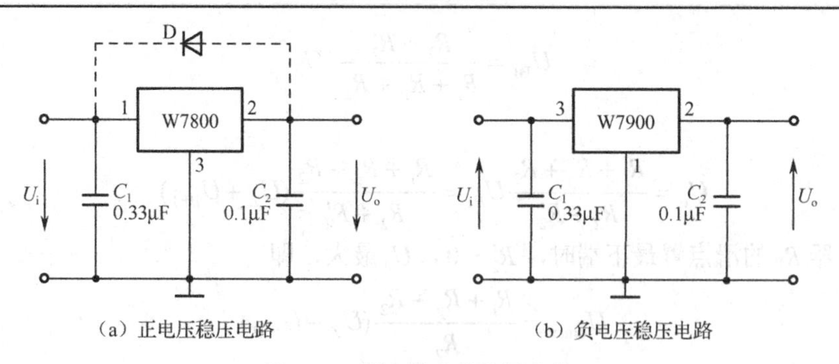

（a）正电压稳压电路　　（b）负电压稳压电路

图 4.13　固定输出的稳压电路

选择 W7800 和 W7900 两个稳压器连接在一起，就构成正负电压同时输出的稳压电路。

2．提高输出电压的稳压电路

如果需要的直流稳压电源的输出电压高于集成稳压器的稳压值，可以外接元件以提高输出电压，如图 4.14 所示。

稳压电路输出电压为

$$U_o = U_{XX} + U_Z \tag{4-20}$$

式中，U_{XX}=5V。

3．增大输出电流的稳压电路

当负载所需电流大于集成稳压器输出电流时，可采用外接功率管 T 的方法，增大输出电流，如图 4.15 所示。

稳压电路输出电流为

$$I_o = I_2 + I_C$$

式中，I_2 为 W78XX 的输出电流值。

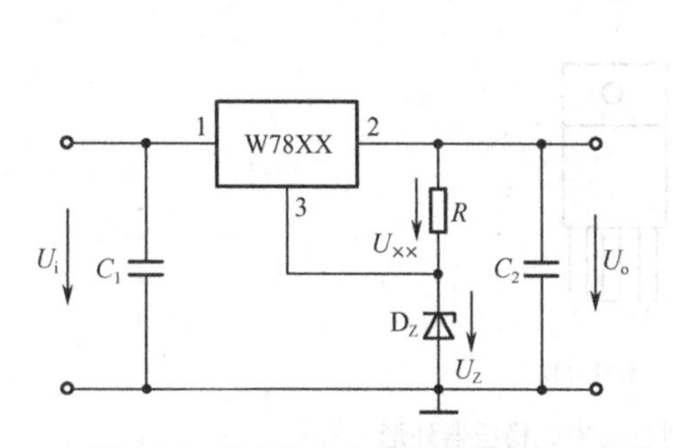

图 4.14　提高输出电压的稳压电路

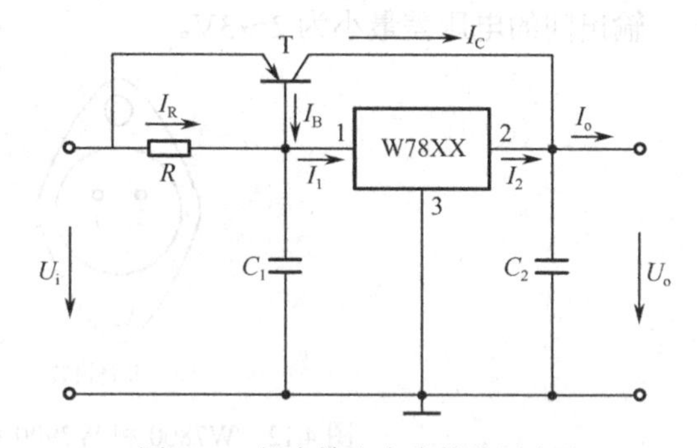

图 4.15　扩大输出电流的稳压电路

如果希望得到可调的输出电压，可以选用可调式集成稳压器。

国产的三端可调式集成稳压器的外形与固定式集成稳压器相似，不同之处是有调节端而无公共端。CW117 系列的 1 引脚为调节端，2 引脚为输出端，3 引脚为输入端；CW137 系列的 1 引脚为调节端，2 引脚为输入端，3 引脚为输出端。

三端可调式集成稳压器的输出端和调节端之间的基准电压为±1.25V。若将调节端接地，就相当于一个输出电压为 1.25V 的三端固定式集成稳压器；若按图 4.16 接线，就构成了可调输出电压的稳压电路。图中电容 C 的作用是滤除 R_2 两端的纹波电压，一般取值为 10μF。

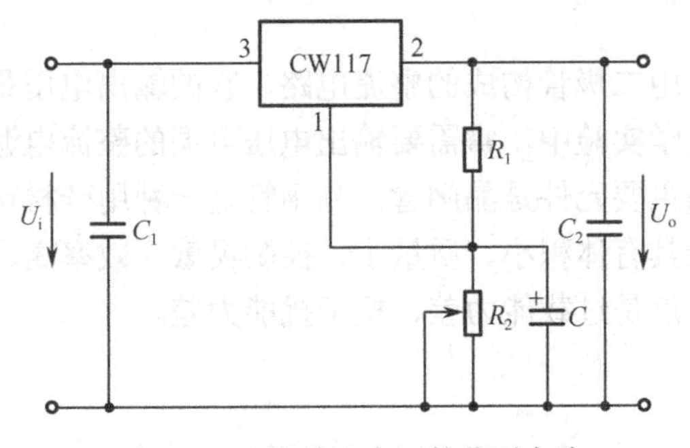

图 4.16　可调输出电压的稳压电路

稳压电路输出电压为

$$U_o = 1.25\left(1+\frac{R_2}{R_1}\right) \tag{4-21}$$

可见，改变 R_2 的阻值就可以调节输出电压 U_o 的大小。一般 R_1 为 240Ω 的电阻，R_2 为 6.8kΩ 的电位器，U_o 可调范围为 1.25～37V。

探究思考题

4.3.1　电路如题 4.3.1 图（a）所示，变压器副边电压 u_2 的波形如题 4.3.1 图（b）所示，试定性画出下面各种情况下 u_i 和 u_o 的波形图，并与 Multisim 仿真结果进行对比。（1）开关 S_1、S_2 均断开；（2）开关 S_1、S_2 均闭合；（3）开关 S_1 断开，S_2 闭合。

探究思考题答案

仿真文件下载

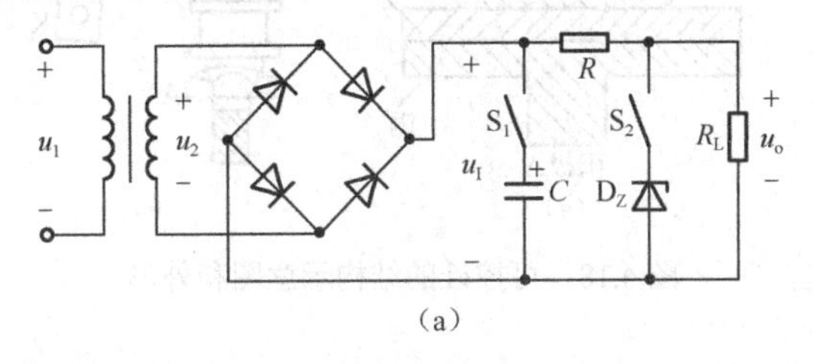

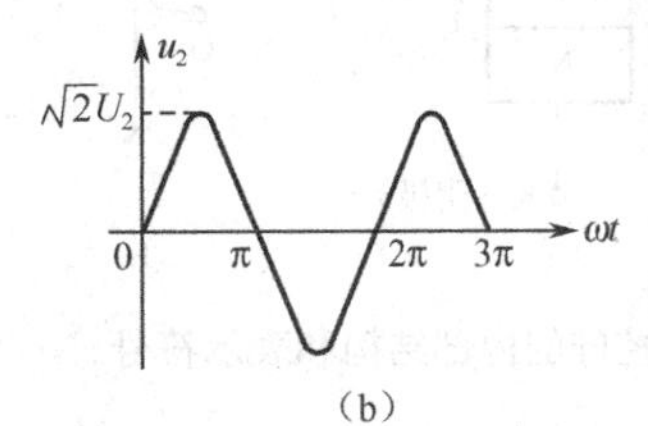

（a）　（b）

题 4.3.1 图

4.3.2　电路如题 4.3.2 图所示，R_1=R_2=R_P=3kΩ，试分析输出电压 U_o 的可调范围。

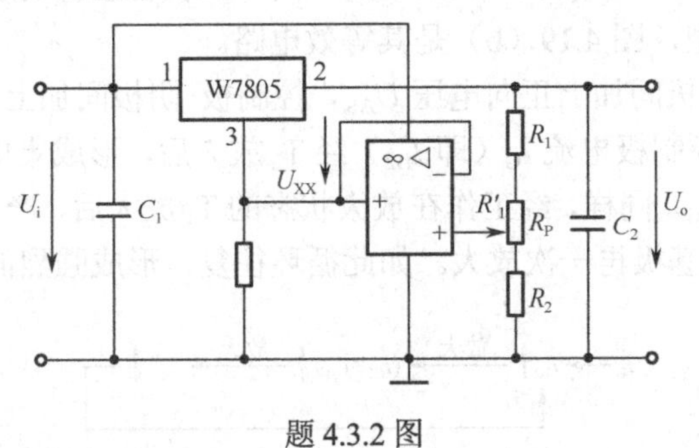

题 4.3.2 图

4.4 可控硅和可控整流电路

在 4.1 节我们介绍了用二极管构成的整流电路，它的输出电压是不可调的，故称为不可控整流电路。在生产和科学实验中，常需要输出电压可调的整流电源，通常称为可控整流电源。构成可控整流电路的主要元件是晶闸管。晶闸管是一种用硅材料制成的半导体元件，因此又称为可控硅。可控硅具有体积小、质量小、控制灵敏、效率高、使用维护方便等优点，因而得到广泛的应用。缺点是过载能力差、抗干扰能力差。

4.4.1 可控硅

1. 基本结构

可控硅的内部结构如图 4.17（a）所示，它由 P-N-P-N 四层半导体构成，中间形成三个 PN 结，三个电极分别为阳极 A、阴极 K 和控制极 G。图 4.17（b）是可控硅的表示符号。图 4.18（a）是可控硅的结构示意图，图 4.18（b）是可控硅的外形。由图 4.18（b）看出，可控硅的一端是一个螺柱，这是阳极引出端，同时可以利用它固定散热片；另一端有两根引出线，其中粗的一根是阴极引线，细的一根是控制极引线。

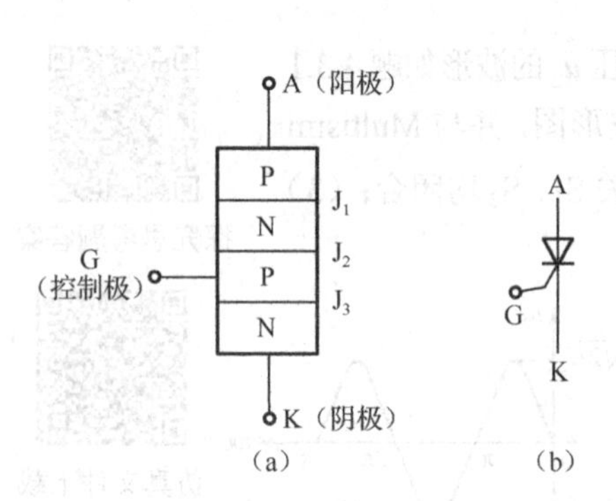

图 4.17 可控硅的内部结构和表示符号

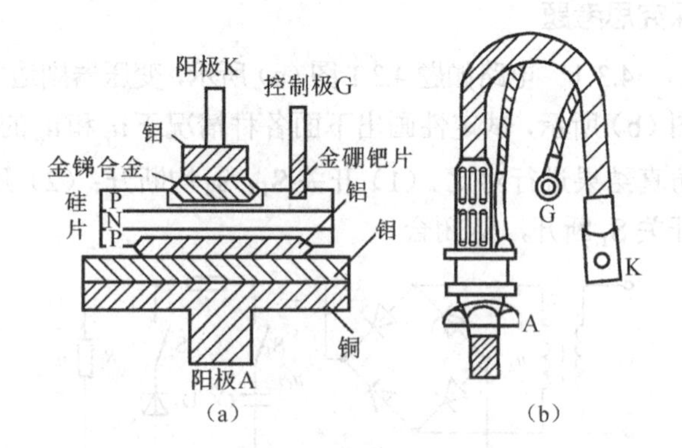

图 4.18 可控硅的结构示意图和外形

2. 工作原理

可控硅可看成是由 PNP（T_1）和 NPN（T_2）两个三极管组合而成的，图 4.19（a）是可控硅的双晶体管结构模型，图 4.19（b）是其等效电路。

当可控硅的阳极-阴极间加上正向电压 U_{AK}，控制极-阴极间加上正向电压 U_{GK} 时，T_2 工作在放大状态，产生的控制极电流 I_G（即 I_{B2}）经 T_2 放大后，形成集电极电流，$I_{C2}=\beta_2 I_{B2}$，而 I_{C2} 又是 T_1 的基极电流 I_{B1}。同样，经工作在放大状态的 T_1 放大后，产生集电极电流，$I_{C1}=\beta_1\beta_2 I_{B2}$，此电流又流入 T_2 的基极再一次放大。如此循环往复，形成强烈的正反馈：

$$I_G \longrightarrow I_{B2}\uparrow \xrightarrow{\text{放大}} (I_{C2}=I_{B1})\uparrow \xrightarrow{\text{放大}} I_{C1}\uparrow$$

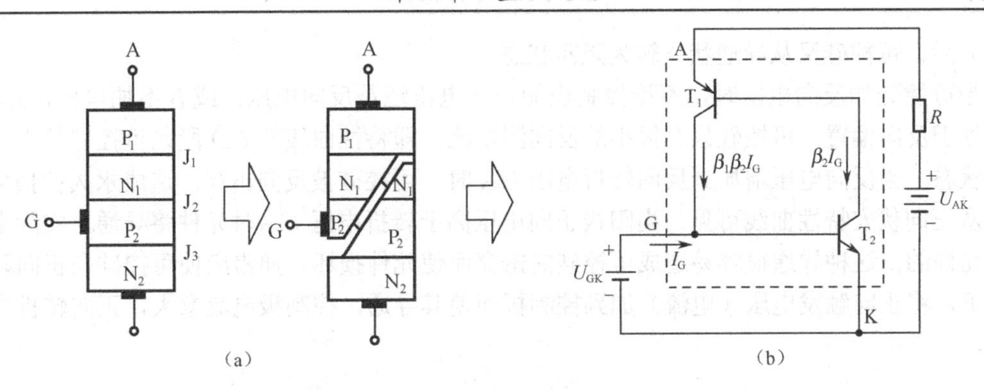

图 4.19　可控硅的结构模型和等效电路

两个三极管很快饱和导通，即可控硅完全导通。导通后其压降很小，电源电压几乎全部加在负载上，因此可控硅中电流的大小完全由电源电压和负载电阻决定。这个导通过程是在极短的时间内完成的，一般不超过几微秒，这个过程称为触发导通过程。可控硅导通后，它的导通状态完全依靠本身的正反馈作用来维持，即使控制极电流 I_G 消失，可控硅仍然处于导通状态。因此，控制极的工作仅仅起触发导通的作用，一经触发，不管 U_{GK} 存在与否，可控硅仍将导通。要关断可控硅，必须将阳极电流减小（负载电阻增加）以使之不能维持正反馈过程，当然，也可将可控硅的外加电压 U_{AK} 降到零或加反向电压。

综上所述，可控硅导通的条件如下：（1）在阳极-阴极间加上一定大小的正向电压；（2）在控极-阴极间加正向触发电压。

3. 伏安特性

可控硅阳极电压（即阳极-阴极间电压）和阳极电流之间的关系曲线称为可控硅的伏安特性曲线。阳极电流不仅受阳极电压的影响，还受控制极电压（或电流）的影响。图 4.20 是可控硅在不同控制极电流时的伏安特性曲线。

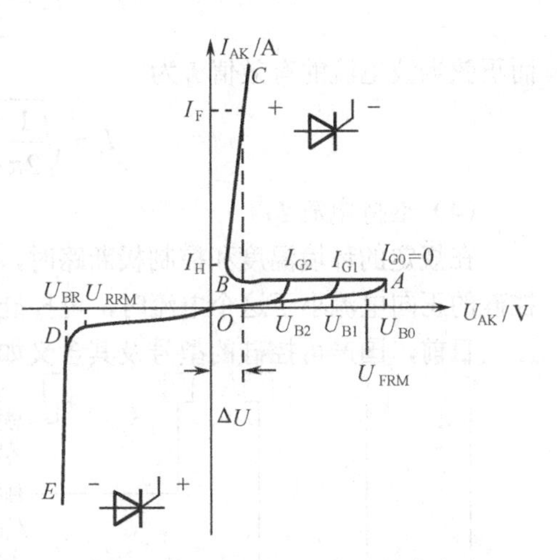

图 4.20　可控硅的伏安特性曲线

当 I_G=0 时，J_2 结处于反向偏置，可控硅只有很小的正向漏电流，即特性曲线的 OA 段。此时可控硅阳极-阴极间呈现很大的电阻，处于正向阻断状态，若不断增加阳极电压 U_{AK}，则可控硅的漏电流必然增大，亦即图 4.19（b）中的 PNP 和 NPN 两管的基极电流不断增大。

当增大到一定程度时，两管建立正反馈，达到饱和导通，相应的阳极电压称为正向转折电压，用 U_{B0} 表示。如果在控制极加电压 U_{GK}，相应的电流为 I_G，则转折电压就会降低。这是由于 I_G 流往 NPN 管的基极，因此 I_{B2} 相应增大，I_{C2} 也相应增大，在可控硅内部产生正反馈，使转折电压降低。在图 4.20 中，$I_{G2}>I_{G1}>I_{G0}$，相应的转折电压 $U_{B2}<U_{B1}<U_{B0}$。当外加电压达到转折电压时，可控硅由阻断状态突然转变为导通状态，即特性曲线的 A 点迅速跨过 B 点而转向 C 点。通过可控硅的电流较大而其本身的压降很小，如将阳极电流减小到某一数值（即维持电

流 I_H）后，可控硅又从导通状态转为阻断状态。

当可控硅加反向电压时，不论控制极加正向电压还是反向电压，或者不加电压，J_1、J_3 结均处于反向偏置，可控硅只有很小的反向漏电流，即特性曲线的 OD 段，可控硅处于反向阻断状态。当反向电压增加到反向转折电压 U_{BR} 时，可控硅被反向击穿，造成永久性损坏。

从正向伏安特性曲线可见，当阳极正向电压高于转折电压 U_{B0} 时元件将导通，实际上这是不允许的，这种导通很容易造成可控硅的击穿而使元件损坏。通常应使可控硅在正向阻断状态下，将正向触发电压（电流）加到控制极而使其导通，控制极电流愈大，正向转折电压愈小。

4. 主要参数

（1）正向重复峰值电压 U_{FRM}。

在控制极断路和正向阻断的条件下，可以重复加在可控硅两端的正向峰值电压就是正向重复峰值电压。按规定，其值为正向转折电压 U_{B0} 的 80%。

（2）反向重复峰值电压 U_{RRM}。

在控制极断路条件下，可以重复加在可控硅元件上的反向峰值电压就是反向重复峰值电压。按规定，此电压为反向转折电压 U_{BR} 的 80%。

（3）正向平均电流 I_F。

在环境温度不大于 40℃、标准散热条件和全导通条件下，可控硅可以连续通过的工频正弦半波电流的平均值，称为正向平均电流，简称正向电流。通常所说多少安的晶闸管，就是指这个电流。如果正弦半波电流的最大值为 I_m，则

$$I_F = \frac{1}{2\pi}\int_0^{\pi} \sin\omega t \cdot \mathrm{d}(\omega t) = \frac{I_m}{\pi} \tag{4-22}$$

而正弦半波电流的有效值 I_t 为

$$I_t = \sqrt{\frac{1}{2\pi}\int_0^{\pi} (I_m \sin\omega t)^2 \mathrm{d}(\omega t)} = \frac{I_m}{2} \tag{4-23}$$

（4）维持电流 I_H。

在规定的环境温度和控制极断路时，维持元件继续导通的最小电流称为维持电流。当可控硅的正向电流小于这个电流时，可控硅将自动关断。

目前，国产可控硅的型号及其含义如下：

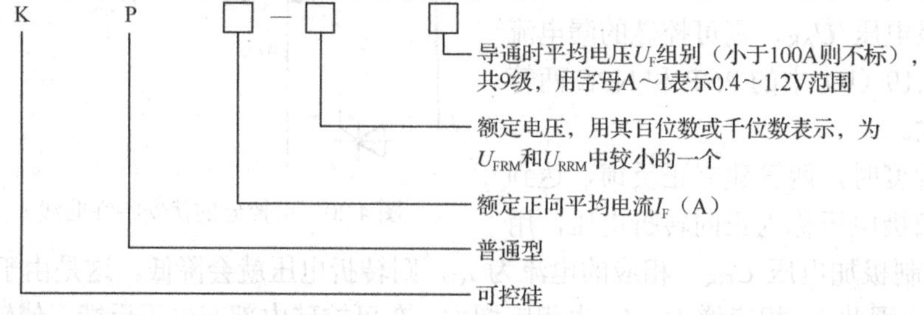

例如，KP200-18PF 表示 U_F=0.9V，U_K=1800V，I_F=200A 的普通型可控硅。

4.4.2 可控整流电路

目前可控硅的主要用途是组成可控整流电路，作用是将交流电转换成电压大小可调的直

流电。可控硅与二极管的本质区别在于它的可控性。改变加入控制极触发信号的时间，就改变了可控硅导电的范围，即改变了可控硅阳极电路的电流大小，从而实现对可控整流电路的输出电流和输出电压的调节。为简化分析，假设可控硅为理想器件，认为其正向压降、正向漏电流和反向漏电流均为零。

1. 单相半波可控整流电路

把不可控的单相半波整流电路中的二极管用可控硅代替，就成为单相半波可控整流电路。为简化分析，假设可控硅为理想器件，认为其正向压降、正向漏电流和反向漏电流均为零。

（1）电阻性负载。

单相半波可控整流电路如图4.21（a）所示，R_L为负载电阻。

在电源电压u_2的正半周期，可控硅承受正向电压。如果在t_1时刻，给控制极加入触发电压U_G，可控硅导通，电压全部加到电阻R_L两端。

在u_2的负半周期，可控硅因承受反向电压而阻断，负载R_L上的电压和电流均为零。在第二个正半周期内，再在相应的时刻t_2加入触发脉冲，可控硅再次导通。这样在负载R_L上就可以得到一个脉动式的直流电压，如图4.21（d）所示。图4.21（e）所示为可控硅所承受的电压，其最高正向和反向电压均为$\sqrt{2}U_2$。

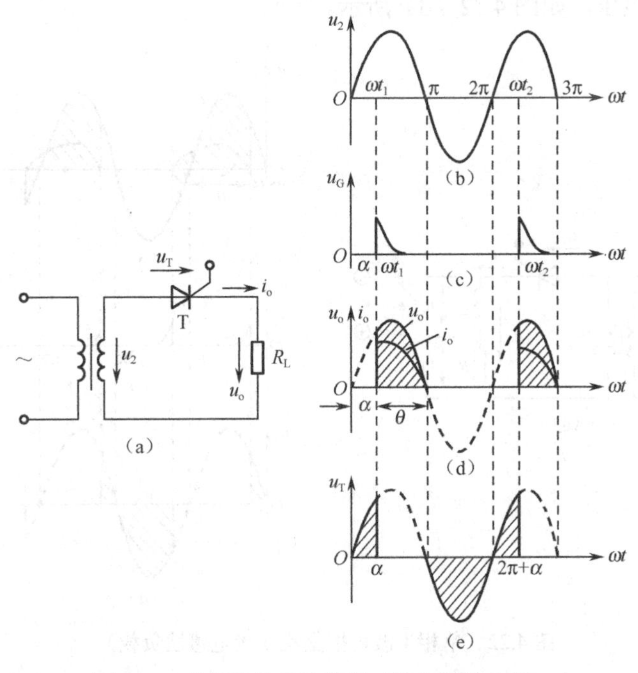

图4.21 单相半波可控整流（接电阻性负载）

加入控制电压使可控硅开始导通的角度α称为控制角，而导通范围$\theta=\pi-\alpha$称为导通角。改变加入触发脉冲的时刻以改变控制角α，称为触发脉冲的移相，控制角α的变化范围称为移相范围。在单相半波可控整流电路中，可控硅的移相范围是0～π。

显然，只要改变加入的触发脉冲的时刻，导通角θ就随之改变，θ愈大，输出电压愈高，从而达到可控整流的目的。负载电压的平均值为

$$U_o = \frac{1}{2\pi}\int_0^{\pi} \sqrt{2}U_2 \sin\omega t \mathrm{d}(\omega t) = \frac{\sqrt{2}}{2\pi}U_2(1+\cos\alpha) = 0.45U_2 \frac{1+\cos\alpha}{2} \tag{4-24}$$

从上式看出，当 α=0（θ=π）时，可控硅全导通，U_o=0.45U_2，相当于单相不可控半波整流电路；当 α=π（θ=0）时，U_o=0，可控硅全关断。

电阻负载中整流电流的平均值为

$$I_o = \frac{U_o}{R_L} = 0.45 \times \frac{U_2}{R_L}\frac{1+\cos\alpha}{2} \tag{4-25}$$

此电流即为通过可控硅的平均电流。

（2）电感性负载与续流二极管。

在生产实际中，遇到较多的是电感性负载，如各种电动机的励磁绕组，这些负载既有电阻又有电感。电感性负载可用串联的电感 L 和电阻 R 表示，如图 4.22（a）所示。

在电压 u_2 的正半周期，加入触发脉冲，可控硅刚触发导通时，电感元件中产生阻碍电流变化的感应电势 e_L（其极性为上正下负，此时 U_L=e_L），使电路中的电流不能跃变，它将由零逐渐上升。当电流达到最大值时，感应电压 u_L=e_L 为零。而后，电流减小，感应电势 e_L 也就改变极性（上负下正，此时 U_L=−e_L），阻碍电流的减小。此后，在电压 u_2 到达零值之前，e_L 与 u_2 极性相同，可控硅仍然导通。u_2 经过零值变负之后，只有 e_L 大于 u_2，可控硅才能关断，并且立即承受反向电压，如图 4.22（d）所示。

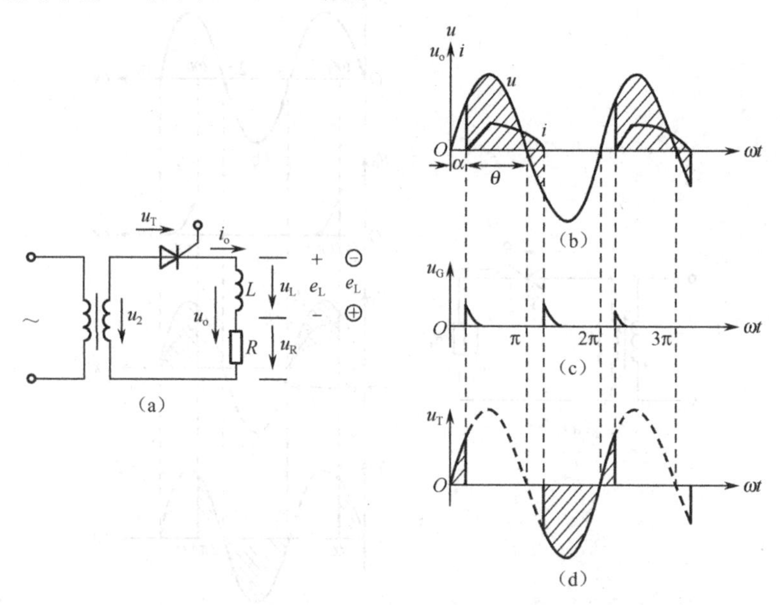

图 4.22 单相半波可控整流（接电感性负载）

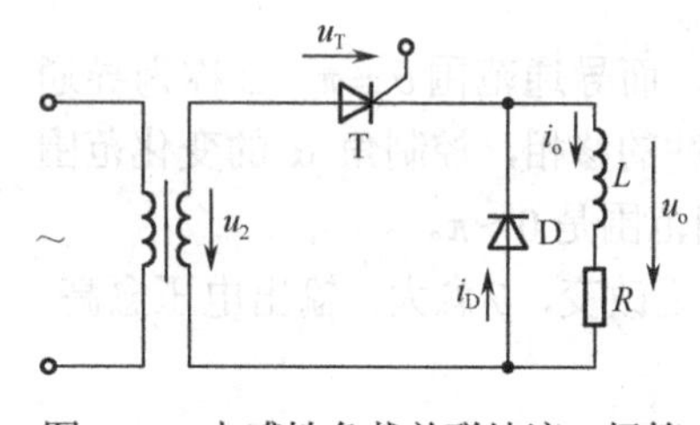

图 4.23 电感性负载并联续流二极管

由此可见，在单相半波可控整流电路中接电感性负载时，可控硅导通角将大于 180°−α，负载电感愈大，导通角 θ 愈大，在一个周期中，负载的负电压所占的比重就愈大，整流输出电压和电流平均值就愈小。

为了克服上述缺点，使可控硅在电源电压 u_2 降到零值时能及时阻断，使负载上不出现负电压，可在电感性负载两端并联一个二极管 D，如图 4.23 所示。

当可控硅导通时，若电源电压 u_2 为正，二极管 D 截止，负载上的电压波形与不加二极管时相同。当电源电压 u_2 过零值而变为负值时，二极管承受正向电压而导通，于是负载上由感应电势 e_L 产生的电流流经二极管 D 形成回路，此二极管称为续流二极管。这时负载电阻上消耗的能量是电感元件释放的能量。

2. 单相桥式可控整流电路

单相半波可控整流电路虽然电路简单，但输出直流电压低、脉动大，为了克服这个缺点，可采用单相桥式可控整流电路。它是将不可控单相桥式整流电路中的两个二极管用两个可控硅代替后组成的，如图 4.24（a）所示。

在电源电压 u_2 的正半周期（a 端为正），T_1 和 D_2 承受正向电压。若给 T_1 的控制极加上触发脉冲，则 T_1 和 D_2 导通，电流的通路为 $a \to T_1 \to R_L \to D_2 \to b$，这时 T_2 和 D_1 因承受反向电压而截止。

在 u_2 的负半周期，T_2 和 D_1 承受正向电压。若给 T_2 的控制极加上触发脉冲，则 T_2 和 D_1 导通，电流的通路为 $b \to T_2 \to R_L \to D_1 \to a$，这时 T_1 和 D_2 因承受反向电压而截止。

当整流电路接电阻性负载时，其电压与电流的波形如图 4.24（b）所示。其输出电压的平均值要比单相半波整流电路大一倍，即

$$U_o = 0.9U_2 \frac{1+\cos\alpha}{2} \tag{4-26}$$

输出电流的平均值为

$$I_o = \frac{U_o}{R_L} = 0.9\frac{U_2}{R_L}\frac{1+\cos\alpha}{2} \tag{4-27}$$

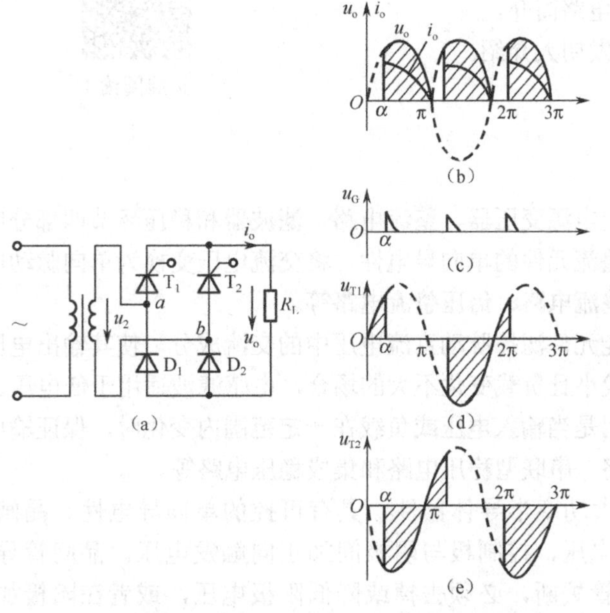

图 4.24　单相桥式可控整流电路

【例 4-4】有一个纯电阻负载，需要可调的直流电源：电压 U_o 为 0～180V，电流 I_o 为 0～6A。现采用单相桥式可控整流电路如图 4.24（a）所示，试求交流电压的有效值，并选择可

控硅。

解：设可控硅导通角 θ=180°（α=0°）时，U_o=180V，I_o=6A。

交流电压有效值为

$$U_2 = \frac{U_o}{0.9} = \frac{180}{0.9} = 200\text{（V）}$$

实际上还要考虑电网电压波动、导通角很难做到 180°等因素，取 U_2=200×110%=220(V)。

可控硅承受的最高反向电压为

$$U_{RM} = \sqrt{2}U_2 = 1.414 \times 220 = 311\text{（V）}$$

流过可控硅的平均电流为

$$I_T = \frac{1}{2}I_o = \frac{6}{2} = 3\text{（A）}$$

考虑到安全系数，则

$$U_{RRM} \geqslant (2\sim3)U_{RM} = 622\sim933\text{(V)}$$

根据以上计算，可选用 KP5-7 型可控硅，其额定正向平均电流为 5A，额定电压为 700V。

探究思考题

探究思考题答案

4.4.1　可控硅在什么条件下才能导通？导通时，通过它的阳极的电流大小由什么因素决定？

4.4.2　可控整流电路在接感性负载时为何要加续流二极管？

扩展阅读

1．开关型稳压电路简介。

2．桥式电路的发明人介绍。

扩展阅读 1

扩展阅读 2

本章总结

直流稳压电源由电源变压器、整流电路、滤波器和稳压环节四部分组成。

整流电路利用整流元件的单向导电性，将交流电压变换为单向脉动电压。整流电路有半波整流电路、桥式整流电路、倍压整流电路等。

滤波器利用储能元件滤掉脉动直流电压中的交流成分，使其输出电压比较平稳。电容滤波适用于负载电流较小且负载变化不大的场合，电感滤波适用于低电压、大电流场合。

稳压环节的作用是当输入电压或负载在一定范围内变化时，保证输出电压稳定。稳压电路有稳压管稳压电路、串联型稳压电路和集成稳压电路等。

晶闸管是一种大功率半导体器件，具有可控的单向导电性。晶闸管的导通条件是阳极与阴极间加正向电压，控制极与阴极间加正向触发电压。晶闸管导通后，控制极便失去作用。要使晶闸管关断，必须去掉或降低阳极电压，或者在阳极加反向电压，使阳极电流小于维持电流。用晶闸管代替整流电路中的二极管，可构成输出电压可调的可控整流电路。

第 4 章自测题

4.1 半波整流电路中，变压器副边电压有效值 U_2 为 25V，输出电流的平均值 I_o=12mA，则二极管应选择自测题 4.1 表中的（ ）。

自测题 4.1 表

序号	型号	整流电流平均值	反向峰值电压
1	2AP2	16mA	30V
2	2AP3	25mA	30V
3	2AP4	16mA	50V
4	2AP6	12mA	100V

自测题答案

A. 2AP2　B. 2AP3　C. 2AP4　D. 2AP6

4.2 万用表测量交流电压的整流电路（M 为万用表头）如自测题 4.2 图所示，当被测正弦交流电压 u 的有效值为 200V 时，指针满偏转，此满偏直流电流为 100 μA 。设二极管为理想元件，且忽略表头内阻，则电阻的阻值为（ ）。

A. 900kΩ　B. 1980kΩ　C. 2200kΩ　D. 2640kΩ

4.3 单相半波整流滤波电路如自测题 4.3 图所示，其中 C=100μF，当开关 S 闭合时，直流电压表的读数是 10V，开关断开后，电压表的读数是（ ）。（设电压表的内阻为无穷大。）

A. 10V　B. 12V　C. 14.1V　D. 4.5V

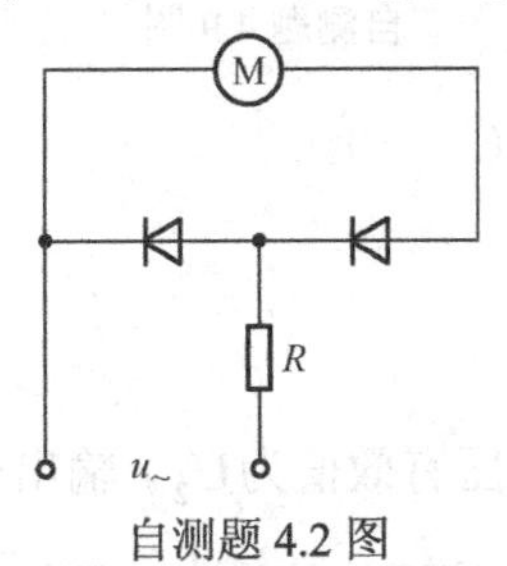

自测题 4.2 图

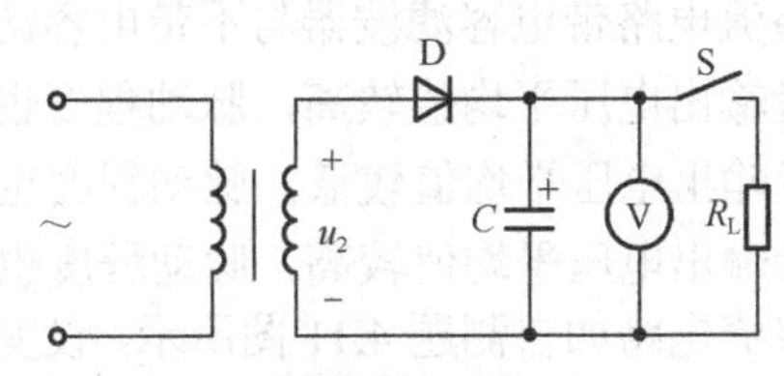

自测题 4.3 图

4.4 单相半波整流滤波电路如自测题 4.3 图所示，如果变压器副边电压有效值为 10V，那么二极管 D 承受的最高反向电压 U_{DRM} 约为（ ）。

A. 10V　B. 12V　C. 14.1V　D. 28.3V

4.5 桥式整流电路中，流过负载电流的平均值为 I_o，忽略二极管的正向压降，则变压器副边电流的有效值为（ ）。

A. $0.79I_o$　B. $1.11I_o$　C. $1.57I_o$　D. $0.82I_o$

4.6 桥式整流电路中，若变压器二次电压为 $u_2=10\sqrt{2}\sin\omega t$(V)，则每个整流管承受的最大反向电压为（ ）。

A. $10\sqrt{2}$V　B. $20\sqrt{2}$V　C. 20V　D. $\sqrt{2}$V

4.7 三种滤波电路如自测题 4.7 图所示，各电路参数合理，滤波效果最好的电路是（ ）。

A. 图（a）　B. 图（b）　C. 图（c）

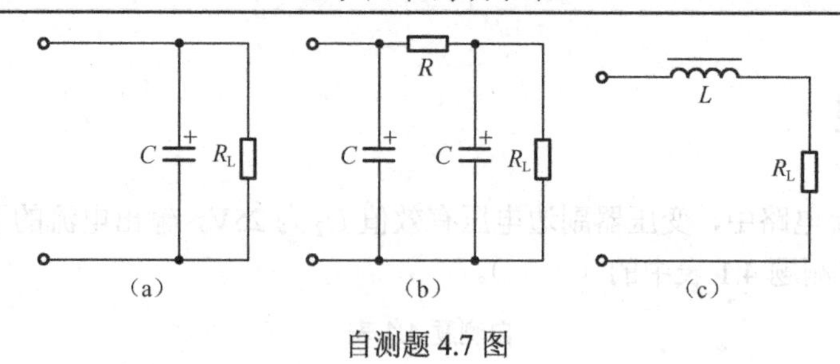

自测题 4.7 图

4.8　整流滤波电路如自测题 4.8 图所示，I_o' 为开关 S 打开后通过负载的电流平均值，I_o'' 为开关 S 闭合后通过负载的电流平均值，两者的大小关系是（　　）。

A．$I_o'<I_o''$　　　B．$I_o'=I_o''$　　　C．$I_o'>I_o''$

4.9　直流电源电路如自测题 4.9 图所示，用虚线将它分成五部分，其中稳压环节是指图中的（　　）。

A．（2）　　　B．（3）　　　C．（4）　　　D．（5）

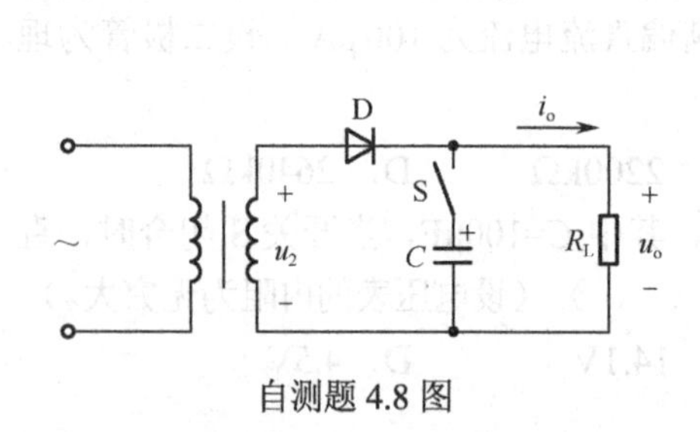

自测题 4.8 图

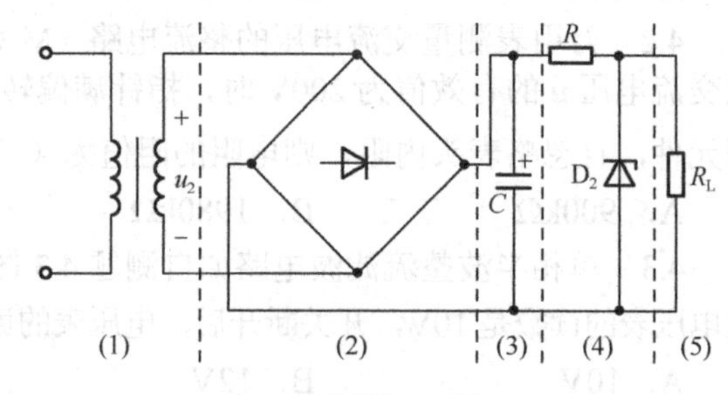

自测题 4.9 图

4.10　整流电路带电容滤波器与不带电容滤波器相比，（　　）。

A．前者输出电压平均值较高，脉动程度也较大

B．前者输出电压平均值较低，脉动程度也较小

C．前者输出电压平均值较高，脉动程度也较小

4.11　整流电路如自测题 4.11 图所示，设变压器副边电压有效值为U_2，输出电流平均值为 I_o。二极管承受的最高反向电压为$\sqrt{2}U_2$，通过二极管的电流平均值为$\frac{1}{2}I_o$且能正常工作的整流电路是（　　）。

A．图（a）　　　B．图（b）　　　C．图（c）

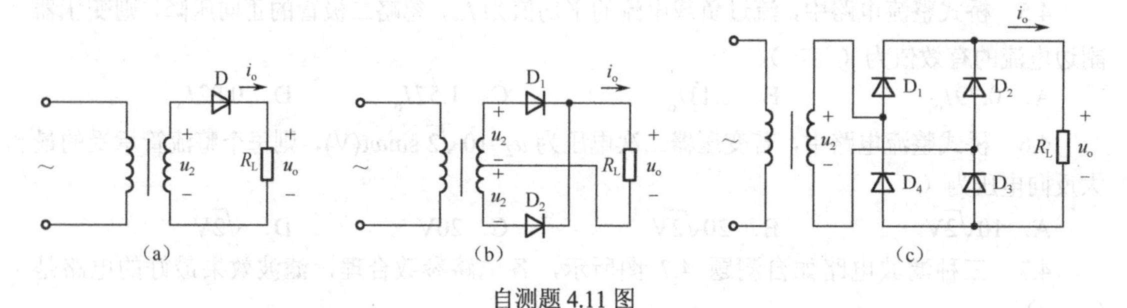

自测题 4.11 图

4.12　直流稳压电源中电路工作的先后顺序是（　　）。

A．滤波、稳压再整流　　B．整流、滤波再稳压

C．滤波、整流再稳压　　D．整流、稳压再滤波

4.13　稳压电路如自测题 4.13 图所示，开关 S 断开时，输出电压 u_o 的波形为（　　）。

A．图（a）　B．图（b）　C．图（c）　D．图（d）

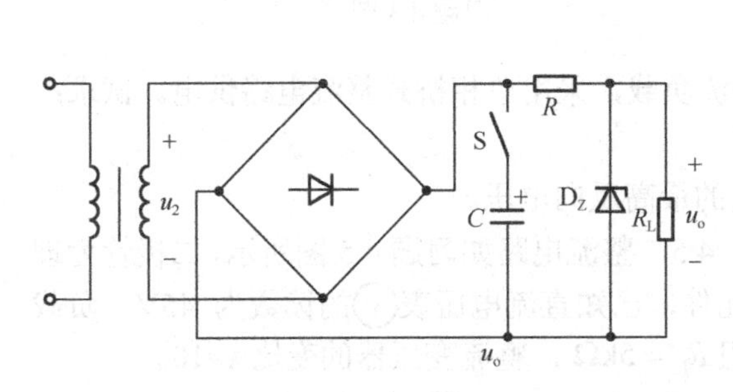

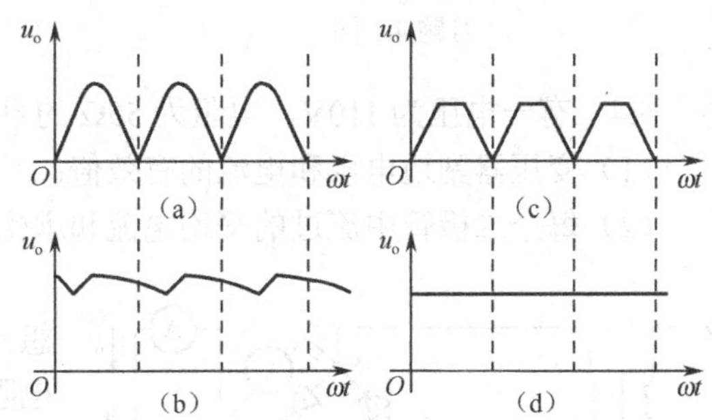

自测题 4.13 图

4.14　三端集成稳压器的应用电路如自测题 4.14 图所示，外加稳压管 D_Z 的作用是（　　）。

A．提高输出电压　　B．提高输出电流　　C．提高输入电压

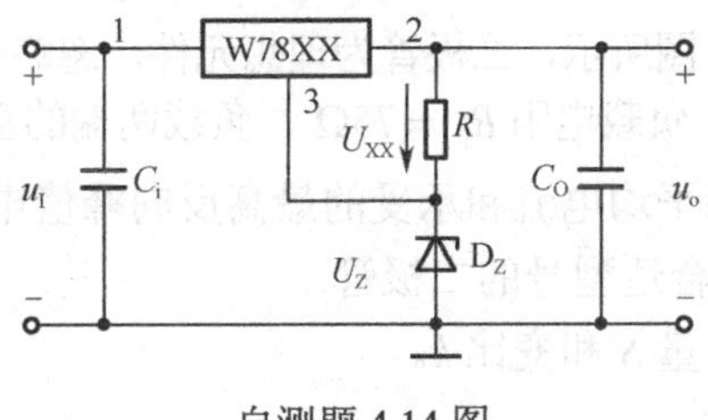

自测题 4.14 图

习题四

部分习题答案

分析、计算题

4.1　有一单相半波整流电路，如习题 4.1 图所示。已知负载电阻 R_L=750Ω，变压器副边电压 U_2=20V，试求 U_o、I_o、U_{DRM} 及 I_D。

4.2　试证明单相半波整流电路中，变压器副边电流的有效值 I 与输出电流平均值 I_o 的关系为 $I=1.57I_o$。

4.3　整流电路如习题 4.3 图所示，二极管为理想元件，已知负载电阻 R_L=40Ω，直流电压表Ⓥ₂的读数为100V。试求：

（1）直流电流表 A_2 的读数。

（2）整流电流的最大值。

（3）交流电压表 V_1、交流电流表 A_1 的读数（设电流表内阻为零，电压表的内阻为无穷大）。

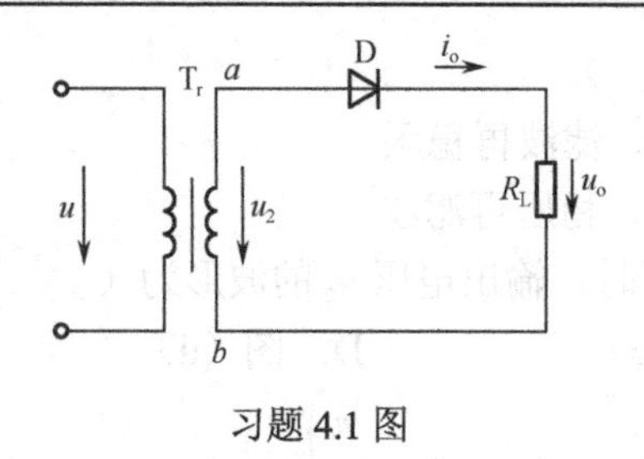

习题 4.1 图

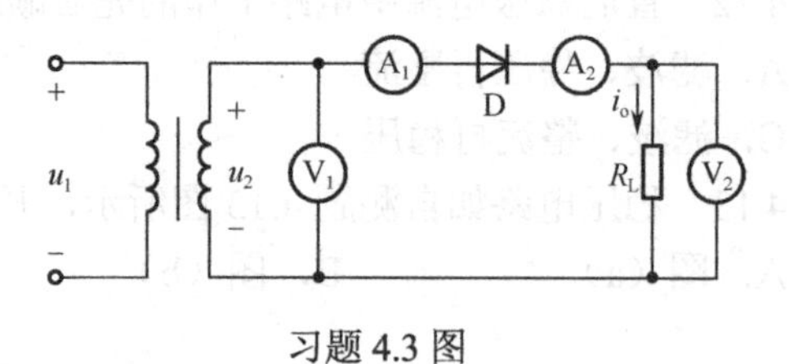

习题 4.3 图

4.4　有一电压为 110V、电阻为 55Ω 的直流负载，采用单相桥式整流电路供电。试求：

（1）变压器副边电压和电流的有效值；

（2）每个二极管中流过的平均电流和承受的最高反向电压。

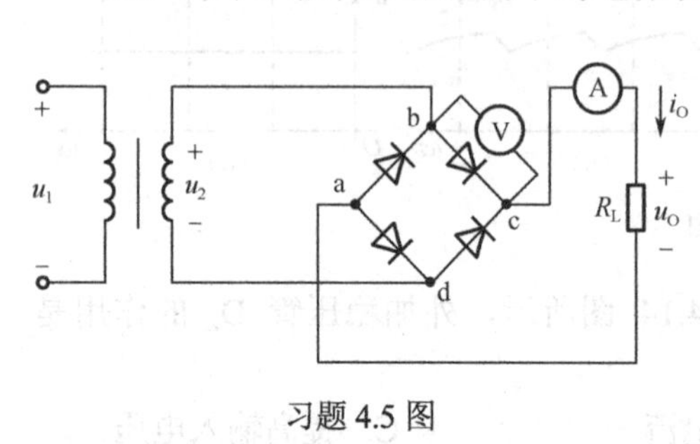

习题 4.5 图

4.5　整流电路如习题 4.5 图所示，二极管为理想元件，已知直流电压表Ⓥ的读数为 45V，负载电阻 $R_L=5k\Omega$，整流变压器的变比 k=10。

（1）说明电压表Ⓥ的极性；

（2）计算变压器原边电压有效值 U_1；

（3）计算直流电流表Ⓐ的读数（设电流表的内阻为零，电压表的内阻为无穷大）；

（4）画出 u_2、u_o 及电压表两端的电压波形图。

4.6　整流电路如习题 4.6 图所示，二极管为理想元件，忽略变压器副绕组上的压降，变压器原边电压有效值 $U_1=220V$，负载电阻 $R_L=75\Omega$，负载两端的直流电压 $U_o=100V$。

（1）求二极管的实际通态平均电流和承受的最高反向峰值电压；

（2）在习题 4.6 表中选出合适型号的二极管；

（3）计算整流变压器的容量 S 和变比 k。

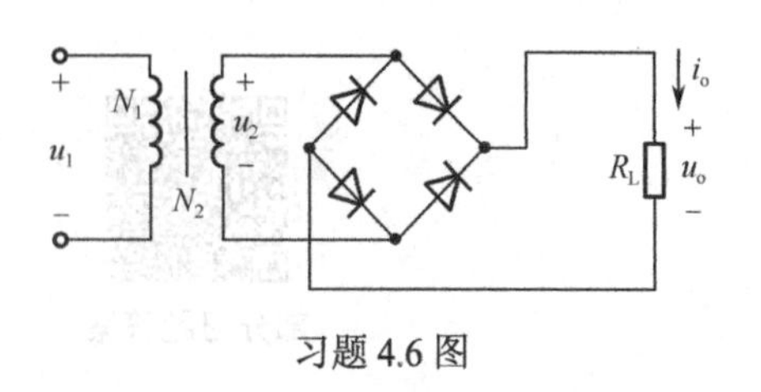

习题 4.6 图

习题 4.6 表

型　　号	最大整流电流平均值/mA	最高反向电压/V
2CZ11A	1000	100
2CZ12B	3000	100
2CZ11C	1000	300

4.7　整流电路如习题 4.7 图所示，它能够提供两种整流电压。二极管是理想元件，变压器副边电压有效值分别为 U_{21}=70V，U_{22}=U_{23}=30V，负载电阻 R_{L1}=2.5kΩ，R_{L2}=5kΩ。试求：

（1）R_{L1} 和 R_{L2} 上的 u_{o1}、u_{o2} 的电压平均值；

（2）每个二极管中的平均电流及其所承受的最高反向电压。

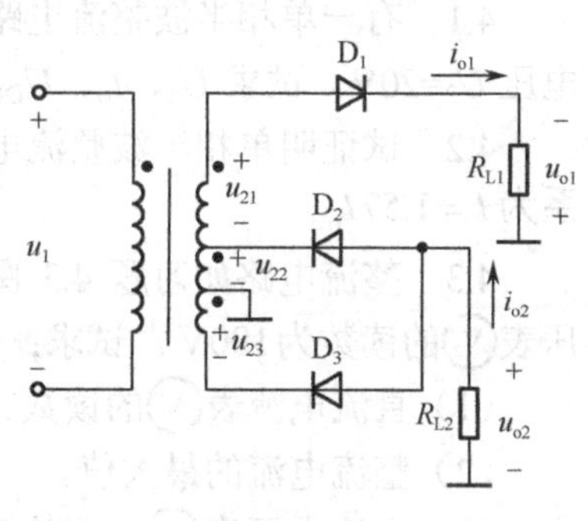

习题 4.7 图

4.8　要求负载电压 U_o=30V，负载电流 I_o=150mA。采用单相桥式整流电路，带电容滤波器。已知交流频率为 50Hz，试选择晶体管型号和滤波电容，并与单相半波整流电路比较，带电容滤波器后，晶体管承受的最高反向电压是否相同？

4.9　整流滤波电路如习题4.9图所示，二极管为理想元件，已知负载电阻$R_L = 400\Omega$，负载两端直流电压U_o=60V，交流电源频率$f = 50\text{Hz}$。

（1）在习题4.9表中选出合适型号的二极管；

（2）计算滤波电容的值；

（3）定性画出输出电压u_o的波形图。

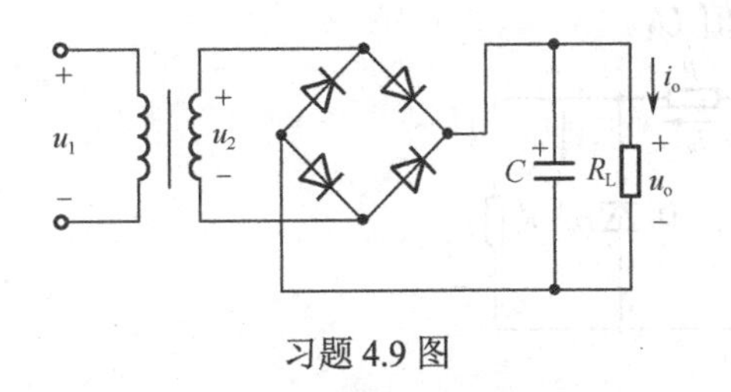

习题4.9图

习题4.9表

型　　号	最大整流电流平均值/mA	最高反向电压/V
2CP11	100	50
2CP12	100	100
2CP13	100	150

4.10　整流滤波电路如习题4.10图所示，二极管是理想元件，已知滤波电容$C = 500\mu\text{F}$，负载电阻$R_L = 100\Omega$，交流电压表Ⓥ的读数为10V。试求：

（1）开关S_1闭合、S_2断开时，直流电流表Ⓐ的读数和二极管承受的最高反向电压；

（2）开关S_1断开、S_2闭合时，直流电流表Ⓐ的读数和二极管承受的最高反向电压；

（3）开关S_1、S_2均闭合时，直流电流表Ⓐ的读数和二极管承受的最高反向电压。设电压表内阻为无穷大，电流表内阻为零。

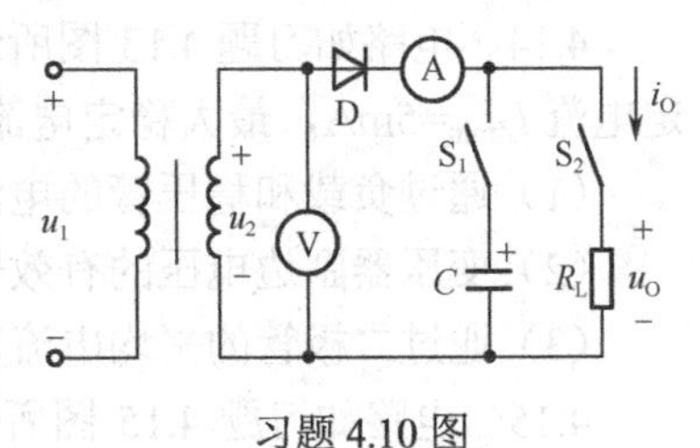

习题4.10图

4.11　各整流滤波电路如习题4.11图所示，变压器副边电压有效值均为10V。试求：

（1）开关S断开和闭合时各电路中负载获得的直流电压；

（2）各整流二极管承受的最高反向电压。

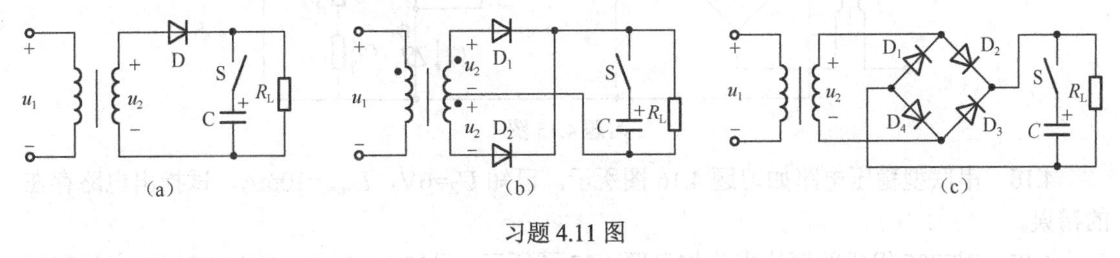

习题4.11图

4.12　整流、滤波和稳压电路各部分如习题4.12图所示，已知U_I=16V，R=100Ω，R_L=1.2kΩ，稳压管的稳定电压U_Z=12V。

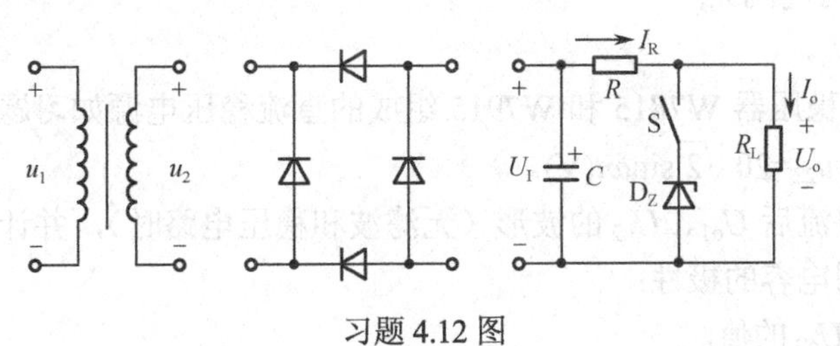

习题4.12图

（1）将给出的部分电路图绘制成一个完整的整流滤波稳压电路；

（2）求开关 S 未闭合时的 U_o 值；

（3）求开关 S 闭合后的 I_o 及 I_R 值。

4.13 电路如习题 4.13 图所示，已知 U_I=30V，稳压管（2CW18）的稳定电压 U_Z=10V，最小稳定电流 I_{Zmin}=5mA，最大稳定电流 I_{Zmax}=20mA，负载电阻 R_L=2kΩ。

（1）当 U_I 变化 ±10% 时，求电阻 R 的取值范围；

（2）变压器变比 $k=6$ 时，求变压器原边电压有效值 U_1。

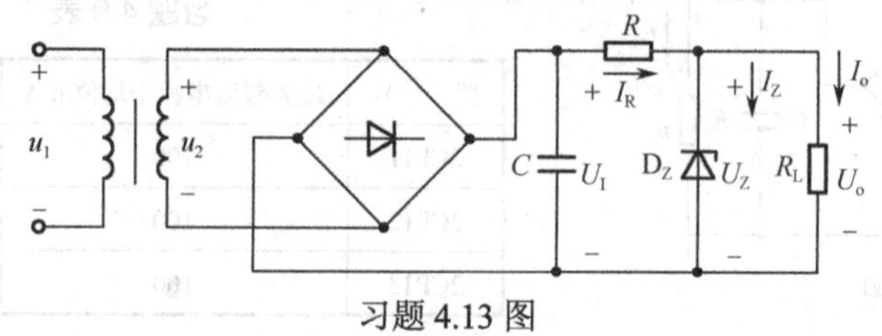

习题 4.13 图

4.14 电路如习题 4.13 图所示，已知 U_I=30V，U_o=12V，R=2kΩ，R_L=4kΩ，稳压管的稳定电流 I_{Zmin}=5mA，最大稳定电流 I_{Zmax}=18mA，试求：

（1）通过负载和稳压管的电流；

（2）变压器副边电压的有效值；

（3）通过二极管的平均电流和二极管承受的最高反向电压。

4.15 电路如习题 4.15 图所示。已知 U_Z=5.3V，R_1=R_2=R_P=3kΩ；电源电压为 220V。电路输出端接负载电阻 R_L，要求负载电流 I_o 为 0～50mA。（1）计算电压输出范围。（2）若 T_2 管的最低压降为 3V，计算变压器副边电压的有效值 U_2。

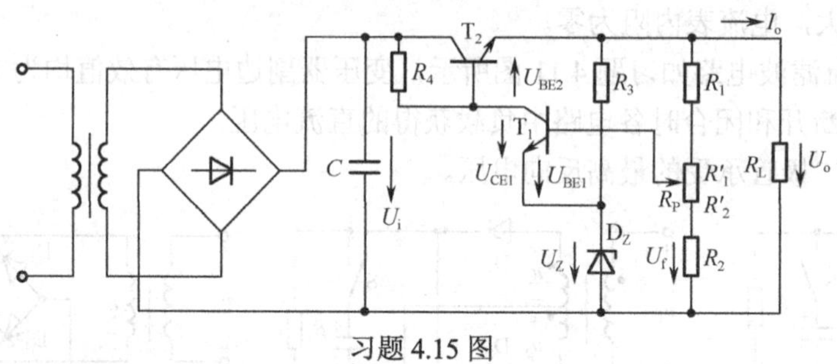

习题 4.15 图

4.16 串联型稳压电路如习题 4.16 图所示。已知 U_Z=6V，I_{Zmin}=10mA，试指出电路存在的错误。

4.17 W7805 组成的恒流电路如习题 4.17 图所示。已知 I_Q=5mA，R=200Ω，R_L 变化范围为 100～200Ω，试计算：

（1）负载 R_L 上的电流 I_o；

（2）输出电压 U_o。

4.18 三端集成稳压器 W7815 和 W7915 组成的直流稳压电源如习题 4.18 图所示，已知变压器副边电压 $u_{21}=u_{22}=20\sqrt{2}\sin\omega t$(V)。

（1）分析电路整流后 U_{o1}、U_{o2} 的波形（无滤波和稳压电路时），并计算电压平均值；

（2）在图中标明电容的极性；

（3）确定 U_{o1}、U_{o2} 的值。

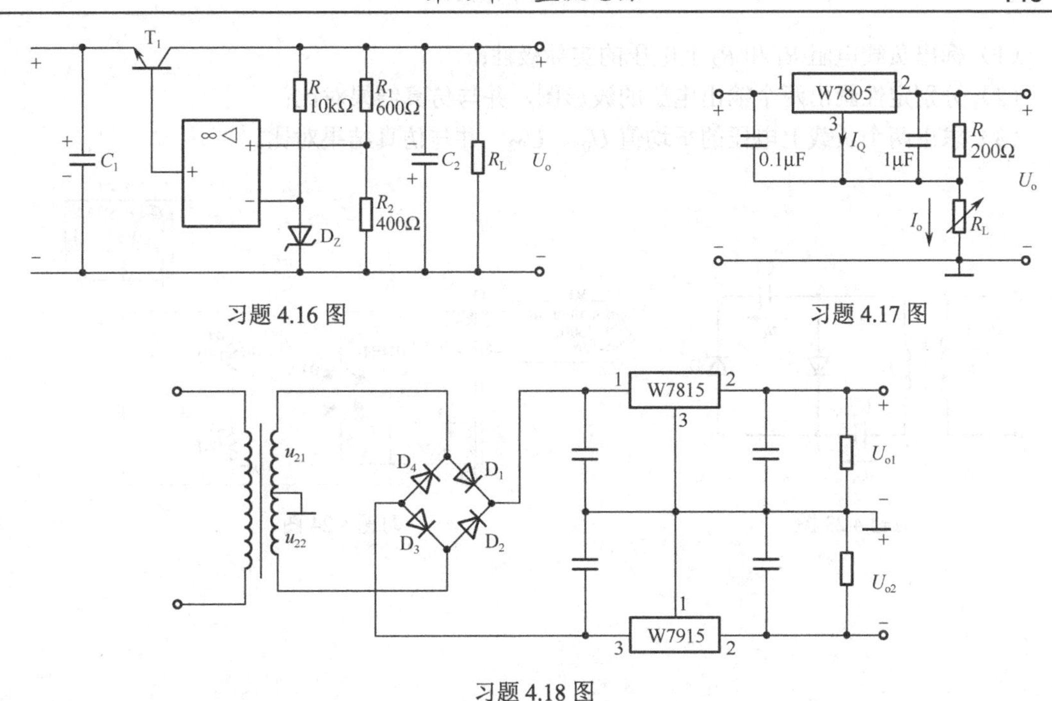

习题 4.16 图

习题 4.17 图

习题 4.18 图

4.19　稳压管稳压电路如习题 4.19 图所示。已知 U_i=20V，变化范围是±20%，稳压管的稳定电压 U_Z=10V，负载电阻 R_L 取值范围为 1～2kΩ，稳压管电流 I_Z 取值范围为 10～60mA。试确定限流电阻 R 的取值范围。

习题 4.19 图

4.20　有一单相半波可控整流电路，设其负载为电阻性的。直接由 220V 交流电网供电，输出的直流电压平均值 U_o=60V，输出电流平均值 I_o=3A。计算可控硅的控制角、电流有效值。

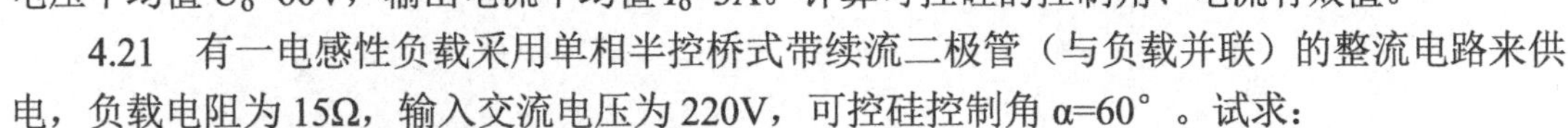

4.21　有一电感性负载采用单相半控桥式带续流二极管（与负载并联）的整流电路来供电，负载电阻为 15Ω，输入交流电压为 220V，可控硅控制角 α=60°。试求：

（1）整流输出电压和电流的平均值；

（2）整流元件和续流二极管每周期的导通角；

（3）流过整流元件的平均电流；

（4）如何选择整流元件。

4.22　有一电阻性负载，它需要可调的直流电压 U_o 取值为 0～60V，电流 I_o 取值为 0～10A。现采用单相半控桥式整流电路，试计算电源变压器的副边电压，并选用整流元件。

综合应用题

4.23*　电路如习题 4.23 图所示，二极管为理想元件，已知 u_2=30sin341t(V)。

（1）试分析 u_{C1}、u_{C2} 的实际极性；（2）求 u_{C1} 和 u_{C2} 的值。

仿真文件下载

4.24　整流电路如习题 4.24 图所示，二极管为理想元件，变压器的副边电压 $u_{21}=20\sqrt{2}\sin\omega t$(V)，$u_{22}=10\sqrt{2}\sin\omega t$(V)。

（1）标出负载电阻 R_1 和 R_2 上电压的实际极性；

（2）分别定性画出两个输出电压的波形图，并与仿真结果对比；

（3）求出两个负载上电压的平均值 U_{01}、U_{02}，并与仿真结果对比。

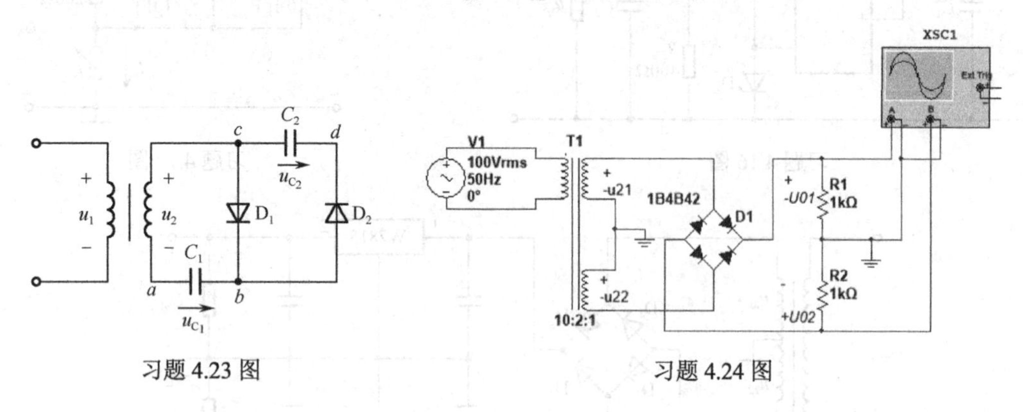

习题 4.23 图　　　　习题 4.24 图

第5章　数字电路基础

本章要求（学习目标）

1. 了解数字电路和数字信号的基本概念和形式，了解数字电路的组成。
2. 了解二进制、八进制和十六进制的相互转换，了解各种码制的构成原理。
3. 掌握与、或、非等基本逻辑关系。
4. 掌握逻辑函数的公式化简方法，理解卡诺图化简方法。

前面介绍的放大电路及集成运算放大器可以归类为模拟电路，所处理的物理量在时间和数值上是连续的。在电子电路中还存在另外一种信号，我们称之为数字信号，处理数字信号的电路称为数字电路。本章主要介绍数字信号、数字电路的形式和特征，基本的数制，基本逻辑关系、逻辑函数的表示方法及化简方法。

5.1　数字电路概述

5.1.1　数字电路和数字信号

数字电路的特征是电路中的信号是在时间上和数值上不连续的信号，也就是所谓的离散信号，这种信号实际上是一个脉冲序列。如果脉冲的高电平用二进制数 1 表示，低电平用二进制数 0 表示，一个脉冲序列就可以用一个多位的二进制数来表示，数字信号因此而得名。数字信号作用下的电路就称为数字电路。

与模拟电路相比，数字电路具有标准化、通用、高可靠性、高精度和高速度的特点，因此被广泛采用，尤其是在计算机和计算机控制系统中，更是必不可少。随着信息化时代的到来、电子技术的飞速发展，数字电子技术成为社会经济发展的主力军，市场需求推动信息技术向更深层次迈进。科技的不断进步加速了产业的升级换代，要求数字电子技术必须顺应市场的需求变化，数字化是电子技术的必由之路，这已经成为共识。我们使用的电子产品，正在以前所未有的速度更新换代，这种革新主要表现在大规模可编程逻辑器件的广泛应用上。特别是，半导体的工艺水平已经达到深亚微米，芯片的集成度达到千兆位，时钟频率正在向千兆赫以上发展，这些技术在之前是难以想象的，这就注定 SoC（System on Chip，片上系统）必将成为集成电路技术的发展趋势。

除了在计算机领域，数字电路在数字控制系统、工业逻辑系统、数字显示仪表等方面应用也相当广泛，因此，科技工作者应该学习和掌握数字电路的知识。

5.1.2　数字电路的组成

数字电路通常由分立元件部分和若干集成电路芯片组成。分立元件部分就是由半导体器件构成的数字电路。集成电路芯片的种类非常多，按集成度分为以下几种：

- 小规模集成电路
- 中规模集成电路
- 大规模集成电路
- 超大规模集成电路

近年来，出现了大规模可编程序逻辑器和可编程序逻辑阵列，并且迅速普及，大有取代分立元件和集成芯片连接的数字电路的趋势。可编程逻辑器件以灵活多样而著称，通过软件编程将其设置为某种功能的数字器件或一个完整电路。目前，已有上百万“门”的可编程逻辑器件，其中每个“门”就相当于一个小规模集成电路。

下面以测量电动机转速的数字转速表的原理来说明数字电路的组成。在图 5.1 中，电动机的转动情况经光电传感器转换成一连串微弱的电压脉冲，一个脉冲代表电动机转动一圈，这一连串的脉冲可以视为模拟量。为了把单位时间内电压脉冲的个数用数字直接显示出来，首先要把它们送入脉冲放大和整形电路，变成等幅的矩形脉冲，就是数字信号。然后把矩形脉冲送入到门电路。门电路是用来控制信号通过的开关电路，它的开通与关断是由加到其另一输入端的秒脉冲控制的。由秒脉冲把门电路打开 1 秒，使矩形脉冲通过门电路进入计数器，计数器将 1 秒内输入的脉冲个数累计起来，这也就是电动机 1 秒内的转数。最后，通过译码、显示等电路将计数器累计的数用数字直接显示出来。

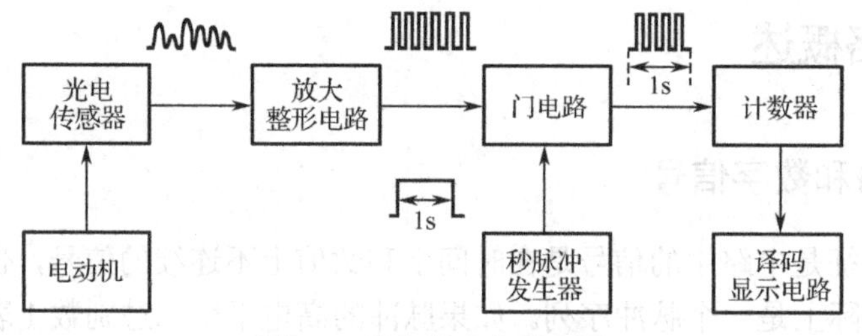

图 5.1 数字转速表原理图

由此可见，数字电路主要包括信号的产生、放大、整形、传送、控制、记忆、计数、译码和显示等单元电路。在这些单元电路之间传递的是一组组等幅、有序的脉冲序列。

5.2 数制和码

在日常生活中，人们已经习惯使用十进制，但在数字电路中一般采用二进制数。这是因为二进制只有 0 和 1 两个数码，数字器件只需对代表这两个数码的两种电平状态有不同的处理结果输出，输出的结果也是二进制，也对应两种电平状态。通常用 0 代表低电平，用 1 代表高电平。任何一个二进制数都可以用一串特定顺序的脉冲序列来表示，这就是 5.1.1 节中介绍的数字信号。

虽然数字电路采用二进制计数，但一个数值较大的数据用二进制表示时，数据位数较多，人们不容易书写，也不容易记忆，所以常常使用八进制和十六进制。

5.2.1 十进制

所谓十进制，就是“逢十进一”的记数体制。这种进位记数制的书写形式又叫位置记数法。例如，一个十进制数 222，第一个 2 处在百位上，代表 200；第二个 2 处在十位上，代表

20；第三个 2 处在个位上，代表 2。即

$$222 = 200 + 20 + 2 = 2\times10^2 + 2\times10^1 + 2\times10^0$$

位置记数法表示的任意一个十进制数 $(N)_{10} = a_{n-1}a_{n-2}\cdots a_1a_0a_{-1}a_{-2}\cdots a_{-m}$，都可以按其每位数所在的位置表示成如下形式：

$$\begin{aligned} N_{10} &= a_{n-1}a_{n-2}\cdots a_1a_0a_{-1}a_{-2}\cdots a_{-m} \\ &= a_{n-1}\times10^{n-1} + a_{n-2}\times10^{n-2} + \cdots + a_1\times10^1 + a_0\times10^0 + a_{-1}\times10^{-1} + \\ &\quad a_{-2}\times10^{-2} + \cdots + a_{-m}\times10^{-m} \end{aligned} \tag{5-1}$$

式（5-1）所示的记数形式叫作权值记数法，10^i（$i=n-1,n-2,\cdots,1,0,-1,-2,\cdots,-m$）叫作权，其中，$n$ 表示整数的位数，m 表示小数的位数，n、m 都是正整数。

5.2.2 二进制

二进制数同样也可以用位置记数法和权值记数法来表示，不过，二进制的记数特点是“逢二进一”，其权值是 2^i。

二进制与十进制的对应关系在表 5.1 中给出。一个二进制数如 1101.101 可以展开为

$$(1101.101)_2 = 1\times2^3 + 1\times2^2 + 0\times2^1 + 1\times2^0 + 1\times2^{-1} + 0\times2^{-2} + 1\times2^{-3}$$

表 5.1　数制对照表

对照内容	十进制	二进制	八进制	十六进制
数码	0、1、2、3、4、5、6、7、8、9	0、1	0、1、2、3、4、5、6、7	0、1、2、3、4、5、6、7、8、9、A、B、C、D、E、F
进位规律	逢十进一	逢二进一	逢八进一	逢十六进一
基数	10	2	8	16
权	10^i	2^i	8^i	16^i
数值表示	0	0000	0	0
	1	0001	1	1
	2	0010	2	2
	3	0011	3	3
	4	0100	4	4
	5	0101	5	5
	6	0110	6	6
	7	0111	7	7
	8	1000	10	8
	9	1001	11	9
	10	1010	12	A
	11	1011	13	B
	12	1100	14	C
	13	1101	15	D

续表

对照内容	十进制	二进制	八进制	十六进制
数值表示	14	1110	16	E
	15	1111	17	F
	16	10000	20	10
	17	10001	21	11

5.2.3 八进制和十六进制

八进制和十六进制就是“逢八进一”和“逢十六进一”的记数体制。八进制数采用 0～7 共 8 个基本数码按位置记数的方式即可表示出来。要表示十六进制数，需要 16 个基本数码，这 16 个基本数码是：取 0～9 共 10 个基本数码，再补充以 A、B、C、D、E、F 六个字符，这样恰好 16 个不同的数码符号构成了十六进制的基本数码。

十六进制、八进制与十进制、二进制的对应关系也见表 5.1。

5.2.4 不同进制之间的转换

1．二进制转换为十进制——按权相加法

将二进制数按权位展开后相加，即得等值的十进制数。例如：

$$(101.101)_2 = 1\times 2^2 + 0\times 2^1 + 1\times 2^0 + 1\times 2^{-1} + 0\times 2^{-2} + 1\times 2^{-3}$$
$$= 4+0+1+0.5+0+0.125 = (5.625)_{10}$$

2．十进制转换为二进制

将十进制数转换成二进制形式时，可以将十进制数的整数部分和小数部分分开，分别采用“除 2 取余法”和“乘 2 取整法”。“除 2 取余法”就是将十进制数整数部分除以基数 2，将除得的余数保留，商继续除以基数 2，余数仍保留，一直除到商等于 0 为止，最后将每次除法计算所得的余数按照先低位、后高位的顺序排列起来，就得到整数部分的二进制表示形式。“乘 2 取整法”就是将十进制数小数部分乘以基数 2，取其整数部分，按照结果从高到低的顺序排列起来，再和整数部分的二进制数组合起来，即为此十进制数的二进制数。

例如，十进制数 17.562 转换成误差不大于 10^{-6} 的二进制数，求解的过程如下。

整数部分 17 按“除 2 取余法”：

2|17 … 1 低位
2|8 … 0
2|4 … 0 ↑
2|2 … 0
2|1 … 1 高位
0

得到$(17)_{10}$=10001。

小数部分 0.562 用“乘 2 取整法”：

0.562×2=1.124 … 1

$$0.124\times2=0.248 \quad \cdots \quad 0$$
$$0.248\times2=0.496 \quad \cdots \quad 0$$
$$0.496\times2=0.992 \quad \cdots \quad 0$$
$$0.992\times2=1.984 \quad \cdots \quad 1$$

然后小数 0.984 近似取 1，则$(0.562)_{10}=(0.100011)_2$。

最后得到$(17.562)_{10}=(1001.100011)_2$。

通过学习“除 2 取余法”和“乘 2 取整法”的基本规律，读者不难理解，采用基数乘除法还可以将十进制数转换成八进制、十六进制及其他任意进制数，只是每次乘除的基数不再是 2，而是将要转换成的进制数 8、16 或其他数值。

【例 5-1】 将下列二进制数转换成十六进制数，十六进制数转换成二进制数。

① $(5E3)_{16}$；② $(1010110100100)_2$。

解： ① $(3)_{16}=(0011)_2$；$(E)_{16}=(1110)_2$；$(5)_{16}=(0101)_2$；$(5E3)_{16}=(0101,1110,0011)_2$

② 在 $(1010110100100)_2$ 中从低位开始，每 4 位数为一组，则有 $(0100)_2=(4)_{16}$；$(1010)_2=(A)_{16}$；$(0101)_2=(5)_{16}$；$(1)_2=(1)_{16}$，因此 $(1,0101,1010,0100)_2=(15A4)_{16}$

5.2.5 码制

不同的数码不仅可以表示数量的大小，还能用来表示不同的事物。在后一种情况下，这些数码已没有表示数量大小的含意，只是表示不同事物的代号。这些数码称为代码。

例如，在举行长跑比赛时，为便于识别运动员，通常给每个运动员编一个号码。显然，这些号码仅仅用于区分不同的运动员，已无数量大小的含意。

为便于记忆和处理，在编制代码时总要遵循一定的规则，这些规则就叫作码制。

例如，在用 4 位二进制数码表示 1 位十进制数的 0~9 这 10 个状态时，就有多种不同的码制。通常将这些代码称为二-十进制代码，简称 BCD（Binary Coded Decimal）码。表 5.2 列出了几种常见的 BCD 码，它们的编码规则各不相同。

表 5.2　几种常见的 BCD 码

十进制数	编码种类				
	8421 码	余 3 码	2421 码	5211 码	余 3 循环码
0	0000	0011	0000	0000	0010
1	0001	0100	0001	0001	0100
2	0010	0101	0010	0100	0111
3	0011	0110	0011	0101	0101
4	0100	0111	0100	0111	0100
5	0101	1000	1011	1000	1100
6	0110	1001	1100	1001	1101
7	0111	1010	1101	1100	1111
8	1000	1011	1110	1101	1110
9	1001	1100	1111	1111	1010
权	8421		2421	5211	

8421 码是 BCD 码中最常用的一种。在这种编码方式中，每一位二值代码的 1 都代表一个固定数值，把每一位的 1 代表的十进制数加起来，得到的结果就是它所代表的十进制数码。由于代码中从左到右每一位的 1 分别表示 8、4、2、1，所以把这种代码叫作 8421 码。每一位的 1 代表的十进制数称为这一位的权。8421 码中每一位的权是固定不变的，它属于恒权代码。

余 3 码的编码规则与 8421 码不同，如果把每一个余 3 码看成 4 位二进制数，则它的数值要比它所表示的十进制数码大 3，故而将这种代码叫作余 3 码。

如果将两个余 3 码相加，所得的和将比十进制数的和对应的二进制数大 6。因此，在用余 3 码作十进制加法运算时，若两数之和为 10，正好等于二进制数的 16，于是便从高位自动产生进位信号。

从表 5.2 中还可以看出，0 和 9、1 和 8、2 和 7、3 和 6、4 和 5 的余 3 码互为反码，这对于求取对 10 的补码是很方便的。

余 3 码不是桓权代码。如果试图把每个代码视为二进制数，并使它等效的十进制数与所表示的代码相等，那么代码中每一位的 1 所代表的十进制数在各代码中不能是固定的。

2421 码是一种恒权代码，它的 0 和 9、1 和 8、2 和 7、3 和 6、4 和 5 也互为反码，这个特点和余 3 码相仿。

5211 码是另一种恒权代码。学习第 7 章中计数器的分频作用后可以发现，如果按 8421 码接连接十进制计数器，则连续输入计数脉冲的 4 个触发器，其输出脉冲对于计数脉冲的分频比从低位到高位依次为 5 : 2 : 1 : 1。可见，5211 码每一位的权正好与 8421 码十进制计数器 4 个触发器输出脉冲的分频比相对应。这种对应关系在构成某些数字系统时很有用。

余 3 循环码是一种变权码，每一位的 1 在不同代码中并不代表固定的数值。它的主要特点是相邻的两个代码之间仅有一位的状态不同。因此，按余 3 循环码连接成计数器时，每次状态转换过程中只有一个触发器翻转，译码时不会发生竞争-冒险现象。

探究思考题

5.2.1　为什么在计算机中或数字电路中通常选用二进制。

5.2.2　写出 4 位二进制数、4 位八进制数和 4 位十六进制数的最大数。

5.2.3　在十进制数转换为二进制数的过程中，整数部分的转换方法和小数部分的转换方法有何不同？

探究思考题答案

5.3　基本逻辑关系和逻辑代数

在介绍逻辑关系之前，需要了解数字电路的一个重要概念：正、负逻辑赋值。

在数字电路中，二进制有 0 和 1 两个数码，所进行的运算是以二进制运算为基础的，且二进制数中每一位均有 1 或 0 两种可能的取值。在电路中，用高、低两种电平与之对应。若用 1 表示高电平、用 0 表示低电平，则称为正逻辑赋值，简称正逻辑；反之，用 0 表示高电平、用 1 表示低电平，则称为负逻辑赋值，简称负逻辑。分析一个数字电路时，可采用正逻辑，也可采用负逻辑。根据所用正、负逻辑的不同，同一电路也可有不同的逻辑关系。

若无特别说明，在本书中均采用正逻辑。

1849 年，英国数学家乔治·布尔（George Boole）首先提出了描述客观事物逻辑关系的数学方法——布尔代数。后来，由于布尔代数广泛应用于解决开关电路和数字逻辑电路的分析与设计中，所以也把布尔代数叫作开关代数或逻辑代数。逻辑代数中也用字母表示变量，这种变量称为逻辑变量。在二值逻辑中，每个逻辑变量的取值只有 0 和 1 两种可能。这里的 0 和 1 已不再表示数量的大小，只代表两种不同的逻辑状态。

逻辑代数的基本运算有与、或、非三种。

5.3.1　与逻辑关系和与运算

仅当决定一个事件的全部条件都具备时，这个事件才会发生的因果关系称为与逻辑关系。实际中反映与逻辑关系的例子很多，如图 5.2 所示的照明电路就是一例。电灯 L 和两个开关 S_1、S_2 串联后与电源相接，要使灯 L 亮，开关 S_1 与 S_2 都要闭合。所以，开关 S_1、S_2 的"接通"与灯 L"亮"这一事件呈现"与"的逻辑关系。

若以 A、B 表示开关的状态，并以 1 表示开关闭合，以 0 表示开关断开；以 L 表示指示灯的状态，并以 1 表示灯亮，以 0 表示灯不亮，则可以列出以 0、1 表示的与逻辑关系的图表，如表 5.3 所示。这种图表叫作逻辑真值表，简称为真值表。

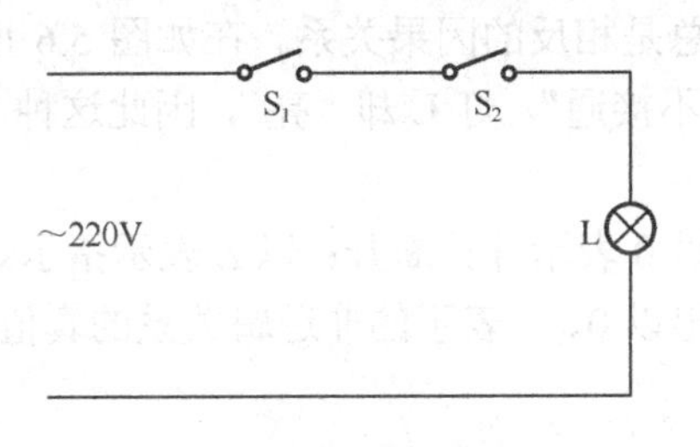

图 5.2　与逻辑关系举例

表 5.3　与逻辑关系的真值表

A	B	L
0	0	0
0	1	0
1	0	0
1	1	1

在逻辑代数中，把与看作是逻辑变量 A、B 间一种最基本的逻辑运算，并用"·"表示与运算。因此，A 和 B 进行与逻辑运算时可写成

$$L = A \cdot B \tag{5-2}$$

为简化书写，允许将 $A \cdot B$ 简写成 AB，略去逻辑相乘的运算符号"·"。

在数字电路系统中，实现与运算逻辑的电路是与门，其电路符号如图 5.3 所示。

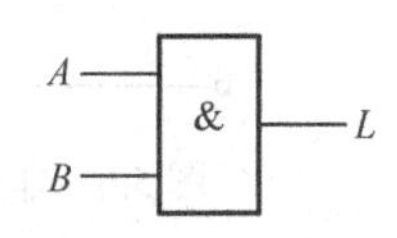

图 5.3　与门电路的逻辑符号

5.3.2　或逻辑关系和或运算

当决定一个事件的所有条件中，只要具备一个或几个条件，这个事件就会发生，这种因果关系就是"或逻辑"。例如，图 5.4 所示电路，开关 S_1、S_2 并联，当 S_1、S_2 中只要有一个是闭合的，灯 L 就会亮，只有一种情况，那就是开关 S_1 与 S_2 都是打开时，"灯亮"这件事情才不会发生。因此，"灯亮"这一结果与条件 S_1、S_2 闭合是"或"逻辑关系。

若以 A、B 表示开关的状态，并以 1 表示开关闭合，以 0 表示开关断开；以 L 表示指示灯的状态，并以 1 表示灯亮，以 0 表示灯不亮，则可以列出以 0、1 表示的或逻辑关系的真值表，如表 5.4 所示。

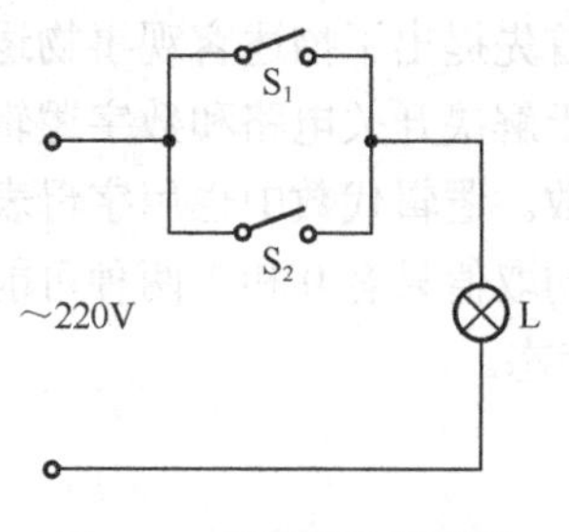

图 5.4 或逻辑关系举例

表 5.4 或逻辑关系的真值表

A	*B*	*L*
0	0	0
0	1	1
1	0	1
1	1	1

在逻辑代数中，把或看作是逻辑变量 *A*、*B* 间一种最基本的逻辑运算，并以“+”表示或运算。因此，*A* 和 *B* 进行或逻辑运算时可写成

$$L = A + B \tag{5-3}$$

在数字电路系统中，实现或运算逻辑的电路是或门，其电路符号如图 5.5 所示。

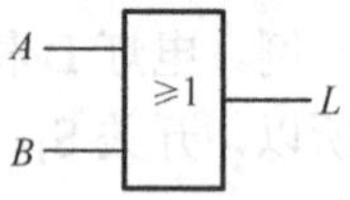

图 5.5 或门电路的逻辑符号

5.3.3 非逻辑关系和非运算

非逻辑关系就是指事件的结果和决定事件的条件总是相反的因果关系。在如图 5.6 所示的电路中，开关 S“接通”，灯 L 却“不亮”，开关 S“不接通”，灯 L 却“亮”，因此这种“灯亮”和“开关接通”之间的关系就是非逻辑关系。

若以 *A* 表示开关的状态，并以 1 表示开关闭合，以 0 表示开关断开；以 *L* 表示指示灯的状态，并以 1 表示灯亮，以 0 表示灯不亮，则可以列出以 0、1 表示的非逻辑关系的真值表，如表 5.5 所示。

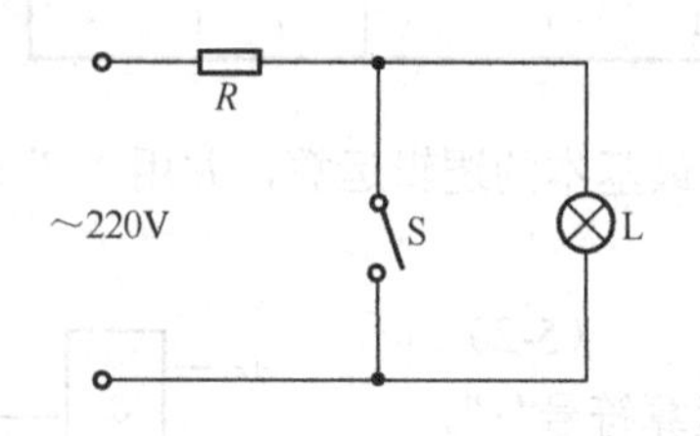

图 5.6 非逻辑关系举例

表 5.5 非逻辑关系的真值表

A	*L*
0	1
1	0

在逻辑代数中，把非看作是逻辑变量 *A* 的一种最基本的逻辑运算，并以变量上边的“－”表示非运算。因此，变量 *A* 的非逻辑运算时可写成

$$L = \overline{A} \tag{5-4}$$

在数字电路系统中，实现非运算逻辑的电路是非门，其电路符号如图 5.7 所示。

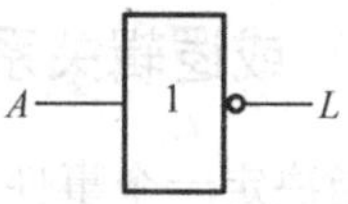

图 5.7 非门电路的逻辑符号

5.3.4 复合逻辑运算

实际的逻辑问题往往比与、或、非复杂得多，不过它们都可以用与、或、非的组合来实现。最常见的复合逻辑运算有与非、或非、与或非、异或、同或等。表 5.6～表 5.10 给出了这些复合逻辑运算的真值表和运算符号。

由表 5.6 可知，将 *A*、*B* 先进行与运算，然后将结果求反，得到的即 *A*、*B* 的与非运算结

果。与非逻辑运算的逻辑表达式为

$$L = \overline{A \cdot B} = \overline{AB} \qquad (5\text{-}5)$$

由表 5.7 可知，将 A、B 先进行或运算，然后将结果求反，得到的即 A、B 的或非运算结果。或非逻辑运算的逻辑表达式为

$$L = \overline{A + B} \qquad (5\text{-}6)$$

表 5.6　与非逻辑运算的真值表

A	B	L
0	0	1
0	1	1
1	0	1
1	1	0

表 5.7　或非逻辑运算的真值表

A	B	L
0	0	1
0	1	0
1	0	0
1	1	0

由表 5.8 可知，在与或非逻辑中，A、B 之间以及 C、D 之间都是与的关系，只要 A、B 或 C、D 任何一组同时为 1，输出 L 就是 0。只有当每一组输入都不全是 1 时，输出 L 才是 0。与或非逻辑运算的逻辑表达式为

$$L = \overline{AB + CD} \qquad (5\text{-}7)$$

表 5.8　与或非逻辑运算的真值表

A	B	C	D	L
0	0	0	0	1
0	0	0	1	1
0	0	1	0	1
0	0	1	1	0
0	1	0	0	1
0	1	0	1	1
0	1	1	0	1
0	1	1	1	0
1	0	0	0	1
1	0	0	1	1
1	0	1	0	1
1	0	1	1	0
1	1	0	0	0
1	1	0	1	0
1	1	1	0	0
1	1	1	1	0

异或是这样一种逻辑关系：当 A、B 不相同时，输出 L 为 1；而 A、B 相同时，输出 L 为 0。异或也可以用与、或、非的组合表示。

$$L = A\overline{B} + \overline{A}B = A \oplus B \qquad (5\text{-}8)$$

同或和异或相反，当 A、B 相同时，L 等于 1，当 A、B 不相同时，L 等于 0。同或，也可以写成与、或、非的组合形式。表 5.11 给出了复合逻辑运算电路、符号及逻辑表达式。

$$L = AB + \overline{A}\,\overline{B} = \overline{A \oplus B} = A \odot B \tag{5-9}$$

表 5.9　异或逻辑运算的真值表

A	B	L
0	0	0
0	1	1
1	0	1
1	1	0

表 5.10　同或逻辑运算的真值表

A	B	L
0	0	1
0	1	0
1	0	0
1	1	1

表 5.11　复合逻辑运算电路、符号及表达式

复合逻辑关系	运算电路	符号	表达式
与非			$L = \overline{A \cdot B} = \overline{AB}$
或非			$L = \overline{A + B}$
与或非			$L = \overline{AB + CD}$
异或			$L = A\overline{B} + \overline{A}B = A \oplus B$
同或			$L = AB + \overline{A}\,\overline{B} = \overline{A \oplus B} = A \odot B$

探究思考题

探究思考题答案

5.3.1　请各举出一个生活中存在的与、或、非逻辑关系的实例。

5.3.2　求：（1）A+1；（2）A·0；（3）A+A。

5.4　逻辑函数的化简

从上面讲过的各种逻辑关系中可以看到，如果以逻辑变量作为输入，以运算结果作为输出，那么当输入变量的取值确定时，输出的取值便随之而定。因此，输出与输入之间乃是一种函数关系。这种函数关系称为逻辑函数，写作

$$L = F(A,B,C,\cdots)$$

由于输入变量和输出变量（函数）的取值只有 0 和 1 两种状态，所以我们讨论的都是二值逻辑函数。任何一个具体的因果关系都可以用一个逻辑函数描述。

5.4.1　逻辑函数的表示方法

逻辑函数有多种表示方法。其中，最常用的就是前面多次用到的真值表、逻辑代数式（表达式）和逻辑图等。

1．真值表

逻辑函数用真值表表示，即将自变量（输入变量）的所有取值组合与对应的函数值（输出变量）列成表格形式，优点是直观、清楚。

分析一个逻辑电路的逻辑功能时，可以直接从电路列写出反映其功能的真值表。要求从一个实际的逻辑问题概括出逻辑函数时，使用真值表最方便。步骤是首先分析实际问题的逻辑要求，确定输入和输出变量，然后按它们之间确定的逻辑关系列写真值表。

列写真值表时，为防止输入变量取值组合可能遗漏或重复的情况，较好的办法是把输入变量的取值组合按二进制数递增的顺序列写。

【例 5-2】有一个供三人使用的表决电路，表决时，表决人若表示赞成，则按下其面前的按钮；不赞成则不按。表决结果用指示灯表示，赞成者占多数，则指示灯亮；赞成者不占多数，灯不亮。试列出该表决电路的真值表。

解：用输入变量 A、B、C 代表三人各自的按钮。表示赞成，按下按钮，取值为 1；反之取值为 0。用输出变量 L 代表指示灯，L=1 表示多数赞成，灯亮；L=0，则表示相反情况。

根据题意，列出真值表如表 5.12 所示。

表 5.12　三人表决电路的真值表

A	B	C	L
0	0	0	0
0	0	1	0
0	1	0	0
0	1	1	1
1	0	0	0
1	0	1	1
1	1	0	1
1	1	1	1

2. 逻辑代数式

逻辑代数式是按照对应的逻辑关系，把输出变量表示为输入变量的与、或、非运算组合表达式。例如，式（5-2）～式（5-7）就是与、或、非、与非、或非、与或非逻辑关系的逻辑代数式，又称逻辑表达式、逻辑函数式，简称逻辑式。逻辑式的优点是具有一定的抽象性和概括性，便于用逻辑代数的公式和规则进行运算、变换和化简，便于画出逻辑图。

由于真值表和逻辑式是逻辑函数的两种不同表示方法，因此两者间可以互相转换。

要求从一个函数的逻辑式列出它的真值表时，只要把输入变量的全部取值组合，依次代入表达式进行逻辑运算，求出函数值，然后把它们列成表格即可。

【例 5-3】 列出逻辑表达式 $L = A\overline{B} + \overline{A}B$ 的真值表。

解： 逻辑表达式中共有两个输入变量 A、B。应有 2^2 共 4 种取值组合：00、01、10、11，依次代入表达式，求得相应的函数值为 0、1、1、0，把它们列成表格，如表 5.13 所示，就是 $L = A\overline{B} + \overline{A}B$ 的真值表。将表 5.13 与表 5.9 对比，可见两表完全相同，即本例所给的逻辑式就是异或的与、或、非组合表示。

表 5.13　例 5-3 的真值表

A	B	L
0	0	0
0	1	1
1	0	1
1	1	0

当由真值表写出逻辑表达式时，也有如下简单的方法。

① 对真值表中输出 L=1 的各项列写逻辑表达式。在 L=1 的输入变量组合中，各输入变量之间是与逻辑关系；而使 L=1 的各输入量组合之间则是或逻辑关系。

② 输入变量值为 1，则用输入变量本身表示（如 A、B）；若输入变量取值为 0，则用其反变量表示（如 $\overline{A}$、$\overline{B}$），然后把输入变量组合写成与逻辑式。

③ 把上面 L=1 的各个与逻辑式相加。

在表 5.13 中，L=1 对应的 A、B 输入组合为 01 和 10，则对应的与逻辑式分别为 $\overline{A}B$ 和 $A\overline{B}$，而 $\overline{A}B$ 和 $A\overline{B}$ 之间又是或逻辑关系。因此，表 5.13 对应的逻辑表达式为

$$L = A\overline{B} + \overline{A}B \tag{5-10}$$

【例 5-4】 列写出三人表决电路的逻辑表达式。

解： 三人表决电路的真值表如表 5.12 所示，对于表中 L=1 的各项列写逻辑表达式。在表中，输出 L=1 所对应的 A、B、C 输入组合为 011、101、110、111。这 4 组输入组合对应的与逻辑式分别是 $\overline{A}BC$、$A\overline{B}C$、$AB\overline{C}$、ABC。因此

$$L = \overline{A}BC + A\overline{B}C + AB\overline{C} + ABC \tag{5-11}$$

3. 逻辑图

在数字电路中，用逻辑符号组成的图称为逻辑图。各种门电路的逻辑符号就是最简单的逻辑图。逻辑图是一种更接近于实际工程的逻辑函数表示法。

在分析逻辑电路时，一般是给定逻辑图，要求列写出它的逻辑表达式和真值表，这时可根据电路输入和输出的关系先写出逻辑式，再由逻辑式列出真值表。在设计逻辑电路时，一般是根据逻辑要求列出真位表，得出逻辑式，再将逻辑式化简变换后画出逻辑电路图。

【例 5-5】列写出图 5.8 所示逻辑图的逻辑表达式和真值表。

解：先求逻辑表达式。

由所给逻辑图，采用从输入端至输出端逐级列写的方法（反之亦可）得

$$L = AB + \overline{A}\overline{B}$$

逻辑图中共有两个输入变量 A、B，应有 4 种取值组合，即 00、01、10、11。依次把它们代入逻辑图或逻辑表达式，求出相应函数值，列成表格，即得如表 5.14 所示的真值表。

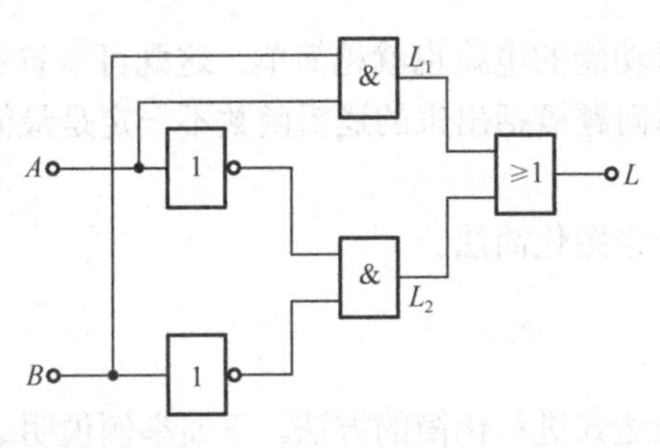

图 5.8 例 5-5 的逻辑图

表 5.14 例 5-5 的真值表

A	B	L
0	0	1
0	1	0
1	0	0
1	1	1

5.4.2 逻辑代数的基本公式及法则

下面给出逻辑代数的基本公式。这些公式的正确性都能通过真值表加以验证。利用这些公式，可以对复杂的逻辑表达式进行化简和变换，应熟记之。

为便于记忆，把这些公式归并成几类。

（1）变量和常量的关系

0-1 律　　$A+1=1$　任何变量“或”1 恒等于 1

　　$A\cdot 0=0$　任何变量“与”0 恒等于 0

自等律　　$A+0=A$　任何变量“或”0 仍等于变量本身

　　$A\cdot 1=A$　任何变量“与”1 仍等于变量本身

互补律　　$A+\overline{A}=1$　任何变量与其反变量之“或”等于 1

　　$A\cdot\overline{A}=0$　任何变量与其反变量之“与”等于 0

（2）与普通代数相似的规律

交换律　　$A+B=B+A$

　　$A\cdot B=B\cdot A$

结合律　　$(A+B)+C=A+(B+C)=(A+C)+B$

　　$(A\cdot B)\cdot C=A\cdot(B\cdot C)=(A\cdot C)\cdot B$

分配律　　$A(B+C)=AB+AC$　与对或的分配

　　$A+BC=(A+B)(A+C)$　或对与的分配

（3）一些特殊的规律

反演律（摩根定律）　$\overline{A+B}=\overline{A}\cdot\overline{B}$，$\overline{A\cdot B}=\overline{A}+\overline{B}$　可以扩展到三个以上的变量

还原律　　$\overline{\overline{A}}=A$

重叠律　　　　　　　　$A+A=A$，$A \cdot A=A$　可以扩展到三个以上的变量

（4）若干常用公式

吸收律　　　　　　　　$A+AB=A$，$A \cdot (A+B)=A$

$$A+\bar{A}B=A+B\text{，}A \cdot (\bar{A}+B)=AB$$

包含律　　　　　　　　$AB+\bar{A}C+BC=AB+\bar{A}C$

$$(A+B)(\bar{A}+C)(B+C)=(A+B)(\bar{A}+C)$$

上述公式之外，还有一些公式和运算法则等，这里不再介绍，读者可参考有关书籍。

5.4.3 逻辑函数的化简

一般而言，逻辑表达式越简单，实现其逻辑功能的电路也就越简单。这既可节省器件，又能提高电路工作的可靠性。通常，从实际逻辑问题概括出来的逻辑函数不一定是最简的，这就需要对其进行化简，找出最简的表达式。

常用的逻辑函数化简方法有代数化简法和卡诺图化简法。

1．代数化简法

代数化简法就是利用逻辑代数公式对逻辑表达式进行化简的方法。下面举例说明这种方法的化简过程。

【例 5-6】 写出例 5-2 中表 5.12 所示真值表的最简逻辑表达式。

解： 例 5-4 中已求得表 5.12 所示真值表的逻辑表达式为式（5-11），即

$$L=\bar{A}BC+A\bar{B}C+AB\bar{C}+ABC$$

利用有关公式，上述表达式化简为

$$\begin{aligned} L &= \bar{A}BC+A\bar{B}C+AB\bar{C}+ABC \\ &= (\bar{A}BC+ABC)+(A\bar{B}C+ABC)+(AB\bar{C}+ABC) \\ &= BC(A+\bar{A})+AC(B+\bar{B})+AB(C+\bar{C}) \\ &= BC+AC+AB \end{aligned}$$

由此看到，逻辑表达式化简后要简单得多。

公式化简法的原理就是反复使用逻辑代数的基本公式和常用公式，消去函数中多余的乘积项和多余的因子，以求得函数的最简形式。

公式化简法没有固定的步骤。现将经常使用的方法归纳如下。

（1）并项法。

利用公式 $AB+A\bar{B}=A$ 可以将两项合并为一项，并消去 B 和 $\bar{B}$ 这一对因子，且 A 和 B 都可以是任何复杂的逻辑式。

【例 5-7】 试用并项法化简下列逻辑函数：

$$L_1=A\overline{\bar{B}CD}+A\bar{B}CD$$

$$L_2=A\bar{B}+ACD+\bar{A}\bar{B}+\bar{A}CD$$

$$L_3=\bar{A}B\bar{C}+A\bar{C}+\bar{B}\bar{C}$$

$$L_4=B\bar{C}D+BC\bar{D}+B\bar{C}\bar{D}+BCD$$

解：

$$L_1 = A(\overline{\overline{B}CD} + AB\overline{CD}) = A$$

$$L_2 = A(\overline{B} + CD) + \overline{A}(\overline{B} + CD) = \overline{B} + CD$$

$$L_3 = \overline{A}B\overline{C} + (A + \overline{B})\overline{C} = (\overline{A}B)\overline{C} + (\overline{\overline{A}B})\overline{C} = \overline{C}$$

$$L_4 = B(\overline{C}D + C\overline{D}) + B(\overline{C}\,\overline{D} + CD) = B(C \oplus D) + B(\overline{C \oplus D}) = B$$

（2）吸收法。

利用公式 $A+AB=A$ 可将 AB 项消去，或利用 $AB + \overline{A}C + BC = AB + \overline{A}C$。$A$、$B$ 和 C 同样也可以是任何一个复杂的逻辑式。

【例 5-8】试用吸收法化简下列逻辑函数：

$$L_1 = \overline{AB} + \overline{A}D + \overline{B}E$$

$$L_2 = \overline{AB} + \overline{A}CD + \overline{B}CD$$

$$L_3 = AC + \overline{C}D + ADE + ADG$$

解：

$$L_1 = \overline{A} + \overline{B} + \overline{A}D + \overline{B}E = \overline{A} + \overline{B}$$

$$L_2 = \overline{AB} + (\overline{A} + \overline{B})CD = \overline{AB} + \overline{AB}CD = \overline{A} + \overline{B}$$

$$L_3 = AC + \overline{C}D + AD(E + G) = AC + \overline{C}D$$

（3）消去法。

利用 $A + \overline{A}B = A + B$ 可将 $\overline{A}B$ 中的 A 消去。A、B 均可以是任何复杂的逻辑式。

【例 5-9】试用消去法化简下列逻辑函数：

$$L_1 = \overline{B} + ABC$$

$$L_2 = AB + \overline{A}C + \overline{B}C$$

解：

$$L_1 = \overline{B} + AC$$

$$L_2 = AB + (\overline{A} + \overline{B})C = AB + \overline{AB}C = AB + C$$

（4）配项法。

根据 $A+A=A$ 可以在逻辑函数式中重复写入某一项，有时能获得更加简单的化简结果。

【例 5-10】试化简逻辑函数 $L = \overline{A}B\overline{C} + \overline{A}BC + ABC$。

解：若在式中重复写入 $\overline{A}BC$，则可得到

$$L = (\overline{A}B\overline{C} + \overline{A}BC) + (ABC + \overline{A}BC) = \overline{A}B(\overline{C} + C) + BC(\overline{A} + A) = \overline{A}B + BC$$

因为 $A + \overline{A} = 1$，可以在函数式中的某一项上乘以（$A + \overline{A}$），然后拆成两项分别与其他项合并，有时能得到更加简单的化简结果。

【例 5-11】试化简逻辑函数 $L = A\overline{B} + \overline{A}B + B\overline{C} + \overline{B}C$。

解：利用配项法可将 L 写成

$$L = A\overline{B} + \overline{A}B(C + \overline{C}) + B\overline{C} + (A + \overline{A})\overline{B}C = A\overline{B} + \overline{A}BC + \overline{A}B\overline{C} + B\overline{C} + \overline{A}\,\overline{B}C + A\overline{B}C$$

$$= (AB + ABC) + (\overline{A}B\overline{C} + B\overline{C}) + (\overline{A}\,\overline{B}C + \overline{A}BC) = A\overline{B} + B\overline{C} + \overline{A}C$$

在化简复杂的逻辑函数时，往往需要灵活、交替地综合运用上述方法，才能得到最后的化简结果。

2. 卡诺图化简法

公式化简法技巧性强，要求对逻辑代数公式运用熟练。有时，化简结果是否为最简形式难以确定。下面介绍的卡诺图化简法，简便直观、容易掌握，也容易得到最简结果。

卡诺图就是最小项方格图，这是因为每个方格和一个最小项相对应，因此两个输入变量的函数共有 4 个最小项，卡诺图有 4 个小方格；三个输入变量的函数共有 8 个最小项，卡诺图就有 8 个小方格；四个输入变量的函数共有 16 个最小项，卡诺图就有 16 个小方格。两个至四个变量的卡诺图示于图 5.9 至图 5.11 中。

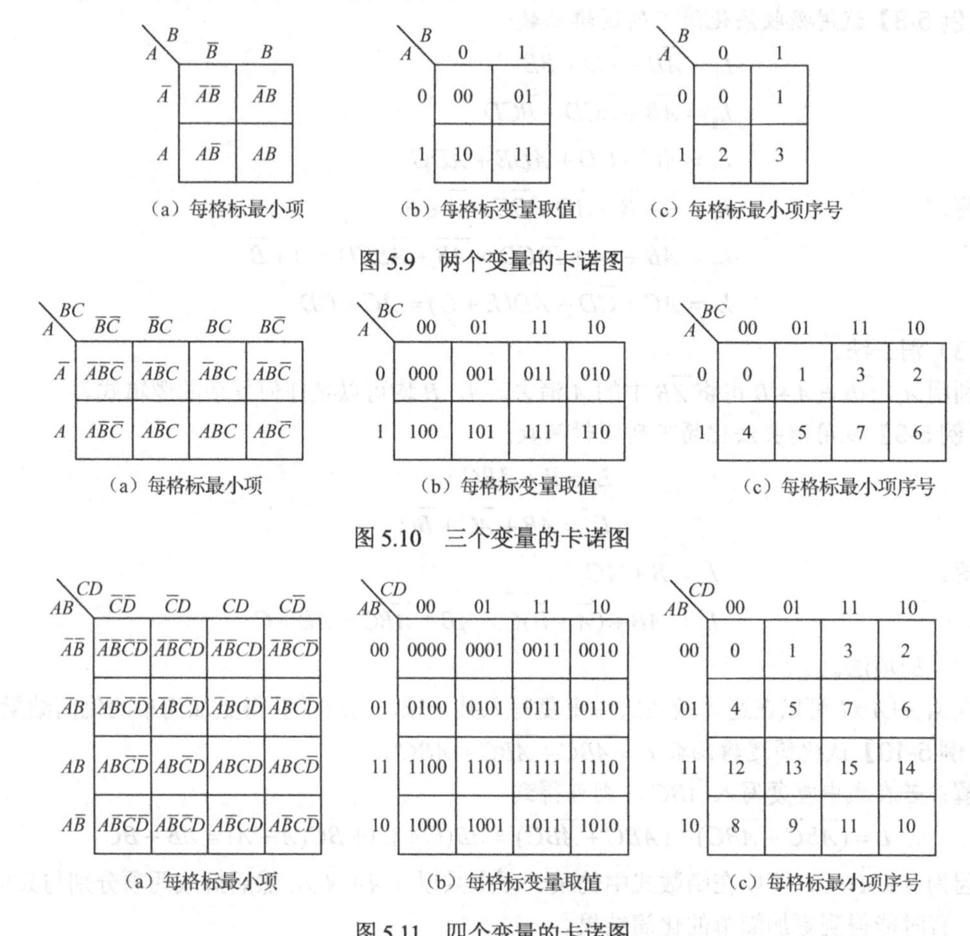

（a）每格标最小项　（b）每格标变量取值　（c）每格标最小项序号

图 5.9　两个变量的卡诺图

（a）每格标最小项　（b）每格标变量取值　（c）每格标最小项序号

图 5.10　三个变量的卡诺图

（a）每格标最小项　（b）每格标变量取值　（c）每格标最小项序号

图 5.11　四个变量的卡诺图

最小项的序号是为了叙述方便，对所有最小项进行编号得到的。编号方法如下：把最小项等于 1 的变量取值组合的二进制数转换成相应的十进制数，这个十进制数就是该最小项的序号。例如，最小项 $A\overline{B}C\overline{D}$ 的变量取值是 1010，对应十进制数 10，则其最小项序号为第 10 号，用 m_{10} 简记。

在卡诺图中，小方格的排列顺序应遵循逻辑相邻的原则，即在任意两个几何位置相邻的小方格中，它们的变量组合只允许有一个变量不同（即互为反变量），其余变量均相同，这样的两个小方格对应的最小项称为逻辑相邻，简称相邻。例如，图 5.11 中的第 12 号和第 4 号最小项，$AB\overline{CD}$ 与 $\overline{A}B\overline{CD}$ 只有 A、$\overline{A}$ 不同。需要说明，卡诺图中有些几何位置"相对"的最小项也是逻辑相邻的，例如，图 5.11 中最上面一行与最下面一行、最左边一列与最右边一列对应位置的最小项，也是只有一个逻辑变量互反，其他均相同。像$\overline{A}\overline{B}\overline{C}D$（$m_1$）与$A\overline{B}\overline{C}D$（$m_9$），$\overline{A}B\overline{C}\overline{D}$（$m_4$）与$\overline{A}BC\overline{D}$（$m_6$）等，读者可以自己列举。

利用卡诺图对逻辑函数进行化简时，两个逻辑相邻的最小项可以合并成一项，合并时能消去互反的那个变量。

例如，图 5.11 中 m_{12} 与 m_{14} 合并，有

$$AB\overline{C}\overline{D}+ABC\overline{D}=AB\overline{D}(C+\overline{C})=AB\overline{D}$$

4 个彼此相邻的最小项也可以两两合并后再合并成一项，并消去两个互反的变量，例如图 5.10 中，

$$\begin{aligned}\overline{A}\overline{B}C+\overline{A}BC+A\overline{B}C+ABC&=\overline{A}C(\overline{B}+B)+AC(\overline{B}+B)\\&=\overline{A}C+AC=(\overline{A}+A)C=C\end{aligned}$$

再对照图 5.10 中的（b）和（c），可以发现，这 4 个最小项所对应的 A、B、C 的取值只有 C 的取值始终为 1，A、B 都有所变化，所以最后合并的结果只剩下 C。

8 个彼此相邻的最小项同样可以合并成一项，例如图 5.11（a）中最上面一行和最下面一行的 8 个最小项合并后有

$$\begin{aligned}&\overline{A}\overline{B}\overline{C}\overline{D}+\overline{A}\overline{B}\overline{C}D+\overline{A}\overline{B}C\overline{D}+\overline{A}\overline{B}CD+A\overline{B}\overline{C}\overline{D}+A\overline{B}\overline{C}D+A\overline{B}CD+A\overline{B}C\overline{D}=\\&\overline{A}\overline{B}\overline{C}+\overline{A}\overline{B}C+A\overline{B}\overline{C}+A\overline{B}C=\overline{A}\overline{B}+A\overline{B}=\overline{B}\end{aligned}$$

再对照图 5.11 中的（b）和（c），这 8 个最小项中只有 B 的取值为 0，始终没有变化，A、C、D 的取值都有变化，所以最后合并的结果只剩下 $\overline{B}$。

需要说明的是，这种“合并”必须是在 2^n 个彼此相邻的最小项之间才可进行。

【例 5-12】利用卡诺图将例 5-4 得出的逻辑式化为最简形式。

解：首先，将例 5-4 中三人表决电路的表达式填画到卡诺图中，由于

$$L=\overline{A}BC+A\overline{B}C+AB\overline{C}+ABC$$

是三变量函数，所以采用三变量函数卡诺图（见图 5.12）。L 是由第 3、5、6、7 号最小项相或而成的，将这些最小项以序号为标记示于图中，未标记空格对应的最小项不包含于 L 中。

A \ BC	00	01	11	10
0			3	
1		5	7	6

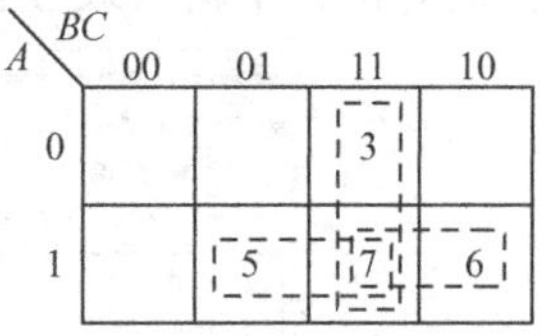

图 5.12　例 5-12 的卡诺图

由卡诺图可以看出，第 3、7 号最小项可以合并成 BC，第 5、7 号最小项可以合并成 AC，第 6、7 号最小项可以合并成 AB，所以，

$$L=AB+AC+BC$$

结果与例 5-4 相同。

【例 5-13】用卡诺图化简逻辑函数 $L=\overline{A}\overline{B}D+B\overline{C}D+CD+A\overline{B}C\overline{D}$。

解：首先画出函数的卡诺图。

因所给函数未写成最小项表达式，故应先把它写成最小项表达式：

$$\begin{aligned}L&=\overline{A}\overline{B}D(C+\overline{C})+B\overline{C}D(A+\overline{A})+CD(A+\overline{A})(B+\overline{B})+A\overline{B}C\overline{D}\\&=\overline{A}\overline{B}\overline{C}D+\overline{A}\overline{B}CD+\overline{A}B\overline{C}D+AB\overline{C}D+A\overline{B}CD+ABCD+\overline{A}BCD+A\overline{B}C\overline{D}\end{aligned}$$

由此画出函数的卡诺图如图 5.13 所示。

然后对图 5.13 中标出的最小项寻找相邻项进行合并，图中（a）、（b）、（c）分别示出了三种不同的相邻项选项，要合并的最小项都被圈画在一个包围圈内。

图中（a）化简得　　$L=\overline{A}D+BD+A\overline{B}C$

图中（b）化简得　　$L=\overline{A}D+ABD+A\overline{B}C$

图中（c）化简得　　$L=\overline{A}D+CD+A\overline{B}C+B\overline{C}D$

比较后可知图中（a）化简得到最简结果。

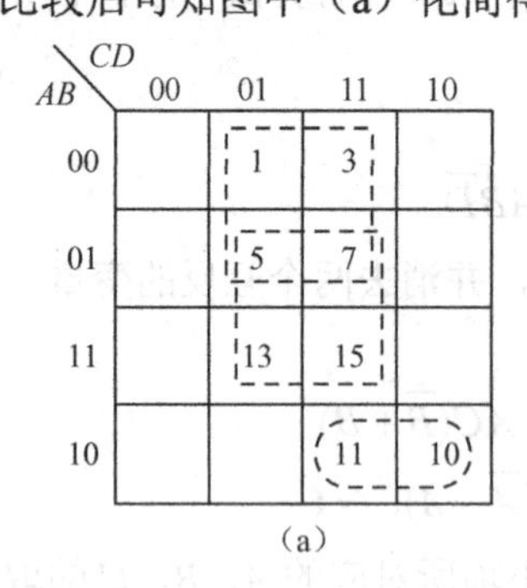

（a）

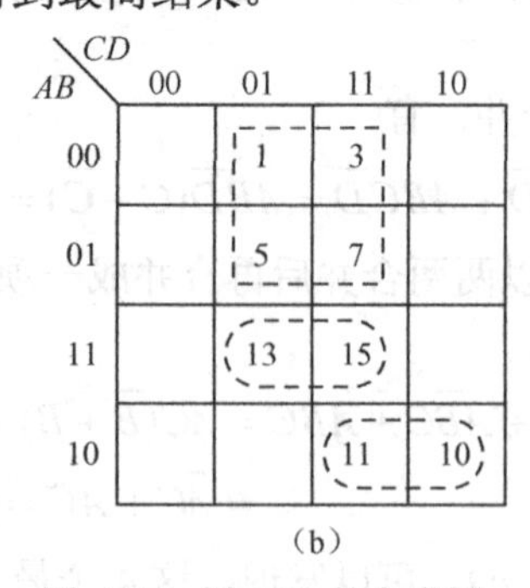

（b）

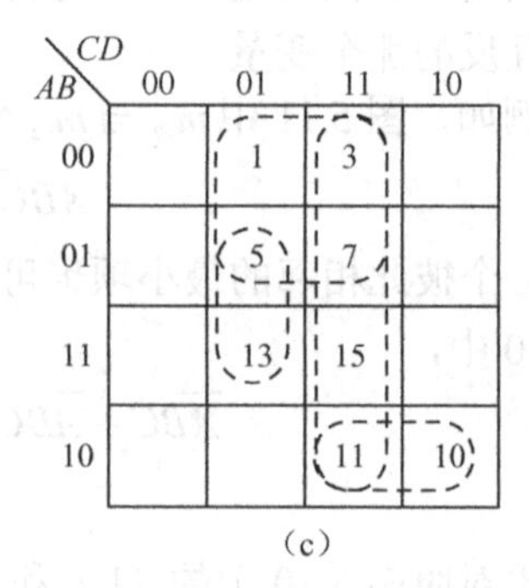

（c）

图 5.13　例 5-13 的卡诺图

由此可见，在选择、合并相邻的最小项时，一方面应使每一个“包围圈”的最小项尽可能多，这样化简消掉的变量就多，化简得到的与式也就越简单；另一方面，还应使化简所得的与项数目尽可能少，也就是说“圈”的个数要少。

3．利用 Multisim 软件对逻辑函数进行化简

下面通过例题的形式，介绍如何利用 Multisim 软件对逻辑函数进行化简和变换。

【例 5-14】 已知逻辑函数 L 的真值表如表 5.12 所示。试用 Multisim 14.0 求出 L 的逻辑函数式，并将其化简为最简与或式。

解： 首先启动 Multisim 14.0，在界面右侧的仪表工具栏中找到 Logic Converter 按钮，单击此按钮，出现如图 5.14 所示窗口，左上方的逻辑转换器图标 XLC1。双击这个图标，在弹出的对话框中输入表 5.12 所示真值表。

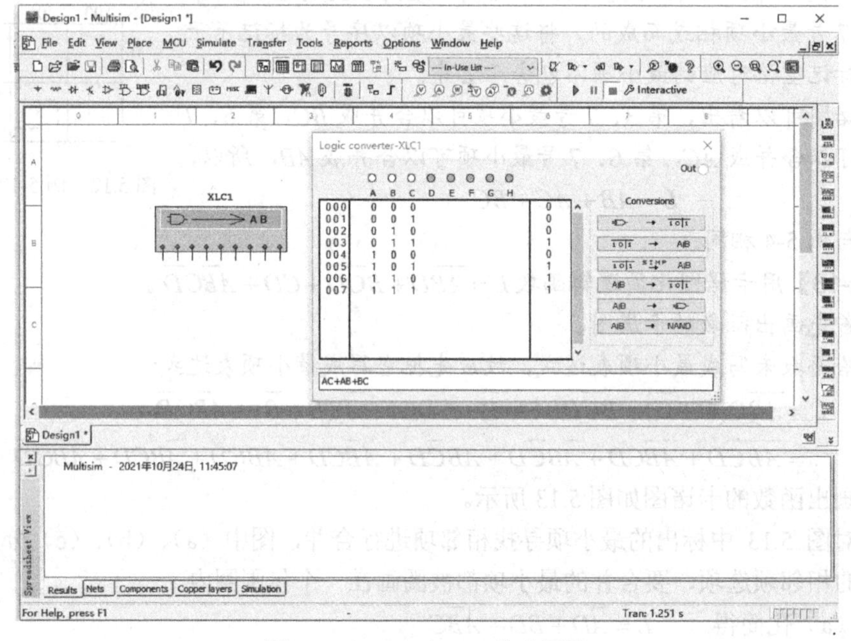

图 5.14　Multisim 14.0 仿真界面

然后单击对话框右侧的第二个按钮，将真值表转换为逻辑函数式，逻辑函数式出现在对话框的底部。显示的逻辑函数式为

$$L=\overline{A}BC+A\overline{B}C+AB\overline{C}+ABC$$

可见逻辑函数式的表示方法是以最小项形式给出的。

如果要用最简与或形式表示逻辑函数式，则单击对话框的第三个按钮，化简结果显示在对话框的底部，化简结果为

$$L=BC+AC+AB$$

探究思考题

探究思考题答案

5.4.1　逻辑函数的表示方法有哪几种？你能将一种表示方法得到的逻辑函数转换为其他的表示方法吗？

5.4.2　在逻辑函数的真值表和波形图中，任意改变各组输入和输出取值的排列顺序对函数有无影响？

5.4.3　什么是最小项？什么是逻辑相邻？

5.4.4　卡诺图化简法依据的基本原理是什么？

扩展阅读 1

扩展阅读

1．数字电路的最新发展。

2．历史人物介绍：布尔。

扩展阅读 2

本章总结

本章主要介绍数制和码制方面的有关概念和运算方法、三种基本逻辑运算、逻辑代数的基本公式和基本定理、逻辑函数的化简方法等。

本章讲述的内容提供了一些基本数学工具，这些内容为数字电子技术奠定了数码运算和逻辑运算的基础。对本章中的基本公式和运算方法，读者应熟练掌握，灵活运用。

本章的重点是逻辑函数的化简方法。先后介绍了两种化简方法——代数化简法和卡诺图化简法。代数化简法的使用不受任何条件的限制，这是它的优点。这种方法的缺点是，没有固定的步骤可循，对计算者要求较高，计算人员需要熟练地运用各种公式和定理，需要具有一定的运算技巧和经验。简单、直观是卡诺图化简方法的优点，卡诺图化简法有一定的化简步骤可循，初学者容易掌握这种方法。但在逻辑变量超过 5 个时，一般不宜采用这种方法。

第 5 章自测题

自测题答案

5.1　由开关组成的逻辑电路如自测题 5.1 图所示。设开关接通为 1，断开为 0，电灯亮为 1，电灯灭为 0，则该电路为（　　）。

A．与门　　B．或门　　C．非门

5.2　由开关组成的逻辑电路如自测题 5.2 图所示。设开关 A、B、C 接通时其值为 1，断开时其值为 0；电灯亮时 F 的值为 1，电灯灭时其值为 0，则该电路灯亮灭的逻辑式为（　　）。

A. $F = ABC$ B. $F = A(B+C)$ C. $F = A+B+C$

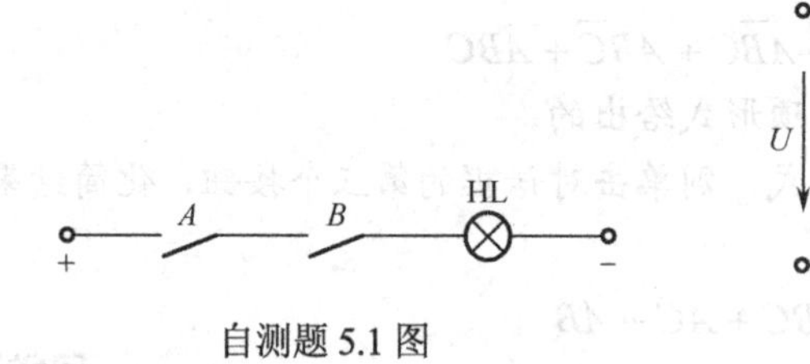

自测题 5.1 图

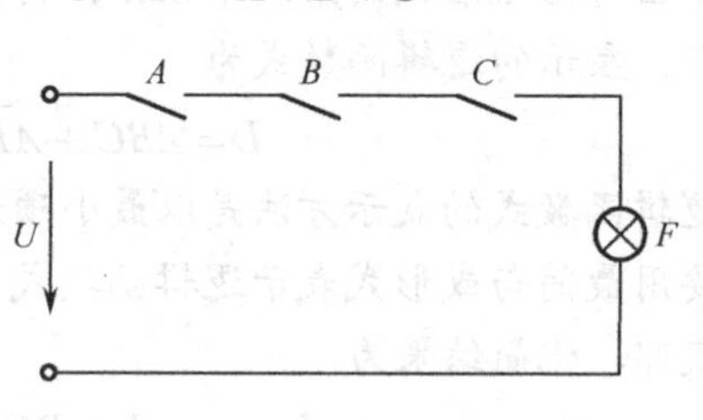

自测题 5.2 图

5.3 在自测题 5.3 图所示开关电路中，开关 P、$\bar{Q}$ 合闸及灯 Y 灭定为逻辑 1，开关 P、$\bar{Q}$ 断开及灯 Y 亮为逻辑 0，则该电路的逻辑功能 Y 可表示为（ ）。

A. $Y=\bar{P}\cdot Q$ B. $Y=\bar{P}+Q$ C. $Y=P\cdot\bar{Q}$ D. $Y=P+\bar{Q}$

5.4 自测题 5.4 图所示逻辑符号的逻辑状态表为（ ）。

A.

A	B	F
0	0	0
0	1	0
1	0	0
1	1	1

B.

A	B	F
0	0	0
0	1	1
1	0	1
1	1	1

C.

A	B	F
0	0	1
0	1	1
1	0	1
1	1	0

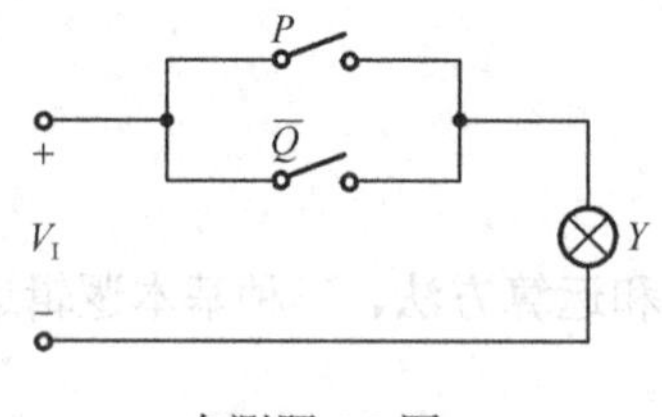

自测题 5.3 图

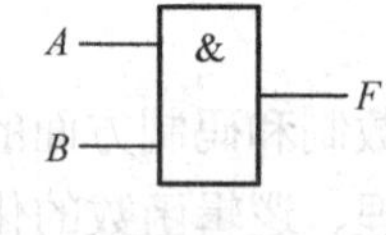

自测题 5.4 图

5.5 逻辑电路如自测题 5.5 图所示，当输入 A=1、输入 B 为方波时，输出 F 应为（ ）。

A. “1” B. “0” C. 方波

5.6 逻辑图和输入 A、B 的波形如自测题 5.6 图所示，分析在 t_1 时刻输出 F 为（ ）。

A. “1” B. “0” C. 不定

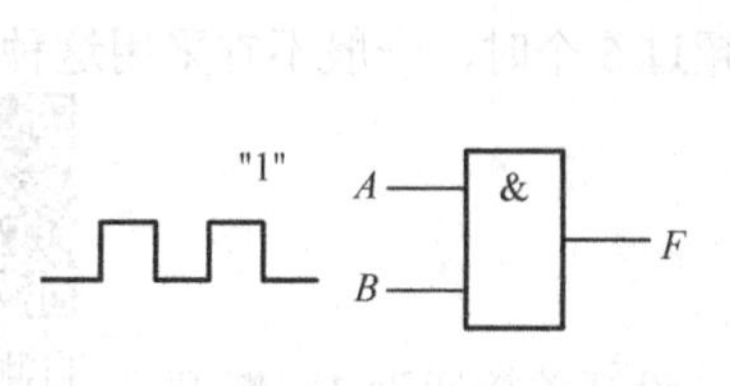

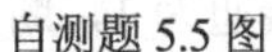
自测题 5.5 图

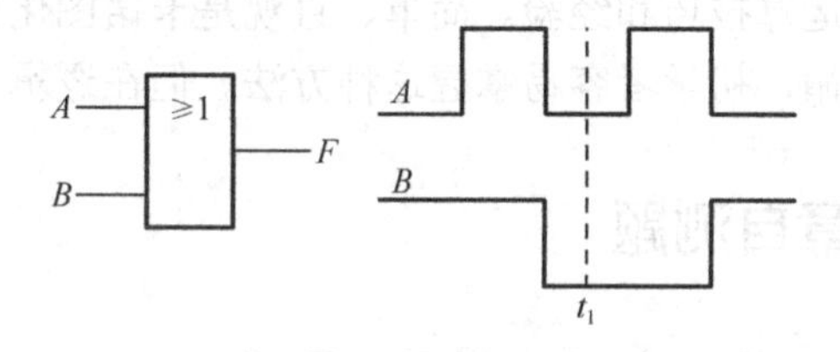

自测题 5.6 图

习题五

部分习题答案

分析计算题

5.1　将下列二进制数转换为十进制数：

（1）1011；（2）1010101。

5.2　将二进制数 1101011101 转换成八进制和十六进制形式。

5.3　将十进制数 127 转换成二进制形式，再转换成十六进制形式。

5.4　试写出习题 5.4 图所示各逻辑图的逻辑表达式。

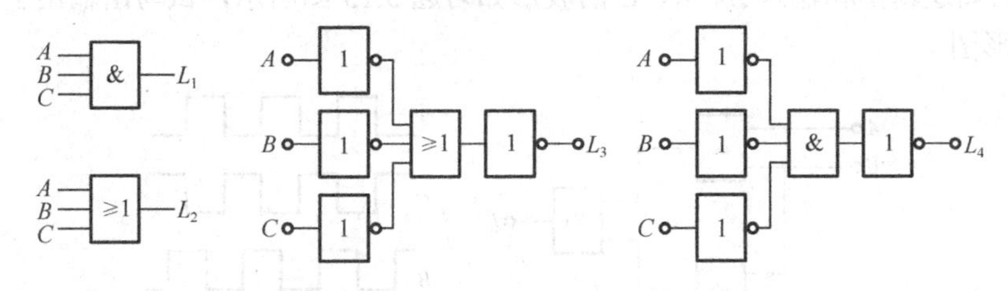

习题 5.4 图

5.5　列出习题 5.4 图中各逻辑图的真值表。

5.6　若习题 5.4 图中各逻辑图的输入波形如习题 5.6 图所示，试画出它们的输出波形图。

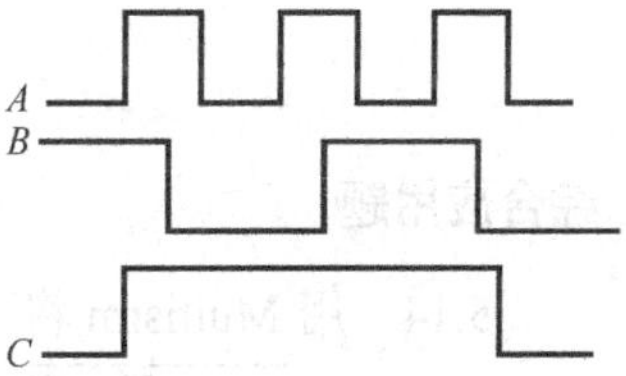

习题 5.6 图

5.7　已知函数 L 的表示式如下，试列写出 L 的真值表：

（1）$L=A(\overline{A}+B)$；（2）$L=AB+A\overline{B}+\overline{A}B+\overline{AB}$；

（3）$L=\overline{ABC}+\overline{A}B\overline{C}+A\overline{BC}+AB\overline{C}$；

（4）$L=\overline{AB}C+\overline{A}BC+AB+A\overline{B}$；（5）$L=A+\overline{\overline{B}+\overline{CD}}+\overline{\overline{AD}\cdot\overline{B}}$。

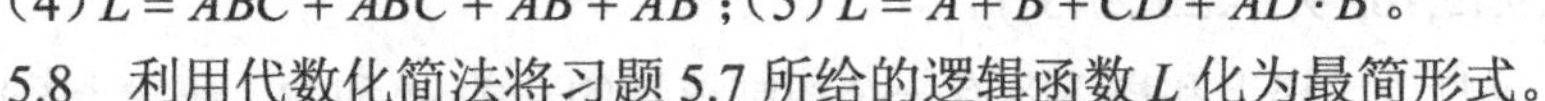

5.8　利用代数化简法将习题 5.7 所给的逻辑函数 L 化为最简形式。

5.9　利用卡诺图化简法将习题 5.7 所给出的逻辑函数化为最简形式。

5.10　利用卡诺图将下列函数化简：

（1）$L=\overline{A}BC+\overline{A}B\overline{C}+A\overline{C}$；（2）$L=\overline{ABCD}+\overline{AB}CD+\overline{AB}C\overline{D}+\overline{A}B\overline{C}D$；

（3）$L=A\overline{B}+B\overline{CD}+AB\overline{D}+\overline{A}B\overline{CD}$；（4）$L=\overline{ABCD}+\overline{A}B+\overline{ABD}+D\overline{C}+BCD$。

5.11　逻辑电路如习题 5.11 图所示，试写出各逻辑图所代表的逻辑式并化简。

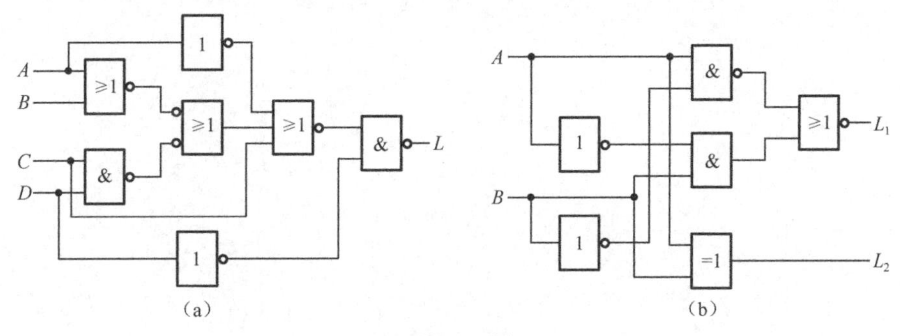

习题 5.11 图

5.12 已知逻辑图和输入 A、B、C 的波形如习题 5.12 图所示，试画出输出 F 的波形图，写出其逻辑式并化简之。

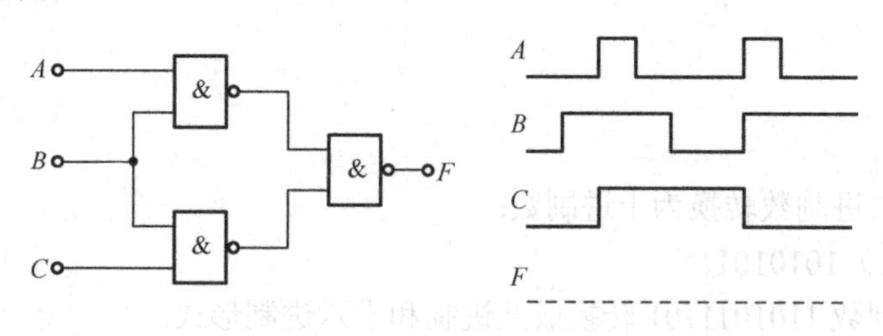

习题 5.12 图

5.13 已知逻辑图和输入 A、B、C 的波形如习题 5.13 图所示，试写出输出 F 的逻辑式，并画出其波形图。

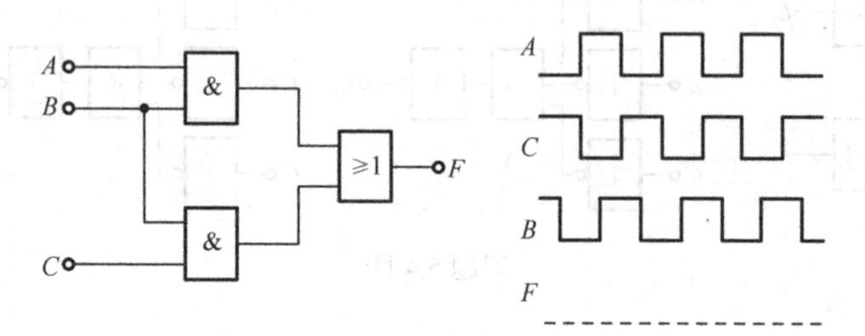

习题 5.13 图

综合应用题

5.14 用 Multisim 将下列逻辑式化为最简与或表达式：

（1）$L=\overline{(AB+\overline{B}D)\overline{AC}}(C\overline{D}+AD)$；

（2）$L=\sum m(0,4,9,15,16,19,24,25,27,31)$。

5.15 楼梯上有一盏灯 Z，楼上和楼下各有一个控制该灯的开关 A 和 B，要求上楼时可在楼下开灯，上楼后在楼上顺手关灯；下楼时可在楼上开灯，下楼后在楼下顺手关灯。设开关 A、B 初始逻辑状态为 00 时，灯不亮，Z=0。试分析 Z 与 A、B 的逻辑关系，列出真值表，求逻辑式，并画出逻辑图。

第6章　组合逻辑电路

本章要求（学习目标）

1. 掌握基本逻辑门与组合的结构和表示方法。
2. 了解集成门电路的工作原理。
3. 掌握典型组合逻辑电路的分析和设计方法。
4. 了解组合逻辑电路中竞争和冒险现象产生的原因，了解消除竞争和冒险的方法。

数字电路不仅能够进行数字运算，而且能够进行逻辑运算，即具有逻辑思维能力，因此数字电路又称为数字逻辑电路，简称逻辑电路。逻辑电路按其工作方式、组成器件的不同，分为组合逻辑电路和时序逻辑电路两类。时序逻辑电路在第7章介绍。

组合逻辑电路（combinational logical circuit）是将门电路按照数字信号由输入至输出单方向传递的工作方式组合起来而构成的逻辑电路，这种电路反映的是输入与输出之间一一对应的因果关系。用电路的输入信号代表因果关系的“条件”，用电路的输出信号代表因果关系的“结果”，一旦“条件”确定，“结果”便确定了，而且结果是唯一解。结果的确定只依赖于条件，与其他因素无关——这就是组合逻辑电路的特征。

6.1　基本逻辑门

用来实现基本逻辑关系的电子电路称为逻辑门电路，简称门电路。与第5章所学的基本逻辑关系相对应，常用的逻辑门电路在逻辑功能上有与门、或门、非门（反相器）、与非门、或非门、异或门、与或非门等。

门电路按照电路结构组成的不同，有分立元件门电路和集成门电路之分。分立元件门电路由半导体器件和电阻连接而成，目前已很少采用，这里只介绍其基本原理。

6.1.1　二极管与门电路和或门电路

1. 二极管与门电路

用电路实现逻辑关系时，通常是用输入端和输出端对地的高、低电位（或称电平）来表示逻辑状态。电路的输入变量和输出变量之间满足与逻辑关系时称为与门电路，简称与门。

由二极管组成的两输入与门电路如图6.1（a）所示，与门电路的逻辑符号如图6.1（b）所示。图中，A、B为输入，L为输出，而且，从A、B输入的是低电平为0V、高电平为5V的标准数字信号。如果用逻辑1表示高电平（电压值大于3.6V），逻辑0表示低电平（电压值小于1V），这种规定下的逻辑关系叫作正逻辑。反之，如果逻辑1表示低电平，逻辑0表示高电平，就是负逻辑。本教材中采用正逻辑，并且认为二极管为理想器件。下面按输入信号可能的组合情况，分析电路的工作原理和输出状态。

① A、B 输入都是低电平时，简记为 A=0、B=0，二极管 D_1、D_2 导通，使 L 点电位与 A、B 点相同，均为低电平，记为 L=0。

② A 端输入低电平，B 端输入高电平，即 A=0、B=1 时，二极管 D_1 导通、D_2 截止，L 点被导通的二极管 D_1 钳位在低电位，因此 L=0。

③ A 端输入为高电平，B 端输入为低电平时，即 A=1、B=0 时，二极管 D_1 截止、D_2 导通，L 点被 D_2 钳位在低电位，因此 L=0。

④ A、B 输入都是高电平，即 A=B=1 时，二极管 D_1、D_2 都截止，因此电阻 R 中没有电流，R 上也没有压降，即 L 点电位与电源 U_{CC} 等电位，为 5V 高电平，则 L=1。

综合以上分析可以看出，要使输出 L 为高电平，其条件是输入 A 与 B 必须都是高电平；A、B 的输入中只要有一个是低电平，输出 L 就不能为高电平。因此，输出 L 与输入 A 和 B 之间是与逻辑关系。

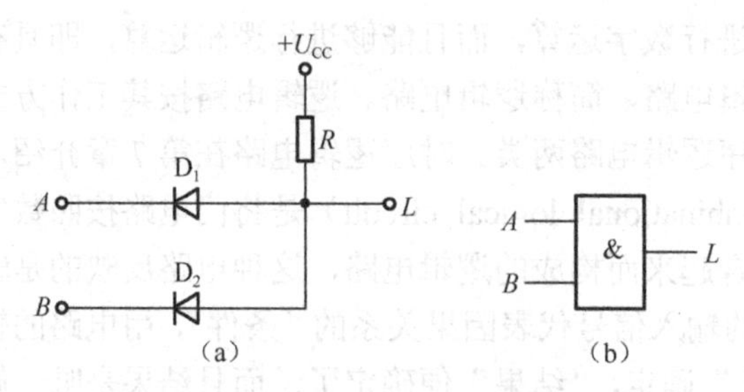

图 6.1　二极管与门电路及其逻辑符号

2. 二极管或门电路

电路的输入变量和输出变量之间满足或逻辑关系时称为或门电路，简称或门。

用二极管组成的或门电路如图 6.2（a）所示，图 6.2（b）图是它的逻辑符号。其中 A、B 为输入，L 为输出，与前面介绍的与门电路一样，从 A、B 输入的是低电平为 0V、高电平为 5V 的标准数字信号，仍用 1 代表高电平，用 0 代表低电平，二极管仍当作理想元件看待。

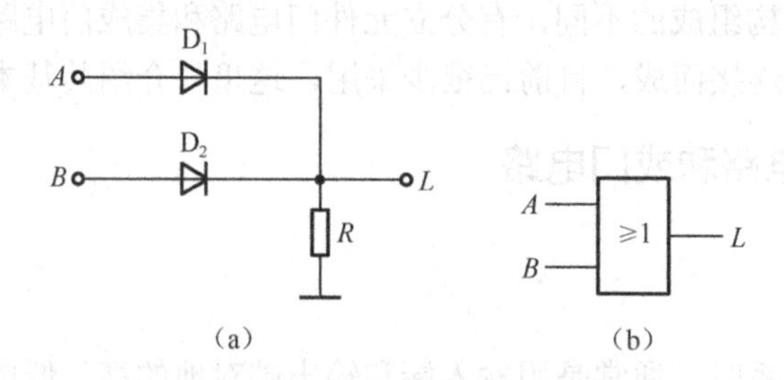

图 6.2　二极管或门电路及其逻辑符号

从或门电路图中可以看到，L 经过电阻 R 接地，当二极管 D_1、D_2 都不导通时，R 中电流为 0，L 与“地”等电位，都是 0V；而二极管 D_1、D_2 都不导通的唯一条件是 A、B 都是低电平，即 A=B=0 时。A、B 只要有一个是高电平或者两是都是高电平，与高电平端所连的二极管必然导通，从而将高电位转移到 L，使 L 为高电平，与低输入电平端所连的二极管截止，将低电平与 L 隔离开，从而保证了 L 输出的高电平与输入的高电平相同。

6.1.2　三极管非门电路

图 6.3（a）是一个由 NPN 型硅管组成的非门电路，也称为三极管反相器。U_D、D 支路（$U_{DD}<U_{CC}$）起钳制输出高电平和改善输出波形的作用，$-U_{BB}$、R_2 支路的作用是保证输入为低电平时三极管可靠地截止，从而提高电路的抗干扰能力。电路只有一个输入 A，L 为输出。图 6.3（b）是它的逻辑符号。

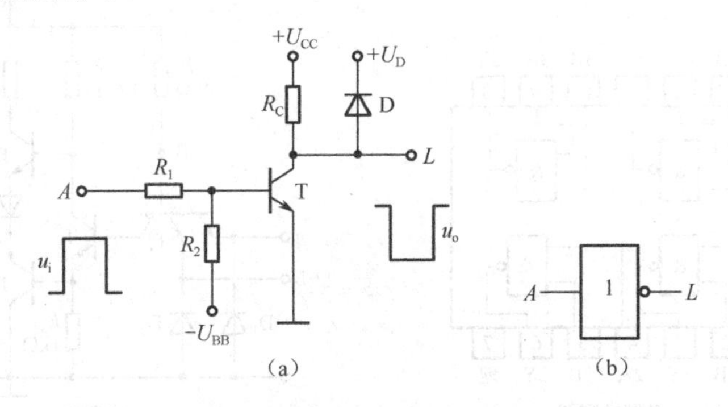

图 6.3　三极管非门电路及其逻辑符号

在 A 加入输入信号 u_i 后，三极管 T 工作在开关状态。当输入为低电平时，基极处于负电位，T 截止，集电极为高电位，D 因受正向偏置而导通，输出高电平被钳制在钳位电压 U_D。当输入为高电平时，由 R_1、R_2 保证 i_B 满足式 $i_B>i_C/\beta$，使 T 饱和导通，输出为低电平（$U_{CES}\leqslant 0.3V$）。

探究思考题

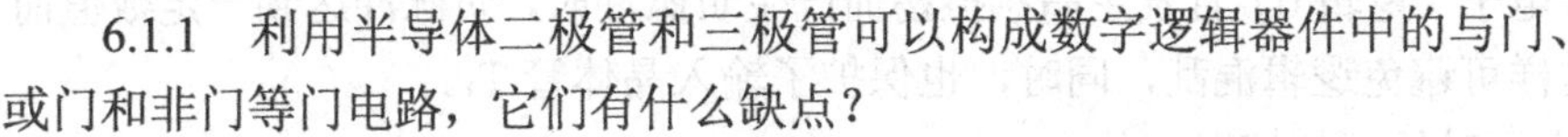

6.1.1　利用半导体二极管和三极管可以构成数字逻辑器件中的与门、或门和非门等门电路，它们有什么缺点？

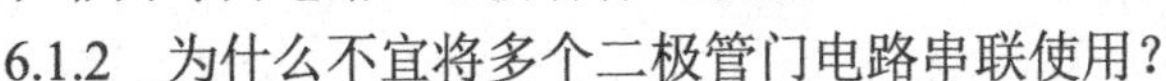

6.1.2　为什么不宜将多个二极管门电路串联使用？

6.2　集成门电路

6.2.1　TTL 门电路

TTL 门电路属于集成电路（Integrated Circuit，IC）。TTL 门电路的输入端和输出端均为三极管结构，所以称为晶体管-晶体管逻辑电路（Transistor-Transistor Logic），简称 TTL 电路。由于集成电路体积小、质量小、可靠性好，因而在大多数领域迅速取代了分立器件电路。根据制造工艺的不同，集成电路又分为双极型和单极型两类。常见的双极型集成电路有三极管-三极管逻辑电路（TTL）、二极管-晶体管逻辑电路（Diode-Transistor Logic，DTL）、高阈值逻辑电路（High Threshold Logic，HTL）、发射极耦合逻辑电路（Emitter Coupled Logic，ECL）和集成注入逻辑电路（Integrated Injection Logic，I^2L）等。TTL 电路是目前双极型数字集成电路中用得最多的一种。下面对 TTL 型门电路重点加以讨论。

1. TTL 型与非门

图 6.4 是一个 T1000 型二输入端四与非门 TTL 集成电路的示意图，（a）是引脚排列图，第 14 引脚和第 7 引脚为 4 个与非门共用的电源和地端，第 3、6、8、11 引脚为 4 个与非门的输出，其余为 4 个门各自的输入。

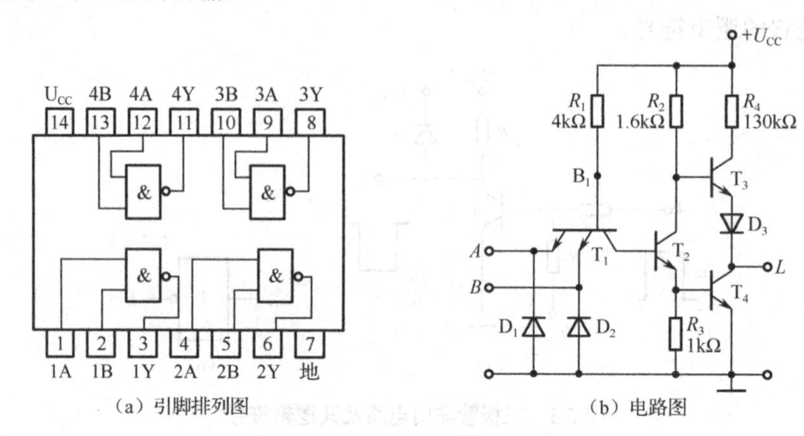

图 6.4　T1000 型二输入四与非门

（1）与非门的内部结构。

图 6.4（b）是与非门的内部电路图。图中，T_1 为多发射极管构成的输入级；R_2、R_3、T_2 构成倒相放大的中间驱动级；R_4、T_3、D_3、T_4 构成推拉式输出级，当 T_3 导通时，L 被切换到 +5V 电源，此时 L 取得高电平（逻辑 1），因此称 T_3 为上拉晶体管；相反，T_4 导通时，L 端被切换到地端，此时 L 取得低电平（逻辑 0），因此称 T_4 为下拉晶体管。

D_1、D_2 为输入保护二极管，当输入 A、B 为高电平（逻辑 1）时，二极管 D_1、D_2 反偏而截止；当 A、B 为低电平（逻辑 0）且发生高频振荡而产生负脉冲时，负脉冲达到一定数值而使 D_1、D_2 导通，这样可避免逻辑混乱，同时，也保护了输入晶体管 T_1。

（a）输出为低电平时的工作情况。

当两个输入 A、B 都接高电平 3.6V 时，T_1 的发射结反向偏置。这时，电源通过 R_1、T_1 的集电结给 T_2 提供基极电流，使 T_2、T_4 导通，输出为低电平 0.3V，从而实现了与非门的逻辑关系：输入都是高电平，输出为低电平。

由于 T_2、T_4 饱和导通，因而 U_{B4}=0.7V，U_{CES}=0.3V，则 T_2 的集电极电压为

$$U_{C2}=U_{B4}+U_{CES}=0.7+0.3=1（\text{V}）$$

此电压即为 T_3 的基极电压，它不足以使 T_3 导通，可见二极管 D_3 的作用就是保证 T_3 可靠截止；由于 T_3 截止，静态时不会有电流通过 T_3，因而减少了功耗。

当接负载时，电源通过负载向 T_4 的集电极灌入电流，电流流入 T_4 的集电极，因此称此电流为灌电流。

（b）输出为高电平时的工作情况。

当两个输入 A、B 中任一个或两个为低电平 0.3V，如 A 为低电平 0.3V，B 为高电平 3.6V，这时 T_1 的 B_1A 发射结正偏，电源给 R_1、T_1 提供基极电流：

$$I_{B1}=\frac{U_{CC}-U_{BE1}-U_{iL}}{R_1}=\frac{5-0.7-0.3}{4}=1(\text{mA})$$

式中，U_{iL}为输入低电平。

T_1虽有基极电流，但集电极电流很小，这是因为T_1的集电极通过一个很大的电阻（为T_2的基极-集电极间反向电阻和R_2之和）接到电源U_{CC}上，因为I_{C1}很小，T_1处于深度饱和状态，所以U_{CE1S}很小，接近 0.1V，因此有

$$U_{C1}=U_{iL}+U_{CE1S}=0.3+0.1=0.4(\text{V})$$

因为$U_{B2}=U_{C1}=0.4\text{V}$，所以$T_2$、$T_4$截止，$T_2$的集电极电位接近$U_{CC}$，迫使$T_3$导通，其输出电压为

$$U_o=U_{CC}-I_{BS}R_2-U_{BE3}-U_{E3}$$

式中，U_{E3}为D_3的正向压降。

考虑到I_{BS}的值很小，可以忽略不计，于是，

$$U_o=5-0.7-0.7=3.6(\text{V})$$

这就实现了与非逻辑关系：输入端只要有一个或一个以上为低电平，输出就为高电平。

当在输出端接负载时，电源通过T_3、D_3供给负载电流，即由T_3的发射极流出，称此电流为拉电流。

（2）TTL 与非门的特性及参数。

（a）电压传输特性。

与非门输出电压与输入电压的关系常用电压传输特性来描述，它表示与非门某一输入端的电压由零逐渐增大，而其余输入端接高电平，这样得到的输出电压与输入电压的关系曲线称为电压传输特性，如图 6.5 所示。通过电压传输特性可以更好地理解参数的意义。

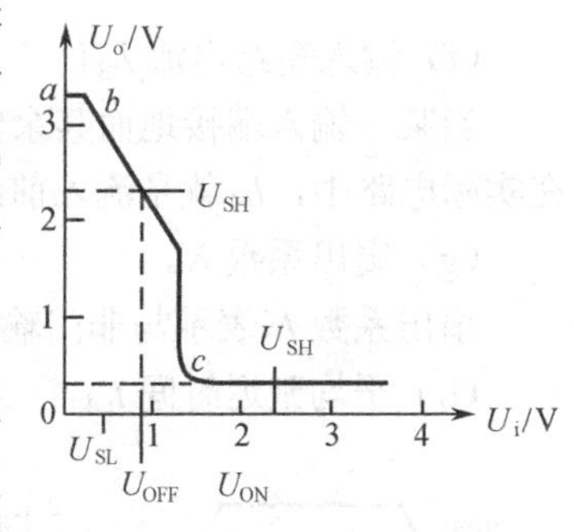

图 6.5　TTL 与非门的电压传输特性

（b）输出高电平U_{OH}。

输出高电平U_{OH}是指一个（或几个）输出端接“地”、其余输入端开路时的输出电平，这就是图 6.5 上 *ab* 段的输出电压值。U_{OH}的典型值是 3.4V，产品规范值$U_{OH}\geqslant 2.4\text{V}$，标准高电平$U_{SH}=2.4\text{V}$。$U_{OH}$低于 2.4V，将导致数字电路逻辑混乱。

（c）输出低电平U_{OL}。

输出低电平U_{OL}是指在额定负载下，输入全为“1”态时的输出电平，它对应于图 6.5 中 *c* 点右边平坦部分的电压值。其典型值为 0.2V，产品规范值$U_{OL}\leqslant 0.4\text{V}$，标准低电平$U_{SL}=0.4\text{V}$。若$U_{OL}$大于 0.4V，将导致逻辑混乱。

（d）开门电平U_{ON}。

开门电平U_{ON}是指在额定负载条件下，使输出电平达到标准低电平U_{SL}（为 0.4V）时的输入电平。它表示使与非门开通的最小输入电平，此值宜小些，这样利于提高“开门”时的抗干扰能力，一般规定为 2V。

（e）关门电平U_{OFF}。

关门电平U_{OFF}是指输出电平上升到标准高电平时所允许的输入电平。它表示使与非门关断所需的最大输入电平，此值宜大些，这样有利于提高“关门”时的抗干扰能力，产品规范

值为 0.8V。

开门电平和关门电平分别反映输入高、低电平时的抗干扰能力，我们经常以噪声容限的数值来定量地说明门电路抗干扰能力的大小。

在逻辑电路里，一个与非门 G_1 的输出信号往往是另一个与非门 G_2 的输入信号，G_1 输出 0，G_2 输出 1，如图 6.6（a）所示。

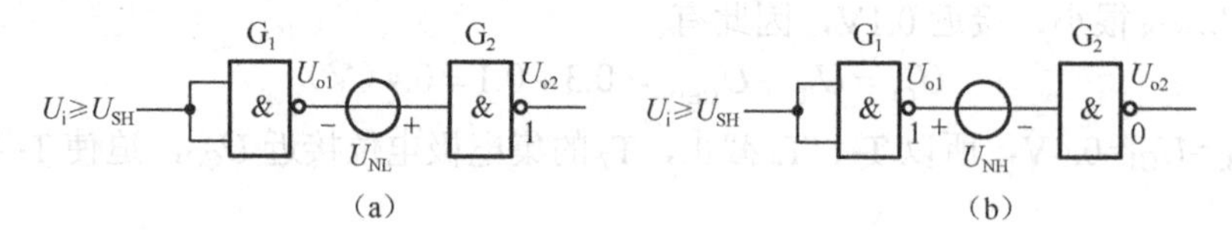

图 6.6 抗干扰能力示意图

由于各种因素的影响，G_1 的输出电压往往偏离标准值，若有一个噪声电压（干扰电压）U_{NL} 叠加在 U_{SL} 上，则 G_2 的输入电压为 $U_{SL}+U_{NL}$，只要这个值不超过 U_{OFF}，从传输特性可见，这时 G_2 的输出电压 U_{o2} 仍保持高电平，逻辑关系仍然是正确的。

因此，我们把 G_2 门输入低电平所允许的最大值 U_{OFF} 与标准低电平之差，称为输入低电平噪声容限，即

$$U_{NL}=U_{OFF}-U_{SL}=0.8-0.4=0.4\text{（V）}$$

同理，可将输入标准高电平 U_{SH} 与开门电平 U_{ON} 的差值，称为输入高电平噪声容限，即

$$U_{NH}=U_{SH}-U_{ON}=2.4-2=0.4\text{（V）}$$

（f）输入短路电流 I_{iS}。

当某一输入端接地而其余输入端悬空时，流过这个输入端的电流称为输入短路电流 I_{iS}。在实际电路中，I_{iS} 就是流入前级的灌电流，因此希望此值小些，产品规范值 $I_{iS}\leqslant 1.6\text{mA}$。

（g）扇出系数 N。

扇出系数 N 表示与非门输出端最多能带几个同类的与非门，产品规范值 $N\leqslant 10$。

（h）平均延迟时间 t_{pd}。

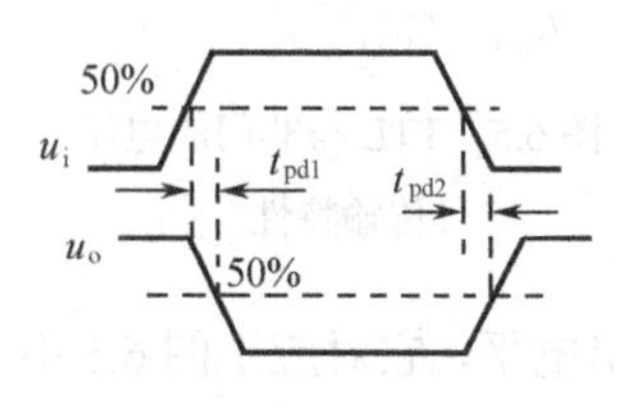

图 6.7 平均延迟时间的定义

在与非门输入端加上一个脉冲电压，则输出电压将有一定的时间延迟，如图 6.7 所示。从输入脉冲上升沿的 50%处起到输出脉冲下降沿的 50%处的时间称为上升延迟时间 t_{pd1}；从输入脉冲下降沿的 50%处到输出脉冲上升沿的 50%处的时间称为下降延迟时间 t_{pd2}。t_{pd2} 和 t_{pd1} 的平均值称为平均延迟时间 t_{pd}，即

$$t_{pd}=(t_{pd1}+t_{pd2})/2$$

此值越小越好。

2. TTL 型与或非门

图 6.8（a）是一个与或非门的 TTL 电路原理图，图中虚线右侧是一个与非门电路，T_1 是一个多发射极三极管，作用与图 6.4（b）中的 T_1 相同，T_3、T_4 构成复合管，增强输出级的带负载能力。这个与或非门电路工作原理与图 6.4（b）所示的与非门大致相同，即当 T_1 的发射极 A、B、C、D、E 有低电平时，T_1 饱和导通，T_2 截止，T_5 截止，T_3、T_4 饱和导通，输出 L 为高电平；当 A、B、C、D、E 全部为高电平时，T_1 发射结不导通，集电结正向偏置，使

T_2 饱和导通，T_5 饱和导通，同时 T_3、T_4 截止，输出 L 为低电平。虚线左侧是一个与 T_1、T_2 相同的与门输入极，T_2、T_2' 的输出端并联，起到或的作用，整个电路实现的逻辑关系为

$$L = \overline{ABCDE + FGHI}$$

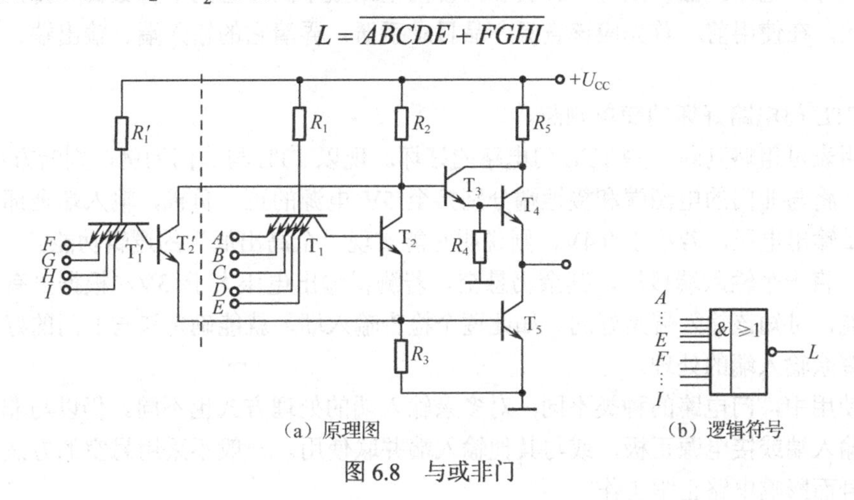

（a）原理图　　（b）逻辑符号

图 6.8　与或非门

3. TTL 型三态与非门

图 6.9（a）是一个典型的三态输出与非门电路原理图，A、B 是逻辑输入信号，$\overline{E}$ 是使能信号。当 $\overline{E}$ 端为低电平时，三态门处于工作状态或使能态，T_6 饱和导通，T_7 截止。三态与非门的输出完全取决于 A、B 的输入状态，电路和一般与非门相同，实现与非逻辑功能。

当 $\overline{E}$ 为高电平时，T_6 处在倒置状态，T_7 饱和。T_7 的集电极电压 U_{C7} 为低电平，一方面使 T_1 饱和，T_2、T_5 截止；另一方面使 D 导通，T_2 的集电极电压 U_{C2} 被钳制在低电平，T_3、T_4 也截止，从而使输出端处在第三种状态（禁止态）。

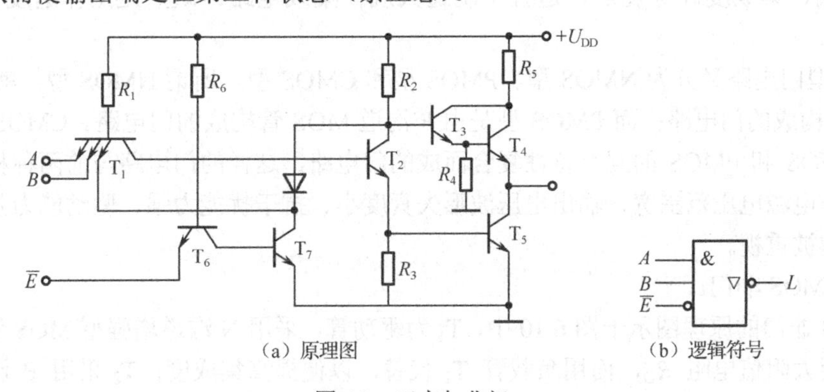

（a）原理图　　（b）逻辑符号

图 6.9　三态与非门

4. 使用 TTL 门电路时的几个具体问题

使用 TTL 门电路时，常遇到一些实际问题，如怎样识别门电路的产品型号和引脚排列，怎样检查它的好坏，如何处理多余输入端或输入端不够等。了解这些实际问题的处理方法，对正确使用门电路是必要的。

（1）关于门电路产品的名称、型号和引脚排列。

一个具体门电路产品，型号、种类和内含门电路数不同，它的引脚数目和排列次序也就不同。因此，在使用前，首先应该查阅产品目录手册，弄清它的输入端、输出端、电源端和接地端等。

（2）TTL 门电路好坏的简单判断。

用万用表可粗略判断一些 TTL 门电路的好坏。现以 TTL 与非门为例，判断方法如下。

首先，将与非门的电源端和接地端分别接至 5V 电源的正、负极，输入端全部悬空。用万用表测量输出电压，若小于 0.4V，则说明它能实现“全高出低”的逻辑功能。

然后，将一个输入端接地，其余仍悬空。若测得输出电压大于 3V，根据“有低出高”的逻辑功能，可知该输入端是好的。如此逐个检查输入端，就能确定该与非门的好坏。

（3）多余输入端的处理。

实际使用中，门电路的种类不同，对多余输入端的处理方式也不同。仍以与非门为例，常把多余输入端或接电源正极，或与其他输入端并联使用。一般不采用悬空的方法，以免引入干扰信号而影响电路正常工作。

（4）输入端的扩展。

一个门电路产品的输入端数量总是有限的。实际使用中，当遇到输入端数不够用时，可以使用与扩展器、与或扩展器进行扩展。但需指出，只有带扩展端的门电路产品才能和扩展器连接。

6.2.2 CMOS 门电路

MOS 型集成逻辑门电路就是用 MOS 管作为开关元件构成的门电路，具有制造工艺简单、功耗低、集成度高等优点，适宜于制造大规模集成电路；缺点是工作速度比 TTL 门电路低。

MOS 型门电路又分为 NMOS 型、PMOS 型和 CMOS 型。所谓 NMOS 型，就是由 N 沟道 MOS 管构成的门电路；而 PMOS 型是由 P 沟道 MOS 管构成的门电路。CMOS 型门电路是利用 NMOS 和 PMOS 的互补特性复合而成的门电路，这样的门电路与前两种相比具有功耗低、工作电源电压范围宽、输出电压波形失真度小、抗干扰能力强、驱动能力强等优点，因而越来越被重视。

（1）CMOS 非门。

CMOS 非门的原理图示于图 6.10 中，T_1 为驱动管，采用 N 沟道增强型 MOS 管，它的负载电阻不用大阻值电阻 R_D，而用负载管 T_2 代替，以便提高集成度；T_2 采用 P 沟道增强型 MOS 管。

工作时，T_2 的源极接电源的正极，T_1 的源极接电源负极。当输入为高电平时，T_1 导通，T_2 截止，输出为低电平。当输入为低电平时，T_1 截止，T_2 导通，输出为高电平。显然，电路的输出与输入满足非逻辑关系，即 $L=\overline{A}$。

由分析看到，电路工作时，不管输出是低电平还是高电平，总有一个导通，另一个截止。这使电路具有静态电流小、直流功耗低和输出波形好等优点，因此 CMOS 电路获得广泛应用。

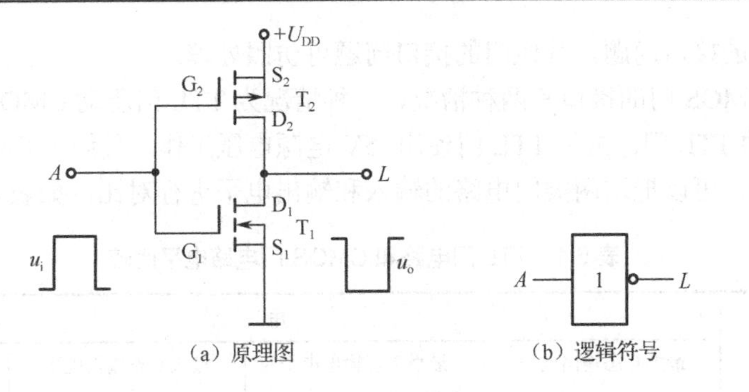

图 6.10　CMOS 非门

(2) CMOS 与非门。

图 6.11 是一个 CMOS 与非门电路结构图，图中两个 NMOS 管 T_1、T_2 串联构成驱动管，两个 PMOS 管 T_3、T_4 并联构成负载管。

显而易见，只有在输入 A、B 全为高电平时，T_1、T_2 全部导通（T_3、T_4 截止），输出 L 才为低电平 0；当输入 A、B 中有一个为低电平时，则 T_1、T_2 两管中必有一个截止，T_3、T_4 中必有一个导通，L 输出为高电平，即实现了 $L=\overline{AB}$ 的逻辑功能。

(3) CMOS 或非门。

图 6.12 是 CMOS 或非门电路结构图，图中 T_1、T_2 并联构成驱动级，采用 NMOS 管，T_3、T_4 采用 PMOS 管串联构成负载管。显然，只有输入 A、B 为低电平时，T_3、T_4 才能全导通，输出 L 才可能为高电平，此时 T_1、T_2 截止，保证了输出高电平；其他情况下，T_3、T_4 中至少有一个截止，而 T_1、T_2 中至少有一个导通，因此输出 L 为低电平，即实现了 $L=\overline{A+B}$ 的逻辑功能。

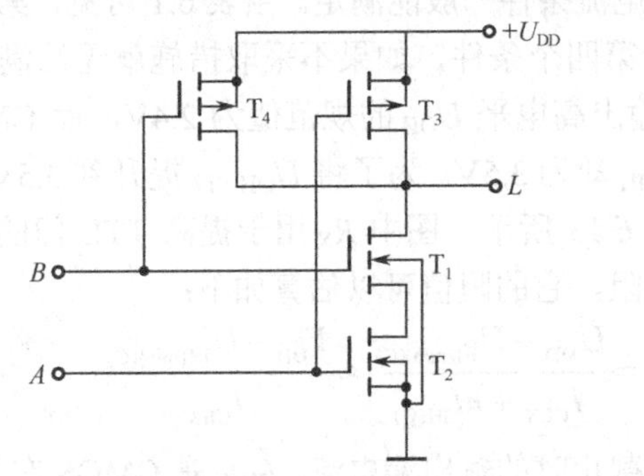

图 6.11　CMOS 与非门电路结构

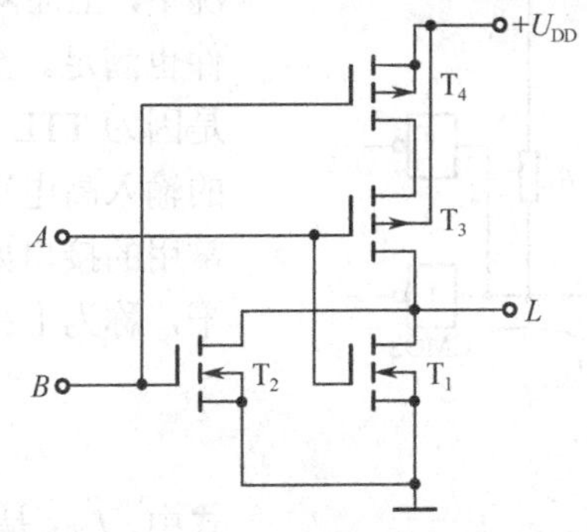

图 6.12　CMOS 或非门电路结构

需要指出的是，在 CMOS 电路中，或非门的使用比与非门更为广泛，这是因为在 MOS 与非门中，驱动管是串联的，当输入端数增加，即驱动管数增加时，会产生输出低电平向上偏移现象。而在 MOS 或非门中，驱动管是并联的，不会产生这种情况。

6.2.3　TTL 门电路与 CMOS 门电路的互连

在实际使用中，会遇到一种门电路需要与另一种门电路或分立元件配合使用的情况，不同类型门的负载能力及使用的电源电压等级可能不同。例如，在使用的电源电压方面，TTL 门为+5V，CMOS 门为+3～18V 等。而且，它们的逻辑电平各异，即存在电平转换问题。为了解决电平转换问题，需要在两种类型门之间插入接口。TTL 门和 CMOS 门应用最广泛，因此讨论这两类门的接口问题，其他门的接口问题可仿照处理。

TTL 门和 CMOS 门的接口有两种情况，一种情况为 TTL 门驱动 CMOS 门，另一种情况为 CMOS 门驱动 TTL 门。由于 TTL 门使用+5V 电源电压工作，我们对 CMOS 门也选用+5V 电源工作。这样，可以把这两类门电路的输入和输出电平进行对比，如表 6.1 所示。

表 6.1 TTL 门电路和 CMOS 门电路电平比较

门 电 路	电 平			
	最大 0 态输出电平 U_{OLmax}（V）	最小 1 态输出电平 U_{OHmin}（V）	最大 0 态输入电平 U_{ILmax}（V）	最小 1 态输入电平 U_{ILmin}（V）
TTL	0.4	2.4	0.8	2.0
CMOS	0.05	4.95	1.5	3.5

（1）TTL 门驱动 CMOS 门。

在使用 TTL（简写为 T）驱动 CMOS（简写为 C）时，如果扇出数为 N，则必须满足如下条件，即

$$I_{OH(T)} \geqslant NI_{IH(C)} \quad \text{（电流从 TTL 门拉出）}$$

$$I_{OL(T)} \geqslant NI_{IL(C)} \quad \text{（电流灌入 TTL 门）}$$

$$U_{OL(T)} \leqslant U_{IL(C)}$$

$$U_{OH(T)} \geqslant U_{IH(C)}$$

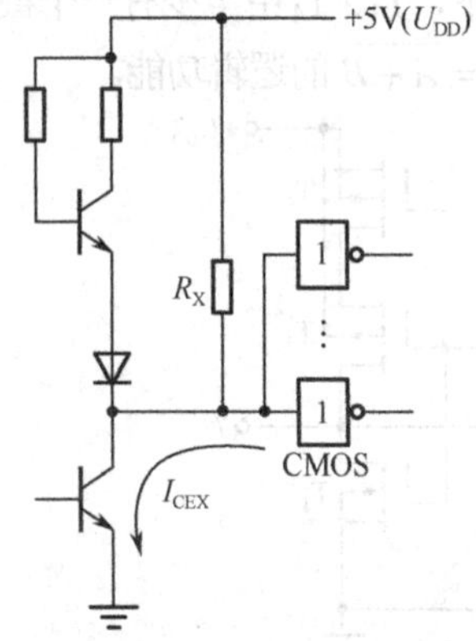

图 6.13 TTL 门驱动 CMOS 门

由于 CMOS 门电路的输入电阻很大，在扇出数不太大的情况下，上面两个电流条件一般能满足。由表 6.1 可见，第三个条件也满足。至于第四个条件，如果不采取措施就无法满足，这是因为 TTL 门输出高电平 U_{OH} 的规范值为 2.4V，而 CMOS 门的输入高电平 U_{IH} 却为 3.5V。为了将 $U_{OH(T)}$ 提升到 3.5V，一种常用的接口如图 6.13 所示。图中 R_X 用于提高 TTL 门的输出电平，称为上拉电阻，它的阻值可以估算如下：

$$R_X = \frac{U_{DD} - U_{IH(min)(C)}}{I_{CEX} + nI_{IH(C)}} \approx \frac{V_{DD} - U_{IH(min)(C)}}{I_{CEX}}$$

式中，I_{CEX} 是 T_5 截止时的输出漏电流，$I_{IH(C)}$ 是 CMOS 在 T_5 高电平时所取的电流，$I_{CEX} \gg I_{IH(C)}$。

若 I_{CEX} 的最大值为 250μA，在 R_x 上的电压降为 5−3.5=1.5V，因此，R_X=1.5V/0.25mA= 6kΩ，实际选用的 R_X 值比计算值小，例如 T1000、T2000、T3000 系列，选 R_X=4.7kΩ。

（2）CMOS 门驱动 TTL 门。

同理，在 CMOS 门驱动 TTL 门时，应满足如下条件，即

$$I_{OH(C)} \geqslant NI_{IH(T)}$$

$$I_{OL(C)} \geqslant NI_{IL(T)}$$

$$U_{OL(C)} \leqslant U_{IL(T)}$$

$$U_{OH(C)} \geqslant U_{IH(T)}$$

根据表 6.1，$U_{\mathrm{OL(C)}} \leqslant U_{\mathrm{IL(T)}}$ 及 $U_{\mathrm{OH(C)}} \geqslant U_{\mathrm{IH(T)}}$ 两条件都能满足，由于一般 CMOS 门电路的 I_{OH}=0.51mA（当电源电压 U_{DD}=5V 时），故 $I_{\mathrm{OH(C)}} \geqslant NI_{\mathrm{IH(T)}}$ 这个条件也能满足。可是，$I_{\mathrm{OL(C)}} \geqslant NI_{\mathrm{IL(T)}}$ 这个条件一般不能满足，这是因为 $I_{\mathrm{OL(C)}}$=0.51mA（当电源电压 U_{DD}=5V 时），而 TTL 电路除了 T4000 系列，输入低电平电流 $I_{\mathrm{IL(T)}} \leqslant$1.6mA（或≤2mA）。为此，当两者配合使用时必须在其中接入一个缓冲驱动级，以提高驱动能力。缓冲驱动级可用晶体管或 CMOS 缓冲器 CC4049 等。它们的连接电路如图 6.14 及图 6.15 所示。

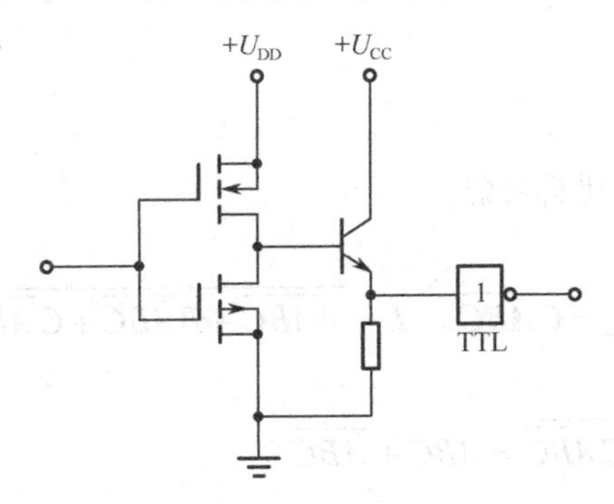

图 6.14　CMOS 门电路驱动 TTL 门电路

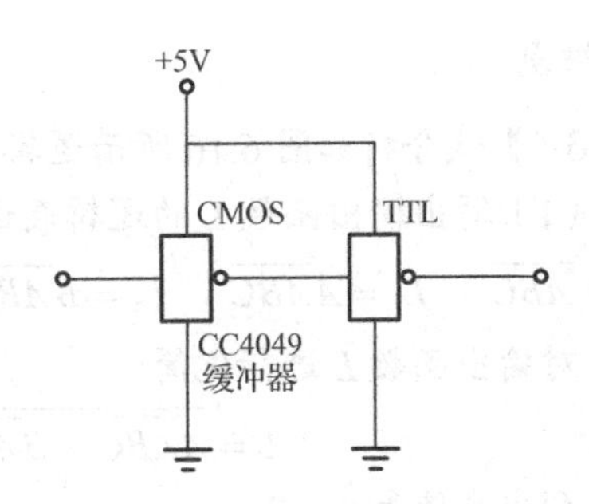

图 6.15　CMOS 缓冲器驱动 TTL 门电路

探究思考题

探究思考题答案

6.2.1　TTL 与非门与 CMOS 与非门闲置端如何处理？

6.2.2　TTL 门电路与 CMOS 门电路有何区别？

6.3　组合逻辑电路的分析和设计

数字逻辑电路按其逻辑功能的特点，可分为两类：组合逻辑电路和时序逻辑电路。

组合逻辑电路的特点是：电路中任一时刻的稳态输出仅取决于该时刻的输入，而与电路原来的状态无关。组合电路没有记忆功能，只有从输入到输出的通路，没有从输出到输入的通路。

学习组合逻辑电路有两大任务：一是组合逻辑电路的分析，二是组合逻辑电路的设计。所谓分析，就是对给定的组合逻辑电路，找出其输入与输出的逻辑关系，或者描述其逻辑功能、评价其电路是不是最佳设计方案。

6.3.1　组合逻辑电路的分析方法

从给定组合逻辑电路的逻辑图出发，分析其逻辑功能所要遵循的基本步骤，称为组合逻辑电路的分析方法。一般情况下，在得到组合逻辑电路的真值表后（真值表是组合逻辑电路逻辑功能最基本的描述方法），还需要做简单文字说明，指出其功能特点。

1．分析步骤

对组合电路进行分析的一般步骤如下。

（1）根据给定的逻辑图写出输出函数的逻辑表达式。

（2）进行化简，求出输出函数的最简表达式。

（3）列出输出函数的真值表。

（4）说明给定电路的基本功能。

应该指出，以上步骤应视具体情况灵活处理，不要生搬硬套。在许多情况下，分析的目的，或者是为了确定输入变量不同取值时功能是否满足要求；或者是为了变换电路的结构形式，例如将与或结构变换成与非与非结构等；或者是为了得到输出函数的标准与或表达式，以便用中、大规模集成电路实现之。

2．分析举例

【例 6-1】试分析如图 6.16 所示逻辑电路的逻辑功能。

解：（1）写出输出函数 L 的逻辑表达式：

$L_1=\overline{ABC}$，$L_2=\overline{A\overline{ABC}}$，$L_3=\overline{B\overline{ABC}}$，$L_4=\overline{C\overline{ABC}}$，$L=\overline{\overline{A\overline{ABC}}+\overline{B\overline{ABC}}+\overline{C\overline{ABC}}}$

（2）对输出函数 L 进行化简：

$$L=\overline{\overline{A\overline{ABC}}+\overline{B\overline{ABC}}+\overline{C\overline{ABC}}}=ABC+\overline{ABC}$$

（3）列出真值表。

由逻辑表达式列出真值表，如表 6.2 所示

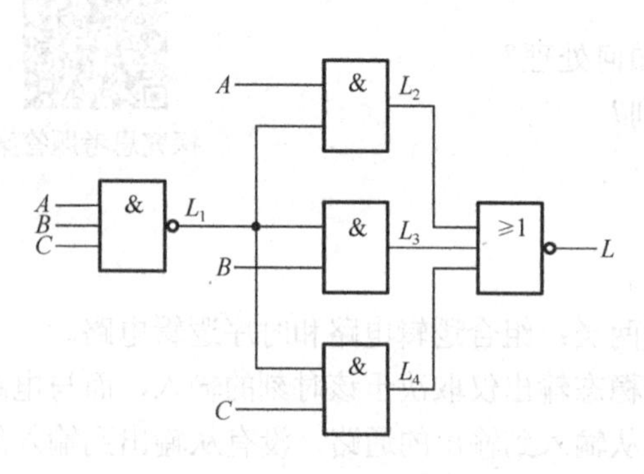

图 6.16 例 6-1 的逻辑图

表 6.2 例 6-1 的真值表

A	B	C	L
0	0	0	1
0	0	1	0
0	1	0	0
0	1	1	0
1	0	0	0
1	0	1	0
1	1	0	0
1	1	1	1

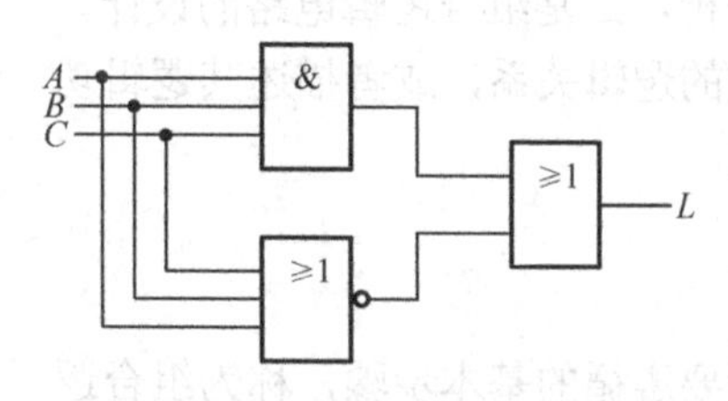

图 6.17 例 6-1 的化简逻辑图

（4）功能分析。

由真值表（表 6.2）可知，只有当输入变量 A、B、C 的值相同时，即全为 0 或全为 1 时，输出 L 才为 1，输入变量的值不一致时输出 L 为 0。故可用这个电路来判别输入信号是否一致，一般称为“一致电路”。

通过分析可见，原来电路用 5 个门实现. 经化简后可用 3 个门实现。如图 6.17 所示。

【例 6-2】试分析如图 6.18 所示逻辑电路的逻辑功能

解：（1）写出输出函数 L 的逻辑表达式：

$$L_1=AB，L_2=BC，L_3=AC，L=L_1+L_2+L_3=AB+BC+AC$$

（2）输出函数 L 已为最简，无须再化简。

（3）列出真值表。

由逻辑表达式列出真值表，如表 6.3 所示

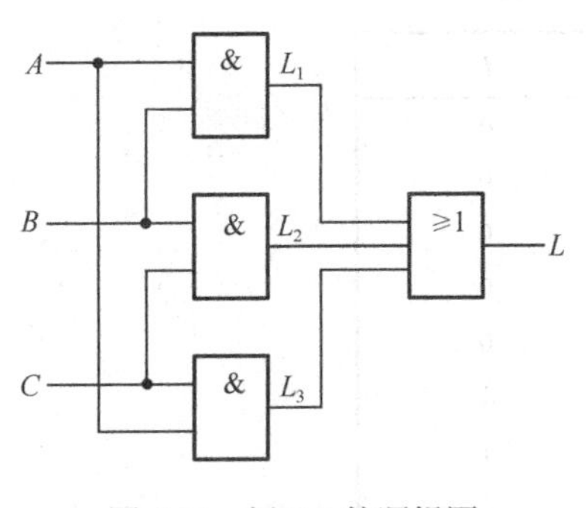

图 6.18　例 6-2 的逻辑图

表 6.3　例 6-2 的真值表

A	B	C	L
0	0	0	0
0	0	1	0
0	1	0	0
0	1	1	1
1	0	0	0
1	0	1	1
1	1	0	1
1	1	1	1

（4）功能分析。

由真值表（表 6.3）可见，该逻辑电路为三人表决电路。

6.3.2　组合逻辑电路的设计方法

电路设计是电路分析的逆过程，设计是根据给出的实际逻辑问题，经过逻辑抽象，找出用最少的逻辑门实现逻辑功能的方案，并画出逻辑电路图。

1. 设计步骤

根据要求，设计出符合需要的组合逻辑电路，设计过程包括以下几个步骤。

（1）逻辑抽象。

① 分析设计要求，确定输入、输出信号及它们之间的因果关系。

② 设定变量，用英文字母表示有关输入、输出信号，表示输入信号的称为输入变量，也简称为变量；表示输出信号者叫作输出变量，有时也称为输出函数或简称为函数。

③ 状态赋值，即用 0 和 1 表示信号的有关状态。

④ 列真值表，根据因果关系，把变量的各种取值和相应的函数值，以表格形式一一列出，而变量取值顺序则常按二进制数递增排列，也可按循环码排列。

（2）化简。

① 输入变量较少时，可以用卡诺图化简。

② 输入变量较多用卡诺图化简不方便时，可以用公式化简。

（3）画逻辑图。

① 变换最简与非或者与或表达式，求出所需的最简式。

② 根据最简式画出逻辑图。

2. 设计举例

【例 6-3】用与非门设计一个 1 位十进制数的数值范围指示器，设这个 1 位十进制数为 Y，电路输入为 A、B、C 和 D，$Y=8A+4B+2C+D$，要求当 $Y\geqslant5$ 时输出 L 为 1，否则为 0。该电路实现了四舍五入功能。

解：（1）根据题意，列出表 6.4 所示的真值表。

表 6.4　例 6-3 的真值表

A	B	C	D	L
0	0	0	0	0
0	0	0	1	0
0	0	1	0	0
0	0	1	1	0
0	1	0	0	0
0	1	0	1	1
0	1	1	0	1
0	1	1	1	1
1	0	0	0	1
1	0	0	1	1
1	0	1	0	×
1	0	1	1	×
1	1	0	0	×
1	1	0	1	×
1	1	1	0	×
1	1	1	1	×

当输入变量 A、B、C、D 取值为 0000～0100（即 $Y\leqslant 4$）时，函数 L 值为 0；当 A、B、C、D 取值为 0101 ~ 1001（即 $Y\geqslant 5$）时，函数 L 值为 1；1010 ~ 1111 的 6 种输入是不允许出现的，可做任意状态处理（可当作 1，也可当作 0），用“×”表示。

（2）根据真值表，写出逻辑表达式。由真值表可写出函数的最小项表达式为

$$L=\overline{A}B\overline{C}D+\overline{A}BC\overline{D}+\overline{A}BCD+A\overline{B}\,\overline{C}\,\overline{D}+A\overline{B}\,\overline{C}D$$

（3）化简逻辑表达式，并转换成适当形式。化简得到的函数最简与或表达式为 $L=A+BD+BC$（注：化简过程中需考虑真值表中 6 个约束项的处理方法）。

根据题意，要用与非门设计，将上述逻辑表达式变换成与非门形式：$L=\overline{\overline{A}\cdot\overline{BD}\cdot\overline{BC}}$。

（4）画出逻辑电路图。根据与非逻辑表达式，可画出逻辑电路图如图 6.19 所示。

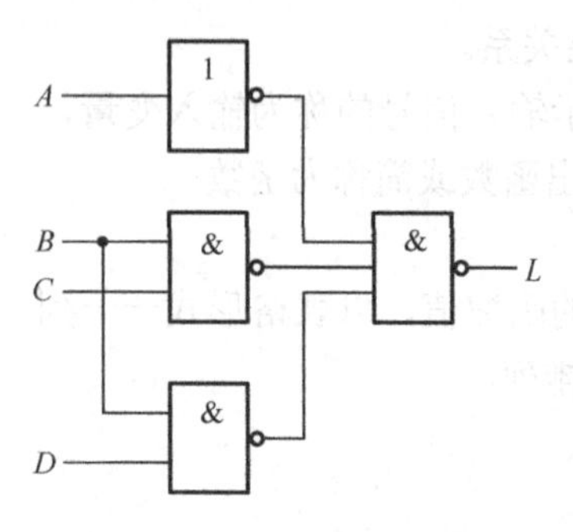

图 6.19　例 6-3 的逻辑图

探究思考题

6.3.1　分别写出分析、设计组合逻辑电路的步骤。

6.3.2　在设计组合逻辑电路时为什么说正确列出真值表是最关键的一步？

探究思考题答案

6.4　典型集成组合逻辑电路

典型集成组合逻辑电路包括加法器、编码器、译码器、数据选择器、数据比较器等。下

面分别介绍这些电路的工作原理和使用方法。

6.4.1　加法器

数字电子计算机能进行各种信息处理，其中最常用的是各种算术运算。因为算术中的加、减、乘、除四则运算，在数字电路中往往是将其转化为加法运算来实现的，所以加法运算是运算电路的核心。能实现二进制加法运算的逻辑电路称为加法器。不考虑进位的加法运算电路称为半加器。

1. 半加器

对两个 1 位二进制数进行相加而求得和及进位的逻辑电路称为半加器。

设两个加数分别用 A_i、B_i 表示，和用 S_i 表示，向高位的进位用 C_i 表示，根据半加器的功能及二进制加法运算规则，可以列出半加器的真值表，如表 6.5 所示。

表 6.5　半加器真值表

A_i	B_i	S_i	C_i
1	0	0	0
0	1	1	0
1	0	1	0
1	1	0	1

由表 6.5 可得半加器的逻辑表达式为

$$S_i = A_i\overline{B_i} + \overline{A_i}B_i = A_i \oplus B_i$$

$$C_i = A_iB_i$$

半加器的逻辑图和符号如图 6.20 所示。

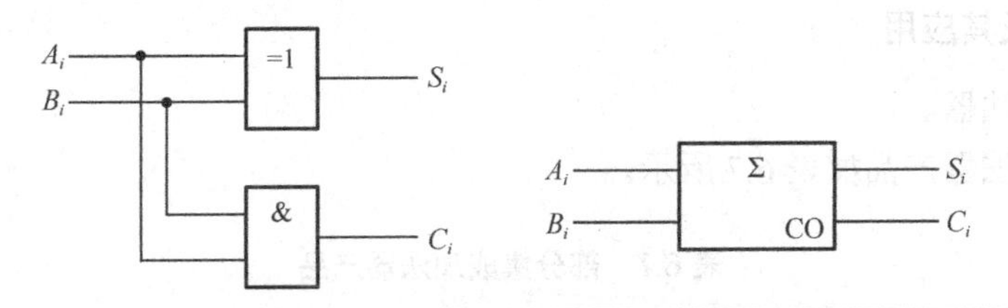

图 6.20　半加器的逻辑图及符号

2. 全加器

图 6.21 是一次完成三个一位二进制数加法运算的逻辑电路。这种电路又称为全加器，其中。A_i、B_i、C_{i-1} 为输入，S_i 和 C_i 是输出。

由逻辑图写出 S_i 和 C_i 的逻辑表达式，并转变成最小项表达式：

$$S_i = A_i \oplus B_i \oplus C_{i-1} = (\overline{A_i}B_i + Ai\overline{B_i}) \oplus C_{i-1} =$$

$$\overline{\overline{A_i}B_i + A_i\overline{B_i}}C_{i-1} + (\overline{A_i}B_i + A_i\overline{B_i})\overline{C}_{i-1} = A_iB_iC_{i-1} + \overline{A_iB_i}C_{i-1} + \overline{A_i}B_i\overline{C}_{i-1} + A_i\overline{B_iC}_{i-1}$$

$$C_i = (A_i \oplus B_i)C_{i-1} + A_iB_i = (\overline{A_i}B_i + A_i\overline{B_i})C_{i-1} + A_iB_i = \overline{A_i}B_iC_{i-1} + A_i\overline{B_i}C_{i-1} + A_iB_i\overline{C}_{i-1} + A_iB_iC_{i-1}$$

由最小项表达式直接列出真值表如表 6.6 所示。

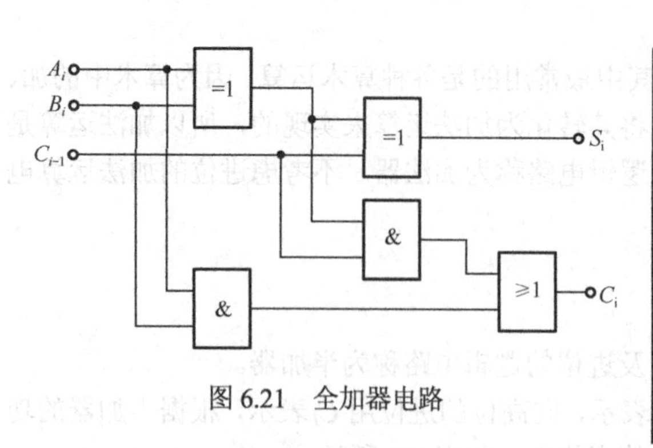

图 6.21　全加器电路

表 6.6　全加器真值表

A_i	B_i	C_{i-1}	C_i	S_i
0	0	0	0	0
0	0	1	0	1
0	1	0	0	1
0	1	1	1	0
1	0	0	0	1
1	0	1	1	0
1	1	0	1	0
1	1	1	1	1

从表中可看出 C_i、S_i 恰好是 A_i、B_i、C_{i-1} 相加的结果，S_i 是和位，C_i 是进位。因此可以利用多个全加器组成二进制加法器。如图 6.22 所示是一个 4 位二进制数的加法器，完成 $A_3A_2A_1A_0+B_3B_2B_1B_0$ 的运算。加得的结果为 $C_3S_3S_2S_1S_0$ 共 5 位。

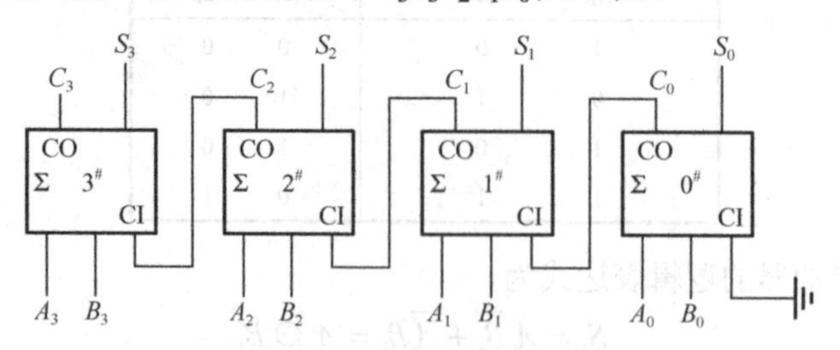

图 6.22　4 位二进制数加法器

3．集成加法器及其应用

（1）集成加法器。

常用集成加法器产品如表 6.7 所示。

表 6.7　部分集成加法器产品

名　称	常 用 型 号	功　能
双保留进位加法器	74LS183	具有两个独立的全加器，如果把一个全加器的进位输出端连至另一个全加器的进位输入端，可构成 2 位串行进位加法器
2 位二进制全加器	74LS82	执行两个二进制数加法，每一位都有和（Σ）输出，由第二位产生最后的进位
4 位二进制超前进位全加器	74LS83、74LS283	采用超前进位方式进行 4 位二进制加法，速度快

（2）加法器应用。

① 组成多位加法器。多个全加器串接可构成多位加法器，图 6.23 所示为 2 个 74LS283 构成 8 位二进制加法器的连接图。

② 组成减法器。图 6.24 为用一个 74LS283 组成的 4 位二进制减法器。减数 B 通过反相器变为补码输入，同时使进位输入端 CI=1，这样将 $A-B$ 的运算变为 $A+[B]_{补}$的运算，差数 S_1～S_4 以补码形式输出，进位输出端 CO 输出差数的符号位 C。因为 C 没有参与运算，所以，C=1 时表示 $A>B$，输出为正数的原码；C=0 时表示 $A<B$，输出为负数的补码。

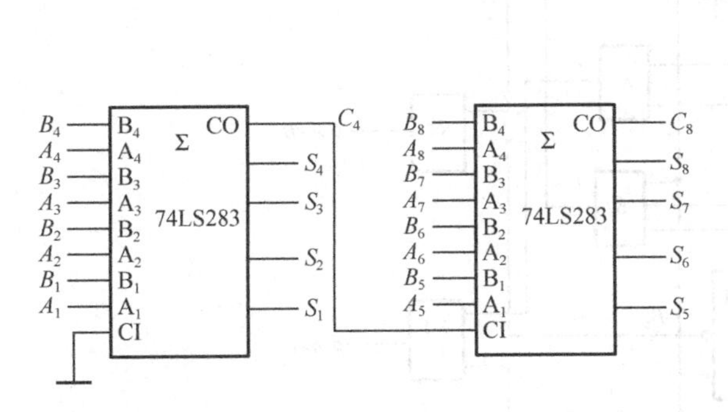

图 6.23　8 位二进制加法器连接图

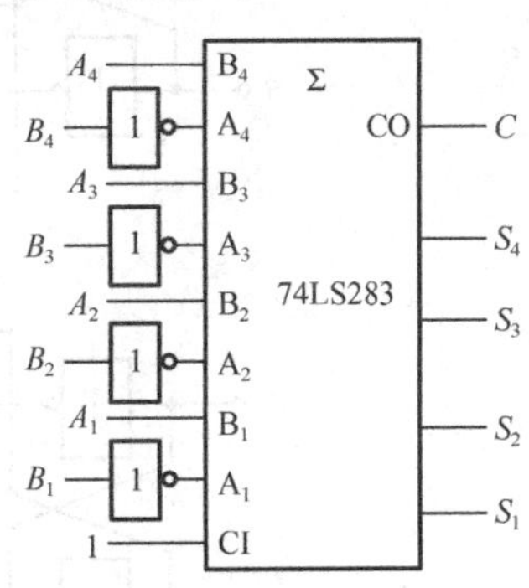

图 6.24　用 74LS283 构成 4 位二进制减法器

6.4.2　比较器

图 6.25 是一位二进制数的比较器，A、B 是待比较的两个二进制数，$A<B$、$A=B$、$A>B$ 是三种可能的输出结果。

由逻辑图可得出输出的逻辑表达式为

$$(A<B)=\overline{A}B$$

$$(A=B)=\overline{\overline{A}B+A\overline{B}}=AB+\overline{A}\,\overline{B}$$

$$(A>B)=A\overline{B}$$

再由逻辑式可列写出真值表如表 6.8。对于表中各种取值下的结果，读者不难分析其正确性。

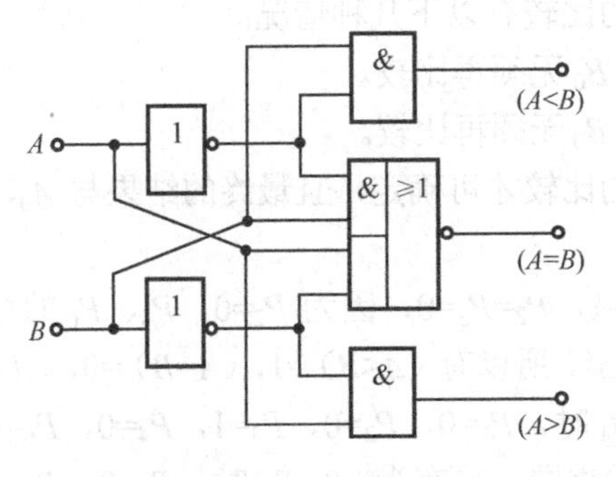

图 6.25　一位二进制数比较器

表 6.8　一位二进制数比较器真值表

A	B	$A<B$	$A=B$	$A>B$
0	0	0	1	0
0	1	1	0	0
1	0	0	0	1
1	1	0	1	0

我们还可以将一位数的比较器扩展成多位的，图 6.26 是一个两位二进制数的比较器，待比较的两个数 $A=A_1A_0$；$B=B_1B_0$，比较结果仍有 $A<B$、$A=B$、$A>B$ 三种情况。

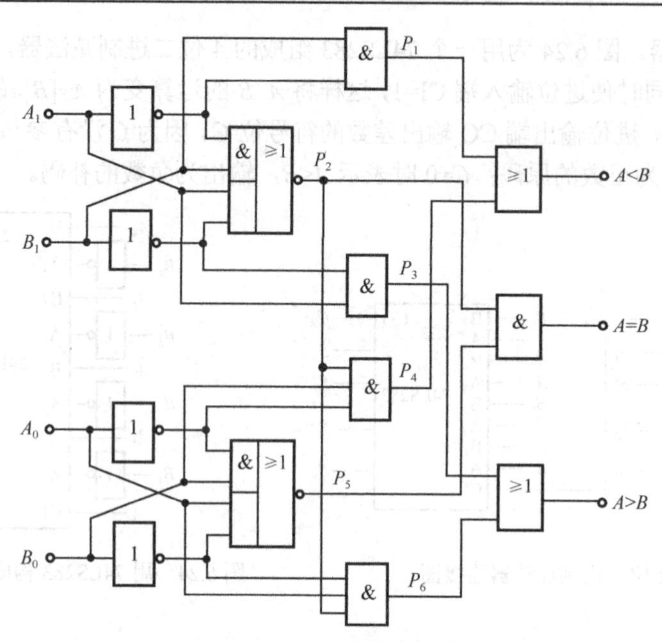

图 6.26　两位二进制数比较器

由逻辑图可得出输出的逻辑表达式为

$$(A<B)=\overline{A}_1B_1+P_2\overline{A}_0B_0$$

$$(A=B)=P_2P_5$$

$$(A>B)=A_1\overline{B}_1+P_2A_0\overline{B}_0$$

其中，$P_2=A_1B_1+\overline{A}_1\overline{B}_1$，$P_5=A_0B_0+\overline{A}_0\overline{B}_0$。

读者可以根据逻辑式自己列写出真值表，这里我们不再列写。下面对逻辑电路的工作原理侧重分析一下，以此来说明电路的功能。

由一位二进制数比较器电路可以推知 P_1、P_2、P_3 是 A_1、B_1 的比较结果，P_4、P_5、P_6 应当是 A_0、B_0 的比较结果。由数学知识可知，A、B 的比较有以下几种情况：

① 若高位已有 $A_1>B_1$，则必有 $A>B$，低位 A_0、B_0 无须再比较。

② 若高位已有 $A_1<B_1$，则必有 $A<B$，低位 A_0、B_0 无须再比较。

③ 若高位 $A_1=B_1$，比较结果需由低位 A_0、B_0 的比较才可确定，且最终的结果与 A_0、B_0 比较结果相同。

从电路的逻辑关系可以看出，当 $A_1<B_1$ 时，$P_1=1$，$P_2=P_3=0$，因为 $P_2=0$，P_4、P_6 的与门被封锁，输 $P_4=P_6=0$，A_0、B_0 的比较不影响最终的输出，所以有（$A<B$）=1，（$A=B$）=0，（$A>B$）=0，与前面分析的情况①一致。同样道理，当 $A_1>B_1$ 时，$P_1=0$，$P_2=0$，$P_3=1$，$P_4=0$，$P_6=0$，最终（$A<B$）=0，（$A=B$）=0，（$A>B$）=1，与情况②相同。只有当 $A_1=B_1$ 时，$P_1=0$，$P_2=1$，$P_3=0$，P_4，P_6 及（$A=B$）的与门才被打开，A_0、B_0 的比较结果才会经 P_4、P_5、P_6 送至最终的输出门，最终决定比较的结果。这个逻辑电路正好体现了前面数学比较的思路。

图 6.27 是 74LS85 型中规模集成 4 位数字比较器的逻辑符号。它有 8 个输入端 a_3～a_0，b_3～b_0，三个输出端（A<B），（A=B），（A>B），另外，附设三个串联输入端（a<b），（a=b），（a>b）。这三个串联输入端是供各片集成比较器串行连接而设，以扩展比较位数。例如，要比较两个 8 位字长的二进制时，可以用两个 74LS85 串行连接来实现，逻辑图如图 6.28 所示，

按照这种连接方式还可以扩展成 12 位比较器、16 位比较器等。

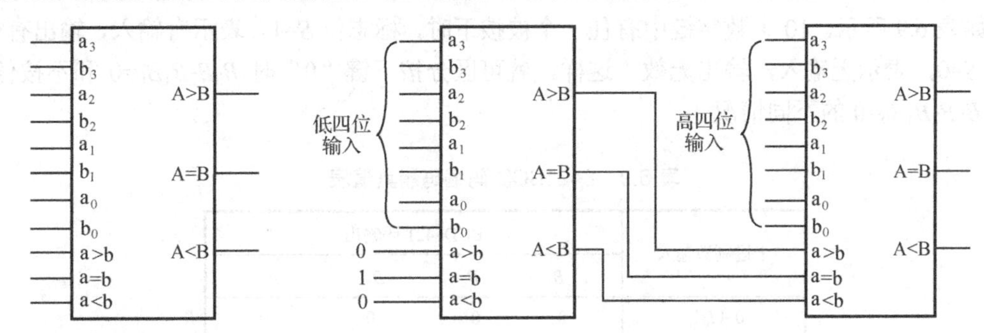

图 6.27　74LS85 型比较器逻辑符号　　　　图 6.28　两个 74LS85 组成的 8 位比较器

6.4.3　编码器

在数字系统中，把若干个 0、1 数码按照一定规则编排成不同的二进制代码，用来表示不同信息（数字、字母、符号等）的过程称为编码。具有编码功能的逻辑电路称为编码器。8421BCD 码编器和优先编码器是数字电路常用的编码器。

图 6.29 是一个键控式 8421BCD 码编码器原理图，这个电路将 0～9 的按键所指示的数值（以 I_0～I_9 分别表示 0～9 这 10 个数）转换为二进制代码输出。图中 B_3、B_2、B_1、B_0 是二进制代码的输出，S 是使用标志位。由图可写出输出和标志位的逻辑表达式分别为

$$\left.\begin{aligned}
B_3 &= \overline{\overline{I_8} \cdot \overline{I_9}} = I_8 + I_9 \\
B_2 &= \overline{\overline{I_4} \cdot \overline{I_5} \cdot \overline{I_6} \cdot \overline{I_7}} = I_4 + I_5 + I_6 + I_7 \\
B_1 &= \overline{\overline{I_2} \cdot \overline{I_3} \cdot \overline{I_6} \cdot \overline{I_7}} = I_2 + I_3 + I_6 + I_7 \\
B_0 &= \overline{\overline{I_1} \cdot \overline{I_3} \cdot \overline{I_5} \cdot \overline{I_7} \cdot \overline{I_9}} = I_1 + I_3 + I_5 + I_7 + I_9 \\
S &= B_3 + B_2 + B_1 + B_0 + I_0
\end{aligned}\right\}$$

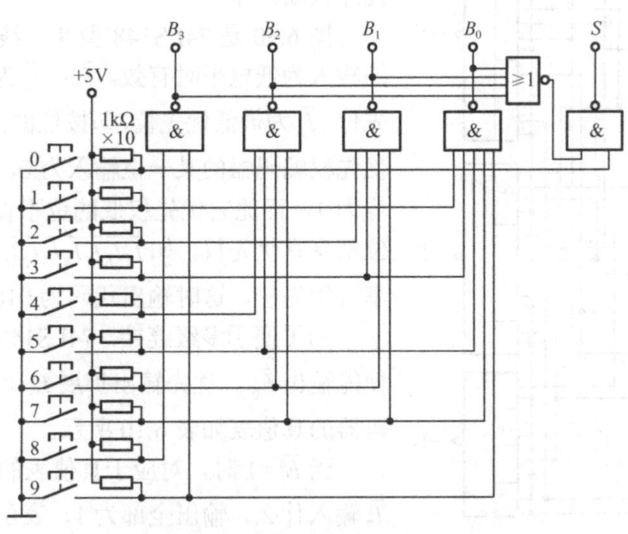

图 6.29　8421BCD 码编码器的逻辑电路

按下某个数字键，就相当于输入这个十进制数，相应的输入为低电乎，而其余输入为高

电平。这样，有低电平输入的与非门会有高电平输出，其他与非门仍保持输出低电平。其真值表如表 6.9 所示。10 个数字键中有任一个被按下时，标志位 S=1，表示有输入，输出有效；否则 S=0，表示无输入，输出无效。这样，就可区分按下键“0”时 $B_3B_2B_1B_0$=0 和不按任何键时 $B_3B_2B_1B_0$=0 的不同情况。

表 6.9　8421BCD 码编码器真值表

十进制数输入	BCD8421 码输出			
	B_3	B_2	B_1	B_0
0（I_0）	0	0	0	0
1（I_1）	0	0	0	1
2（I_2）	0	0	1	0
3（I_3）	0	0	1	1
4（I_4）	0	1	0	0
5（I_5）	0	1	0	1
6（I_6）	0	1	1	0
7（I_7）	0	1	1	1
8（I_8）	1	0	0	0
9（I_9）	1	0	0	1

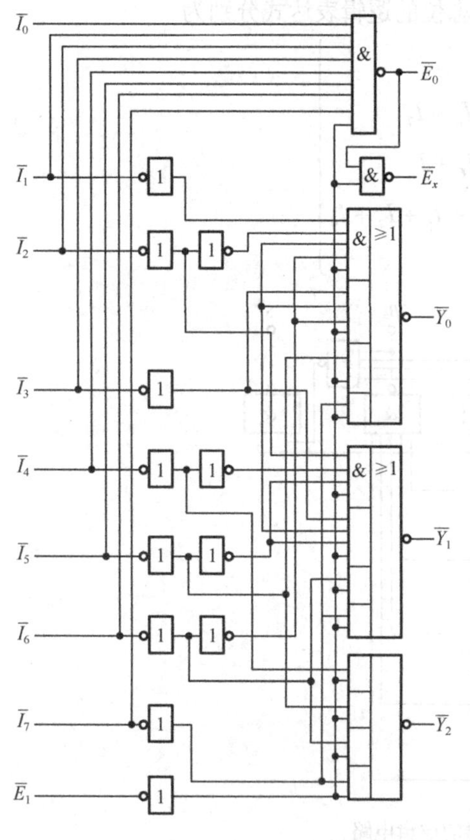

图 6.30　74LS148 优先权编码器

上述 8421BCD 码编码器，在使用时若同时按下两个以上的数符键，则输出混乱，无法实现正确的编码。而实际中经常遇到有多个信号同时输入的情况，为此需要一种特殊的编码器，当有多个信号同时输入时，它能按事先约定的优先权次序，识别出优先权最高的信号进行编码。具有这种编码功能的编码器称为优先权编码器。

图 6.30 是 74LS148 型 8-3 线优先权编码器。它的输入为低电平时有效。$\overline{I}_7 \cdots \overline{I}_0$ 为输入，$\overline{I}_7$ 为最高优先位，$\overline{I}_0$ 为最低优先位，即按位的高低依次排队编码，优先权编码器的某一位输入为 0，比它优先权高的位均为 1，而比它优先权低的位不管是 0 还是 1，这一位都享有优先权，如 $\overline{I}_7\overline{I}_6\overline{I}_5\overline{I}_4\overline{I}_3\overline{I}_2\overline{I}_1\overline{I}_0$=11001010，则 I_5 享有优先权，这时输出代码为 010，即反码输出。

为了便于多级连接，74LS148 设有使能输入 $\overline{E}_1$、使能输出 $\overline{E}_0$、优先输出扩展 $\overline{E}_x$。74LS148 优先权编码器的真值表如表 6.10 所示。

当 $\overline{E}_1$=1 时，对应于真值表的第一行，无论 $\overline{I}_0$～$\overline{I}_7$ 输入什么，输出全部为 1，表示编码器不工作，输出 $\overline{Y}_2\ \overline{Y}_1\ \overline{Y}_0$=111 无效，同时 $\overline{E}_0$=1，使与本片所连的下级编码器不能工作。当 $\overline{E}_1$=0（低电平有效）时，本

片可以工作，若$\overline{I}_0$～$\overline{I}_7$有输入，则将优先权最高的数码转换成二进制数输出，同时，优先标志$\overline{E}_x$=0，指示本片有数码输入，输出$\overline{Y}_2\ \overline{Y}_1\ \overline{Y}_0$为有效数字（反码输出），$\overline{E}_0$=1，使下级编码器不能工作，这些情况对应于真值表的第 3～10 行。当$\overline{E}_1$=0 但$\overline{I}_0$～$\overline{I}_7$无输入时，对应真值表的第 2 行，输出$\overline{E}_0$=0，使下级编码器可以工作，同时优先标志$\overline{E}_x$=1，指示$\overline{Y}_2\ \overline{Y}_1\ \overline{Y}_0$为无效输出。

表 6.10　74LS148 优先权编码器的真值表

输入									输出				
$\overline{E}_1$	$\overline{I}_0$	$\overline{I}_1$	$\overline{I}_2$	$\overline{I}_3$	$\overline{I}_4$	$\overline{I}_5$	$\overline{I}_6$	$\overline{I}_7$	$\overline{Y}_2$	$\overline{Y}_1$	$\overline{Y}_0$	$\overline{E}_x$	$\overline{E}_0$
1	×	×	×	×	×	×	×	×	1	1	1	1	1
0	1	1	1	1	1	1	1	1	1	1	1	1	0
0	×	×	×	×	×	×	×	0	0	0	0	0	1
0	×	×	×	×	×	×	0	1	0	0	1	0	1
0	×	×	×	×	×	0	1	1	0	1	0	0	1
0	×	×	×	×	0	1	1	1	0	1	1	0	1
0	×	×	×	0	1	1	1	1	1	0	0	0	1
0	×	×	0	1	1	1	1	1	1	0	1	0	1
0	×	0	1	1	1	1	1	1	1	1	0	0	1
0	0	1	1	1	1	1	1	1	1	1	1	0	1

图 6.31 是利用两个 74LSl48 芯片扩展成 16 位优先权编码器的连接图。$\overline{I}_0$～$\overline{I}_{15}$为输入，Y_3～Y_0是 4 位二进制输出，E_x是优先标志，以区分$\overline{I}_0$～$\overline{I}_{15}$有输入时的 $Y_3Y_2Y_1Y_0$=0000 和无输入时的 $Y_3Y_2Y_1Y_0$=0000。

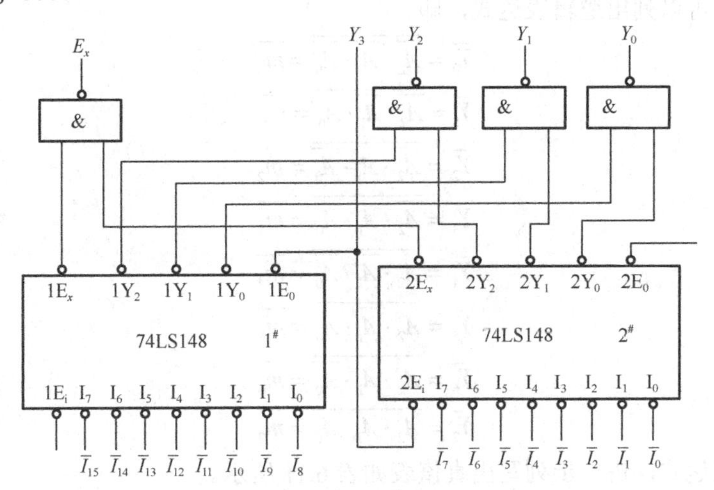

图 6.31　两个 74LS148 的连接方式

6.4.4　译码器

译码是编码的逆过程，即把原来赋予二进制代码的不同信息“翻译”出来的过程。具有译码功能的逻辑电路称为译码器。译码器种类很多，用途不一。作为典型例子，这里介绍二进制译码器和 8421BCD 码显示译码器。

1. 二进制译码器

图 6.32（a）是 74LS138 型 3-8 线译码器的逻辑图。A_2、A_1、A_0 是 3 位二进制输入，$\overline{Y}_0$ ~ $\overline{Y}_7$ 是相应的译码器输出，E_0、$\overline{E}_1$、$\overline{E}_2$ 是本片的选通控制端信号，为扩展电路功能而设定，只存在 E_0=1、$\overline{E}_1+\overline{E}_2$=0 时译码器才工作，有译码输出。

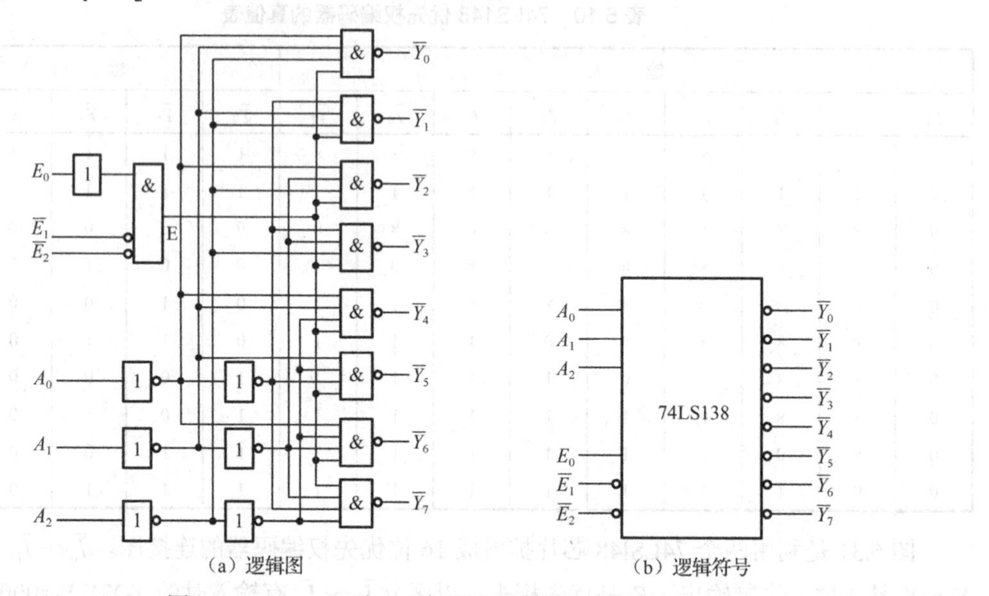

图 6.32　74LS138 型 3-8 线译码器逻辑图及逻辑符号

由逻辑图，可以列出逻辑表达式，即

$$\overline{Y}_0=\overline{\overline{A}_2\cdot\overline{A}_1\cdot\overline{A}_0}=\overline{m_0}$$

$$\overline{Y}_1=\overline{\overline{A}_2\cdot\overline{A}_1\cdot A_0}=\overline{m_1}$$

$$\overline{Y}_2=\overline{\overline{A}_2\cdot A_1\cdot\overline{A}_0}=\overline{m_2}$$

$$\overline{Y}_3=\overline{\overline{A}_2\cdot A_1\cdot A_0}=\overline{m_3}$$

$$\overline{Y}_4=\overline{A_2\cdot\overline{A}_1\cdot\overline{A}_0}=\overline{m_4}$$

$$\overline{Y}_5=\overline{A_2\cdot\overline{A}_1\cdot A_0}=\overline{m_5}$$

$$\overline{Y}_6=\overline{A_2\cdot A_1\cdot\overline{A}_0}=\overline{m_6}$$

$$\overline{Y}_7=\overline{A_2\cdot A_1\cdot A_0}=\overline{m_7}$$

根据逻辑表达式，进一步列写出真值表如表 6.11 所示。

表 6.11　74LS138 真值表

输　入					输　出							
E_0	$\overline{E}_1+\overline{E}_2$	A_2	A_1	A_0	$\overline{Y}_0$	$\overline{Y}_1$	$\overline{Y}_2$	$\overline{Y}_3$	$\overline{Y}_4$	$\overline{Y}_5$	$\overline{Y}_6$	$\overline{Y}_7$
1	0	0	0	0	0	1	1	1	1	1	1	1
1	0	0	0	1	1	0	1	1	1	1	1	1

续表

输　入					输　出							
E_0	$\overline{E}_1+\overline{E}_2$	A_2	A_1	A_0	$\overline{Y}_0$	$\overline{Y}_1$	$\overline{Y}_2$	$\overline{Y}_3$	$\overline{Y}_4$	$\overline{Y}_5$	$\overline{Y}_6$	$\overline{Y}_7$
1	0	0	1	0	1	1	0	1	1	1	1	1
1	0	0	1	1	1	1	1	0	1	1	1	1
1	0	1	0	0	1	1	1	1	0	1	1	1
1	0	1	0	1	1	1	1	1	1	0	1	1
1	0	1	1	0	1	1	1	1	1	1	0	1
1	0	1	1	1	1	1	1	1	1	1	1	0
0	×	×	×	×	1	1	1	1	1	1	1	1
×	1	×	×	×	1	1	1	1	1	1	1	1

从真值表可以看出，当 E_0=1、$\overline{E}_1+\overline{E}_2$=0 时，本片被选通工作，$A_2A_1A_0$ 每输入一组二进制数，就有相应的一路输出为 0（即低电平），其他路均为 1（即高电平），低电平的这一路称为译中，其他路称为未译中。二进制译码器就是将输入的二进制数转换成唯一的一路译中信号去驱动后续逻辑电路或指示电路等。74LS138 是低电平为译中信号的芯片，也有高电平为译中信号的二进制译码器。

用 3 片 74LS138 可以构成一个 5-24 线译码器，而不用任何附加电路，其扩展连线如图 6.33 所示。

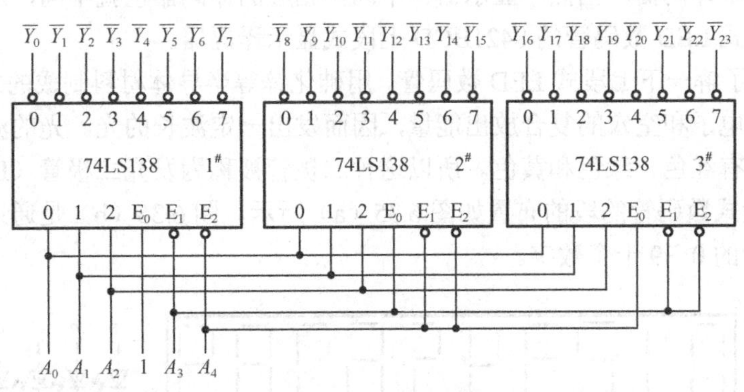

图 6.33　用 3 片 74LS138 扩展成的 5-24 线译码器

【例 6-4】 试用 74LS138 集成译码器设计一个全加器。

分析： 由 74LS138 逻辑表达式可知，当 74LS138 集成译码器 E_0=1、$\overline{E}_1+\overline{E}_2$=0 时，$\overline{Y}_0=\overline{\overline{A_2}\cdot\overline{A_1}\cdot\overline{A_0}}=\overline{m_0}$，同理，$\overline{Y}_1=\overline{m_1}$，$\overline{Y}_2=\overline{m_2}$ …… $\overline{Y}_7=\overline{m_7}$。

全加器有 3 个输入端：A_i、B_i、C_{i-1}，有两个输出端：S_i、C_i。

（1）全加器逻辑表达式最小项形式为

$$S_i=\overline{A}_i\overline{B}_iC_{i-1}+\overline{A}_iB_i\overline{C}_{i-1}+A_i\overline{B}_i\overline{C}_{i-1}+A_iB_iC_{i-1}$$
$$=m_1+m_2+m_4+m_7=\overline{\overline{m}_1\overline{m}_2\overline{m}_4\overline{m}_7}$$
$$C_i=\overline{A}_iB_iC_{i-1}+A_i\overline{B}C_{i-1}+A_iB_i\overline{C}_{i-1}+A_iB_iC_{i-1}$$
$$=m_3+m_5+m_6+m_7=\overline{\overline{m}_3\overline{m}_5\overline{m}_6\overline{m}_7}$$

（2）确认表达式。

$$令\ A_2=A_i,\ A_1=B_i,\ A_0=C_{i-1}$$

$$S_i = \overline{\overline{Y_1}\,\overline{Y_2}\,\overline{Y_4}\,\overline{Y_7}},\ \ C_i = \overline{\overline{Y_3}\,\overline{Y_5}\,\overline{Y_6}\,\overline{Y_7}}$$

（3）画出连线图，如图 6.34 所示。

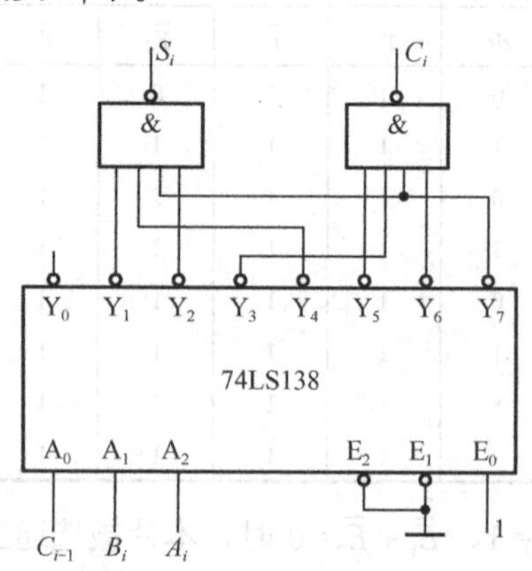

图 6.34 例 6-4 全加器连线图

2．8421BCD 码显示译码器

在数字电路中，经常需要将二进制数以人们习惯的十进制数字形式显示出来，这就用到数码显示器和显示译码器。当然，显示器件不同，相应的译码器也就不同，这里我们只介绍一种适用于七段式 LED 数码管的 8421BCD 七段式显示译码器。

首先，我们了解一下七段式 LED 数码管。用砷化锌等半导体材料制成的二极管，当加正向电压导通时，电子和空穴的复合放出能量，因而发出一定波长的光。光的波长不同，颜色也不同，常见的有红色、绿色和黄色。所以这种二极管被称为发光二极管（LED）。用 7 个 LED 制成的七段式数码管的段的布置如图 6.35（a）所示，图 6.35（b）是通过控制有关各段 LED 发光所显示的 0～9 十个数字。

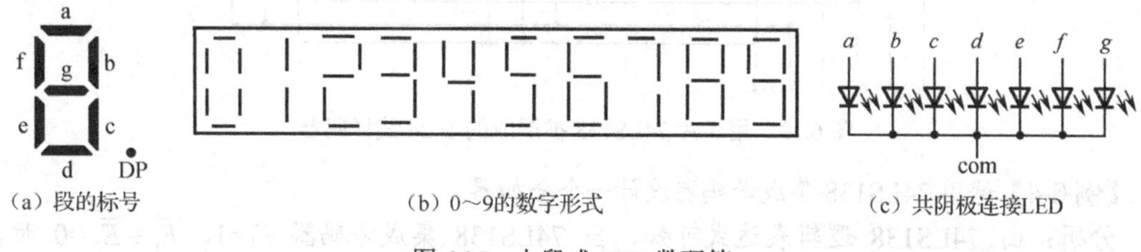

（a）段的标号　（b）0～9的数字形式　（c）共阴极连接LED

图 6.35 七段式 LED 数码管

七段式 LED 数码管有共阳极和共阴极两种类型。共阴极连接是 7 个 LED 的阴极连在一起，工作时接地，7 个阳极接译码器的输出，译码器输出为高电平有效，使 LED 发光，如图 6.35（c）所示。共阳极连接与之相反。

数字显示器件除了上述 LED 数码管，还有荧光数码管和液晶显示器等。荧光数码管也制成段式结构，但属于电真空器件，工作时需要较高的电源电压。液晶显示器是一种被动式显示器件，液晶本身不发光，是利用其透明度或颜色随外加电压变化的特性制成的。这种显示器虽然显示不够清晰，但具有工作电压低、功耗小的优点，多用于电子仪表和计算器等。

图 6.36 是七段式 LED 显示译码器逻辑图。

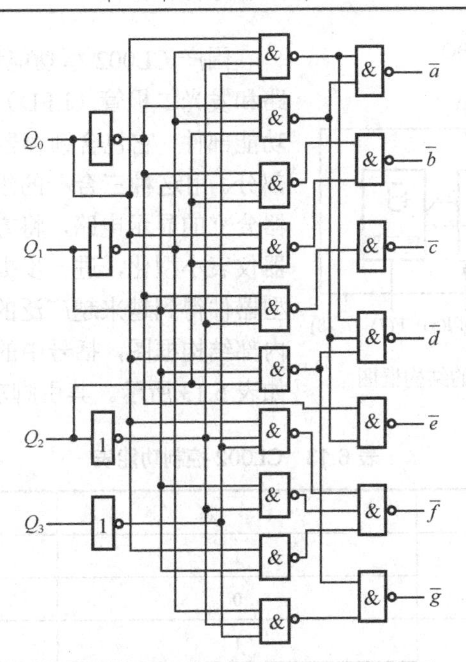

图 6.36　七段式 LED 显示译码器逻辑图

由逻辑图可以列出逻辑表达式，即

$$\left.\begin{aligned}
\overline{a} &= \overline{Q}_3\overline{Q}_2\overline{Q}_1Q_0 + Q_2\overline{Q}_1\overline{Q}_0 \\
\overline{b} &= Q_2\overline{Q}_1Q_0 + Q_2Q_1\overline{Q}_0 \\
\overline{c} &= \overline{Q}_2Q_1\overline{Q}_0 \\
\overline{d} &= \overline{Q}_3\overline{Q}_2\overline{Q}_1Q_0 + Q_2\overline{Q}_1\overline{Q}_0 + Q_2Q_1Q_0 \\
\overline{e} &= Q_2\overline{Q}_1\overline{Q}_0 + Q_0 \\
\overline{f} &= \overline{Q}_3\overline{Q}_2Q_0 + \overline{Q}_2Q_1 + Q_1Q_0 \\
\overline{g} &= \overline{Q}_3\overline{Q}_2\overline{Q}_1 + Q_2Q_1Q_0
\end{aligned}\right\}$$

根据逻辑式，进一步可列写出真值表，如表 6.12 所示。

表 6.12　七段式 LED 显示译码器真值表

数字	输　入				输　出						
	Q_3	Q_2	Q_1	Q_0	$\overline{a}$	$\overline{b}$	$\overline{c}$	$\overline{d}$	$\overline{e}$	$\overline{f}$	$\overline{g}$
0	0	0	0	0	1	1	1	1	1	1	0
1	0	0	0	1	0	1	1	0	0	0	0
2	0	0	1	0	1	1	0	1	1	0	1
3	0	0	1	1	1	1	1	1	0	0	1
4	0	1	0	0	0	1	1	0	0	1	1
5	0	1	0	1	1	0	1	1	0	1	1
6	0	1	1	0	1	0	1	1	1	1	1
7	0	1	1	1	1	1	1	0	0	0	0
8	1	0	0	0	1	1	1	1	1	1	1
9	1	0	0	1	1	1	1	1	0	1	1

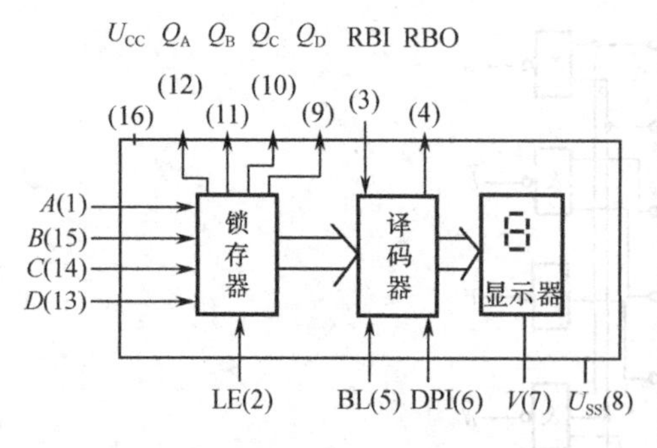

图 6.37 CL002 型功能块的结构框图

国产 CL002 型功能块是一种将 CMOS 逻辑电路和发光二极管（LED）数码显示管组合为一体的功能部件，它包含锁存器、译码器、LED 显示器三部分。用这种三合一的组合件来代替译码器、显示器分立的显示电路，将方便整体系统的设计，使仪器仪表小型化，进一步提高系统的可靠性。这种新型器件得到越来越广泛的应用。图 6.37 示出了它的内部结构框图，括号中的数字为外引脚号，功能表如表 6.13 所示。其引脚功能如下。

表 6.13 CL002 控制功能表

输 入	状 态	功 能
LE（锁存控制）	1	锁存
	0	送数
BL（显示及熄灭控制）	1	显示
	0	熄灭
DPI（小数点消隐控制）	1	小数点显示
	0	小数点熄灭

（1）锁存控制 LE。

当 LE=0 时，将输入 A、B、C、D 的状态打入锁存器，并同时译码、显示；当 LE=1 时，已打入的数被锁存，此时 Q_A、Q_B、Q_C、Q_D 的输出状态及显示的数将不受输入 A、B、C、D 状态变化的影响。

（2）数码显示及熄灭控制端 BL。

当 BL=0 时．数码管显示；反之，数码管及小数点无条件熄灭。

（3）小数点消隐控制端 DPI。

DPI=1，小数点可点亮，反之则熄灭。

（4）灭零输出 RBO 及灭零输入 RBI。

RBO 用于控制低一位数字的无效零值消隐，RBI 用于本位无效零值的消隐，消隐的条件是 RBI=0、DPI=0、锁存器内容为 0。若上述诸条件中有一个不满足，则数码管点亮，且 RBO 输出为高电平。

（5）BCD 数码输入 A、B、C、D 和输出 Q_A、Q_B、Q_C、Q_D。

输入端可接任意进制计数器和可逆计数器；输出端供打印或用作数控。

（6）亮度调整 V。

在 V 和地之间串联电阻或稳压管，可以借此来调整数码管的电流，一般使工作电流 I_F 大致调整在 40～60mA 范围内，实际上 V 是 LED 的公共阴极。

图 6.38 所示为 5 位数字显示电路，小数点前有 3 位，小数点后有 2 位，最高两位和小数点后第 2 位为 0 时，相应位熄灭。图中，S_1、S_2、S_4、S_5 的 DPI 接“0”电平，不显示小数点。S_1 的 RBI 接“0”电平，RBO 接至 S_2 的 RBI，因此，当 S_1 位的数字为 0 时，熄灭（满足无效零消息的三个条件），且 RBO 为“0”电平，这时，S_2 位的数字 0 也熄灭，数字 1～9 则显示；

当 S_1 位的数字为 1～9 时，显示，且 RBO 为“1”电平，这时，S_2 位对数字 0～9 均显示，由于 S_5 和 S_4 的 RBI 接“1”电平，因此 S_3 和 S_4 位对所有数字 0～9 均显示，因为小数点前、后的一位数字总是有效的。

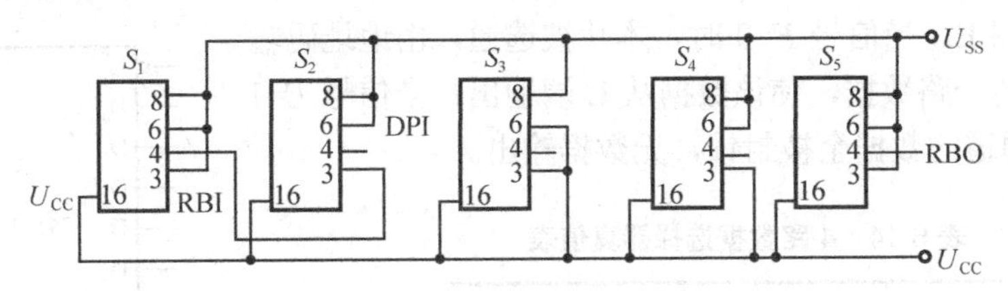

图 6.38　5 位数字显示电路（无效零熄灭控制）

6.4.5　数据选择器和数据分配器

1. 数据选择器

能够实现从多路数字信号通道中选择指定的一路信号进行传输的逻辑部件叫作多路数据选择器。图 6.39 所示是一个 4 路数据选择器的逻辑图和它的逻辑符号。其中，D_0～D_3 是 4 路数字信号输入，A、B 是地址变量输入，由 A、B 输入的值来决定选择 4 路数字信号中的哪一路送至输出端 L，$\overline{L}$ 是数字信号的反码输出。

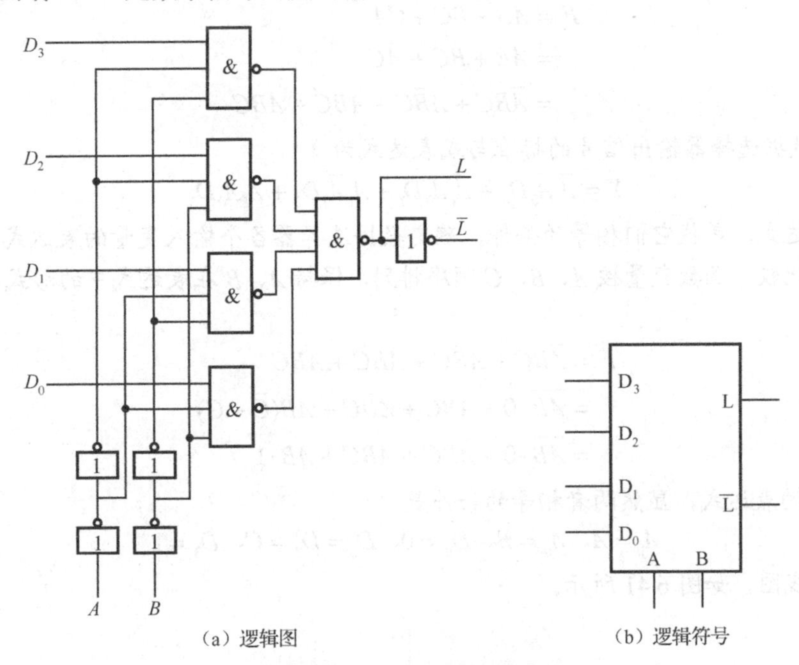

（a）逻辑图　　（b）逻辑符号

图 6.39　4 路数据选择器

从图 6.39（a）可以写出数据选择器的逻辑表达式：

$$L=\overline{\overline{ABD_3}\cdot\overline{A\overline{B}B_2}\cdot\overline{\overline{A}BD_1}\cdot\overline{\overline{A}\overline{B}D_0}}=ABD_3+A\overline{B}D_2+\overline{A}BD_1+\overline{A}\overline{B}D_0$$

并可列出如表 6.14 所示的真值表。

数据选择器的型号有多种，常用的如4选1数据选择器（74153、74LS153、74253、74LS253）和8选1中规模集成数据选择器（74151、74LS151、74251、74LS251）。图6.40是74151型数据选择器的逻辑符号。A、B、C是地址码输入端，D_0～D_7是8个数据通道输入端，还有一个选通控制端E。当信号E=0时，本片被选通，由地址码输入来选择相应的一路数据，使该数据从L端输出；当信号E=1时，8个数据通道的数据全被封锁，无数据输出。

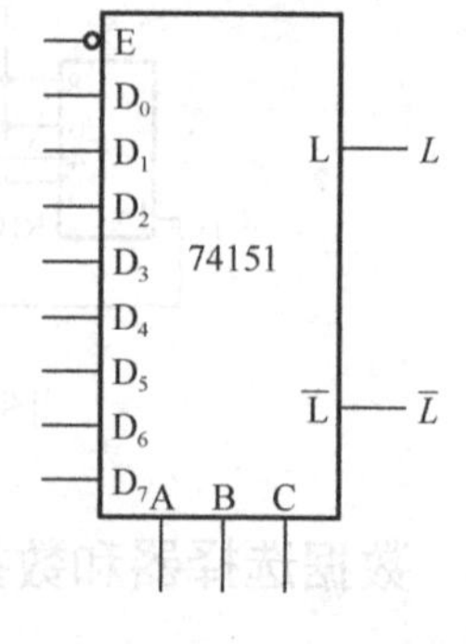

图6.40 74151型数据选择器的逻辑符号

表6.14 4路数据选择器真值表

A	B	L
0	0	D_0
0	1	D_1
1	0	D_2
1	1	D_3

【例6-5】（用中规模集成电路设计组合逻辑电路）画出用数据选择器74LS53（4选1数据选择器）实现函数F=AB+BC+CA的电路连线图。

解：

将逻辑函数F用最小项表示如下：

$$\begin{aligned}F &= AB + BC + CA \\ &= AB + BC + AC \\ &= \bar{A}BC + A\bar{B}C + AB\bar{C} + ABC\end{aligned}$$

4选1数据选择器输出信号的标准与或表达式为

$$Y = \bar{A}_1\bar{A}_0D_0 + \bar{A}_1A_0D_1 + A_1\bar{A}_0D_2 + A_1A_0D_3$$

比较两个表达式，寻找它们相等的条件，确定数据选择器各个输入变量的表达式。

为方便比较，函数变量按A、B、C顺序排列，保持A、B在表达式中的形式，将F变换为

$$\begin{aligned}F &= \bar{A}BC + A\bar{B}C + AB\bar{C} + ABC \\ &= \overline{AB}\cdot 0 + \bar{A}BC + A\bar{B}C + AB(\bar{C} + C) \\ &= \overline{AB}\cdot 0 + \bar{A}BC + A\bar{B}C + AB\cdot 1\end{aligned}$$

比较F和Y的表达式，显然两者相等的条件是

$$A_1 = A、A_0 = B、D_0 = 0、D_1 = D_2 = C、D_3 = 1$$

画出电路连线图，如图6.41所示。

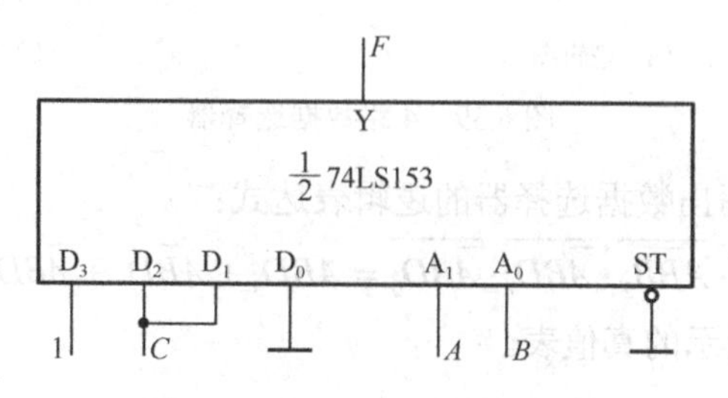

图6.41 例6-5题电路连线图

如果将函数变量按 B、C、A 顺序排列，保持 BC 在表达式中的形式，F 可变换为

$$F=\overline{B}CA+B\overline{C}A+BC\overline{A}+BCA$$
$$=\overline{B}\overline{C}\cdot 0+\overline{B}CA+B\overline{C}A+BC(\overline{A}+A)$$
$$=\overline{B}\overline{C}\cdot 0+\overline{B}CA+B\overline{C}A+BC\cdot 1$$

与 Y 表达式比较，可以得出 F 与 Y 相等的条件是

$$A_1=B、A_0=C、D_0=0、D_1=D_2=A_2、D_3=1$$

读者可以自行画出电路连线。可见，函数变量排列顺序不同，求得的选择器输入变量的表达式在形式上会不一样，但本质上并无区别。

从上面的例子可以看出，用集成数据选择器实现组合逻辑函数是非常方便的，设计过程也比较简单。数据选择器是一种通用性较强的中规模集成电路，如果能灵活应用，一般的单输出信号的组合问题都可以用它解决。

2. 数据分配器

数据分配器完成的是数据选择器的逆过程，它将一路数字信号分送到多路数据通道中。数据分配器通常不用专门的芯片，而是使用译码器。图 6.42 是一个用 74LS138 型 3-8 线译码器构成的 8 路数据分配器。根据 6.4.4 节译码器真值表 6.11，不难列写出这个 8 路数据分配器的真值表，如表 6.15 所示。

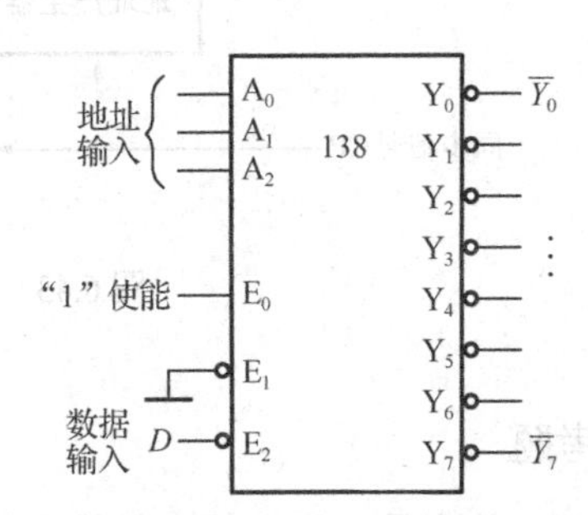

图 6.42　由 74LS138 构成的 8 路数据分配器

表 6.15　用 74LS138 构成数据分配器的真值表

输　入					输　出							
E_0	$\overline{E}_2$	A_2	A_1	A_0	$\overline{Y}_0$	$\overline{Y}_1$	$\overline{Y}_2$	$\overline{Y}_3$	$\overline{Y}_4$	$\overline{Y}_5$	$\overline{Y}_6$	$\overline{Y}_7$
0	×	×	×	×	1	1	1	1	1	1	1	1
1	D	0	0	0	D	1	1	1	1	1	1	1
1	D	0	0	1	1	D	1	1	1	1	1	1
1	D	0	1	0	1	1	D	1	1	1	1	1
1	D	0	1	1	1	1	1	D	1	1	1	1
1	D	1	0	0	1	1	1	1	D	1	1	1
1	D	1	0	1	1	1	1	1	1	D	1	1
1	D	1	1	0	1	1	1	1	1	1	D	1
1	D	1	1	1	1	1	1	1	1	1	1	D

数据选择器和数据分配器经常被用作多路开关，广泛应用于现代数字系统，如微型计算机的 I/O 接口电路等。图 6.43 给出的是一个数据传输时分系统的原理图。图中 8 路数据选择器用作数据发送端口，8 路数据分配器用作数据接收端口。整个系统工作时，在一个同步信号的协调控制下，依据两端口的通道地址，分时顺序地使两端口对应通道 D_0—L_0、D_1—L_1、D_2—L_2、……、D_7—L_7 接通，这样就可以使相应通道在接通的时间内，分享一条共用传输线来实现发送和接收数据的操作。

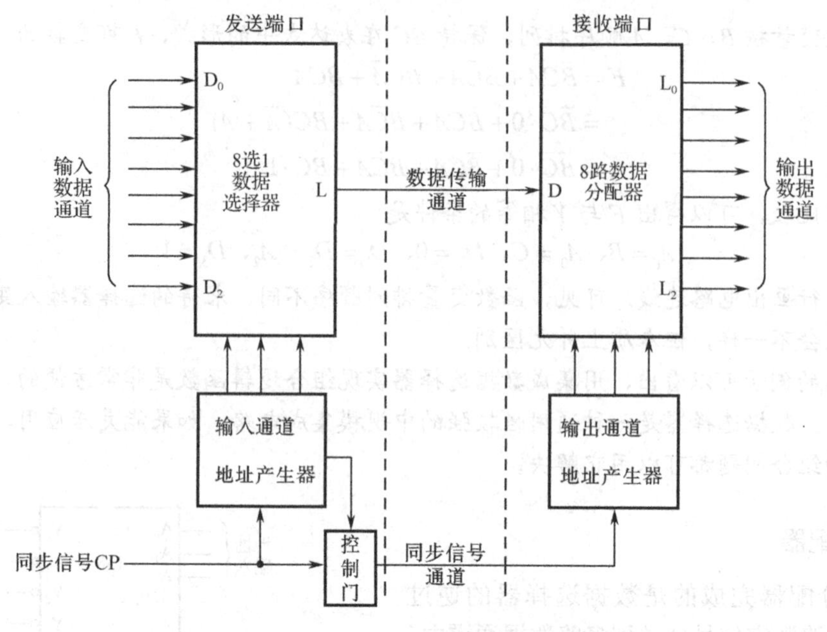

图 6.43　数据传输时分系统的原理图

探究思考题

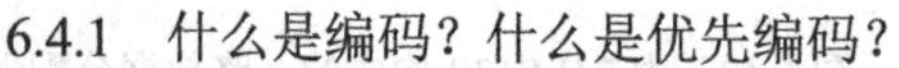

6.4.1　什么是编码？什么是优先编码？

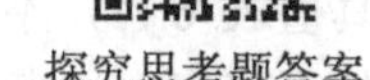

探究思考题答案

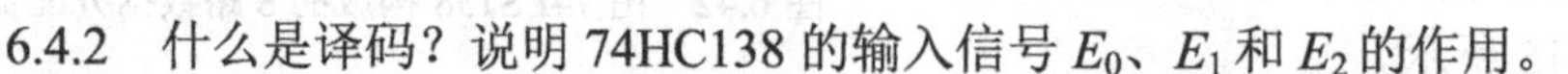

6.4.2　什么是译码？说明 74HC138 的输入信号 E_0、E_1 和 E_2 的作用。

6.4.3　仿真电路如图 6.25 所示，利用 Multisim 进行仿真，得到其逻辑函数式和真值表。

6.4.4　用 1 片 7485 构成 4 位数值比较器，并用 Multisim 仿真。

仿真文件下载

6.4.5　用 1 片 74LS148D 构成编码器电路，并用 Multisim 仿真。

6.4.6　用 2 片 74LS138 构成一个 4-16 线译码器，画出逻辑图，并进行 Multisim 仿真。

6.5　组合逻辑电路中的竞争冒险

前面所述组合逻辑电路的分析与设计是在理想条件下进行的，忽略了信号传输时间延迟（延时）对门电路带来的影响。如果考虑信号传输小的时间延迟的影响，则电路输出端可能产生干扰脉冲（又称毛刺），影响电路的正常工作，这种现象称为竞争冒险。

6.5.1　竞争冒险产生的原因

前面在对组合逻辑电路进行分析及设计时，均是针对器件处于稳定工作状态的情况，没有考虑信号变化瞬间的情况。为了保证电路工作的稳定性及可靠性，有必要再观察一下输入信号逻辑电平发生变化的瞬间电路的工作情况。

图 6.44（a）为非门、或门构成的电路，当电路稳定时，其输出为 $F = A + \overline{A} = 1$。图 6.44（b）给出了其输入与输出的波形。可以看出，其输出不是固定为 1，而是在一段时间内输出为 0，这是什么原因造成的呢？

前面在设计和分析电路时没有考虑器件的延时问题，而实际器件是存在延时的，竞争冒险现象就是由于器件的延时造成的，没有延时就没有竞争冒险。

在图 6.44 中，在“或”逻辑输入端的两个输入变量状态正好相反，因而出现竞争冒险现象；如果在“与”逻辑输入端的两个变量状态正好相反且有延时，那么也会出现竞争冒险现象。

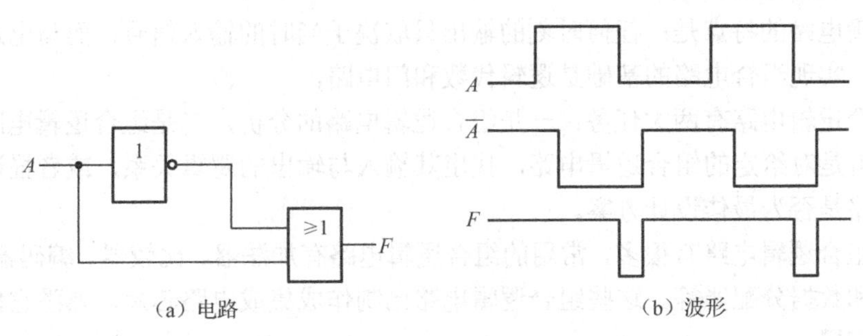

图 6.44　因竞争冒险产生的干扰脉冲

6.5.2　竞争冒险的消除方法

（1）冗余项法。

冗余项是指在表达式中加上一项对逻辑功能不产生影响的逻辑项，如果进行逻辑化简，就会将该项化简掉。

（2）选通法。

可以在电路中加上一个选通信号，当输入信号变化时，输出端与电路断开，当输入稳定时，选通信号工作，使电路输出改变其状态。

（3）滤波法。

从实际的竞争冒险波形上可以看出，其输出的波形宽度非常窄，可以在输入端加上一个小电容来滤去其尖脉冲。门电路的延时造成了竞争冒险现象，是不是所有的竞争冒险都必须消除呢？答案是否定的。竞争冒险现象虽然会导致电路的误动作，但由于一般门电路的延时为纳秒（ns）级，这对于慢速电路来说不会产生误动作，只有当电路的工作速度与门电路的最高工作速度在同一量级（或者门电路的延时与信号的周期在同一量级）时，竞争冒险才必须加以消除。

探究思考题

探究思考题答案

6.5.1　什么是组合逻辑电路中的竞争冒险？

6.5.2　列出消除组合逻辑电路中竞争冒险的几种方法。

扩展阅读

1．利用 Multisim 分析组合逻辑电路。

2．集成电路之父——杰克 • 基尔比。

3．集成电路的现状和发展趋势。

扩展阅读 1

扩展阅读 2

扩展阅读 3

本章总结

本章主要介绍了组合逻辑电路的特点、常用组合电路的逻辑功能和应用例子、组合逻辑电路的分析和设计方法。

组合逻辑电路的特点是：任何时刻的输出只取决于当时的输入信号，而与电路此前所处的状态无关。实现组合电路的基础是逻辑代数和门电路。

学习组合逻辑电路有两大任务：一是组合逻辑电路的分析，二是组合逻辑电路的设计。所谓分析，就是对给定的组合逻辑电路，找出其输入与输出的逻辑关系，或者描述其逻辑功能、评价电路是否为最佳设计方案。

具体的组合逻辑电路有很多，常用的组合逻辑电路有加法器、比较器、编码器、译码器、数据选择器和数据分配器等。这些组合逻辑电路已制作成集成电路芯片，熟悉它们的逻辑功能才能灵活应用。

第 6 章自测题

自测题答案

6.1　在正逻辑条件下，自测题 6.1 图所示逻辑电路为（　　）。

A．与门　　　　B．或门　　　　C．非门

6.2 在正逻辑条件下，自测题 6.2 图所示门电路的逻辑式为（　　）。

A．$F=A+B$　　　　B．$F=AB$　　　　C．$F=\overline{A+B}$

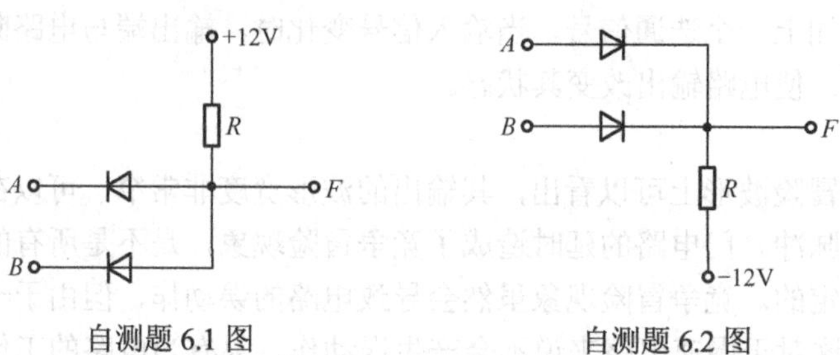

自测题 6.1 图　　　　自测题 6.2 图

6.3　自测题 6.3 图所示逻辑电路为（　　）。

A．与非门　　　　B．与门　　　　C．或门　　　　D．或非门

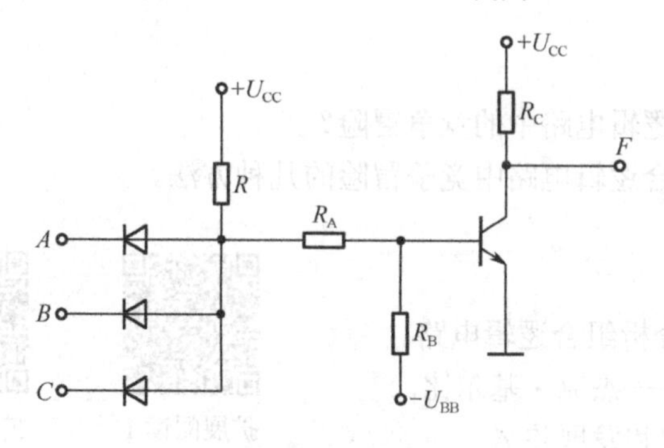

自测题 6.3 图

6.4　逻辑符号如自测题 6.4 图所示，其中，表示与非门的是（　　）。

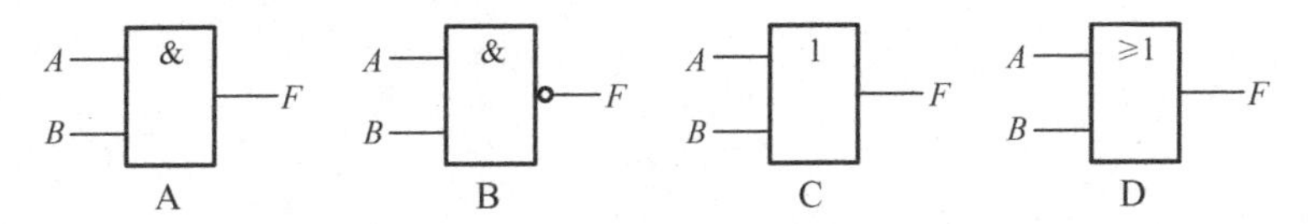

自测题 6.4 图

6.5　逻辑图和输入 A、B 的波形如自测题 6.5 图所示，分析 t_1 时刻的输出 F 为（　　）。

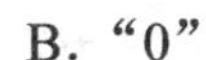

A. “1”　　B. “0”　　C. 不定

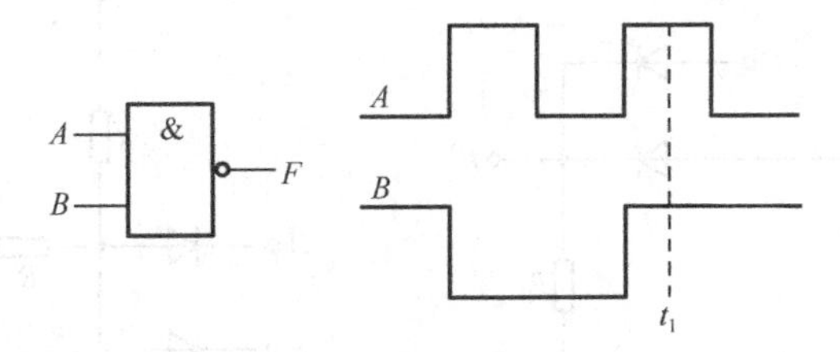

自测题 6.5 图

6.6　自测题 6.6 图所示逻辑符号的逻辑式为（　　）。

A. $F=AB$　　B. $F=A+B$　　C. $F=\overline{A}B+A\overline{B}$　　D. $F=AB+\overline{A}\,\overline{B}$

6.7　逻辑电路如自测题 6.7 图所示，EN 为控制端，若 C=1，则 F 为（　　）。

A. $\overline{A}B+A\overline{B}$　　B. $\overline{AB}$　　C. 高阻状态

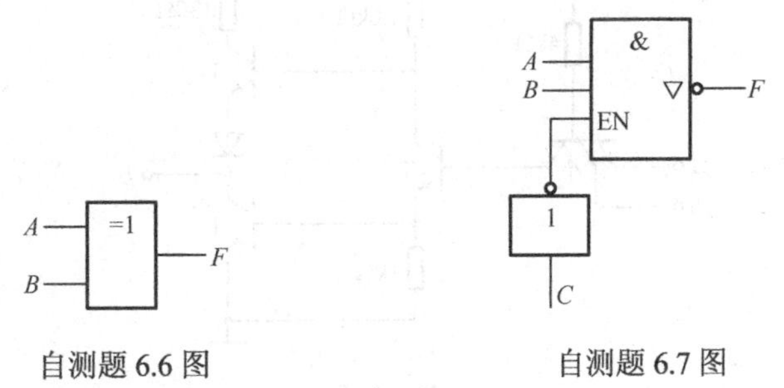

自测题 6.6 图　　自测题 6.7 图

6.8　自测题 6.8 图所示逻辑电路的逻辑式为（　　）。

A. $F=\overline{\overline{\overline{A+B}\,\overline{A}\,\overline{B}}}$　　B. $F=\overline{AB}\ \overline{A}\ \overline{B}$　　C. $F=(\overline{A+B})\overline{A}\,\overline{B}$

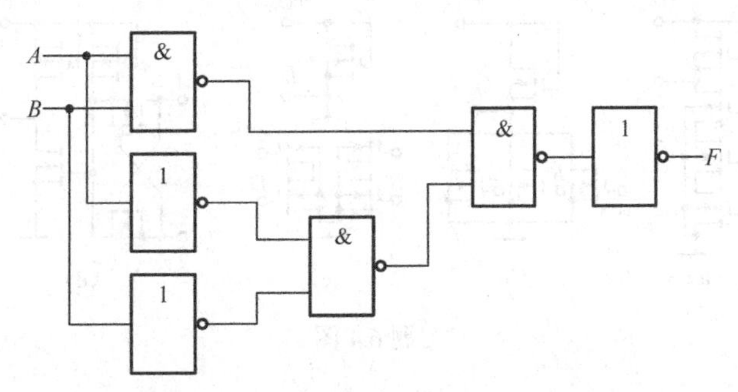

自测题 6.8 图

习题六

分析、计算题

6.1 电路如习题 6.1 图所示，试写出输出 F 与输入 A、B、C 的逻辑式，并画出逻辑图。

6.2 电路如习题 6.2 图所示，试写出输出 F 与输入 A、B、C 的逻辑式，并画出逻辑图。

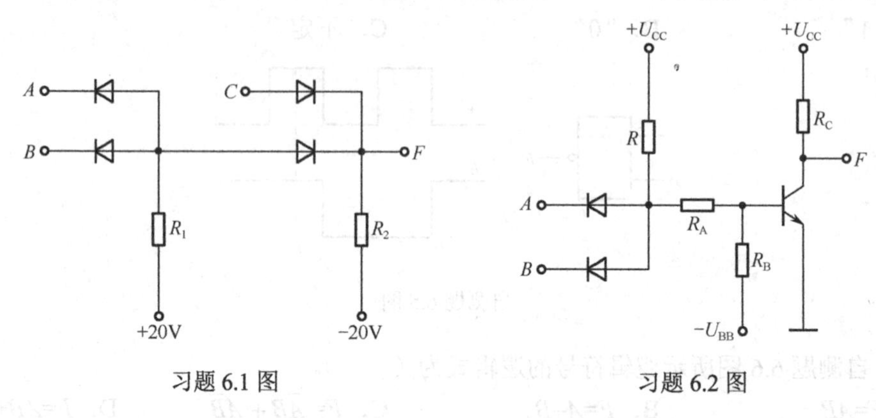

习题 6.1 图　　　　习题 6.2 图

6.3 试分析习题 6.3 图所示电路的逻辑功能，并说明二极管 D 的作用。

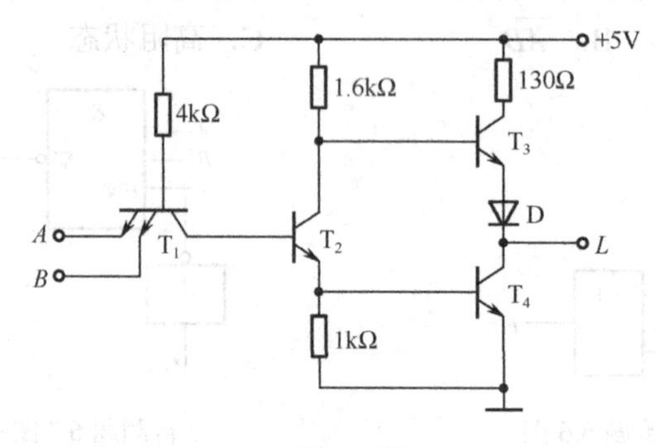

习题 6.3 图

6.4 试分析习题 6.4 图所示 MOS 型电路的逻辑功能，并写出逻辑式。

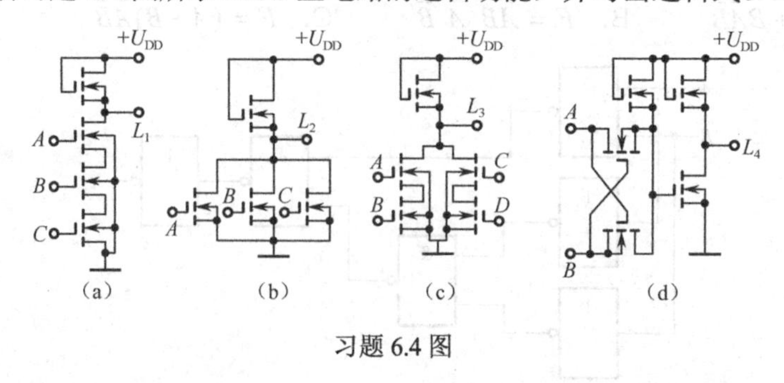

习题 6.4 图

6.5 逻辑电路如习题 6.5 图所示，试写出逻辑式并化简之，列出状态表，说明它是什么逻辑部件。

6.6　习题 6.6 图所示电路中，A_1、A_0 为两位地址码输入信号，D_3、D_2、D_1、D_0 为数据输入信号，L 为输出信号。

（1）列出电路的真值表。（2）说明电路实现何种功能，并指出它的名称。

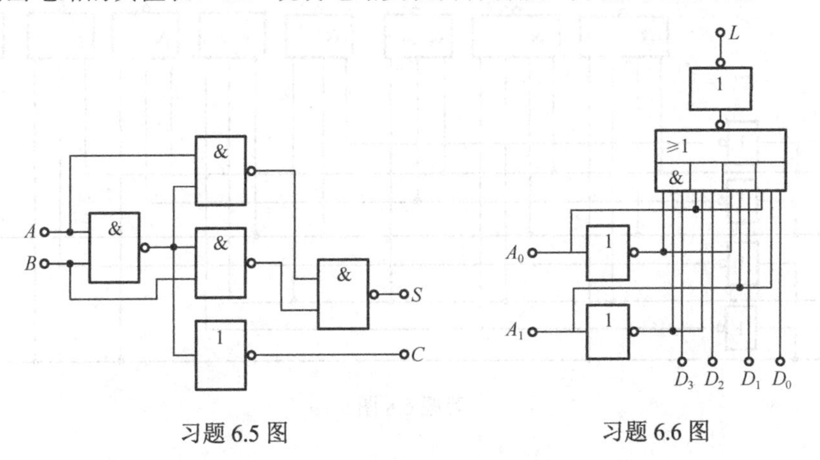

习题 6.5 图　　　　习题 6.6 图

6.7　习题 6.7 图所示电路中，A、B 为两位地址码输入信号，D 为数据输入信号，C 为允许数据输入的控制信号，L_0～L_3 为输出信号。

（1）列出电路的真值表。（2）指出电路的名称。

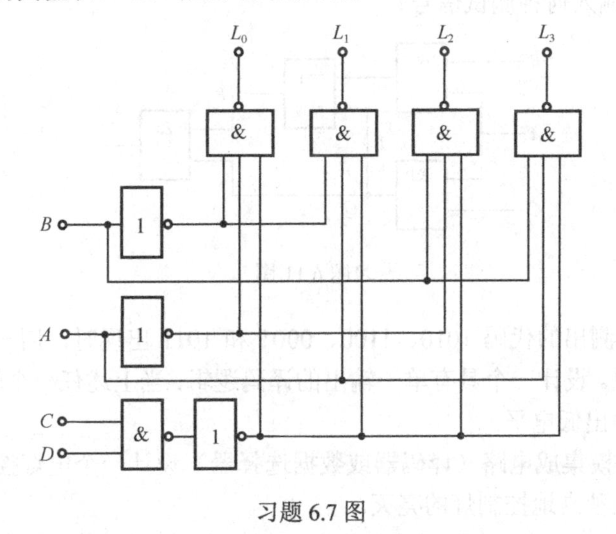

习题 6.7 图

6.8　习题 6.8 图所示逻辑电路，A、B、C、D 为输入，W、X、Y、Z 为输出。

（1）写出输出的逻辑式。（2）列出真值表。（3）说明电路实现何种功能。

6.9　当输入 A 和 B 同为“1”或同为“0”时，输出为“1”。当 A 和 B 状态不同时，输出为“0”，试列出状态表并写出相应的逻辑式，用“与非”门实现之，画出其逻辑图。

6.10　用与非门设计一个组合逻辑电路，实现多数表决，A、B、C 代表三个裁判，完成如下功能：裁判长（A）同意为 2 分，普通裁判（B、C）同意为 1 分，满 3 分时 F 为 1，同意举重成功；不足 3 分时 F 为 0，表示举重失败。

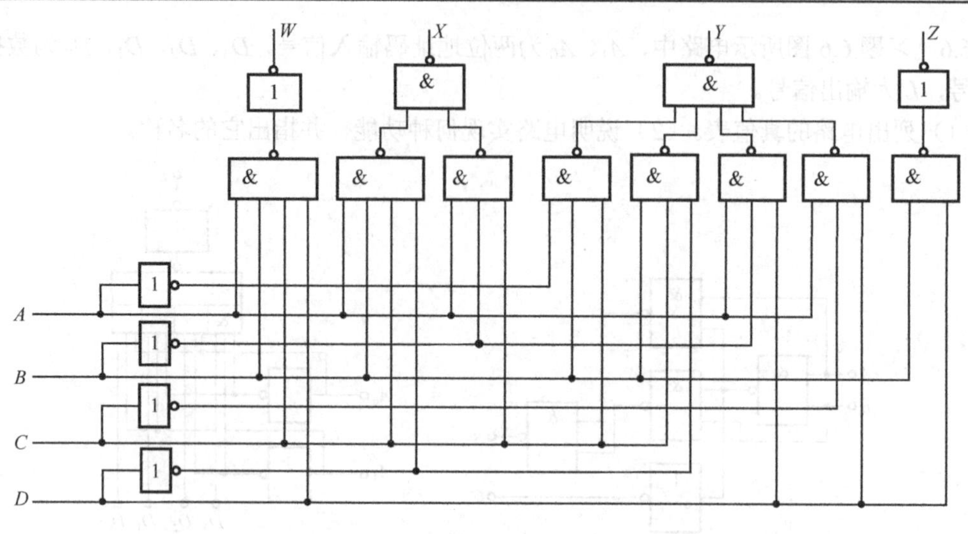

习题 6.8 图

综合应用题

6.11 试分析习题 6.11 图所示电路，欲从输出 F 判别 P 点的故障是接地（0）故障还是开路（1）故障，应输入何种测试信号？

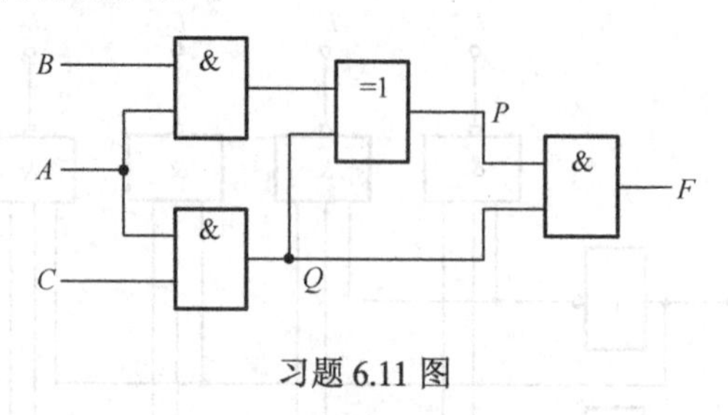

习题 6.11 图

6.12 当期望检测出的代码 1010、1100、0001 和 1011 出现时，用一个高电平有效输出表示这些代码的出现。设计一个具有单一输出的译码逻辑，当上述任一个输入的代码出现时，输出高电平，否则输出低电平。

6.13 利用中规模集成电路（译码器或数据选择器）设计一个电灯控制电路，要求在三个不同的地方都可以独立地控制灯的亮灭。

6.14 利用 74LS138 和门电路设计一位全减器电路。其中，A 为被减数，B 为减数，C 为低位借位，D 为差，P 为向高位的借位。

第7章　时序逻辑电路

本章要求（学习目标）

1. 掌握RS、D、JK、T和T′触发器的功能，了解不同触发方式触发器的动作特点。理解特性方程、状态表、时序图等功能描述方法。

2. 掌握时序电路的分析方法，理解电路中的关键术语及概念，如同步、异步、级联、预置、置位、复位、翻转、计数器的模等。

3. 理解计数器、寄存器的功能，理解常用的集成芯片74160、14161、74290、74194等功能，掌握它们的特性，掌握其应用方法。

4. 理解555的功能，理解多谐振荡器、单稳态触发器的工作原理及应用特点。

数字电路分为两类：组合逻辑电路和时序逻辑电路（sequential logic circuit）。组合逻辑电路的基本单元是门电路，其主要特点是：从逻辑功能看，任何时刻，组合逻辑电路的输出仅取决于该时刻的输入，与此前各时刻的输出状态无关；从电路结构上看，组合逻辑电路由门电路组合而成，没有从输出到输入的反馈连接。时序逻辑电路的基本单元是触发器，其主要特点是：从逻辑功能看，任何时刻，时序逻辑电路的输出状态不仅与该时刻的输入信号有关，还与电路此前的状态有关；从电路结构看，时序逻辑电路中含有存储单元（触发器），有从输出到输入的反馈连接。

触发器按其工作状态可分为双稳态触发器（bistable flip-flop）、单稳态触发器（monostable flip-flop）、多谐振荡器（multivibrator）。本章重点介绍各种触发器的特性、时序逻辑电路分析方法及常用的时序逻辑应用电路。

7.1　双稳态触发器

双稳态触发器（常简称为触发器，flip-flop）是一种具有记忆功能的逻辑单元电路，它能储存一位二进制码，有两个稳定的工作状态，在外加信号触发下，电路可从一种稳定的工作状态转换到另一种稳定的工作状态。触发器是构成时序逻辑电路存储部分的基本单元，也是数字电路的基本逻辑单元。

按触发器的功能（指触发器的次态、现态及输入信号之间的逻辑关系。现态指触发信号作用之前的状态，次态指触发信号作用之后的状态）来分，触发器包括RS触发器、D触发器、JK触发器、T触发器、T′触发器等。每一种触发器都可以有不同的结构及触发方式。下面重点说明不同触发器的逻辑功能与触发方式的特点。

7.1.1　RS 触发器

1. 基本 RS 触发器

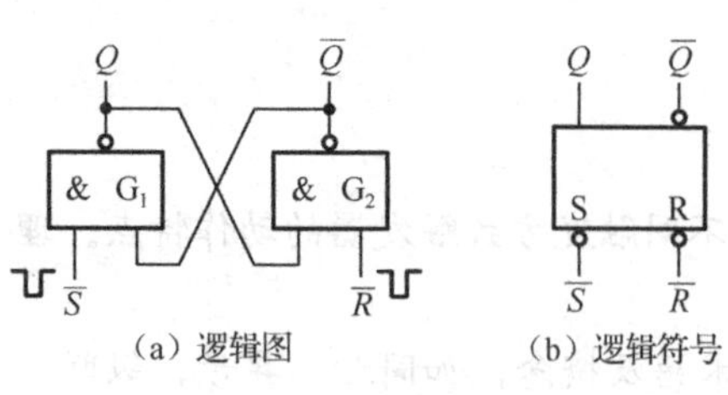

图 7.1　基本 RS 触发器

把两个与非门 G_1、G_2 的输入、输出端互相交叉连接，即可构成图 7.1（a）所示的基本 RS 触发器。其逻辑符号（logic symbol）如图 7.1（b）所示。

触发器有两个互为相反的逻辑输出端 Q、$\overline{Q}$，它有两个稳定的状态。当 Q=0、$\overline{Q}$=1 时，称触发器处于 0 态（复位状态）；当 Q=1、$\overline{Q}$=0 时，称触发器处于 1 态（置位状态），即 Q 端的状态规定为触发器的状态。输入端 $\overline{S}$ 是置 1（或置位，set）端，$\overline{R}$ 是置 0（或复位，reset）端，低电平有效（逻辑图及符号中 $\overline{S}$、$\overline{R}$ 上的“—”和符号中的“°”均表示低电平有效）。下面分 4 种情况分析其逻辑功能。

（1）保持功能。

当 $\overline{R}$=1、$\overline{S}$=1 时，输入信号均无效，触发器的状态将保持不变。

（2）置 0 功能。

当 $\overline{R}$=0、$\overline{S}$=1 时，置 0 信号有效，置 1 信号无效，则 Q=0、$\overline{Q}$=1，触发器置 0 态。

（3）置 1 功能。

当 $\overline{R}$=1、$\overline{S}$=0 时，置 1 信号有效，置 0 信号无效，则 Q=1、$\overline{Q}$=0，触发器置 1 态。

（4）禁止 $\overline{R}=\overline{S}$=0。

当 $\overline{R}=\overline{S}$=0 时，置 1、置 0 信号均有效，则 $Q=\overline{Q}$=1，造成逻辑混乱，因此 RS 触发器对输入信号存在着约束，约束条件为 $\overline{S}+\overline{R}=1$。在此状态下，如果两个输入端的信号同时由 0 变为 1，由于两个与非门的延迟时间不可能相等，延迟时间小的与非门的输出端将先完成由 1 变为 0，而另一个与非门的输出端将维持为 1，这样就不能确定触发器是 1 态还是 0 态，也就是一种不确定状态。

设 Q^n 现态，Q^{n+1} 为次态，由于触发器有记忆，所以 Q^{n+1} 与 Q^n 有关。从逻辑关系看，Q^n 与 $\overline{R}$、$\overline{S}$ 一样都是 Q^{n+1} 的输入变量，表 7.1 为由与非门构成的基本 RS 触发器的逻辑状态表（也称为特性表）。若已知输入信号 $\overline{S}$ 和 $\overline{R}$ 的波形（时序图），并假设触发器的初始状态为 0，则可根据其逻辑功能分析出在输入信号作用下的 Q、$\overline{Q}$ 端的波形，如图 7.2 所示。7.1 节的探究思考题 7.1.1 为由或非门构成的基本 RS 触发器，触发信号高电平有效。读者可按上述方法自行分析。

由基本 RS 触发器逻辑状态表，可用代数法写出 RS 触发器的逻辑表达式：$Q^{n+1}=\overline{R}S+\overline{R}\overline{S}Q^n=\overline{R}S+\overline{R}Q^n(+RS)=S+\overline{R}Q^n$，这个表达式也就是特性方程（注：化简时要考虑约束条件 $\overline{S}+\overline{R}=1$ 或 RS=0），即

$$\text{RS 触发器特性方程：} Q^{n+1}=S+\overline{R}Q^n \tag{7-1}$$

$$\text{约束条件：} \overline{S}+\overline{R}=1 \text{（或 } RS=0\text{）}$$

表 7.1　与非门构成的基本 RS 触发器逻辑状态表

$\overline{S}$	$\overline{R}$	Q^n	Q^{n+1}	功能
0	0	0	×	禁止
0	0	1	×	
0	1	0	1 }1	置 1
0	1	1	1	
1	0	0	0 }0	置 0
1	0	1	0	
1	1	0	0 }Q^n	保持
1	1	1	1	

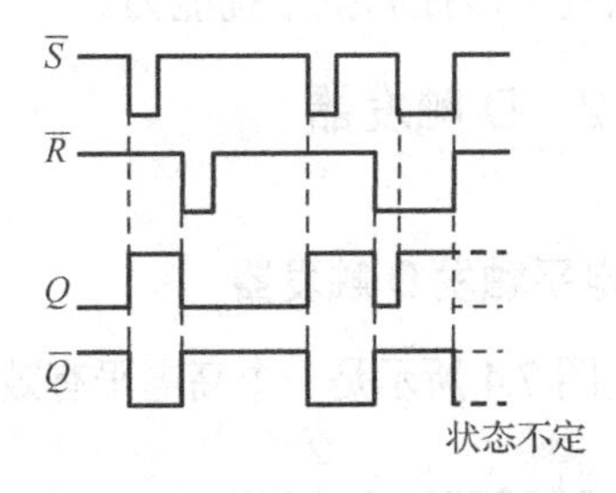

图 7.2　基本 RS 触发器的时序图

约束条件说明置 1 端和置 0 端不能同时有效。也可以用卡诺图法得到 RS 触发器特性方程，详情请扫描右侧的二维码。

卡诺图法

综上所述，基本 RS 触发器具有直接置 0、置 1、保持功能，但对输入信号有约束，由与非门构成的基本 RS 触发器低电平有效，输入信号不能同时为低电平。由于基本 RS 触发器状态的改变是直接由输入信号控制的，所以抗干扰能力差。

2. 电平触发 RS 触发器

图 7.3（a）所示为电平触发 RS 触发器的逻辑图，其中虚框中为基本 RS 触发器，G_3，G_4 构成引导电路，通过引导电路，引入控制信号——时钟脉冲 CP（Clock Pulse），这样可以实现对触发器动作时刻的控制，因此也称为同步 RS 触发器、门控 RS 锁存器。

图中，$\overline{R}_D$、$\overline{S}_D$ 为低电平有效的异步控制置 0 端和置 1 端（不受 CP 脉冲控制），也称为直接置位端（direct-set terminal）和直接复位端（direct-reset terminal）。当 $\overline{S}_D$=0 时，输出 Q 被强迫置 1；当 $\overline{R}_D$=0 时，输出 $\overline{Q}$ 被强迫置 1，同时 Q 被置 0。$\overline{R}_D$、$\overline{S}_D$ 是为了触发器使用方便而设置的，通常不作为逻辑输入使用，因此平时应将此二端接 1。

当 CP=0 时，不论 R、S 的输入信号如何变化，G_3、G_4 门的输出均为 1，RS 触发器保持原态不变。只有当 CP=1 时，触发器才会响应 R、S 输入的变化，所以称这样的触发器为时钟高电平有效的触发器。当 CP=1 时，可以分析电平触发 RS 触发器的工作情况和与非门构成的基本 RS 触发器功能一致，如表 7.2 所示。

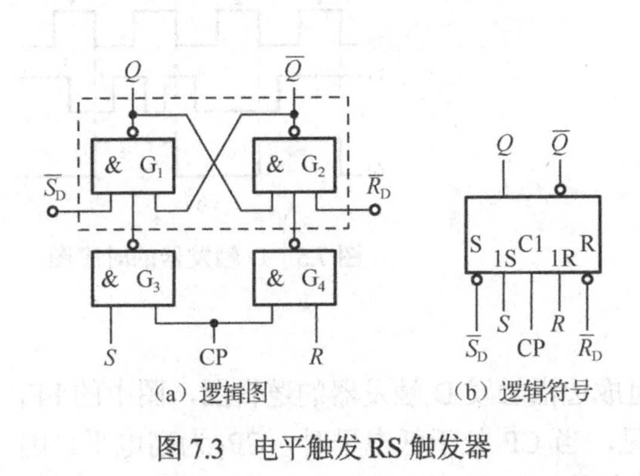

图 7.3　电平触发 RS 触发器

表 7.2　电平触发 RS 触发器的逻辑状态表

S	R	Q^n	Q^{n+1}	功能
0	0	0	0 }Q_n	保持
0	0	1	1	
0	1	0	0 }0	置 0
0	1	1	0	
1	0	0	1 }1	置 1
1	0	1	1	
1	1	0	×	禁止
1	1	1	×	

进一步可以分析，电平触发 RS 触发器的特性方程同式（7-1），其逻辑符号见图 7.3（b）。

综上所述，电平触发 RS 触发器使能条件是：CP=1，即只有 CP=1 时，才能通过输入信号 S、R 完成置 0、置 1 或保持功能。在 CP=0 期间，S、R 不起作用，适当缩短 CP=1 的时间，可以进一步提高抗干扰能力。

7.1.2 D 触发器

1. 电平触发 D 触发器

图 7.4 所示是一个高电平有效的电平触发 D 触发器，它是在电平触发 RS 触发器（图中虚框所示）的基础上改进的。下面利用 RS 触发器的特性方程来推导 D 触发器的特性方程。

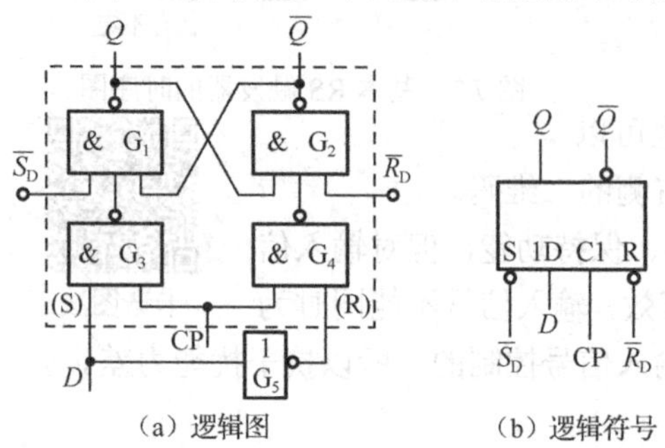

（a）逻辑图　（b）逻辑符号

图 7.4 电平触发 D 触发器

在 CP=0 期间，图中虚框中 RS 触发器保持原来状态不变。

在 CP=1 期间，由图可知：$S = D$，$R = \bar{D}$，称为驱动方程。

将驱动方程代入 RS 触发器特性方程：

$$Q^{n+1} = S + \bar{R}Q^n = D + DQ^n$$

整理上式就可得到 D 触发器的特性方程：

$$Q^{n+1} = D \quad \text{（CP 高电平有效）} \tag{7-2}$$

表 7.3 为 D 触发器的逻辑状态表。在 CP 高电平期间，D 触发器具有置 0 和置 1 的功能，其输出随着输入信号 D 而变化；而在 CP 低电平期间，D 触发器的状态不变。

图 7.5 所示是在已知 CP、D 及触发器的初始状态为 0 的情况下，电平触发 D 触发器的时序图。在第 1、2 个 CP 脉冲（CP=1）期间 D 没有变化，分别执行置 1 和置 0 功能。而在第 3、4 个 CP 脉冲（CP=1）期间 D 发生了变化，输出 Q 也跟着输入 D 变化，可以说在 CP=1 期间"从输出看到了输入"，这种现象称为"透明"，只有当 CP 下降沿到来时才锁存，锁存的内容是 CP 下降沿瞬间 D 的值。所以，常把电平触发 D 触发器称为"透明"D 触发器。基本 RS 触发器和电平触发的触发器也常称为锁存器（latch）。

(a)

(b)

图 7.5 D 触发器的时序图

表 7.3 D 触发器的逻辑状态表

D	Q^n	Q^{n+1}	功能
0	0 1	0 0 } 0	置 0
1	0 1	1 1 } 1	置 1

2. 边沿触发 D 触发器

图 7.6（a）是用两个电平触发的 D 触发器组成边沿触发 D 触发器的逻辑图，图中的 FF_1 和 FF_2 是两个高电平触发的 D 触发器。由图可见，当 CP 处于低电平时，CP_1 为高电平，因而 FF_1 的输出 Q_1 跟随输入 D 的状态变化，始终保持 Q_1=D。与此同时，CP_2 为低电平，FF_2

的输出 Q_2（也是整个电路的输出 Q）保持原来的状态不变。

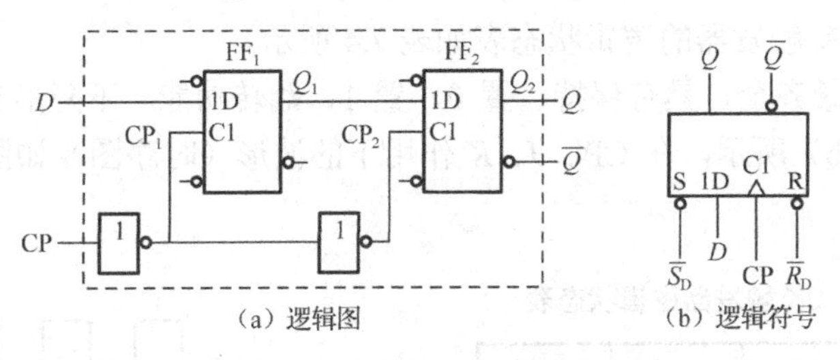

（a）逻辑图　（b）逻辑符号

图 7.6　边沿触发 D 触发器

当 CP 由低电平跳变至高电平时，CP_1 随之变成低电平，于是 Q_1 保持为 CP 上升沿到达前瞬时输入 D 的状态，此后不再随 D 的状态而改变。与此同时，CP_2 跳变至高电平，使 Q_2 与它的输入状态相同。由于 FF_2 的输入就是 FF_1 的输出 Q_1，所以输出 Q 便被置成了与 CP 上升沿到达前瞬时 D 相同的状态，而与以前和以后 D 的状态无关。

由上可知，图 7.6 所示的边沿触发 D 触发器具有在时钟脉冲上升沿触发的特点，其逻辑状态表与表 7.3 相同，其特性方程为

$$Q^{n+1} = D \text{（CP 上升沿有效）} \tag{7-3}$$

上升沿有效的边沿 D 触发器仅在 CP 脉冲的上升沿的瞬时，触发器才使能，而在 CP=0、CP=1 期间以及下降沿时，输入信号 D 对触发器的状态均无影响。图 7.5（b）给出的是在已知 CP、D 及触发器的初始状态为 0 情况下边沿 D 触发器的时序图。上升沿有效的 D 触发器符号如图 7.6（b）所示。注意，在逻辑符号中，时钟输入 C 上没有小圆圈表示上升沿有效，有小圆圈表示下降沿有效，符号框内时钟输入（C）上的小三角，称为动态输入指示器，用于识别边沿触发。

7.1.3　JK 触发器

（1）边沿触发 JK 触发器。

图 7.7 是由边沿 D 触发器组成的边沿触发 JK 触发器，因而具有边沿触发的特点。

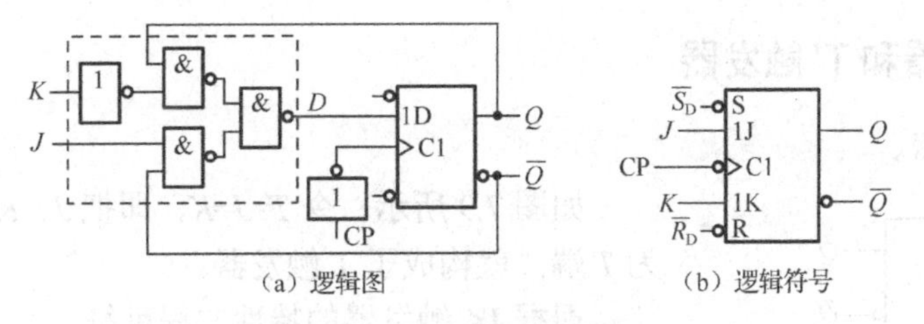

（a）逻辑图　（b）逻辑符号

图 7.7　边沿触发 JK 触发器

由图虚框内电路可知驱动方程为

$$D = J\overline{Q}^n + \overline{K}Q^n$$

D 触发器的特性方程为

$$Q^{n+1} = D \text{（时钟 CP 经过非门触发，因而 CP 下降沿有效）}$$

将驱动方程代入特性方程得

$$Q^{n+1} = D = J\overline{Q}^n + \overline{K}Q^n \text{，即}$$

$$Q^{n+1}=J\bar{Q}^n+\bar{K}Q^n \text{（CP下降沿有效）} \quad (7\text{-}4)$$

由此可以得到JK触发器的逻辑状态表如表7.4所示。

JK触发器功能最齐全，具有保持、置0、置1、翻转功能。下降沿有效的JK触发器的逻辑符号如图7.7（b）所示，在CP、J、K作用下的波形（时序图）如图7.8所示（设触发器初始状态为0）。

表7.4 JK触发器逻辑状态表

J	K	Q^n	Q^{n+1}	功能
0	0	0 1	0 1 } Q^n	保持
0	1	0 1	0 0 } 0	置0
1	0	0 1	1 1 } 1	置1
1	1	0 1	1 0 } $\overline{Q^n}$	计数

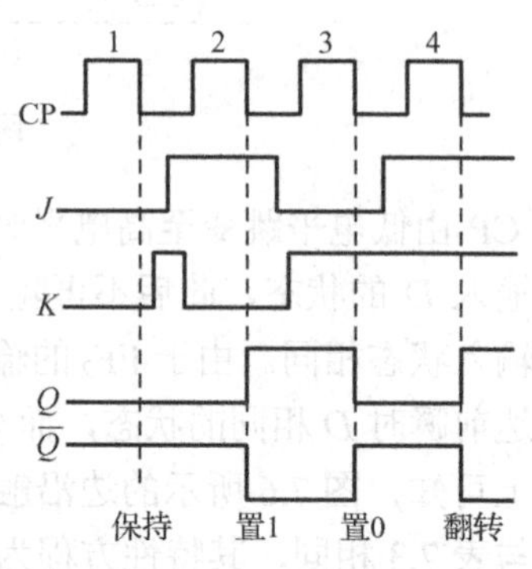

图7.8 边沿触发JK触发器时序图

边沿触发JK触发器仅在CP脉冲的上升沿（或下降沿）的瞬间才使能，而在CP=0、CP=1期间以及下降沿（或上升沿）时，同步输入信号对触发器的状态均无影响。边沿触发JK触发器只要求在CP脉冲的上升沿（或下降沿）时J、K是稳定的，也就是说，使能条件越苛刻，对J、K的要求越宽松，触发器的抗干扰能力越强。

（2）脉冲触发JK触发器*。

脉冲触发JK触发器具有上升沿接收、下降沿触发（或下降沿接收，上升沿触发）的特点，主从JK触发器（master-slave J-K flip-flop）就是一种脉冲触发的JK触发器，与边沿触发器不同，主从JK触发器对输入信号J、K有要求，即在接收与触发间隔时间内J、K信号不能变化，这样仍然可以按照边沿触发器的分析方法对它进行分析，详情请扫描右侧的二维码。

主从JK触发器

7.1.4 T触发器和T′触发器

（1）T触发器。

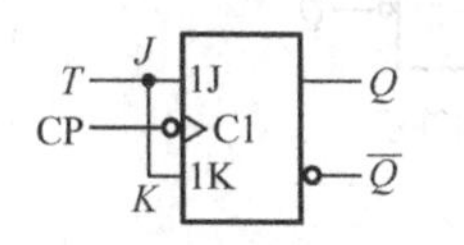

图7.9 由JK触发器构成T触发器

如图7.9所示，令T=J=K，即把J、K端连接在一起作为T端，就构成了T触发器。

根据JK触发器的特性方程可得

$$Q^{n+1}=J\bar{Q}^n+\bar{K}Q^n=T\bar{Q}^n+\bar{T}Q^n$$

即T触发器的特性方程为

$$Q^{n+1}=T\bar{Q}^n+\bar{T}Q^n \quad (7\text{-}5)$$

表7.5是T触发器的逻辑状态表，可以看出，T触发器只有保持和翻转两个功能。

（2）T′触发器。

令T触发器的T=1，就构成了T′触发器。它的逻辑功能是，每来一个时钟脉冲，状态翻转一次，即$Q^{n+1}=\bar{Q}^n$，具有计数功能。

将 D 触发器的 D 端与 $\overline{Q}$ 端相连，如图 7.10（a）所示，也可以构成 T′触发器。

表 7.5　T 触发器的逻辑状态表

T	Q^n	Q^{n+1}	功能
0	0	0 (Q^n)	保持
0	1	1 (Q^n)	保持
1	0	1 ($\overline{Q^n}$)	翻转
1	1	0 ($\overline{Q^n}$)	翻转

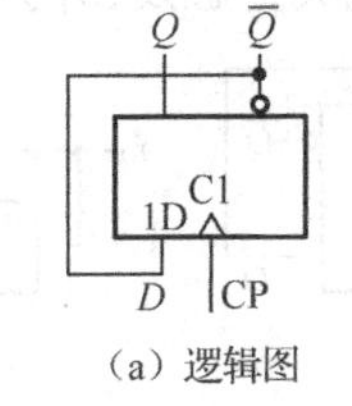

（a）逻辑图

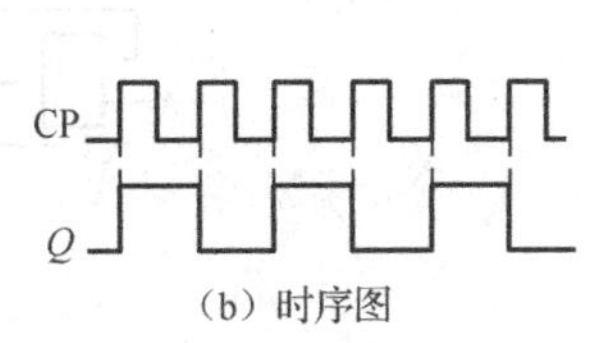

（b）时序图

图 7.10　D 触发器构成 T′触发器

因为 $Q^{n+1}=D=\overline{Q}^n$，即

$$Q^{n+1}=\overline{Q}^n \tag{7-6}$$

这正是 T′触发器的特性方程。利用 T′触发器可以对周期波形的频率进行分频。脉冲波形加到 T′触发器时钟端，在有效沿到来时触发器翻转，产生的输出波形为时钟波形频率的一半，即二分频，如图 7.10（b）所示。将 n 个 T′触发器级联起来（将前一触发器的输出端接到后一触发器的时钟端）可以实现 2^n 分频。

T 触发器和 T′触发器只是一种逻辑功能上的分类，并没有商用产品，其使能条件与相应的 JK 触发器或 D 触发器相同。

通过以上各触发器的分析可知，触发器的逻辑功能与电路结构并无固定的对应关系，即某一功能的触发器可以用不同的电路结构实现。不同的结构决定了触发器的触发特性不同，因而具有不同的动作特点。

探究思考题

7.1.1　用或非门构成的基本 RS 触发器的电路及符号如题 7.1.1 图所示，试列出其真值表，并写出逻辑表达式，分析该电路的功能，与图 7.1 相比有什么不同？

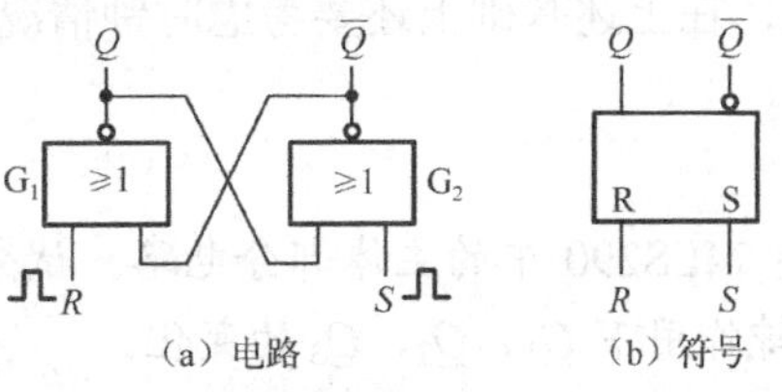

（a）电路　（b）符号

探究思考题答案

题 7.1.1 图

7.1.2　设题 7.1.2 图中各触发器的初态为 0，试分析各触发器的 Q 端波形。

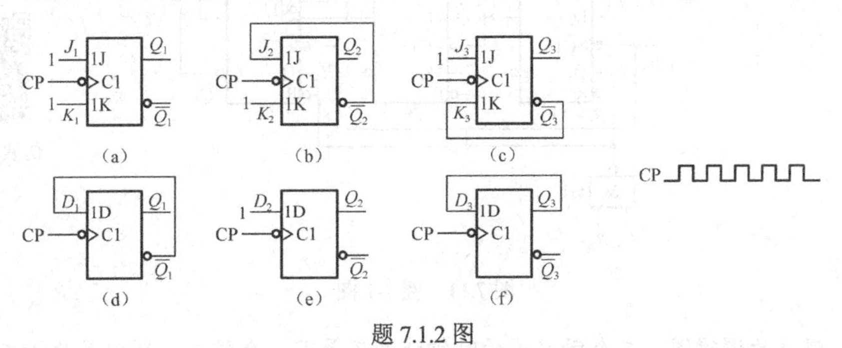

题 7.1.2 图

7.1.3　试分析题 7.1.3 图中各电路实现何种触发器的逻辑功能，写出逻辑表达式，并思考如何用 D 触发器或 JK 触发器实现其他触发器的功能。

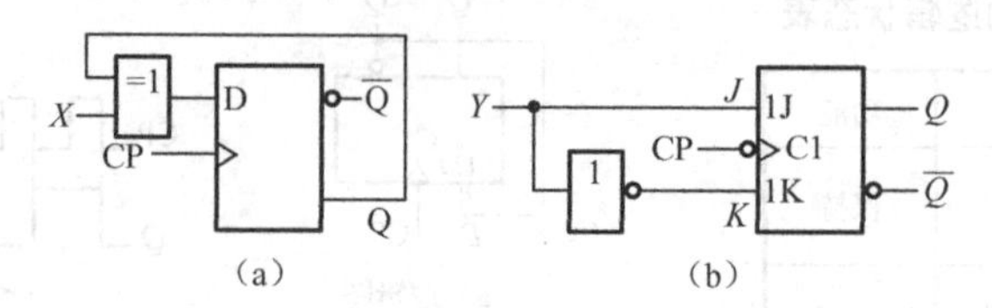

题 7.1.3 图

7.1.4　集成芯片 74LS175 内含 4 个 D 触发器，它们共用一个时钟 CP 和置 0 端 R_D。查阅芯片资料并以此芯片为核心设计 4 人抢答器，用 Multisim 仿真实现。

仿真文件下载

7.2　时序逻辑电路的分析

时序逻辑电路（时序电路）按触发器的触发时刻一致与否可分为同步电路（synchronous circuit）、异步电路（asynchronous circuit）。分析时序逻辑电路，主要是分析它的逻辑功能，即找出电路的输出状态在输入信号和时钟作用下的变化规律。对逻辑功能的描述可以使用状态方程和输出方程，也可以使用状态表、时序图、状态转换图等。对时序电路的分析，一般按如下步骤进行：

① 写出每个触发器的输入信号的逻辑表达式（驱动方程）。

② 把得到的驱动方程代入相应触发器的逻辑表达式（特性方程），得出每个触发器的状态方程。

③ 若有其他输出变量，写出输出变量的逻辑表达式（输出方程）。

④ 对异步时序电路来说，在上述基础上还要考虑时钟情况。

1. 异步电路分析

【例 7-1】图 7.11 所示是 74LS290 中的主体部分电路。试分析这部分电路的逻辑功能，并用 Multisim 仿真观察在时钟作用下 Q_1、Q_2、Q_3 的变化。

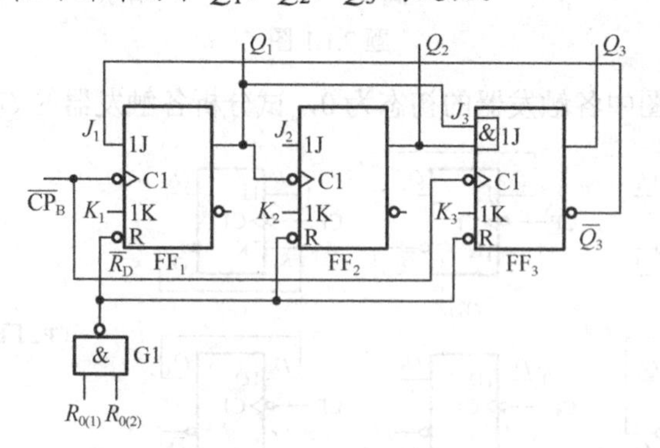

仿真文件下载

图 7.11　例 7-1 图

分析：观察此逻辑图，三个触发器的时钟脉冲不是同一个信号，所以是异步工作的；其

输出端为 Q_3、Q_2、Q_1；$\overline{R}_D$ 是异步置0端，低电平有效。

解：（1）列出驱动方程。

各触发器的驱动方程决定了触发器次态的去向。由图可知其各触发器的驱动方程为

$$\begin{cases}J_1=\overline{Q}_3^n\\K_1=1\end{cases}\quad\begin{cases}J_2=1\\K_2=1\end{cases}\quad\begin{cases}J_3=Q_2^nQ_1^n\\K_3=1\end{cases}$$

（2）写出状态方程。

各触发器的次态方程称为状态方程。将各触发器的驱动方程代入相应触发器的特性方程，可得各触发器的状态方程为（注意，各方程的触发时钟不同）

$$Q_1^{n+1}=J_1\overline{Q}_1^n+\overline{K}_1Q_1^n=\overline{Q}_3^n\overline{Q}_1^n \quad （\overline{\mathrm{CP}}_\mathrm{B}\downarrow 有效） \tag{7-7}$$

$$Q_2^{n+1}=J_2\overline{Q}_2^n+\overline{K}_2Q_2^n=\overline{Q}_2^n \quad （Q_1\downarrow 有效） \tag{7-8}$$

$$Q_3^{n+1}=J_3\overline{Q}_3^n+\overline{K}_3Q_3^n=\overline{Q}_3^nQ_2^nQ_1^n \quad （\overline{\mathrm{CP}}_\mathrm{B}\downarrow 有效） \tag{7-9}$$

理论上讲，得到了各触发器的状态方程，时序电路的逻辑功能就描述清楚了，但实际上常常还不直观，因而常用状态转换真值表或状态转换图、时序图（波形图）来进一步描述。

（3）状态表。

将电路的所有现态依次列举出来，分别代入状态方程，求出相应的次态并列成表格，这种表格就称为状态转换真值表，简称状态表。

设各触发器现态为000，此时可以根据状态方程计算出第1个 $\overline{\mathrm{CP}}_\mathrm{B}$ 时钟脉冲有效沿到来后，FF_1 和 FF_3 触发器分别按式（7-7）、式（7-9）同时动作，而 FF_2 触发器状态不变，可以得到下一个状态即其次态为001，它就是再下一个状态的"现态"，第2个 $\overline{\mathrm{CP}}_\mathrm{B}$ 时钟脉冲有效沿到来后，FF_1 和 FF_3 触发器仍分别按式（7-7）、式（7-9）同时动作，此时 Q_1 由1变为0，FF_2 按式（7-8）动作，以此类推，可以得出表7.6。由表可以看出，电路以000、001、010、011和100这5种工作状态循环，因此是一个五进制计数器。

（4）状态图（state diagram）。

将计数器状态转换用图形方式来描述，这种图形称为状态图，如图7.12（a）所示。图中，箭头示出转换方向。3个触发器有8（即 2^3）个工作状态，现在只用了5个，从000到100形成的循环称为有效循环，还有3个状态101、110、111未用，称为无效状态。可以用前面的方法分析，当初始状态分别为101、110、111时，经过有限时钟脉冲，可以进入有效的工作状态循环中，这也称其具有"自启动功能"。

表7.6　例7-1状态表

$\overline{\mathrm{CP}}_\mathrm{B}$ 的顺序	Q_3	Q_2	Q_1
0	0	0	0
1	0	0	1
2	0	1	0
3	0	1	1
4	1	0	0

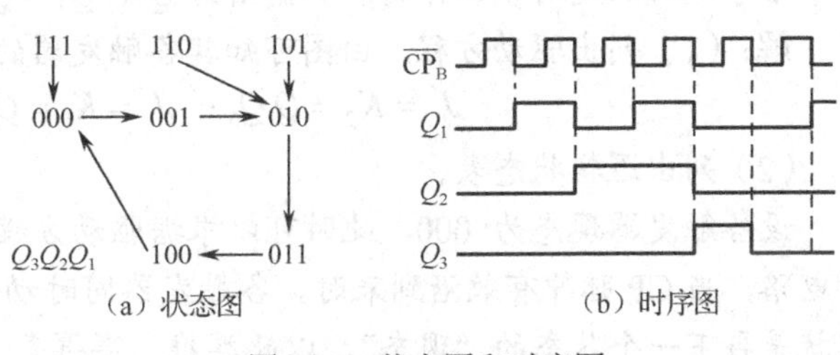

图7.12　状态图和时序图

（5）时序图（波形图，工作波形）。

将计数器中各触发器的输出状态用波形来表示，这种波形就称为时序图（工作波形），它形象地表示了输入、输出信号在时间上的对应关系。此计数器的时序图如图 7.12（b）所示。Multisim 仿真电路及仿真结果如图 7.13 所示。

上述步骤可以根据分析的需要进行取舍。对有些简单的时序电路，也可直接画出时序图或列出状态转换真值表，确定时序电路的功能。

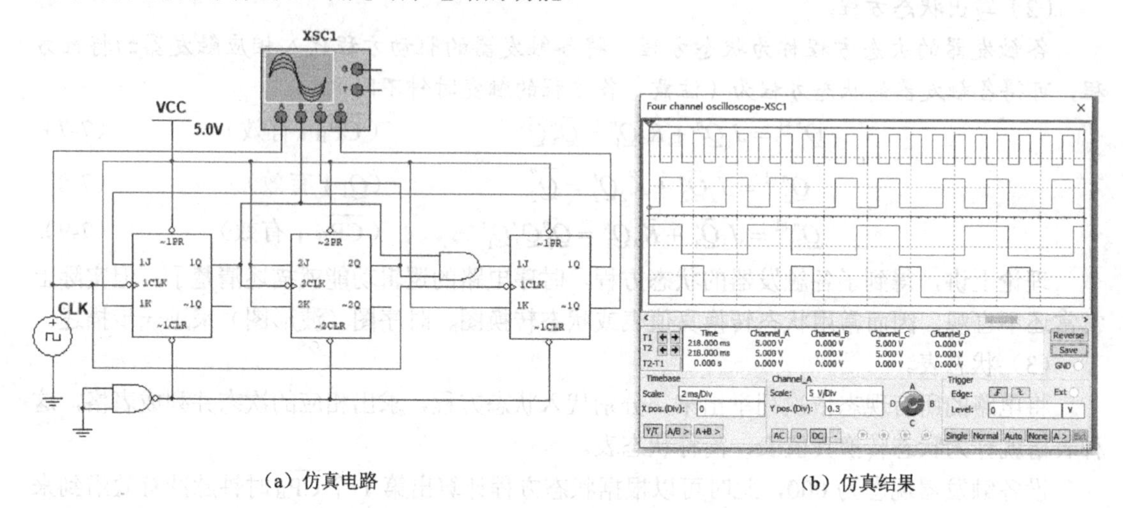

（a）仿真电路　　（b）仿真结果

图 7.13　例 7-1 仿真电路及仿真结果（Multisim）

2．同步电路分析

【例 7-2】分析图示电路的逻辑功能，设初始状态为 000。

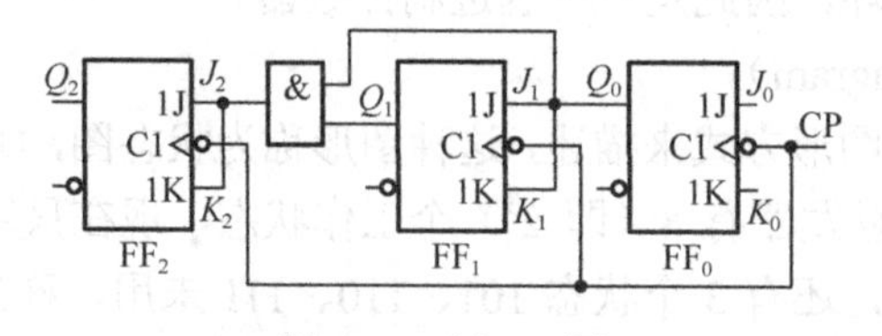

图 7.14　例 7-2 图

分析：该电路由三个 JK 触发器和一个与门构成，观察此逻辑图，它们的时钟脉冲是同一个信号，所以是同步工作的；其输出为 Q_2、Q_1、Q_0。

解：（1）列出驱动方程。由图可知其各触发器的驱动方程为

$$J_2 = K_2 = Q_1Q_0\text{；}\quad J_1 = K_1 = Q_0\text{；}\quad J_0 = K_0 = 1$$

（2）列出逻辑状态表。

设各触发器现态为 000，此时可以根据驱动方程计算出各触发器的驱动信号。因为是同步电路，当 CP 脉冲有效沿到来时，各触发器同时动作，可以分析出各触发器的次态为 001，它就是再下一个状态的“现态”，以此类推，得得表 7.7。

由状态表已经可以看出，电路有从 000 到 111 共 8 种工作状态，因此是一个八进制（3 位二进制）加法计数器。有关计数器的更多内容在 7.4 节中讨论。

表 7.7　例 7-2 状态表

CP	Q_2	Q_1	Q_0	$J_2=Q_1Q_0$	$K_2=Q_1Q_0$	$J_1=Q_0$	$K_1=Q_0$	$J_0=1$	$K_0=1$	十进制数
0	0	0	0	0	0	0	0	1	1	0
1	0	0	1	0	0	1	1	1	1	1
2	0	1	0	0	0	0	0	1	1	2
3	0	1	1	1	1	1	1	1	1	3
4	1	0	0	0	0	0	0	1	1	4
5	1	0	1	0	0	1	1	1	1	5
6	1	1	0	0	0	0	0	1	1	6
7	1	1	1	1	1	1	1	1	1	7
8	0	0	0	0	0	0	0	1	1	0

探究思考题

7.2.1　以题 7.2.2 图和题 7.2.3 图为例，说明什么是同步电路、异步电路。

探究思考题答案

7.2.2　画出题 7.2.2 图所示电路在一系列 CP 信号作用下 Q_1、Q_0 端输出电压波形，并说明 Q_1、Q_0 端输出脉冲的频率与 CP 信号频率之间的关系。设触发器初始状态均为 0。

7.2.3　在题 7.2.3 图中，触发器的原状态为 Q_1Q_0=01，那么在下一个 CP 作用后，Q_1Q_0 处于何种状态？如果将电路改成 FF_0 的 Q_0 接 FF_1 的时钟 C1，那么在下一个 CP 作用后，Q_1Q_0 处于何种状态？

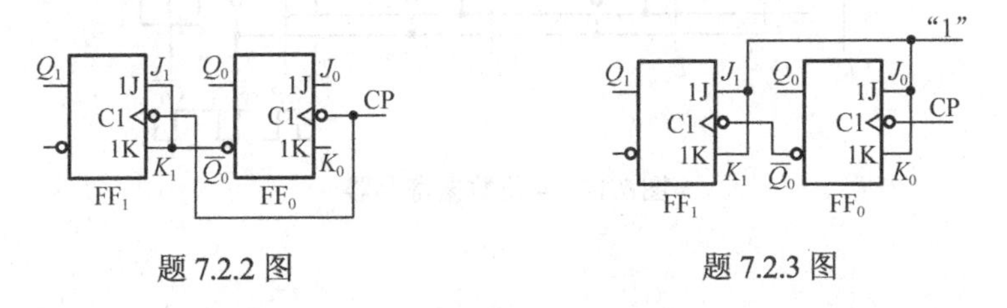

题 7.2.2 图　　　　题 7.2.3 图

7.2.4　逻辑电路如题 7.2.4 图所示，各触发器的初始状态为 0，已知 D 和 CP 的波形，试画出输出 Q_0、Q_1 的波形。

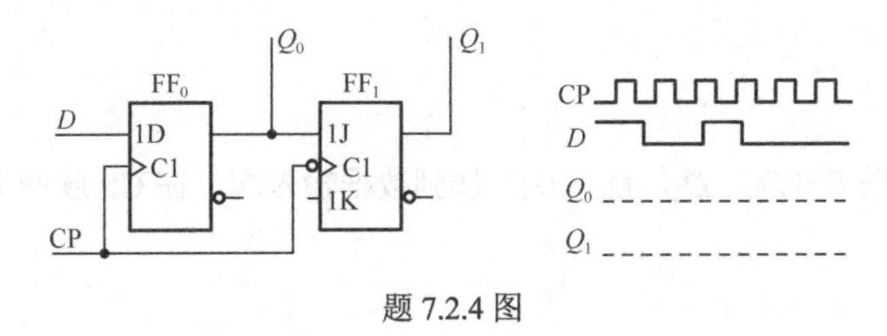

题 7.2.4 图

7.3　寄存器

寄存器（register）是数字电路中的一个重要数字部件，具有接收、存储及传输数码的功能，其中，移位寄存器还具有移位功能。寄存器由触发器和逻辑门组成，触发器用来存放代码。一个触发器可以存储 1 位二进制代码，存储 n 位二进制代码的寄存器，需用 n 个触发器来构成；逻辑门用来控制代码的接收、传送和输出等。

寄存器属于计算机技术中的存储器（memory）范畴，但与存储器相比又有些不同。例如，存储器一般用于存储运算结果，存储时间长、存储容量大，而寄存器一般只用来暂存中间运算结果，存储时间短、存储容量小，一般只有几位。

按照功能的不同，可将寄存器分为基本寄存器和移位寄存器两大类。基本寄存器只能并行送入数据，需要时也只能并行输出。移位寄存器中的数据可以在移位脉冲作用下依次逐位右移或左移，数据既可以并行输入，也可以串行输入，既可以并行输出，还可以串行输出，十分灵活，用途也很广。

7.3.1 基本寄存器

图 7.15 是一个 4 位数据寄存器的逻辑图，图中 4 个 D 触发器用于存储数据，D_3、D_2、D_1、D_0 为 4 位数据输入端，Q_3'、Q_2'、Q_1'、Q_0' 为 4 位数据输出端；CP 为接收指令控制端，上升沿有效，$\overline{\mathrm{OE}}$ 为输出指令控制端，$\overline{R}_{\mathrm{D}}$ 为置 0 端，低电平有效。

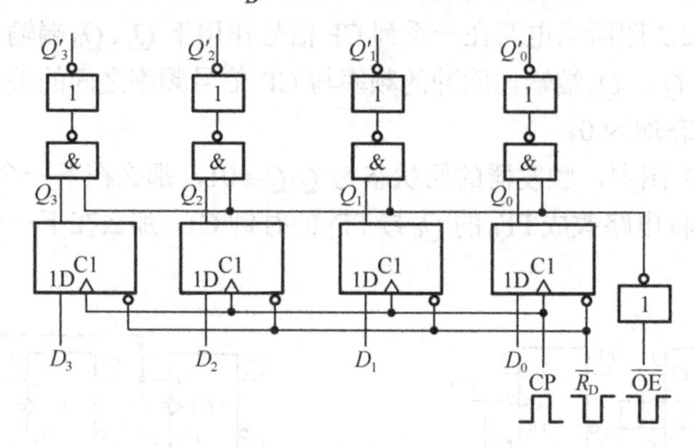

图 7.15　4 位数据寄存器

1. 异步置 0

在 $\overline{R}_{\mathrm{D}}$ 加负脉冲，各触发器异步置 0。置 0 后，应将 $\overline{R}_{\mathrm{D}}$ 接高电平（$\overline{R}_{\mathrm{D}}=1$），以不妨碍数码的寄存。

2. 并行数据输入

将要存入的数据 D（D_3、D_2、D_1、D_0）加到数据输入端，在 CP 脉冲上升沿的作用下，数据将被并行存入。

3. 记忆保持

CP 无上升沿（通常接低电平）时，则各触发器保持原状态不变，寄存器处在记忆保持状态。

4．并行输出

在输出控制端 $\overline{OE}$ 加入一个负脉冲信号，就可以在输出 Q_3'、Q_2'、Q_1'、Q_0' 处得到触发器中存储的数据。

由分析可见，图 7.15 所示 4 位寄存器是以并行输入、并行输出方式来接收和输出各位代码的，所以称为并入/并出寄存器。它的优点是存取速度快，但存取方式单一，且需要较多的代码传输线，多用于计算机内部电路和并行通信接口电路。

在微处理器系统中，需要在微处理器继续其他工作前用寄存器（或锁存器）将其数据或状态记录下来，如图 7.16 所示，微处理器驱动两个独立的 8 位输出设备（图中带有数字 8 的斜线代表 8 条独立的线）。

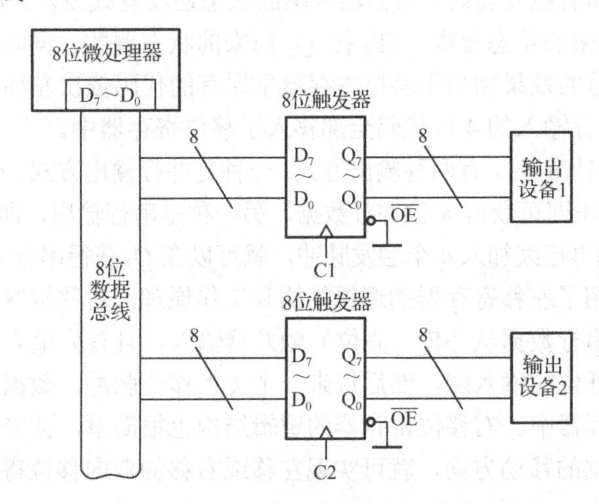

图 7.16　微处理器驱动两个独立的 8 位输出设备

向输出设备 1 发送数据时，微处理器先向数据总线 D_7～D_0 发送数据，然后在 C1 线上发出一个正脉冲，上升沿到来时，即将 D_7～D_0 的数据存储到 Q_7～Q_0。向输出设备 2 发送数据时，需要在 C2 线上发出一个正脉冲。这样允许微处理器继续处理其他任务。图中的 8 位触发器可以采用芯片 74LS373 或 74LS374 实现。欲了解 74LS373 和 74LS374 的功能，请扫描二维码。

74LS373/74LS374

7.3.2　移位寄存器

移位寄存器（shift register）除了具有存储代码的功能，还具有移位功能，即寄存器里存储的代码能在移位脉冲作用下依次左移或右移。所以，移位寄存器不但可以用来寄存代码，还可以用来实现数据的串行/并行转换、数值的运算及数据处理等。移位寄存器分为单向移位寄存器和双向移位寄存器两种。

1．单向移位寄存器

单向移位寄存器又分为右移寄存器和左移寄存器。每输入一个控制脉冲，使寄存器中寄存的数据依次左移 1 位的称为左移寄存器，依次右移 1 位的称为右移寄存器。

图 7.17 所示电路是由 D 触发器组成的 4 位左移寄存器。其中，触发器 FF_0 的输入端接收

输入信号，其余的每个触发器输入端均与后一个触发器的 Q 端相连。

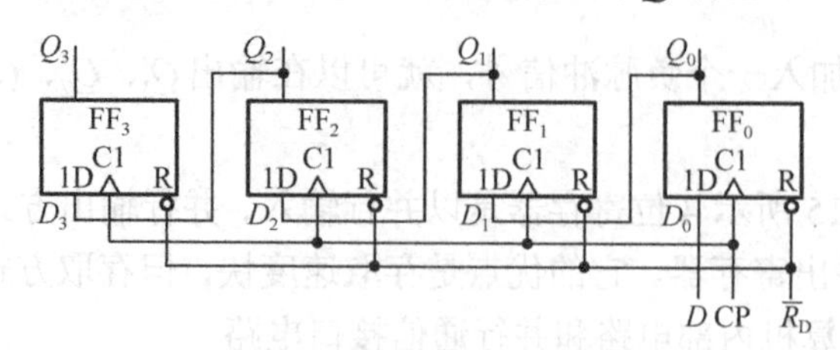

图 7.17 用 D 触发器构成的左移寄存器

因为从 CP 上升沿开始到输出端新状态的建立需要经过一段传输延迟时间，所以当 CP 的上升沿同时作用于所有触发器时，它们输入端的状态还没有改变。于是 FF_1 按 Q_0 原来的状态置数，FF_2 按 Q_1 原来的状态置数，FF_3 按 Q_2 原来的状态置数。同时，加到寄存器输入端 D_0 的代码存入 FF_0。总的效果相当于移位寄存器里原有的代码依次左移了 1 位。可见，经过 4 个 CP 信号以后，串行输入的 4 位代码全部移入了移位寄存器中。

移位寄存器在输出代码时，有两种输出方式。一种是并行输出方式，在数据存入寄存器后，直接从 Q_3～Q_0 四路输出即可获得 4 位并行数据。另一种是串行输出，即在数据全部移入寄存器后，还需要在 CP 端再连续加入 4 个触发脉冲，就可以在 Q_3 获得串行 4 位数据输出。

前面我们简要介绍了左移寄存器的逻辑结构和工作原理，右移位寄存器原理与左移位寄存器大致相同，只是串行数据从 FF_3（高位）触发器输入，且首先输入的是数据的最低位，高位的输出依次接到低位的输入端，然后每来一个 CP 移位脉冲，数据便右移一次，直至将数据的最高位移入寄存器中。右移位寄存器的逻辑结构也很简单，读者可以自行画出。

用逻辑门控制数据的移动方向，就可实现左移或右移的双向移位寄存功能。

2. 双向移位寄存器

所谓双向移位寄存器（bidirectional shift register），就是数码既可以实现左移寄存，又可以实现右移寄存的寄存器。前面简要介绍了单方向移位寄存器的基本结构，不难想象，只要在触发器之间增加一些可以由外部选择控制的转换门电路，将左移寄存器和右移寄存器结合起来，就可以构成一个双向移位寄存器。用 4 个 D 触发器和逻辑门组成的 4 位双向移位寄存器原理电路如图 7.18 所示。

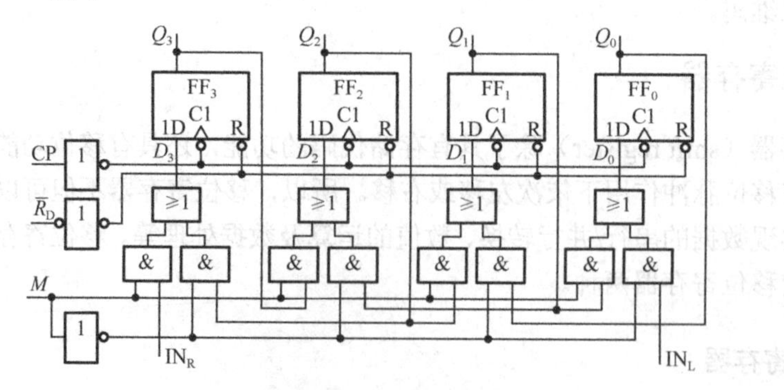

图 7.18 4 位双向移位寄存器原理电路

在图 7.18 中，M 为右移、左移选择控制信号，当 M=0 时，有 $D_3 = Q_2^n$，$D_2 = Q_1^n$，$D_1 = Q_0^n$，

$D_0 = \mathrm{IN_L}$，4 个触发器间的连接关系与图 7.17 所示的移位寄存器相同，移位寄存器被设置为左移寄存器，$\mathrm{IN_L}$ 为左移串行输入端。当 M=1 时，$D_3 = \mathrm{IN_R}$，$D_2 = Q_3^n$，$D_1 = Q_2^n$，$D_0 = Q_1^n$，移位寄存器被设置为右移寄存器，数据从 $\mathrm{IN_R}$ 串行输入端输入。$\mathrm{IN_R}$ 为右移串行输入端，CP 为移位控制脉冲，$\overline{R_D}$ 为置 0 端。

为了使用方便，移位寄存器一般还保留并行输入端，用于寄存器并行输入数据，如集成寄存器 74LS194。这样，移位寄存器就有多种不同的输入、输出方式。根据不同的要求，采用不同的工作方式。表 7.8 是 74LS194A 的功能表。图 7.19 为 74LS194A 引脚图和逻辑符号。

表 7.8　74LS194A 的功能表

$\overline{R_D}$	S_1	S_0	工作状态
0	×	×	置 0
1	0	0	保持
1	0	1	右移
1	1	0	左移
1	1	1	并行输入

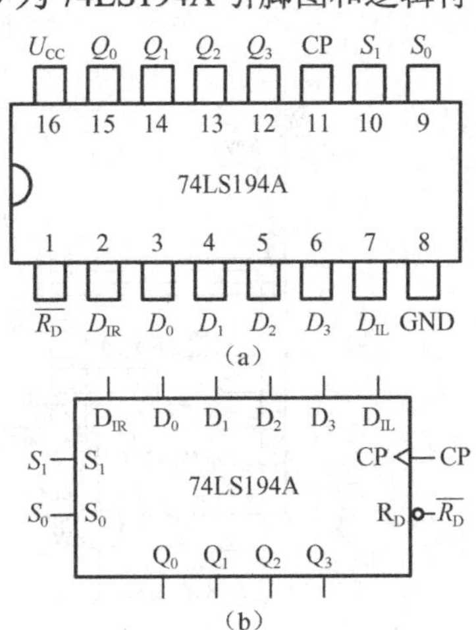

图 7.19　74LS194A 引脚图及逻辑符号

从表 7.8 和图 7.19 中可见 74LS194A 有如下功能。

（1）异步置 0。

$\overline{R_D}$=0，置 0。

（2）保持。

$\overline{R_D}$=1，CP=0 或 S_1S_0=00，CP 上升沿时均保持原状态不变。

（3）并行置数。

$\overline{R_D}$=1，S_1S_0=11 时，CP 上升沿可进行并行置数，即 Q_0=D_0，Q_1=D_1，Q_2=D_2，Q_3=D_3。

（4）右移。

$\overline{R_D}$=1，S_1S_0=01 时，在 CP 上升沿作用下，寄存器内容依次向右移动一位，而 Q_0 接收输入数据 D_{IR}。

（5）左移。

$\overline{R_D}$=1，S_1S_0=10 时，在 CP 上升沿作用下，寄存器内容依次向左移动一位，而 Q_3 接收输入数据 D_{IL}。

【例 7-3】试画出利用 74LS194A 构成的 4 位循环右移寄存器电路及波形图，该移位寄存器初始时置数 $D_3\,D_2\,D_1\,D_0$(1101)，并用 Multisim 进行仿真。

仿真文件下载

解：右移寄存器如图 7.20（a）所示。先将模式控制端 S_1S_0 设置为“11”，并行置数 $D_3\,D_2\,D_1\,D_0$=1101。

当第一个时钟脉冲上升沿到来时，D_3、D_2、D_1、D_0 的数据装入 Q_3、Q_2、Q_1、Q_0；再将模式控制端 S_1、S_0 设置为“01”，进行右移操作，每个时钟脉冲上升沿到来时，数据右移一位，将 Q_3 连接到 D_{IR}，保证数据每 4 个脉冲后循环到初始状态，这样可画出波形图如 7-20（b）图所示。仿真电路及仿真波形如图 7.21 所示，其输出状态可以通过示波器、逻辑仪或指示灯观察。

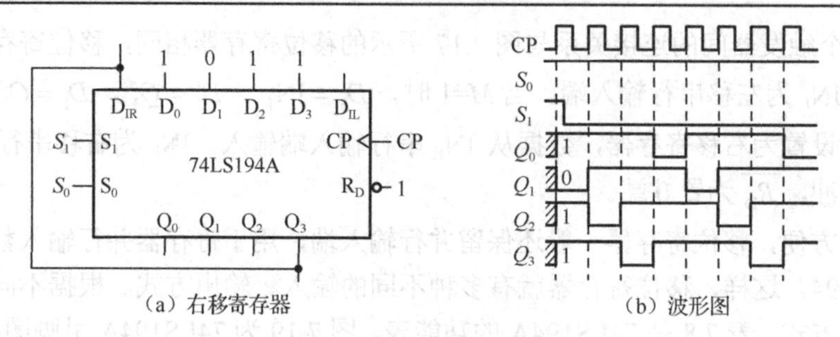

（a）右移寄存器　　（b）波形图

图 7.20　例 7-3 图及波形图

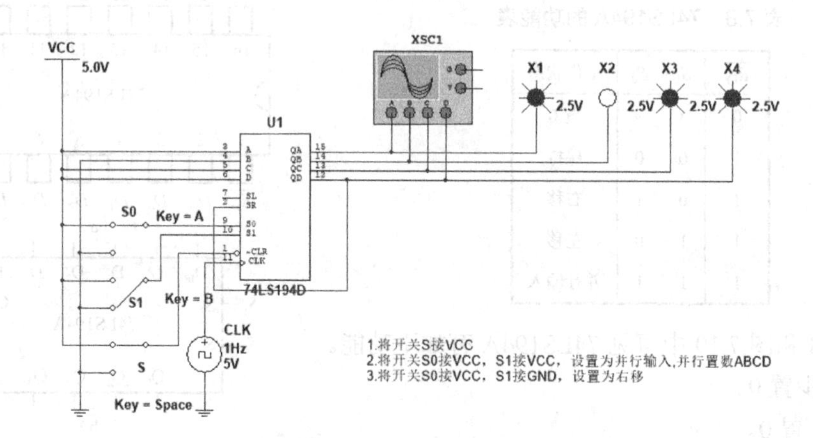

（a）仿真电路

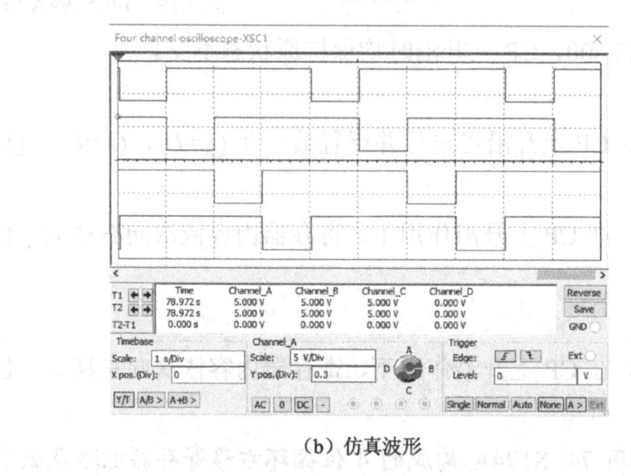

（b）仿真波形

图 7.21　仿真电路及仿真波形

探究思考题

7.3.1　下列功能的触发器中，不能构成移位寄存器的是（　　）。

A. RS 触发器　B. JK 触发器　C. D 触发器　D. T 触发器

7.3.2　设图 7.18 中的 4 位双向移位寄存器的存储内容为 $Q_0Q_1Q_2Q_3$=1100，串行输入 IN_R、IN_L 都为 1，如果 M（M 为右移、左移选择控制端）在开始的 3 个脉冲为高电平，随后的两个脉冲为低电平。请问 5

探究思考题答案

个时钟周期后寄存器中存储的内容是什么？

7.3.3　试用两片 74LS194A 扩展接成 8 位双向移位寄存器，以此 8 位双向移位寄存器设计一个彩灯，实现 8 个灯从左至右依次变亮，再从左至右依次熄灭，循环往复，并用 Multisim 仿真。

仿真文件下载

7.4　计数器

计数器（counter）是用来累计脉冲个数的时序电路，具有记忆功能的触发器是其基本计数单元。计数器的类型较多，触发器的连接方式不同，构成各种不同类型的计数器。

计数器按计数制式可分为二进制计数器、十进制计数器和任意进制计数器；按计数方式可分为加法计数器、减法计数器和可逆计数器；按计数器中触发器触发时刻的一致与否可分为同步计数器（synchronous counter）、异步计数器（asynchronous counter）[又称为纹波计数器（ripple counter）]；按内部器件分为 TTL 计数器和 CMOS 计数器等。目前，各种类型的集成计数器都已普遍使用，用得最多、性能较好的是高速 CMOS 集成计数器，其次为 TTL 计数器。学习集成计数器，要在初步了解其工作原理的基础上，着重注意其使用方法。

7.4.1　二进制计数器

二进制数只有 0 和 1 两个数码，其计数规则是“逢二进一”。而双稳态触发器有 0 和 1 两个状态，n 个触发器可以表示 n 位二进制数。

1．异步二进制计数器

（1）异步二进制加法计数器。

图 7.22（a）是 4 位异步二进制加法计数器的原理电路，它用 4 个下降沿触发的 JK 触发器作为 4 位计数单元。图中 $J=K=1$，每来一个 CP 脉冲的下降沿，触发器翻转一次（即构成 T′触发器）；低位触发器的输出作为高位触发器的 CP 脉冲，这种连接称为异步工作方式。各触发器的异步置 0 端受 $\overline{R}_D$ 的控制。

由 JK 触发器的逻辑功能可知，一开始 4 位触发器被置 0 后，由于 CP 脉冲加于 FF_0 的 CP 端，所以 FF_0 的输出是遇到 CP 的下降就翻转一次，得到 Q_0 波形，而 Q_0 输出又作为 FF_1 的 CP 脉冲，FF_1 的输出是遇到 Q_0 的下降沿就翻转一次，得到 Q_1 波形。以此类推，可得此计数器的工作波形如图 7.22（b）所示，这就是 4 位二进制加法计数器的工作波形。因为每个触发器都是每输入两个脉冲输出一个脉冲，是“逢二进一”，所以符合二进制加法计数的规律。

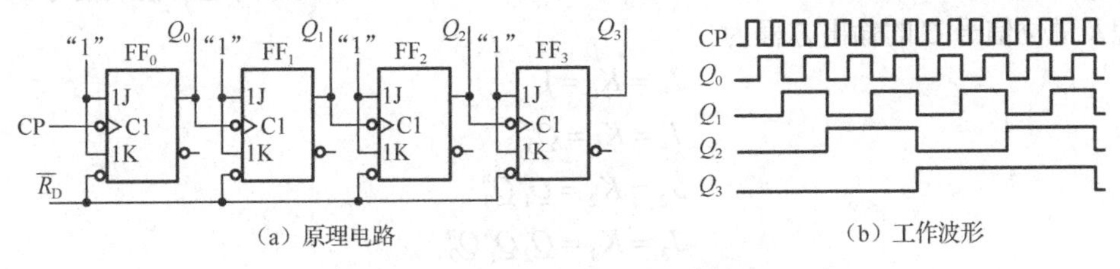

（a）原理电路　　（b）工作波形

图 7.22　4 位异步二进制加法计数器

（2）异步二进制减法计数器。

将图 7.22（a）中的各 Q 端输出作为下一触发器的 CP 脉冲，改接为用 $\bar{Q}$ 端输出作为下一个触发器的 CP 脉冲，得图 7.23（a）所示的原理电路，这就是一个 4 位二进制减法计数器，其工作波形如图 7.23（b）所示。即置 0 后，在第一个 CP 脉冲作用时，各触发器被翻转为 1111，这是一个“置位”动作，以后每到来一个 CP 脉冲，计数器就减 1，直到 0000 为止。这符合二进制减法计数的规律。

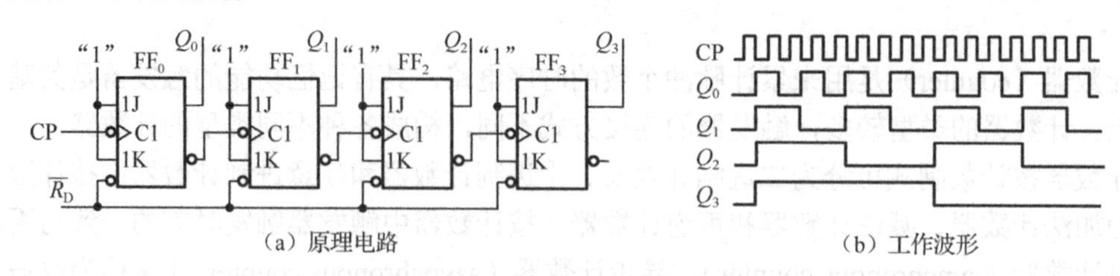

（a）原理电路　（b）工作波形

图 7.23　由 J-K 触发器组成的 4 位异步二进制减法计数器

由以上分析不难看出，若用逻辑控制将输出 Q 或 $\bar{Q}$ 加给下一个触发器的 CP 端，就可以组成一个可加可减的可逆计数器，实际的可逆计数器正是如此。

由 D 触发器组成的异步二进制计数器如探究思考题 7.4.2 所示，它们的工作原理及工作波形读者可自行分析。分析时注意两点：一是触发器在 CP 脉冲的上升沿翻转；二是每个触发器已接成 $D=\overline{Q^n}$ 的“计数”状态。

集成异步二进制计数器比较简单，如 74HC393，欲了解其详细情况，请扫描二维码。

74HC393

2. 同步二进制计数器

同步计数就是计数器中各触发器在同一个 CP 脉冲作用下同时翻转到各自确定的状态。为了同时翻转，需要用很多门来控制，所以同步计数器的电路复杂，但计数速度快，多用在计算机中；而异步计数电路简单，但计数速度慢，多用于仪器仪表中。

（1）同步二进制加法计数器。

4 位同步二进制加法计数器如图 7.24 所示。从图中可看到，构成计数器的 4 个 JK 触发器的触发脉冲 CP 都是相同的，也就是说，4 个触发器由现态到次态的变化是同步的，都是在 CP 的后沿，所以叫作“同步”计数器。$Q_3Q_2Q_1Q_0$ 是计数器的 4 位二进制输出，C 是计数器进位信号，$\bar{R}_D$ 是 4 个触发器的异步置 0 端，当 $\bar{R}_D$ 为低电平时 4 个触发器被强迫置 0，即 $Q_3Q_2Q_1Q_0$=0000，这样可以为计数器开始计数做好准备。4 个触发器的逻辑输入信号 J、K 驱动方程及进位信号 C 的输出方程为

$$J_0 = K_0 = 1$$
$$J_1 = K_1 = Q_0^n$$
$$J_2 = K_2 = Q_1^n Q_0^n$$
$$J_3 = K_3 = Q_2^n Q_1^n Q_0^n$$
$$C = Q_3^n Q_2^n Q_1^n Q_0^n$$

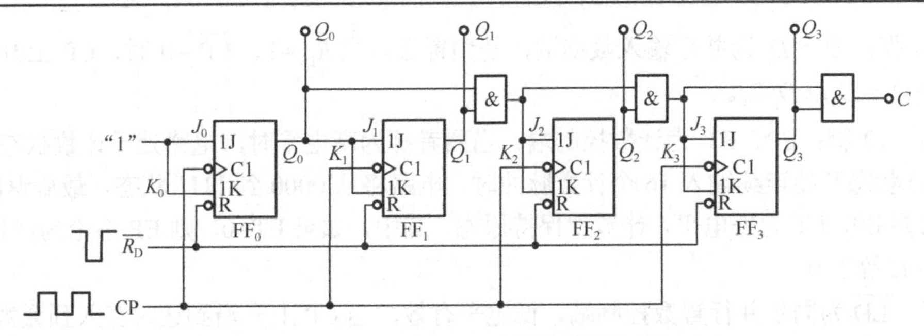

图 7.24　4 位同步二进制加法计数器

可以分析：第一位触发器 FF_0，每到来一个计数脉冲就翻转一次；第二位触发器 FF_1，在 Q_0=1 时，再到来一个脉冲才翻转；第三位触发器 FF_2，在 Q_1=Q_0=1 时，再到来一个脉冲才翻转；第四位触发器 FF_3，在 Q_2=Q_1=Q_0=1 时，再到来一个脉冲才翻转。因此，可以画出计数器工作波形如图 7.25 所示，这就是 4 位同步二进制加法计数器的工作波形。

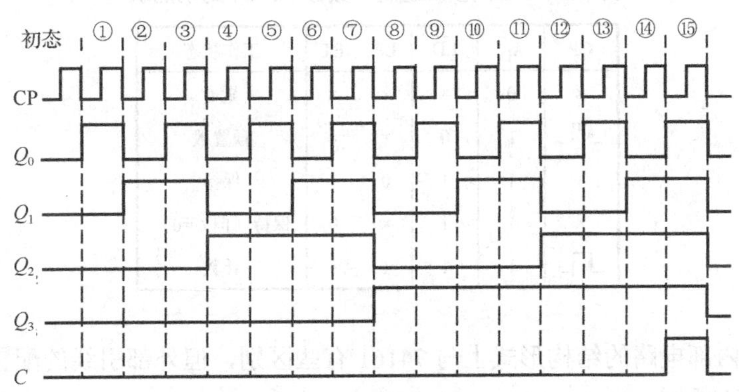

图 7.25　4 位同步二进制加法计数器的工作波形

（2）集成同步二进制计数器。

74161 为中规模集成的 4 位同步二进制计数器。这个电路除了具有二进制加法计数功能，还具有预置数、保持和异步置 0 等附加功能。图 7.26 所示是 74161 的引脚排列图和逻辑符号。各引脚功能如下。

1 脚：$\overline{R_D}$ 为置 0 端，低电平有效，而且置 0 操作不受其他输入端状态的影响，因而是异步置 0 端。

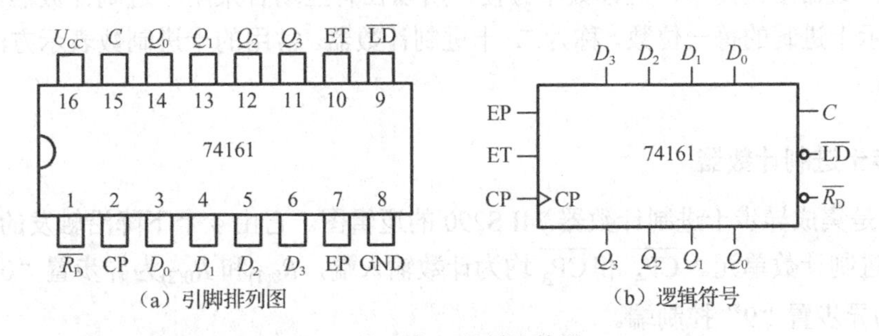

图 7.26　4 位同步二进制计数器 74161

2 脚：CP 为时钟脉冲输入端，上升沿有效（CP↑）。

3～6 脚：D_0～D_3为并行输入数据端，是预置数。当$\overline{R_D}$=1、$\overline{LD}$=0 时，CP 上升沿到达后$Q_3Q_2Q_1Q_0 = D_3D_2D_1D_0$。

7 脚、10 脚：EP、ET 为计数控制端，当两者都为高电平时，电路处于计数状态，当电路从 0000 状态开始连续输入 16 个计数脉冲时，电路将从 0000 到 1111 状态，最后返回 0000 状态；只要 EP、ET 为低电平，计数就保持原态，其中，如果 ET=0，则 EP 不论为何种状态，进位输出 C 等于 0。

9 脚：$\overline{LD}$为同步并行置数控制端，低电平有效，当 CP 上升沿到达时存入预置数。

11～14 脚：Q_3～Q_0为计数状态输出端。

15 脚：C 为进位，电路状态$Q_3Q_2Q_1Q_0$=1111 时，C 变为高电平；状态返回 0000 状态，C 从高电平跳变至低电平。可利用 C 端输出的高电平或下降沿作为进位输出信号。

4 位同步二进制计数器 74161 的功能表如表 7.9 所示。

表 7.9　4 位同步二进制计数器 74161 的功能表

CP	$\overline{R_D}$	$\overline{LD}$	EP	ET	工作状态
×	0	×	×	×	置 0
↑	1	0	×	×	预置数
×	1	1	0	1	保持
×	1	1	×	0	保持（但 C=0）
↑	1	1	1	1	计数

74LS161 在内部电路的结构形式上与 74161 有些区别，但外部引线的配置、引脚排列以及功能都与 74161 相同。

此外，有些同步计数器（如 74LS162、74LS163）采用同步置 0 方式，应注意其与异步置 0 方式的区别。在同步置 0 的计数器电路中，$\overline{R_D}$出现低电平后要等 CP 信号到达时才能将触发器置 0。而在异步置 0 的计数器电路中，只要$\overline{R_D}$出现低电平，触发器立即被置 0，不受 CP 的控制。

7.4.2　十进制计数器

二进制计数器结构简单，但读数不方便，所以在有些场合采用十进制计数器。用 4 位二进制数来表示十进制的每一位数，称为二-十进制计数器。常用的十进制数表示方法使用的是 8421BCD 码。

1．集成异步十进制计数器

图 7.27 是集成异步十进制计数器 74LS290 的逻辑图。它由 4 个下降沿触发的 JK 触发器组成一位十进制计数单元。$\overline{CP_A}$和$\overline{CP_B}$均为计数输入端，$R_{0(1)}$和$R_{0(2)}$为异步置“0”控制端，$S_{9(1)}$和$S_{9(2)}$为异步置“9”控制端。

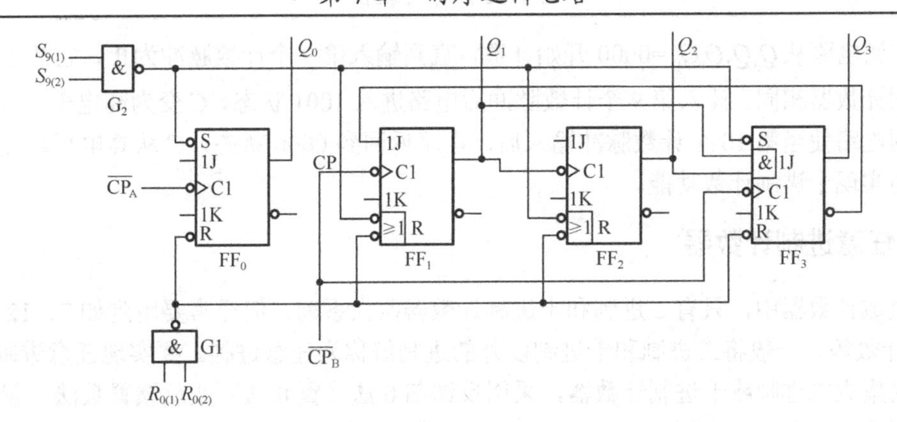

图 7.27 74LS290 十进制计数器逻辑图

当时钟信号从$\overline{CP_A}$端输入、从Q_0端输出时，它是一个二分频电路，即一位二进制计数器。当时钟信号从$\overline{CP_B}$端输入、从Q_3端输出时，它是一个五分频电路，即五进制计数器。当信号从$\overline{CP_A}$端输入，并将Q_0与$\overline{CP_B}$相连，从Q_0、Q_1、Q_2、Q_3输出时，就是一个8421BCD码的十进制计数器，所以74LS290也称为二-五-十进制计数器。其功能如表7.10所示。

表 7.10 74LS290 功能表

输入			输出				注
$R_{0(1)} \cdot R_{0(2)}$	$S_{9(1)} \cdot S_{9(2)}$	CP	Q_0^{n+1}	Q_1^{n+1}	Q_2^{n+1}	Q_3^{n+1}	
1	0	×	0	0	0	0	置 0
×	1	×	1	0	0	1	置 9
0	0	↓	计数				$\overline{CP_A}=CP, \overline{CP_B}=Q_0$

（1）异步置0。

在$S_{9(1)} \cdot S_{9(2)}=0$状态下，当$R_{0(1)}=R_{0(2)}=1$时，计数器异步置0，即$Q_3Q_2Q_1Q_0=0000$。此功能与CP无关。

（2）异步置9。

当$S_{9(1)}=S_{9(2)}=1$时，计数器置9，即$Q_3Q_2Q_1Q_0=1001$。此功能也与CP无关，且优先级高于异步置0。

（3）计数。

在$S_{9(1)} \cdot S_{9(2)}=0$和$R_{0(1)} \cdot R_{0(2)}=0$同时满足的前提下，在CP下降沿可进行计数。若在$\overline{CP_A}$端输入脉冲，则$Q_1$实现二进制计数；若在$\overline{CP_B}$端输入脉冲，则$Q_3Q_2Q_1$从000到100构成五进制计数器。若将$Q_0$端与$\overline{CP_B}$端相连，在$\overline{CP_A}$端输入脉冲，则$Q_3Q_2Q_1Q_0$从0000到1001构成8421BCD十进制计数器。

2. 集成同步十进制计数器

中规模集成的同步十进制计数器74160具有置数、异步置0和保持的功能。各输入端的功能和用法与图7.26电路中74161对应的输入端相同，74160的功能表也与74161的功能表相同。不同的是74160是同步十进制加法计数器，而74161是4位同步二进制（十六进制）

加法器。当电路从$Q_3Q_2Q_1Q_0$=0000开始计数，直到输入第9个计数脉冲为止，它的工作过程与二进制计数器相同。计入第9个计数脉冲后电路进入1001状态，C变为高电平，这时电路通过控制电路使当第10个计数脉冲输入后，电路返回到0000状态，C从高电平跳变至低电平，从而实现十进制计数功能。

7.4.3 任意进制计数器

在集成计数器中，只有二进制和十进制计数器两大系列，但经常要用到如7、12、24和60进制计数等。一般将二进制和十进制以外的进制统称为任意进制。要实现任意进制计数，只有利用集成二进制或十进制计数器，采用反馈归0法（置0法）或反馈置数法（置数法）来实现所需的任意进制计数。

要实现任意进制计数器，必须选择使用一些集成二进制或十进制计数器的芯片。假设已有N进制计数器，而需要得到的是M进制计数器。这时有$M<N$和$M>N$两种可能的情况。下面以74160为例分别讨论两种情况下构成任意一种进制计数器的方法。

1. $M<N$的情况

【例7-4】 试利用同步十进制计数器74160接成同步六进制计数器。

解： 因为74160兼有异步置0和同步置数功能，所以置0法和置数法均可采用。

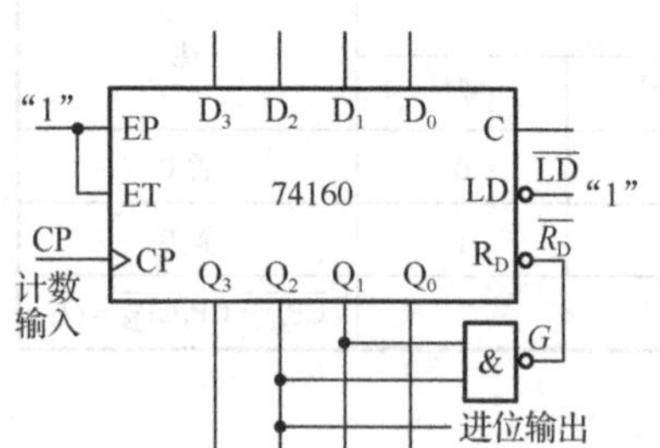

图7.28 用置0法将74160接成六进制计数器

方法1：置0法

图7.28所示电路是采用异步置0法接成的六进制计数器。当计数器处于$Q_3Q_2Q_1Q_0$= 0110状态时，担任译码器的门G输出低电平信号给$\overline{R}_D$端，将计数器置0，回到0000状态。

方法2：置数法。

采用置数法时可以从计数循环中的任何一个状态置入适当的数值而跳过（$N-M$）个状态，得到M进制计数器。图7.29给出两个不同的方案。其中图7.29（a）的接法是用$Q_3Q_2Q_1Q_0$=0101状态译码产生$\overline{\mathrm{LD}}$=0信号，下一个CP信号到达时置入0000状态，从而跳过0110～1001这4个状态，得到六进制计数器。电路的状态转换图如图7.30（a）所示。图7.29（b）是用0100状态译码产生$\overline{\mathrm{LD}}$=0信号，下一个CP信号到来时置入1001，从而跳过0101～1000这4个状态，得到六进制计数器。电路的状态转换图如图7.30（b）所示。

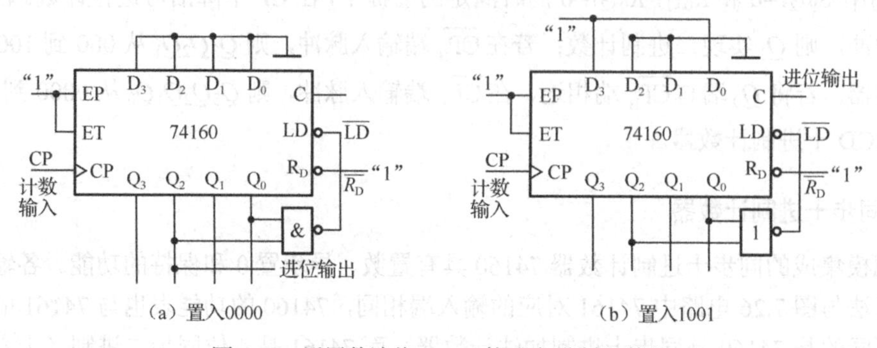

图7.29 用置数法将74160接成六进制计数器

图 7.30（b）中计数循环状态中包含了 1001 这个状态，每个计数循环都会在 C 端给出一个进位脉冲。7.4.10（a）图中计数循环状态中不包含 1001 这个状态，这时进位信号只能从 Q_2 端引出。

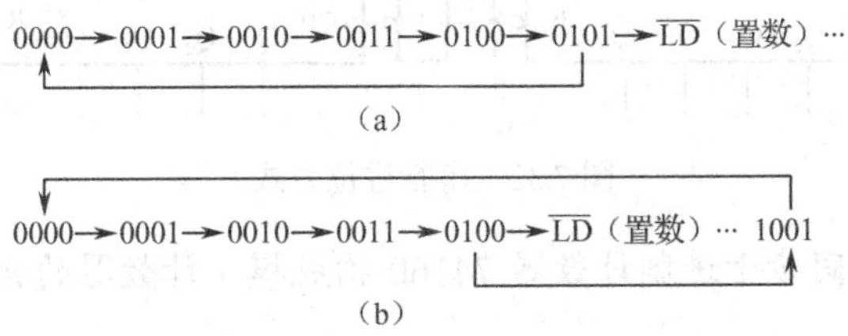

图 7.30　图 7.29 计数器的状态转换图

由于预置数是同步式的，即 $\overline{LD}$=0 时，还要等下一个脉冲到来时才能置入数据，这时 $\overline{LD}$=0 信号已稳定地建立了，所以同步置数法不存在异步置 0 法中因置 0 信号持续时间过短而可靠性不高的问题。

如果预置数是异步式的（如 74LS190），只要 $\overline{LD}$=0 信号出现，立即就会将数据置入计数器中，而不受时钟脉冲控制。此时，要注意 LD=0 信号应从下一个状态译出，此状态只在极短的瞬间出现，稳态的状态循环中不包含这个状态。

2. M>N 的情况

这时必须用多片 N 进制计数器组合起来，才能构成 M 进制计数器。各片之间的连接方式可分为串行进位方式、并行进位方式、整体置 0 方式和整体置数方式几种。下面仅以两级连接为例加以说明。

【例 7-5】 试用两片同步十进制计数器接成百进制计数器。

解： 方法 1：并行进位方式。

图 7.31 所示电路是并行进位方式。以第 1 片的进位输出 C 信号作为第 2 片的 EP 和 ET 输入，每当第 1 片计成 9（1001）时，C 变为 1，下个 CP 信号到达时第 2 片为计数工作状态，计入 1，而第 1 片计成 0（0000），它的 C 端回到低电平。第 1 片的工作状态控制端 EP 和 ET 恒为 1，使计数器始终处在计数工作状态。

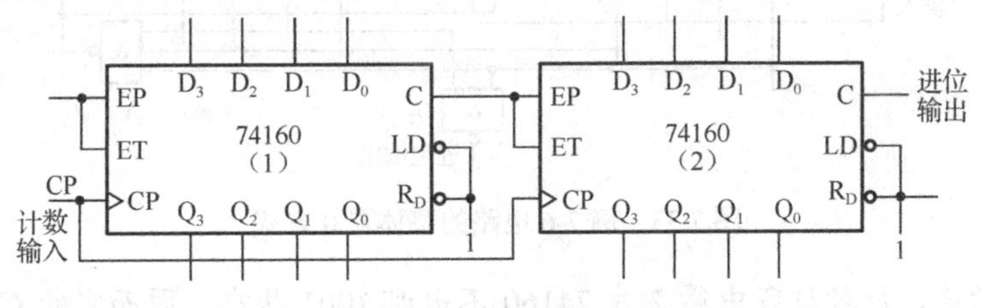

图 7.31　并行进位方式

方法 2：串行进位方式。

图 7.32 所示电路是串行进位方式。两片的 EP 和 ET 恒为 1，都工作在计数状态。第 1 片每当计数到 9（1001）时，输出 C 变为高电平，经反相器后使第 2 片的 CP 端为低电平。下一个计数输入脉冲到达后，第 1 片计成 0（0000）状态，输出 C 跳回低电平，经反相后使第 2 片的输入端产生一个正跳变，于是第 2 片计入 1。可见这种接法下两片 74160 不是同步工作的。

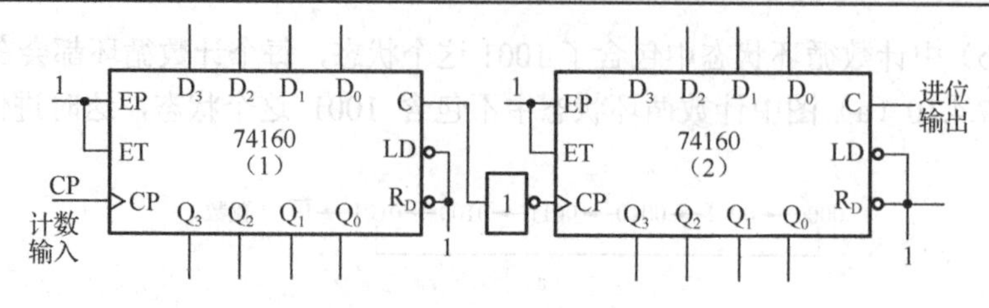

图 7.32 串行进位方式

【例 7-6】试用两片同步十进制计数器 74160 构成模（计数器的状态数称为模）为 29 的进制计数器。

分析：M=29，29 是一个素数，所以可以考虑采用整体置 0 法或整体置数法构成 29 进制计数器。

所谓整体置 0 法，就是首先将两片 N 进制计数器按最简单的方式接成一个大于 M 进制的计数器（如 $N\cdot N$ 进制），然后在计数器计到 M 状态时译出异步置 0 信号 $\overline{R_D}=0$，将两片 N 进制计数器同时置 0。

而整体置数法是首先将两片 N 进制计数器按最简单的方式接成一个大于 M 进制的计数器（如 $N\cdot N$ 进制），然后在计数器计到第 M+1 状态时，译出异步置数信号 $\overline{\mathrm{LD}}=0$（或到第 M 状态时译出同步置数信号 $\overline{\mathrm{LD}}=0$），将两片 N 进制计数器同时置入适当的数据，跳过多余的状态，得到 M 进制计数器。采用此方法要求已有的 N 进制计数器本身必须具有预置数功能。

当然，M 不是素数时，整体置 0 法和整体置数法也可以使用。

解：方法 1：整体置 0 方式。

先将两片 74160 以并行方式连成一个百进制计数器。当计数器从全 0 状态开始计数，计到 29 个脉冲时，经 G_1 译码产生的低电平信号立刻将两片 74160 同时置 0，于是得到 29 进制计数器。如图 7.33 所示。

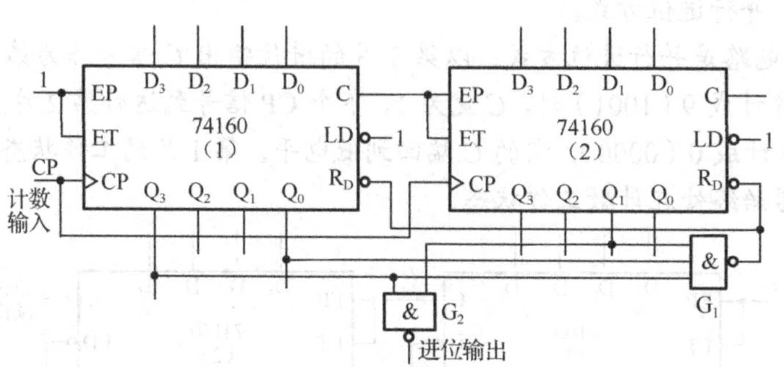

图 7.33 例 7-6 电路的整体置 0 方式

需要注意的是，计数过程中第 2 片 74160 不出现 1001 状态，因而它的 C 不能给出进位信号。而且 G_1 输出的脉冲持续时间极短，也不宜作为进位输出信号。如果要求输出进位信号持续时间为一个时钟周期，则应从电路的第 28 个状态译出。当电路计入 28 个脉冲后，G_2 输出变为低电平，第 29 个计数脉冲到达后 G_2 的输出跳变为高电平。

通过这个例子可以看到，整体置 0 法不仅可靠性差，而且往往还要另加译码电路才能得到需要的进位输出信号。采用整体置数法可以避免置 0 法的缺点。

方法 2：整体置数方式。

仍先将两片 74160 连成一个百进制计数器。然后将电路的第 28 个状态译码产生 $\overline{\mathrm{LD}}$=0

信号，同时加到两片 74160 上。在下一个计数脉冲（第 29 个输入脉冲）到达时，将 0000 同时置入两片 74160 中，从而得到 29 进制计数器。进位信号可以直接由 G_1 的输出端引出，如图 7.34 所示。

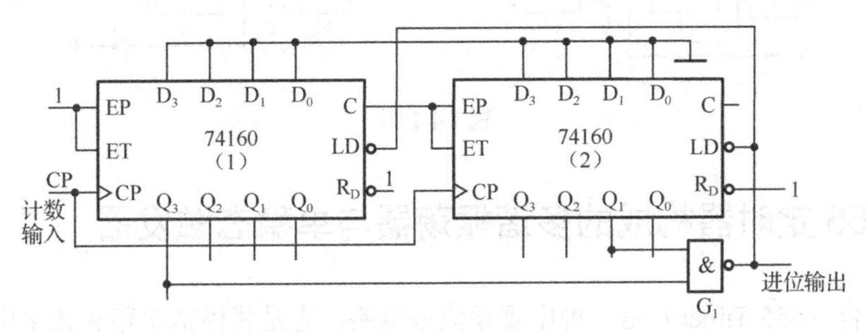

图 7.34　例 7-6 电路的整体置数方式

探究思考题

探究思考题答案

7.4.1　请说明同步置 0 与异步置 0、同步置数与异步置数的区别；说明同步计数器与异步计数器的区别。

7.4.2　分析题 7.4.2 图中由 D 触发器组成的 4 位异步二进制计数器的功能，确定哪一个是加法计数器，哪一个是减法计数器，并思考如何构成可逆的 4 位二进制计数器。

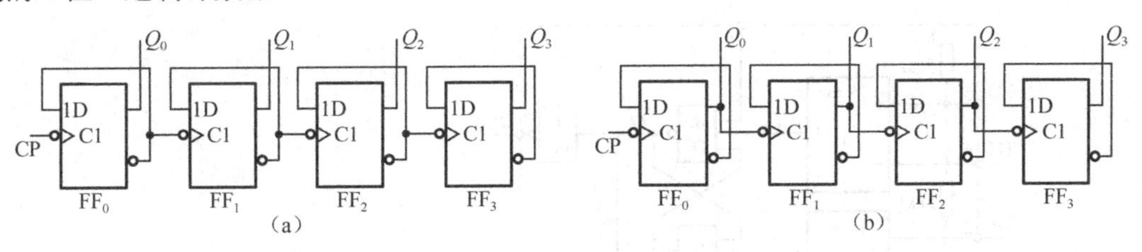

题 7.4.2 图

7.4.3　题 7.4.3 图（a）所示电路是（　　）进制计数器，题 7.4.3 图（b）所示电路是（　　）进制计数器。

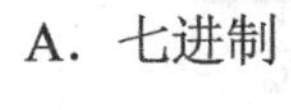

A．七进制　　　　B．八进制　　　　C．九进制

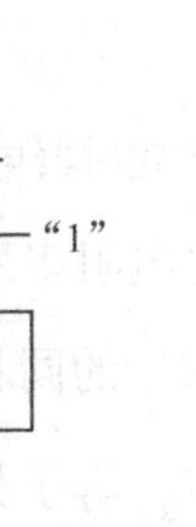

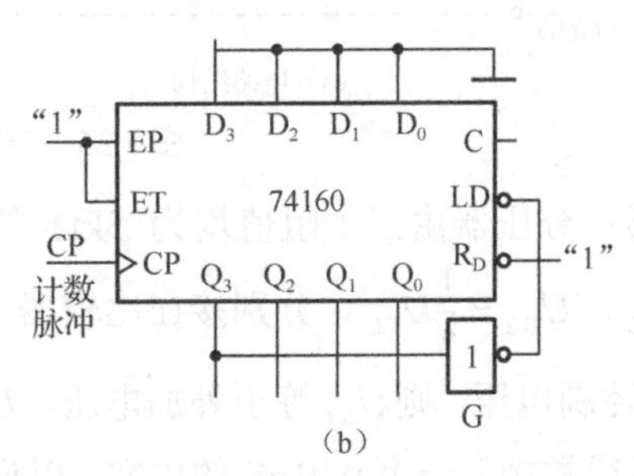

题 7.4.3 图

7.4.4　分析题 7.4.4 图所示电路的功能。

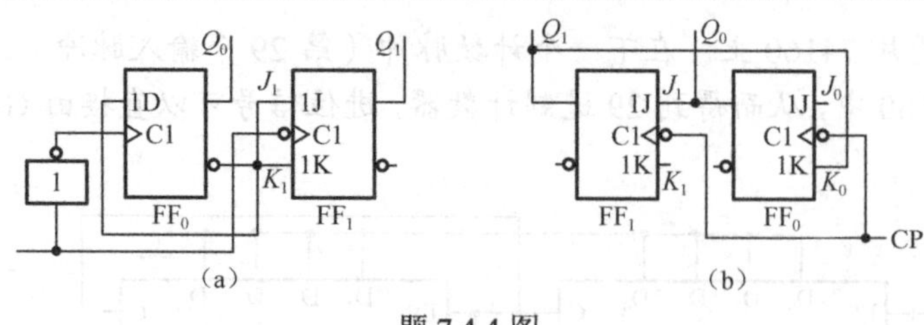

题 7.4.4 图

7.5 由 555 定时器构成的多谐振荡器与单稳态触发器

555 定时器（555 Timer）是一种中规模集成电路，它是将模拟电路和数字电路集成在一块硅片上的电子器件，只需外接少数电阻、电容元件即可构成多谐振荡器、单稳态触发器等数字电路。因此它可实现定时、控制、分频以及整形和报警等多种功能，在波形产生与变换、控制系统、电子仪器等领域有广泛的应用。555 定时器产品有 TTL 型与 CMOS 型。下面以 TTL 型 555 为例，说明其电路结构和功能。

7.5.1 555 定时器

图 7.35 所示为 555 定时器的电路结构和引脚，555 定时器内部由分压器、电压比较器、基本 RS 触发器、集电极开路的放电三极管和输出缓冲器等组成。

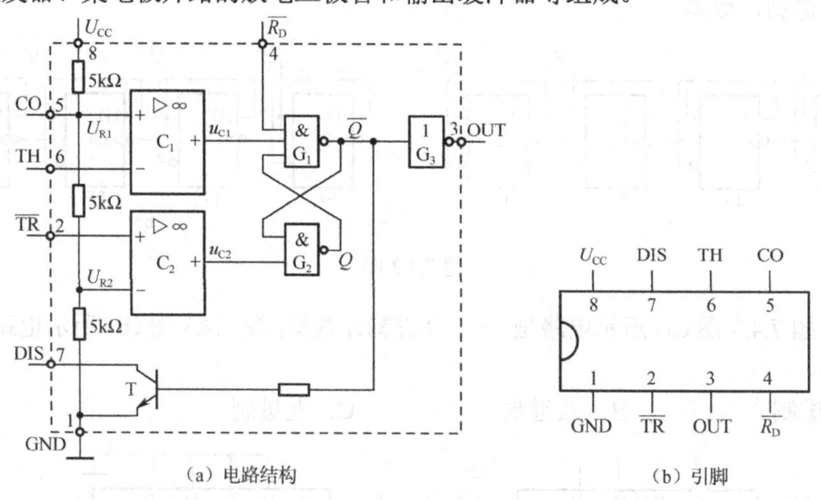

图 7.35 555 定时器电路

分压器：分压器由三个阻值均为 5kΩ 的电阻串联起来构成（电路因此得名）。因此，$U_{R1}=\frac{2}{3}U_{CC}$，$U_{R2}=\frac{1}{3}U_{CC}$，分别接在比较器 C_1 的同相输入端和 C_2 的反相输入端。如果从 CO 端外加控制电压，则 U_{R1} 等于外加电压，U_{R2} 等于外加电压的一半。不加控制电压时，该端与地之间通常接入一个 0.01μF 的电容，以便旁路掉噪声或电源的纹波电压，减少对控制电压的影响。

电压比较器：C_1、C_2 为两个电压比较器，分别实现 U_{R1} 与外加输入 TH、U_{R2} 与外加信号 $\overline{TR}$ 的电压比较，比较结果 u_{C1} 和 u_{C2} 为高电平或低电平。

基本 RS 触发器：$\overline{R}_D$为复位端，比较器 C_1 的输出u_{C1}相当于 RS 触发器的复位端$\overline{R}$，比较器 C_2 的输出u_{C2}相当于 RS 触发器的复位端$\overline{S}$。

放电三极管和输出缓冲器：由集电极开路的三极管 T 构成开关（通常与电容相接，可以控制电容的充放电），由非门 G_3 构成输出缓冲器，其状态或输出由 RS 触发器的状态决定。当 Q=0 时，$\overline{Q}=1$，电路的输出 OUT 为低电平，三极管 T 饱和导通，它提供一条低阻的放电路径；当 Q=1 时，$\overline{Q}=0$，电路的输出 OUT 为高电平，三极管 T 截止，相当于电路开路。设置输出缓冲器可以提高电路的带负载能力。

$\overline{R}_D$为 0 时，G_1 输出高电平，三极管 T 导通，555 定时器输出被置为低电平，不受其他输入端的影响。正常工作时$\overline{R}_D$必须处于高电平。

在 CO 端不加外接电压时，C_1 的同相输入端电位$u_+=\frac{2}{3}U_{CC}$，C_2 的反相输入端电位$u_-=\frac{1}{3}U_{CC}$。

当$U_{TH}>\frac{2}{3}U_{CC}$、$U_{TR}>\frac{1}{3}U_{CC}$时，比较器 C_1 输出低电平，C_2 输出高电平，触发器的 Q=0，三极管 T 导通，555 定时器输出低电平。

当$U_{TH}<\frac{2}{3}U_{CC}$、$U_{TR}>\frac{1}{3}U_{CC}$时，比较器 C_1 和 C_2 输出都为高电平，触发器状态不变，三极管 T 和 555 定时器的输出都保持不变。

当$U_{TH}<\frac{2}{3}U_{CC}$、$U_{TR}<\frac{1}{3}U_{CC}$时，比较器 C_1 输出高电平，C_2 输出低电平，触发器的 Q=1，三极管 T 截止，555 定时器输出高电平。

当$U_{TH}>\frac{2}{3}U_{CC}$、$U_{TR}<\frac{1}{3}U_{CC}$时，比较器 C_1 和 C_2 输出都为低电平，触发器的$Q=\overline{Q}=1$，三极管 T 截止，555 定时输出高电平。此情况一般不用。

根据以上分析，可以得到表 7.11 所示 555 定时器的功能表。

表 7.11　555 定时器功能表

$\overline{R_D}$	U_{TH}	U_{TR}	555 输出	T 的状态
0	×	×	低	导通
1	$>\frac{2}{3}U_{CC}$	$>\frac{1}{3}U_{CC}$	低	导通
1	$<\frac{2}{3}U_{CC}$	$>\frac{1}{3}U_{CC}$	不变	不变
1	$<\frac{2}{3}U_{CC}$	$<\frac{1}{3}U_{CC}$	高	截止

555 定时器的电路、型号均有多种，但工作原理和功能基本相同。

7.5.2　多谐振荡器

多谐振荡器（multivibrator ）可以产生矩形波信号或方波信号，在数字系统中常用来产生系统所需的时钟脉冲。由于矩形波包含基次和高次谐波等较多的谐波成分，因此称为多谐振荡器。多谐振荡器不存在稳态，故又称为无稳态触发器，它有多种电路形式，图 7.36（a）

所示为由555定时器，电阻 R_1、R_2，电容 C_1、C_2 构成的多谐振荡器。

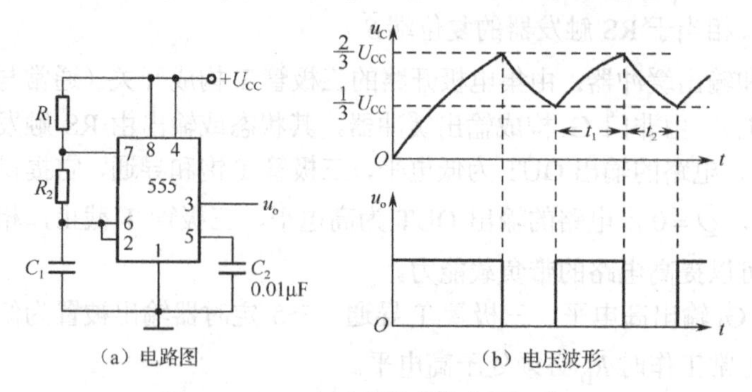

（a）电路图　（b）电压波形

图7.36　555定时器构成的多谐振荡器

接通电源后，设电容初始电压为0，555定时器输出为高电平，三极管T截止，U_{CC} 经 R_1、R_2 对 C_1 充电。当电容电压达到 $\frac{2}{3}U_{CC}$ 时，555定时器输出翻转为低电平，三极管T导通，C_1 经 R_2 向三极管T放电。当电容电压下降到 $\frac{1}{3}U_{CC}$ 时，555定时器输出翻转为高电平，三极管再一次截止，于是 U_{CC} 又对 C_1 充电。如此周而复始，电路产生振荡。其工作电压波形如图7.36（b）所示。可以推导出充电时间 t_1 和放电时间 t_2（了解充电、放电时间的推导过程，请扫描二维码）：

式（7-10）、式（7-11）和式（7-13）推导

$$t_1 = 0.7(R_1 + R_2)C_1 \tag{7-10}$$

$$t_2 = 0.7R_2C_1 \tag{7-11}$$

故振荡周期为

$$T = t_1 + t_2 = 0.7(R_1 + 2R_2)C_1 \tag{7-12}$$

综上所述，用555定时器构成的多谐振荡器电路比较简单。只要电阻和电容稳定，产生的脉冲就比较稳定，而且脉冲的频率和占空比很容易估算和改变。因此这种脉冲产生电路广为采用。

7.5.3　单稳态触发器

单稳态电路在数字系统和模拟系统中的应用都很广泛，主要用于脉冲的整形与定时。

单稳态触发器的特点是只有一个稳定状态（稳态），另一个为暂态。在外界触发脉冲的作用下，输出从稳态翻转到暂态，经过一段时间后，自动恢复到稳态。而暂态维持时间的长短仅取决于电路的结构及参数，与触发脉冲的幅度和宽度无关。

单稳态触发器电路的形式很多，图7.37（a）所示为由555定时器、电阻 R、电容 C_1、电容 C_2 构成的单稳态触发器。

若接通电源后555定时器内触发器处于 $Q=1$ 状态，三极管T截止，U_{CC} 通过 R 对电容 C_1 充电。当充电到 $u_{C1}=\frac{2}{3}U_{CC}$ 时，555定时器输出低电平，三极管T导通，电容 C_1 经T放电，使 $u_{C1}\approx 0$。此后，555定时器处于保持状态，输出不再变化，这是电路的稳态。

当外加触发脉冲下降沿到来时，由于 $U_{TR}<\frac{1}{3}U_{CC}$，555定时器输出翻为高电平，三极管

T 截止，电路进入暂态。这时 U_{CC} 经 R 对 C_1 充电，充电到 $u_{C1}=\frac{2}{3}U_{CC}$ 时，555 定时器输出回到低电平。同时三极管 T 导通，电容 C_1 通过 T 迅速放电，直到 $u_{C1}\approx 0$，电路恢复到稳态。其电压波形如图 7.37（b）所示，输出脉冲宽度为电容电压由 0 上升到 $\frac{2}{3}U_{CC}$ 所需的时间，可推导得出：

$$T_W=1.1RC_1 \tag{7-13}$$

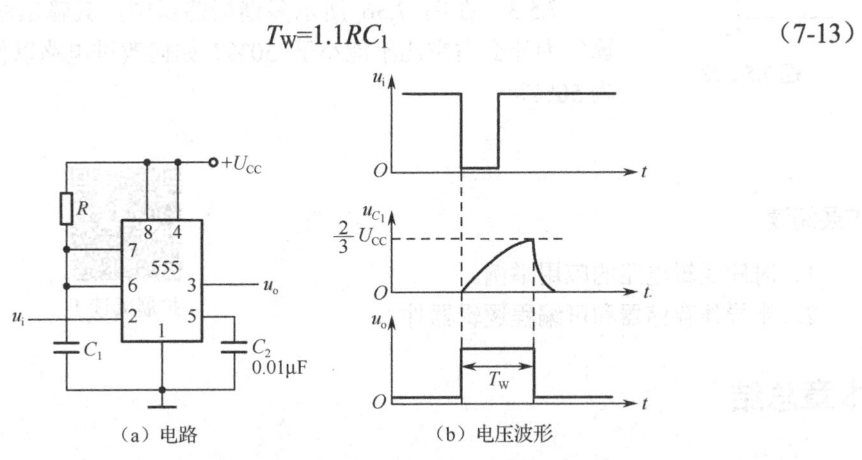

（a）电路　（b）电压波形

图 7.37　555 定时器构成的单稳态触发器

需要注意的是，输入脉冲的低电平持续时间不能大于 T_W，否则，应在输入端加微分电路。

【例 7-7】应用 555 单稳态触发器设计电路，该电路将每 60μs 出现 1μs 的负脉冲信号拉伸为 10μs 的负脉冲信号。

解：设输出脉冲宽度 T_W=10μs，由式（7-13），有 RC_1=9.09μs。

取 C=0.001μF，则 R=9.09kΩ。

因为 555 定时器构成的单稳态触发器输出为正脉冲，故在输出端接一反相器即可得到负脉冲信号。设计电路及电压波形如图 7.38 所示。

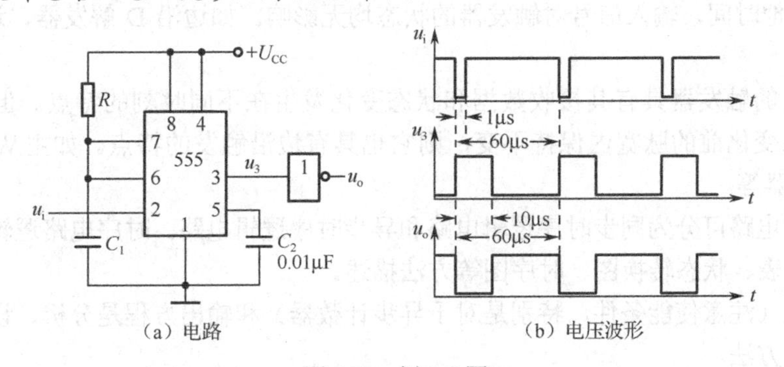

（a）电路　（b）电压波形

图 7.38　例 7-7 图

探究思考题

探究思考题答案

7.5.1（多选题）多谐振荡器（　　），单稳态触发器（　　）。

A．需要周期触发输入信号；　　B．没有稳定状态；

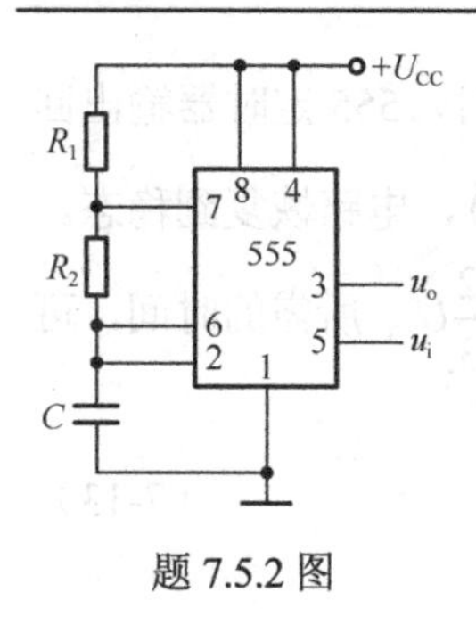

题 7.5.2 图

C. 有两个稳定状态；　　D. 产生周期脉冲输出；

E. 可以实现脉冲整形；

F. 产生的脉冲宽度可以通过改变电阻 R 或电容 C 调节。

7.5.2　题 7.5.2 图所示电路是用 555 定时器构成的压控振荡器。当 u_i 升高时，输出信号频率是升高还是降低？

7.5.3　在图 7.36 所示多谐振荡器中，其输出波形占空比如何计算？为什么占空比不能小于 50%？如何改进电路以使输出信号占空比为 50%？

扩展阅读

扩展阅读 1

扩展阅读 2

1. 时序逻辑电路的应用举例。
2. 半导体存储器和可编程逻辑器件。

本章总结

本章系统介绍了触发器的逻辑功能、触发方式和时序逻辑电路的分析方法，并介绍了典型中规模集成芯片计数器、寄存器、555 定时器的功能和应用。

触发器是构成时序逻辑电路的基本单元，其逻辑功能可用特性方程、状态表、时序图等方法描述。按触发器的功能分为 RS 触发器、JK 触发器、D 触发器、T 触发器和 T'触发器。

触发器的触发方式有电平触发、边沿触发、脉冲触发。

电平触发的触发器的动作特点是，在时钟 CP 有效电平的全部时间内，输入信号都能直接作用于输出，引起输出状态的变化。如电平触发 RS 触发器、电平触发 D 触发器等。

边沿触发的触发器具有边沿触发的特点。边沿触发器仅在 CP 脉冲有效沿的瞬间才使能，而在 CP 的其他时间，输入信号对触发器的状态均无影响。如边沿 D 解发器、边沿 JK 解发器等。

脉冲触发的触发器具有其接收数据和状态变化发生在不同时刻的特点。但是，如果输入信号在状态变化前的脉宽内保持不变，则它也具有边沿触发的特点。如主从 RS 触发器、主从 JK 触发器等。

时序逻辑电路可分为同步时序逻辑电路和异步时序逻辑电路。时序电路逻辑功能可用状态方程、状态表、状态转换图、时序图等方法描述。

状态方程（注意使能条件，特别是对于异步计数器）和输出方程是分析、设计时序电路所必需的描述方法。

状态表和状态转换图非常直观地反映了时序电路工作的全过程和逻辑功能。

时序图适用于时序电路的调试、故障分析。

常见的时序逻辑电路有计数器、寄存器等，它们都是在时钟脉冲作用下工作的。常用的集成芯片有 74160、14161、74290、74194 等，学习时应重点掌握它们的特性及应用方法。

555 定时器是一种使用方便灵活、功能多样的模拟-数字混合集成电路，应用非常广泛，典型应用电路有多谐振荡器、单稳态触发器等。

第 7 章自测题

自测题答案

7.1　下列电路中，不属于时序逻辑电路的是（　　）。

A．计数器　　B．全加器　　C．寄存器　　D．分频器

7.2　某主从 JK 触发器，当 $J=K=1$ 时，C 端的频率 $f=200\text{Hz}$，则 Q 的频率为（　　）。

A．200Hz　　B．400Hz　　C．100Hz

7.3　自测题 7.3 图所示触发器的次态 Q^{n+1} 的表达式是（　　）。

A．$X\oplus Y$　　B．$(X\oplus Y)\overline{Q^n}$　　C．$(X\oplus Y)+Q^n$　　D．$(X\oplus Y)+\overline{Q^n}$

7.4　欲将 D 触发器转换成 T 触发器，则自测题 7.4 图中虚线框内的电路应是（　　）。

A．与门　　B．与非门　　C．或门　　D．异或门

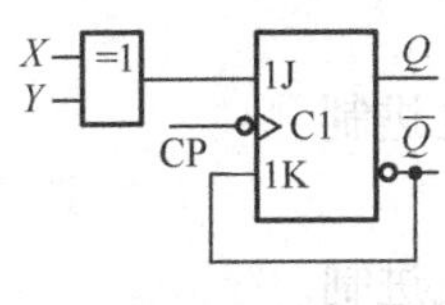

自测题 7.3 图

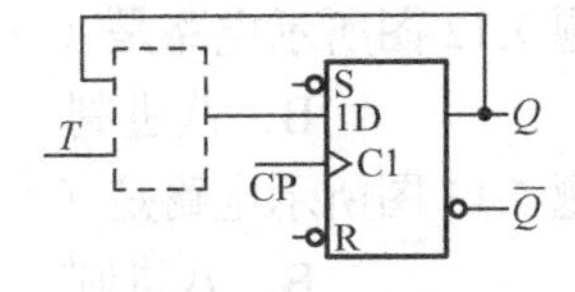

自测题 7.4 图

7.5　在自测题 7.5 图所示电路中，能实现 $Q^{n+1}=\overline{Q^n}$ 的电路是（　　）。

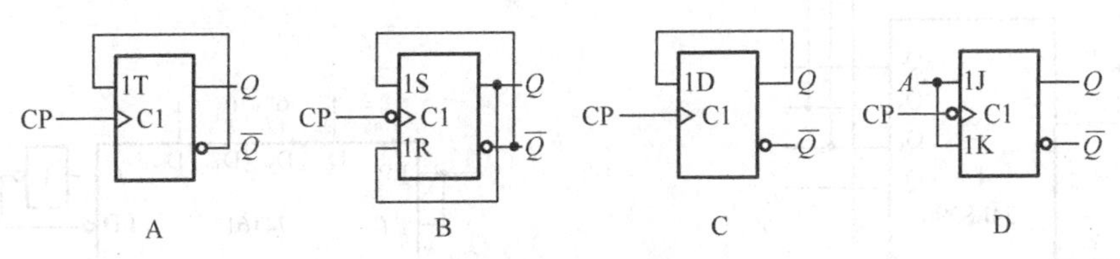

自测题 7.5 图

7.6　设自测题 7.6 图所示电路的初态 $Q_1Q_2=00$，那么，加入 3 个时钟脉冲后，电路的状态将变为（　　）。

A．0 0　　B．0 1

C．1 0　　D．1 1

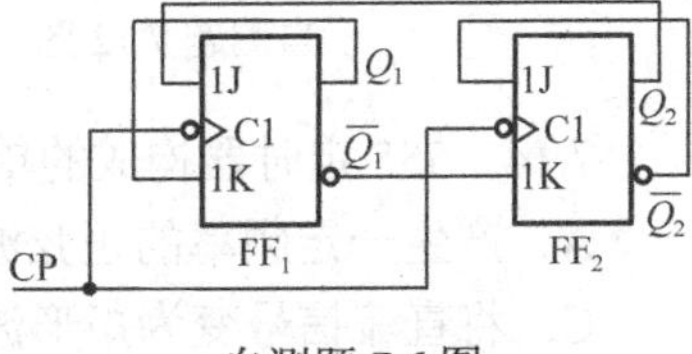

自测题 7.6 图

7.7　一组二进制数 10110101 串行移位（最右边的位先移位）到一个 8 位并行输出移位寄存器，其初始状态为 11100100。两个时钟脉冲后，寄存器的状态为（　　）。

A．01011110　　B．10110101　　C．01111001　　D．00101101

7.8　如果一个 8 位码串行输入/串行输出移位寄存器用作一个 24μs 的时间延迟，则该寄存器的时钟频率为（　　）。

A．41.67kHz　　B．333kHz　　C．125kHz　　D．8MHz

7.9　一个 4 位二进制加法/减计数器处于二进制状态 0。在减模式下，该计数器的下一个状态是（　　）。

A．0001　　B．1111　　C．1000　　D．1110

7.10　由一个模 5 计数器、一个模 8 计数器和两个模 10 计数器组成的级联计数器，其外

接时钟频率为10MHz，则该计数器可能的最小输出频率为（　　）。

A．10kHz　　B．2.5kHz　　C．5kHz　　D．25kHz

7.11　自测题7.11图所示时序逻辑电路为（　　）。

A．异步二进制计数器　　B．异步十进制计数器

C．同步十进制计数器

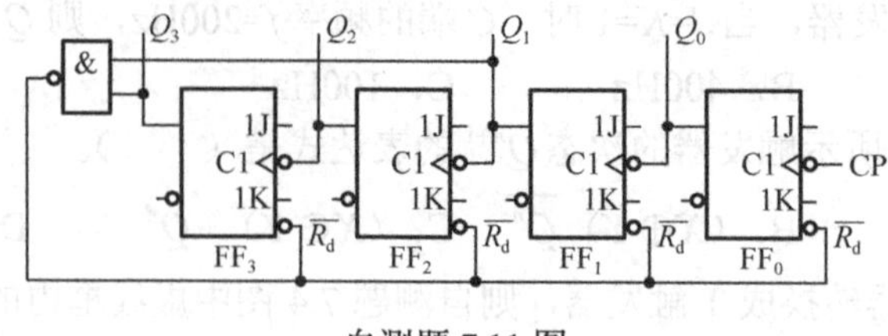

自测题7.11图

7.12　自测题7.12图所示电路是（　　）计数器。

A．七进制　　B．八进制　　C．九进制

7.13　自测题7.13图所示电路是（　　）计数器。

A．七进制　　B．八进制　　C．九进制

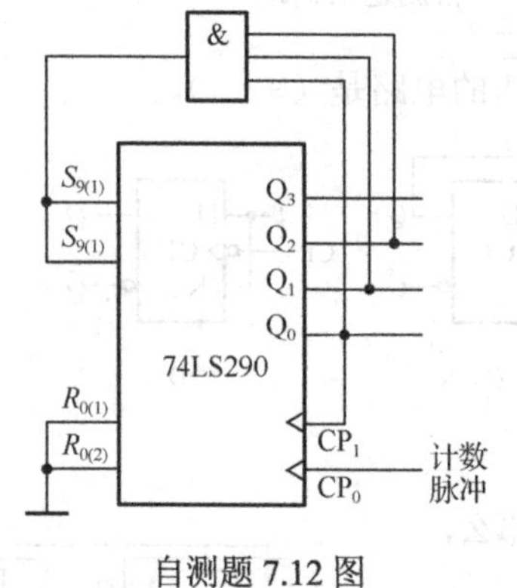

自测题7.12图

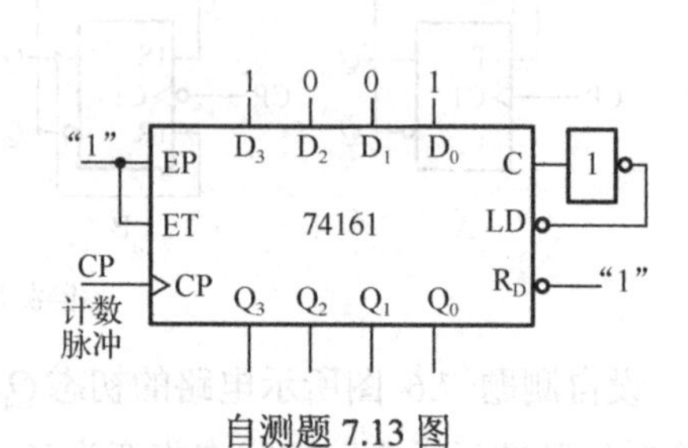

自测题7.13图

7.14　555定时器构成的单稳态触发器可用于（　　）。

A．产生一定频率的正弦波　　B．实现不规则波形的整形

C．将直流信号变为矩形波信号

习题七

部分习题答案

分析、计算题

7.1　已知下降沿有效的JK触发器的CP、J、K及异步置1端$\overline{S_D}$、异步置0端$\overline{R_D}$的波形如习题7.1图所示。试画出Q的波形（设Q的初态为0）。

7.2　设触发器的初态为0，试画出习题7.2图所示电路在CP、U_i作用下的Q端波形。

7.3　写出习题7.3图中各触发器的逻辑表达式。如果各触发器的CP、A、B端波形如图所示，试画出各触发器输出Q波形（设各触发器的初态为0）。

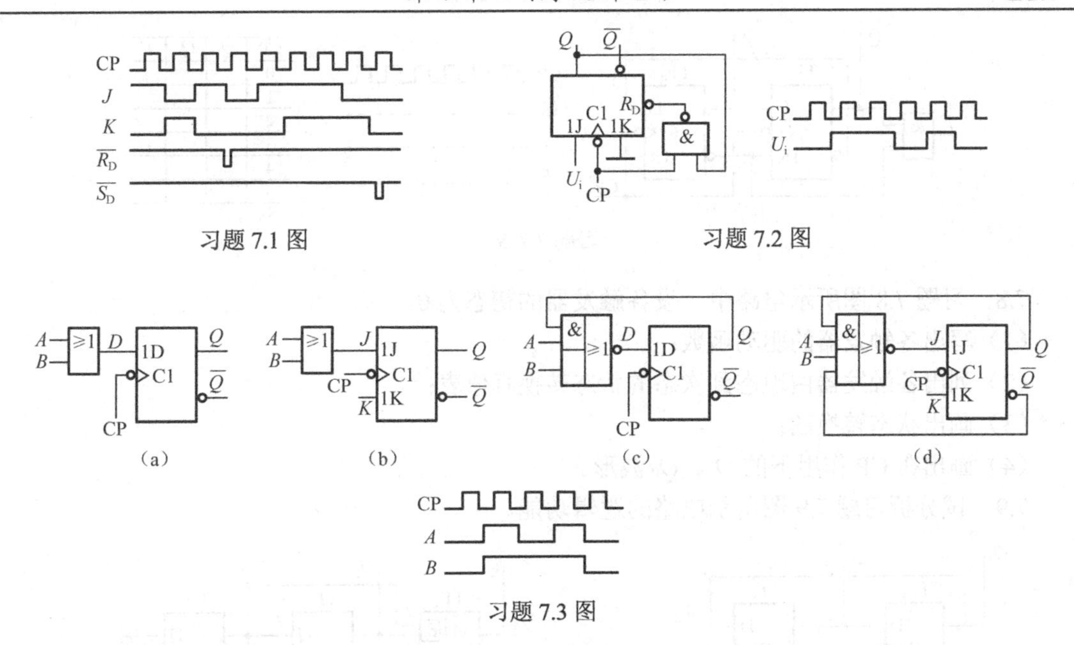

习题 7.1 图　　习题 7.2 图

习题 7.3 图

7.4　习题 7.4 图所示电路是可以产生几种脉冲波形的信号发生器。试画出在 CP 脉冲作用下各输出端的波形。设触发器的初始状态为 0。

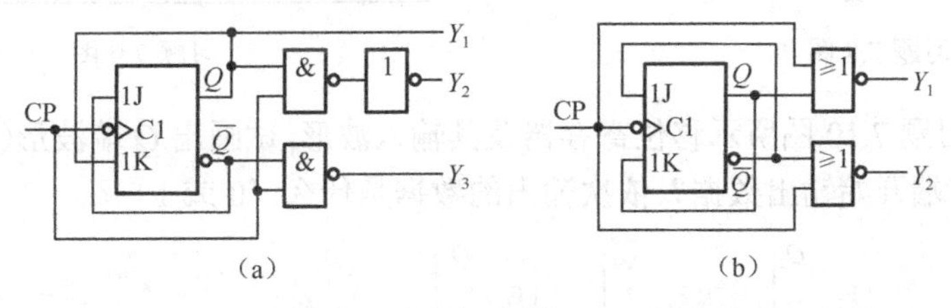

习题 7.4 图

7.5　试画出习题 7.5 图所示电路输出端 Y_1、Y_2 的电压波形。输入信号 D 和 CP 的电压波形如图所示。设触发器的初始状态均为 0。

7.6　习题 7.6 图所示电路是边沿 D 触发器组成的脉冲分频电路。试画出 CP 脉冲作用下输出端 Y 对应的电压波形。设触发器的初始状态均为 0。

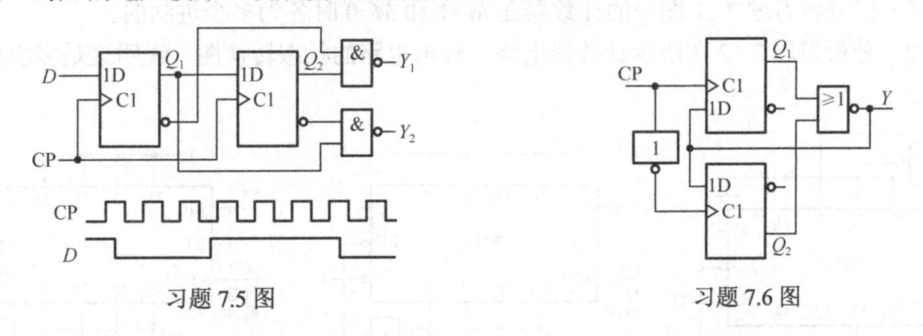

习题 7.5 图　　习题 7.6 图

7.7　列出习题 7.7 图所示逻辑电路图的状态表，写出输出 F 的逻辑式。已知 CP 脉冲的波形图，画出 Q_0、Q_1 及 F 的波形，若 CP 脉冲频率为 1kHz，计算 F 的脉宽 t_W 和周期 T（设各触发器的初态为 0）。

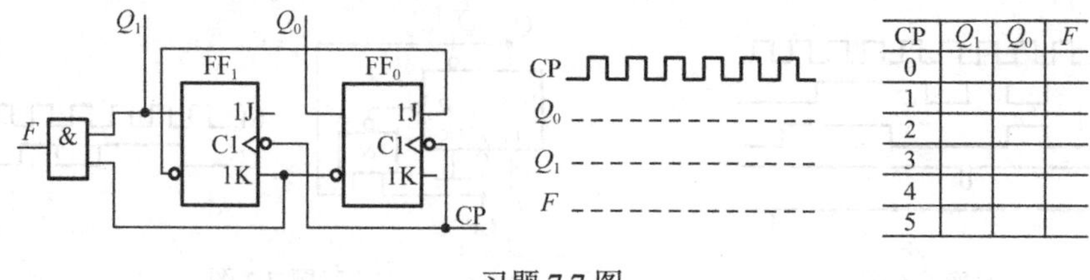

CP	Q_1	Q_0	F
0			
1			
2			
3			
4			
5			

习题 7.7 图

7.8 习题 7.8 图所示电路中，设各触发器的初态为 0。

（1）写出各触发器的驱动函数；

（2）列出各触发器由现态到次态的状态转换真值表；

（3）画出状态转换图；

（4）画出在 CP 作用下的 Q_1、Q_0 波形。

7.9 试分析习题 7.9 图所示电路的逻辑功能。

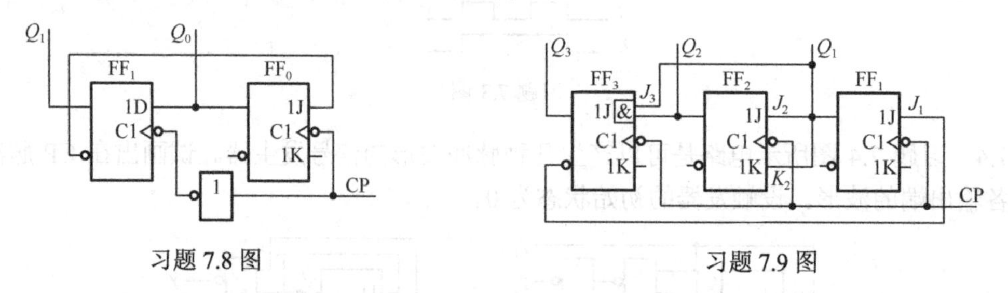

习题 7.8 图　　习题 7.9 图

7.10 对于习题 7.10 图所示移位寄存器及其输入波形，试画出 Q 端波形（设初态均为 0），第几个脉冲后 Q_1 端开始输出数据？依次输出的数据是什么（0 或 1）？

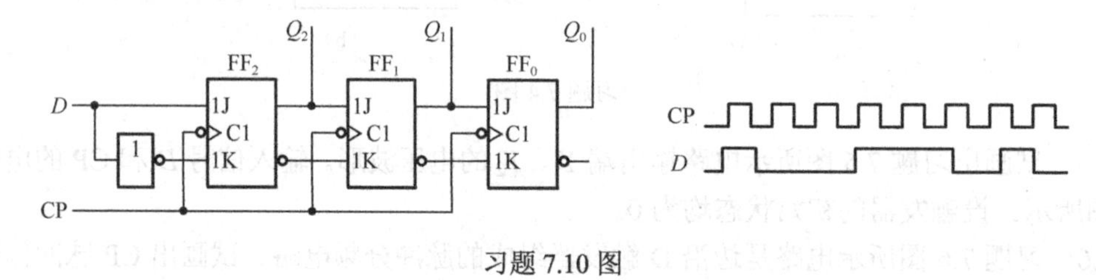

习题 7.10 图

7.11 试分析习题 7.11 图中的计数器在 M=1 和 M=0 时各为多少进制的。

7.12 分析习题 7.12 图所示计数器电路，画出电路的状态转换图，说明这是多少进制的计数器。

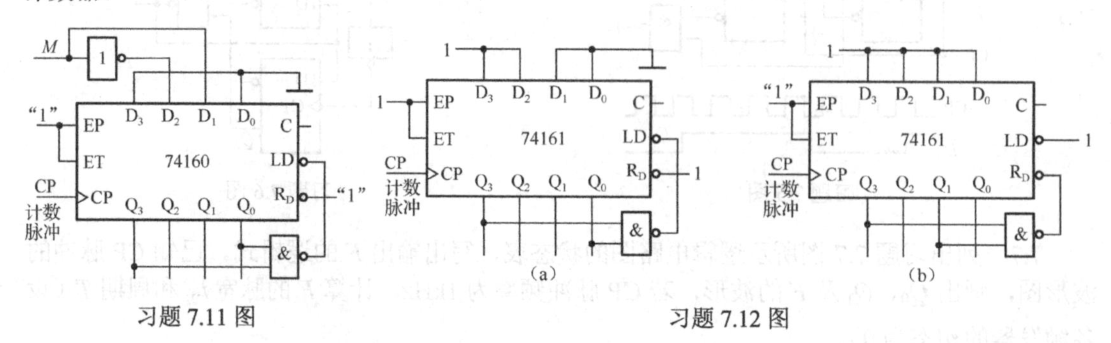

习题 7.11 图　　习题 7.12 图

7.13 试分析习题 7.13 图所示电路的功能。

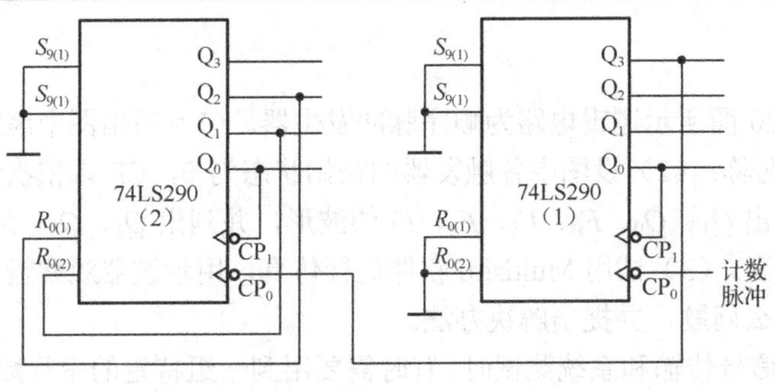

习题 7.13 图

7.14　分析习题 7.14 图所示用 74161 构成的电路的功能，对任意给定串行输入信号 D，画出输出 $Q_3Q_2Q_1Q_0$ 的波形。

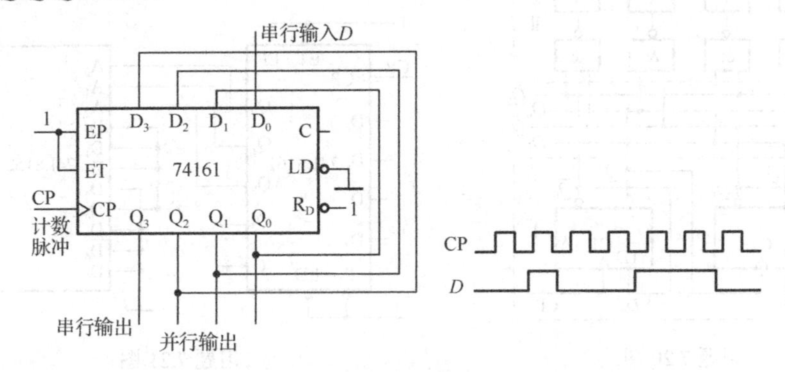

习题 7.14 图

7.15　分别用置 0 法和置数法，将 74161 型同步二进制计数器接成十二进制计数器。

7.16　试用两片 74160 型计数器接成 24 进制计数器。

7.17　设计一个电路，将 2MHz 的输入频率转换为 0.4MHz 的输出频率。

7.18　用 555 定时器组成的多谐振荡器，要求产生占空比为 0.8、频率为 2.4kHz 的脉冲波，若取 R_1=15kΩ，则其余元件的参数如何选取？

7.19　习题 7.19 图（a）是由 555 定时器构成的单稳态触发电路。

（1）计算暂态维持时间 t_W；

（2）画出在习题 7.19 图（b）所示输入 u_i 作用下的 u_c 和 u_o 的波形；

（3）若 u_i 的低电平维持时间为 15ms，要求暂态维持时间 t_W 不变，则应采取什么措施？

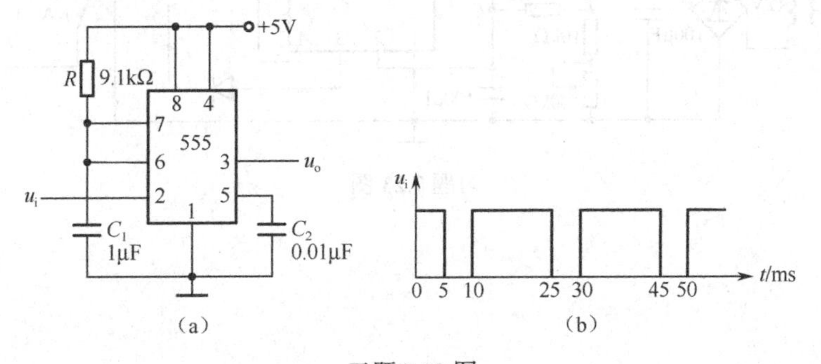

习题 7.19 图

综合应用题

仿真文件下载

7.20　习题 7.20 图所示逻辑电路为顺序脉冲发生器。（1）写出图中虚线框 I、II 两部分的名称；（2）设图中各触发器的初始状态为 0，CP 端依次送入 4 个脉冲，试画出 Q_1、Q_0、F_0、F_1、F_2、F_3 的波形，并列出 Q_1、Q_0、F_0、F_1、F_2、F_3 的状态表。（3）试用 Multisim 软件进行仿真，用示波器观察输出波形，看看存在什么问题，并提出解决办法。

7.21　在数字信号传输和系统测试时，有时需要用到一组特定的串行数字信号，习题 7.21 图为由计数器 74LS161 和数据选择器 74LS152 构成的序列信号发生器。试分析输出信号序列。

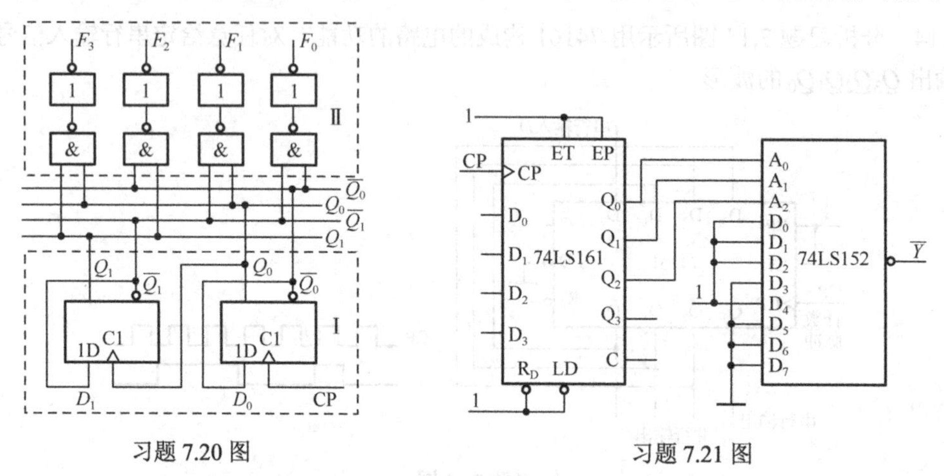

习题 7.20 图　　　　习题 7.21 图

仿真文件下载

7.22　利用加法/减法计数器设计一个汽车车库停车系统逻辑电路，实现对 99 个停车位的计数，并可通过指示灯提示车位已占满的状态指示，试用 Multisim 软件进行仿真实现。（车库入口和出口设置光电传感器，提供加法/减计数器的计数脉冲。）

7.23　习题 7.23 图所示电路是一个照明灯自动亮灭装置，让照明灯白天自动熄灭；夜晚自动点亮。图中 R 是一个光敏电阻，受光照射时电阻变小，无光照射或光照微弱时电阻增大。试说明其工作原理。

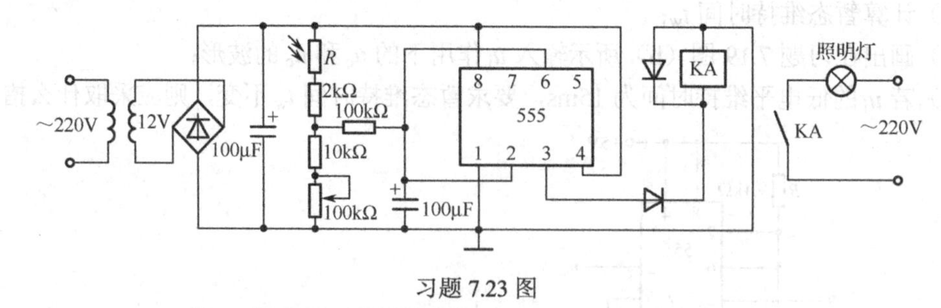

习题 7.23 图

第 8 章　数模转换器和模数转换器

本章要求（学习目标）

1. 掌握倒 T 形电阻网络数模转换器（DAC）的工作原理，了解数模转换器主要技术参数，并能依据参数选择合适芯片。

2. 掌握逐次逼近型模数转换器（ADC）的工作原理，了解衡量模数转换芯片性能的指标，并能依据参数选择合适芯片。

3. 对 ADC、DAC 实际应用电路进行分析，举一反三进行实际应用设计。

包括微机、单片机、工控机以及可编程控制器在内的数字处理系统，广泛应用在各种数据检测、显示及过程控制中。数据采集、测量、显示或过程控制的对象通常是温度、压力（压强）、流量、角度、位移及液面高度等连续变化的非电模拟量。这些非电模拟量经过相应的传感器转换为随时间连续变化的电模拟量（电压或电流）。模拟量转换成数字量才能被数字处理系统所接收和处理；相反，处理后的数字量只有转换为模拟量才能经过执行元件或机构去显示或控制。实现把模拟量转换为数字量的设备称为模数（A/D）转换器，简称 ADC（Analog to Digital Converter）；而把数字量转换为模拟量的设备称为数模（D/A）转换器，简称 DAC（Digital to Analog Converter）。可见，ADC 和 DAC 是被控对象和数字处理系统之间的连接桥梁或接口，其应用框图可大致用图 8.1 表示。

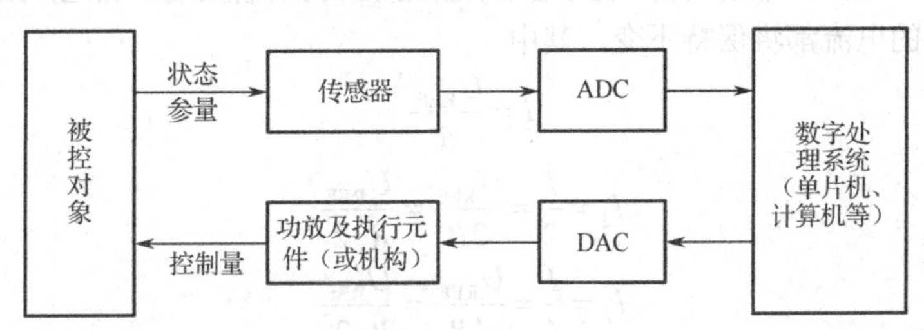

图 8.1　ADC 和 DAC 的应用框图

ADC 和 DAC 的特殊作用，使它们随着计算机技术的普遍应用而得到发展。现在不但有许多成熟的系列产品，而且仍在不断推出性能更优越的产品。

本章将介绍 ADC 和 DAC 的一般工作原理、主要技术参数，以及 ADC 电路和 DAC 电路。

8.1　数模转换器

8.1.1　数模转换器的基本原理

数模转换器（DAC）的基本原理是用电阻网络将每位数码的权值转换成相应的模拟信号，

然后用运算放大器求和电路将这些模拟量相加完成数模转换。电阻网络不同，构成不同形式的 DAC，主要有权电阻网络 DAC、T 形电阻网络 DAC、倒 T 形电阻网络 DAC、权电流 DAC 等。倒 T 形电阻网络（又称 R-$2R$ 电阻解码网络）DAC 是目前使用最为广泛的一种形式。图 8.2 是一个 4 位倒 T 形电阻网络 DAC 的原理图。这种 DAC 的核心部分由 R-$2R$ 电阻网络、模拟开关和运算放大器组成。参考电压 U_{REF} 要求很稳定。4 个模拟电子开关 S_3～S_0 分别受输入数字量 D_3～D_0 控制。$D_3D_2D_1D_0$ 的任何一位 D_i 是 1 即高电平时，对应的模拟电子开关 S_i 把电阻 $2R$ 接至运算放大器的反相输入端；D_i 是 0 即低电平时，对应的模拟电子开关 S_i 把电阻 $2R$ 接至运算放大器的同相端，即接地。

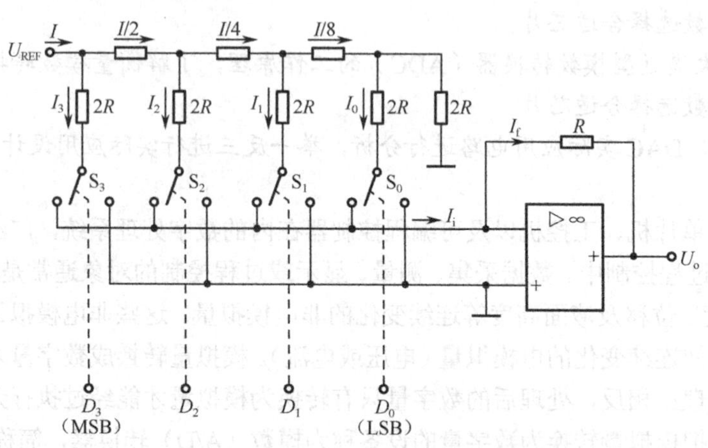

图 8.2 4 位倒 T 形电阻网络 DAC 原理图

从图 8.2 看到，由于运算放大器为反相输入工作方式且同相端接地，运算放大器的反相输入端为“虚地”，因此，模拟电子开关把 $2R$ 电阻接至反相输入端（虚地）或接地，R-$2R$ 电阻网络中各支路的电流都将保持不变，其中

$$I = \frac{U_{\text{REF}}}{R}$$

$$I_3 = \frac{I}{2} = \frac{U_{\text{REF}}}{2R} = \frac{U_{\text{REF}}}{R \cdot 2^1}$$

$$I_2 = \frac{I}{4} = \frac{U_{\text{REF}}}{4R} = \frac{U_{\text{REF}}}{R \cdot 2^2}$$

$$I_1 = \frac{I}{8} = \frac{U_{\text{REF}}}{8R} = \frac{U_{\text{REF}}}{R \cdot 2^3}$$

$$I_0 = \frac{I}{16} = \frac{U_{\text{REF}}}{16R} = \frac{U_{\text{REF}}}{R \cdot 2^4}$$

当 $D_3D_2D_1D_0 = 0000$ 时，模拟电子开关 $S_3S_2S_1S_0$ 把 $2R$ 电阻全部接地，则由于 $I_f = I_i = 0$，输出电压 $U_o = 0$。

当 $D_3D_2D_1D_0 = 1111$ 时，模拟电子开关 $S_3S_2S_1S_0$ 把 $2R$ 电阻全部接至反相输入端，则电阻网络的输出电流即运放的输入电流为

$$I_i = I_3 + I_2 + I_1 + I_0 = \frac{U_{\text{REF}}}{R}\left(D_3\frac{1}{2^1} + D_2\frac{1}{2^2} + D_1\frac{1}{2^3} + D_0\frac{1}{2^4}\right)$$

此时输出电压为

$$U_o = -RI_i = -\frac{U_{REF}}{2^4}(D_3 2^3 + D_2 2^2 + D_1 2^1 + D_0 2^0) = -\frac{15}{16}U_{REF}$$

当 $D_3D_2D_1D_0 = 1001$ 时，

$$U_o = -\frac{U_{REF}}{2^4}(1\times 2^3 + 0\times 2^2 + 0\times 2^1 + 1\times 2^0) = -\frac{9}{16}U_{REF}$$

对于输入的任意 4 位二进制数码如 $D_3D_2D_1D_0$，其输出的模拟电压为

$$U_o = -\frac{U_{REF}}{2^4}(D_3 2^3 + D_2 2^2 + D_1 2^1 + D_0 2^0)$$

可见输出的模拟电压与输入的二进制数成正比，这就实现了数模转换。

图 8.2 中的模拟电子开关 S_i 通常是由三极管或场效应管组成的，具体电路在此不介绍。在这种转换电路中，由于各电阻 $2R$ 上的电流不变并直接接到运算放大器的反相输入端，不但提高了转换速度，而且减小了模拟开关变换时所引起的误差。

为了提高 DAC 的转换精度，可以扩展电阻网络和模拟电子开关的数目。如果是 n 位 DAC，输入的是 n 位二进制数，则输出的模拟电压为

$$U_o = -\frac{U_{REF}}{2^n}(D_{n-1}2^{n-1} + D_{n-2}2^{n-2} + \cdots + D_0 2^0) \quad (8\text{-}1)$$

8.1.2　DAC 的主要技术参数

（1）分辨率。

DAC 所能分辨的最小输出电压与满量程输出电压之比称为 DAC 的分辨率。它可用输入数字量的位数来表示，如 8 位、10 位和 12 位 DAC 的分辨率，其位数分别为 8、10 和 12；也可以用最小输出电压（最低有效位 LSB 为 1 对应的输出电压）与最大输出电压（输入数字信号全部为 1 对应的输出电压）即满量程 FSR（Full Scale Range）之比，DAC 的分辨率可用下式表示：

$$分辨率 = \frac{1}{2^n - 1} \quad (8\text{-}2)$$

式中，n 表示数字量的二进制位数。

对于 8 位 DAC，分辨率为 $1/(2^8-1) = 1/255 = 0.00392$。若满量程电压为 5V，其最小分辨电压为 $0.00392\times 5 = 0.0196\text{V}$。对于 16 位 DAC，分辨率为 $1/(2^{16}-1) = 1/65535$，若满量程电压为 5V，其最小分辨电压为 5/65535V。从而可以得出结论，DAC 位数越多，能够分辨的电压越小。

（2）转换误差。

转换误差常用满量程 FSR 的百分数来表示。例如，一个 DAC 的线性误差为 0.05%，就是说转换误差是满量程的万分之五。有时转换误差用最低有效位 LSB（Least Significant Bit）的倍数来表示。例如，一个 DAC 的转换误差是 $\frac{1}{2}$LSB，表示输出电压的转换误差是最低有效位 LSB 为 1 时输出电压的 $\frac{1}{2}$。

DAC 的转换误差主要有失调误差和满值误差。

失调误差是指输入数字量全为 0 时，模拟输出值与理论值的偏差。在一定温度下的失调

误差可以通过外部电路调整进行补偿，有些 DAC 芯片本身有调零端，可以调零；对于没有调零端的芯片，采用外接校正配置电路加到运放求和端来消除。

满值误差又称为增益误差，指输入数字量全为 1 时，实际输出电压不等于满偏值。满值误差可通过调整运放的反馈电阻加以消除。

DAC 产生误差的主要原因包括参考电压U_{REF}的波动、运放的零点漂移、电阻网络中电阻值的偏差等。

转换精度是指转换后所得的实际值相对于理想值的接近程度，DAC 的分辨率和转换误差共同决定了 DAC 的精度。要使 DAC 的精度高，不仅要选择位数多的 DAC，还要选用稳定度高的U_{REF}和低漂移的运放与其配合。

（3）建立时间。

从输入数字信号开始，到模拟输出电压或电流达到稳定值，即满量程值$\pm\frac{1}{2}$LSB 所需要的时间。DAC 的建立时间一般为微秒（μs）级，建立的速度很快。

（4）线性度。

常用非线性误差的大小表示 DAC 的线性度，而非线性误差是用偏离理想的输入、输出特性的偏差与满刻度输出之比的百分数来定义的。非线性误差越小，线性度越好。

（5）输入代码。

输入代码说明一个 DAC 能接收哪种代码的输入数字量。一般单极性输出的 DAC 的输入代码有二进制码、BCD 码，而双极性输出的 DAC 的输入代码有符号数值码、补码或偏移二进制码等。

（6）输入数字电平。

输入数字电平指输入数字信号分别为 1 和 0 时对应的输入高低电平的数值。

（7）输出电平。

不同型号 DAC 的输出电平相差较大，一般为 5～10V，有的是高压输出型，输出电平可达 24～30V。还有一些电流输出型的 DAC，低的为几毫安到几十毫安，高的可达 3A。

此外，DAC 还有温度系数、电平抑制比、功率消耗等参数。

8.1.3 集成芯片 DAC0832

目前已将 DAC 的电阻网络、模拟开关等电路制作成集成芯片。根据实际应用需要，集成芯片又可增加一些功能，构成具有各种应用特性的 DAC。按 DAC 的输出方式，可分为电流输出型 DAC 和电压输出型 DAC 两种。

通常，集成 DAC 输入数字量有 8 位、10 位、12 位或 16 位等多种。例如，DAC0800 系列包括 DAC0800、DAC0801、DAC0802 等产品，其数字输入量为 8 位，即 8 位分辨率，16 线双列直插式封装，双电源供电压为(±15～±18)V。DAC0830 系列包括 DAC0830、DAC0831、DAC0832 等，为 20 线双列直插封装、8 位分辨率 DAC。而 DAC1208（包括 DAC1209、DAC1210）和 DAC1230（包括 DAC1231、DAC1232 等）等，都是分辨率为 12 位的 DAC。

DAC 种类繁多，下面仅介绍使用较多的集成芯片 DAC0832。DAC0832 是由 T 形电阻网络，采用 CMOS 工艺制作成的 20 脚双列直插式 8 位 DAC。图 8.3 画出了 DAC0832 的逻辑图和引脚图。

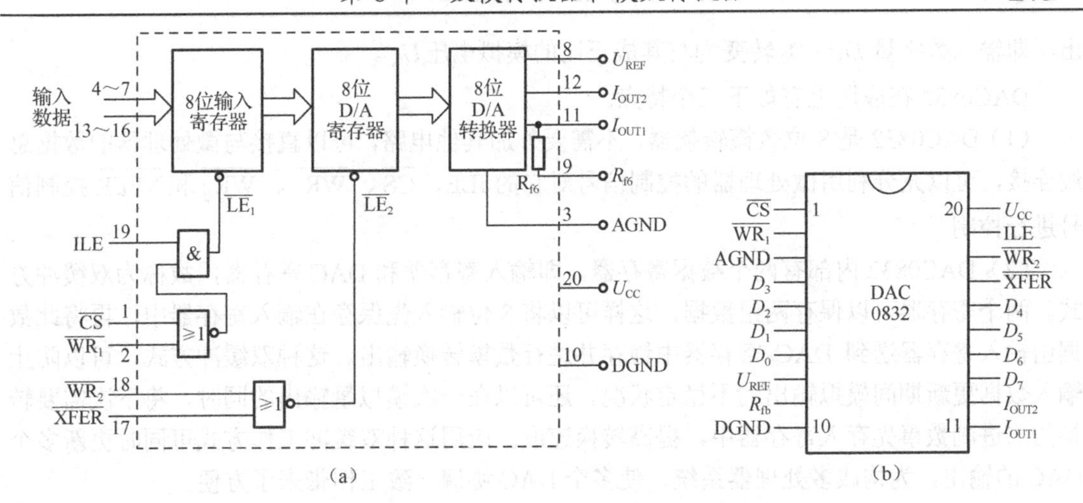

图 8.3　DAC0832 逻辑图和引脚图

各引脚功能介绍如下。

$D_7 \sim D_0$：数据量输入引脚，D_7 是最高有效位（MSB），D_0 是最低有效位（LSB）。

U_{REF}：基准电压引脚，U_{REF} 可为正（如+5V）也可为负（如-5V）。

U_{CC}：接主电源引脚，电源正极接此端，电源负极接 AGND 引脚。

I_{OUT1} 和 I_{OUT2}：电流输出引脚。

ILE：数据锁存允许信号，高电平有效。

$\overline{CS}$：输入寄存器选择信号，低电平有效。

$\overline{WR_1}$：输入寄存器写选通信号，低电平有效。

$\overline{WR_2}$：DAC 寄存器写选通信号，低电平有效。

$\overline{XFER}$：数据传送信号线。

R_{fb}：反馈信号输入引脚，芯片内已有反馈电阻。

AGND：模拟信号地。

DGND：数字地。

为了提高输出的稳定性并减少误差，必须把数字地和模拟地分开。模拟信号和基准电源低电位接模拟地；主电源、时钟、数据、地址、控制等逻辑地接数字地。两个地线应在基准电源处合为一处。

ILE、$\overline{CS}$、$\overline{WR_1}$、$\overline{WR_2}$ 和 $\overline{XFER}$ 这 5 个控制端接入不同电平时，可以控制转换器产生不同的工作方式。例如，当 ILE=1、$\overline{CS}=\overline{WR_1}=\overline{WR_2}=\overline{XFER}=0$ 时，接到 $D_7 \sim D_0$ 端的数字量直接送入 8 位输入寄存器并进行转换，其接线如图 8.4 所示。$\overline{CS}$、$\overline{WR_1}$、$\overline{WR_2}$ 和 $\overline{XFER}$ 5 可以接地或接低电平，ILE 接高电平，在图中没画出。其中的电阻 R_{fb} 在 DAC0832 内部，是运算放大器的负反馈电阻。在 DAC0832 内部，9、11 引脚是接在一起的，因此图中运算放大器是反相输入方式，实现电流转变与电压输

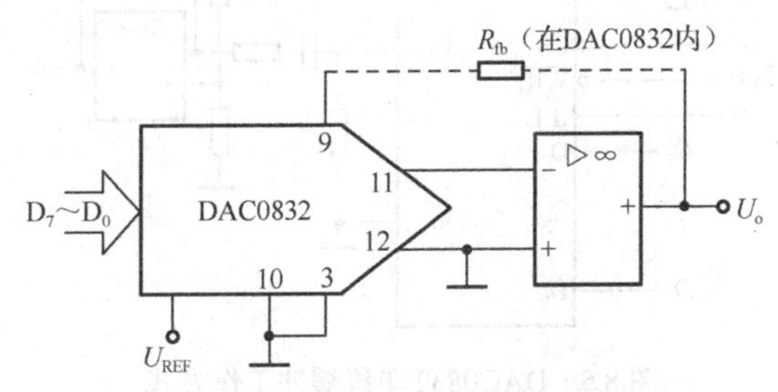

图 8.4　DAC0832 电流转换为电压输出接线图

出，即输入数字量D_7～D_0转变为与其成正比的模拟电压U_o。

DAC0832在应用上有如下三个特点。

（1）DAC0832是8位数模转换器，不需要外加其他电路，可以直接与微处理器的数据总线连接，可以充分利用微处理器的控制信号对它的ILE、$\overline{CS}$、$\overline{WR_1}$、$\overline{WR_2}$和$\overline{XFER}$控制信号进行控制。

（2）DAC0832内部有两个数据寄存器，即输入寄存器和DAC寄存器，故称为双缓冲方式。两个寄存器可以保存两组数据，这样可以将8位输入先保存在输入寄存器中，再将此数据由输入寄存器送到DAC寄存器中锁存并进行数模转换输出。这种双缓冲方式，可以防止输入数据更新期间模拟输出的不稳定状况。还可以在一次模拟量输出的同时，将下次需要转换的二进制数事先存入寄存器中，提高转换速度。应用这种双缓冲工作方式可同时更新多个DAC的输出，为构成多处理器系统、使多个DAC协调一致工作带来了方便。

（3）DAC0832是电流输出型DAC，要获得电压输出，需加转换电路。使用电流输出方式时，I_{OUT1}正比于输入参考电压U_{REF}和输入数字量，I_{OUT2}正比于输入数字量的反码，即

$$I_{OUT1}=\frac{U_{REF}}{2^8 R}\sum_{i=0}^{7}D_i 2^i$$

$$I_{OUT2}=\frac{U_{REF}}{2^8 R}\left(2^8-\sum_{i=0}^{7}D_i 2^i-1\right) \tag{8-3}$$

8.1.4 DAC0832应用

根据8.1.3节介绍的控制信号的连接方式，DAC0832有三种不同的工作方式：直通、单级缓冲、双级缓冲；根据外接输出电路的结构，又可分为单极性DAC和双极性DAC。

1．直通工作方式

把DAC0804的控制信号$\overline{WR_1}$、$\overline{WR_2}$、$\overline{XFER}$和$\overline{CS}$接地，ILE接高电平，就可以使两个寄存器的输出随输入数字量的变化而变化。在实际应用中，直通工作方式常用于连续反馈控制环节，使输出模拟信号快速连续地反映输入数字量的变化。

2．单级缓冲工作方式

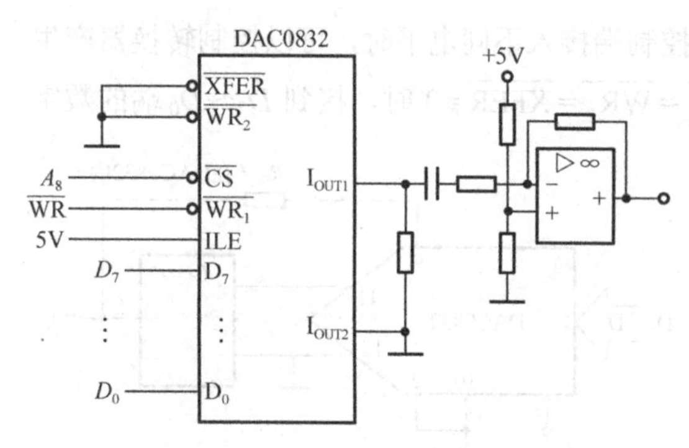

图8.5　DAC0832单级缓冲工作方式

所谓单级缓冲工作方式，就是让其中一个寄存器工作在直通状态，另一个工作在受控的锁存器状态。在实际应用中，只有一路模拟量输出，或者虽有几路模拟量输出但并不要求同步输出，就可以用单级缓冲工作方式。

单级缓冲工作方式的连接如图8.5所示。为使DAC寄存器处于直通方式，使$\overline{WR_2}=\overline{XFER}=0$；为使输入寄存器处于受控方式，把$\overline{WR_1}$与$\overline{WR}$信号连接，即与外部信号连接，接收外部写信号控制。而ILE接高电平，一直

处于允许输入锁存状态。$\overline{CS}$ 选通信号接高位地址线（A_8）或地址译码器的译码输出信号，由此可以确定 DAC0832 在电路中的端口地址。

3．双级缓冲工作方式

所谓双级缓冲工作方式，就是让两个寄存器都工作在受控的锁存方式。为实现两个寄存器都可控，应给两个寄存器各分配一个端口地址，以便能按端口地址来分两步进行操作。在 DAC 转换输出前一个数据的同时，把下一个数据送至输入寄存器，以提高数模转换速度。在多路数模转换应用系统中，这样操作可以实现多路数模转换模拟信号的同时输出。

双级缓冲工作方式如图 8.6 所示。图中用两片 DAC0832 构成两路同步输出的数模转换电路。用地址线或译码器的输出分别选择两路 DAC 的输入寄存器，控制它的输入锁存，$\overline{XFER}$ 同时连到一根地址线上，控制两片 DAC 的同步转换输出 V_{o1}、V_{o2}。所有 $\overline{WR_1}$ 和 $\overline{WR_2}$ 与外部写信号 $\overline{WR}$ 连在一起，控制输入寄存器和 DAC 寄存器同时写入。

3．DAC0832 的单极性和双极性使用

DAC0832 的模拟输出是电流输出，外接运算放大器，可以转换为单极性输出，也可以转换成双极性电压输出，双极性输出在实际自动控制系统中有较多应用。

DAC0832 连接成双极性输出电压的电路如图 8.7 所示。图中 A_2 的作用是把运算放大器 A_1 输出的单极性电压变为双极性电压。A_1 的输出电压 V_{o1} 为

$$V_{o1} = -\frac{U_{REF}}{256} \cdot D \qquad (D = 0 \sim 255)$$

取 $R_2 = R_3 = 2R_1$，则 A_2 的输出电压 V_{o2} 为

$$V_{o2} = -\frac{R_3}{R_1}V_{o1} - \frac{R_3}{R_2}U_{REF} = \frac{D-128}{128} \cdot U_{REF}$$

若 U_{REF} 为 5V，则 A_1 的输出电压 V_{o1} 的范围是 0～−5V，A_2 的输出电压 V_{o2} 的范围是−5～+5V。

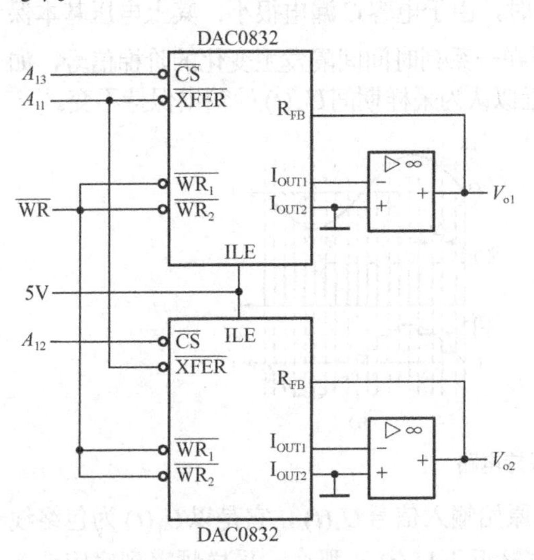

图 8.6　DAC0832 双级缓冲工作方式

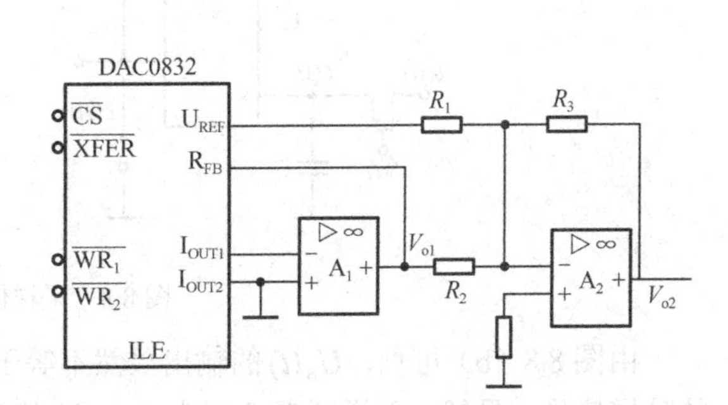

图 8.7　DAC0832 双极性输出电路

探究思考题

8.1.1　DAC 的分辨率是如何定义的？10 位 DAC 的分辨率是多少？

8.1.2　某 10 位 DAC 的最小输出电压增量为 3mV，如果输入数据为 $(2A6)_{16}$，那么 DAC 的输出电压是多少？

8.1.3　题 8.1.3 图所示为权电阻网络 DAC，其中 Vin1～Vin4 为数字输入信号，VOUT 为模拟输出。试分析输出与输入的关系，并通过 Multisim 进行仿真验证。

探究思考题答案

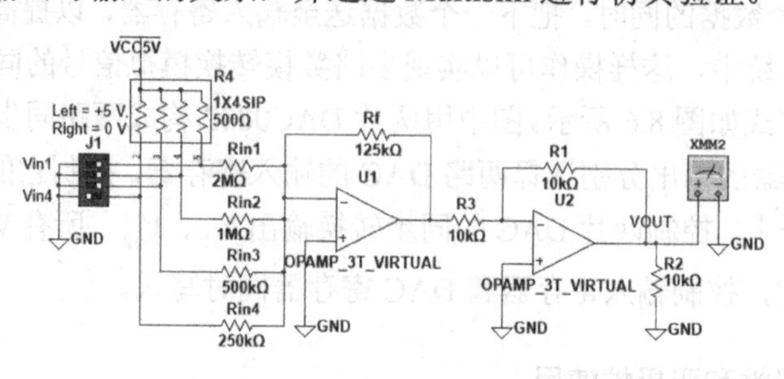

题 8.1.3 图

仿真文件下载

8.2　模数转换器

8.2.1　模数转换的基本原理

在模数转换器（ADC）中，一般经过采样、保持、量化和编码 4 个步骤来完成从模拟量到数字量的转换。

（1）采样与保持。

图 8.8（a）为典型的采样保持电路结构，$U_i(t)$ 为输入模拟信号，其中的场效应管构成采样开关，由频率为 f_s 的采样脉冲 $S(t)$ 控制其通断。电容 C 完成保持功能，当采样开关导通时，电容 C 迅速充电，使 $U_c(t)=U_i(t)$；当采样开关断开时，由于电容 C 漏电很小，其上电压基本保持不变。经采样保持电路后，输入模拟信号变成了在一系列时间间隔发生变化的阶梯信号，如图 8.8（b）所示。在采样脉冲宽度 Δt 很窄时，可近似认为采样期间 $U_o(t)$ 的输出保持不变。

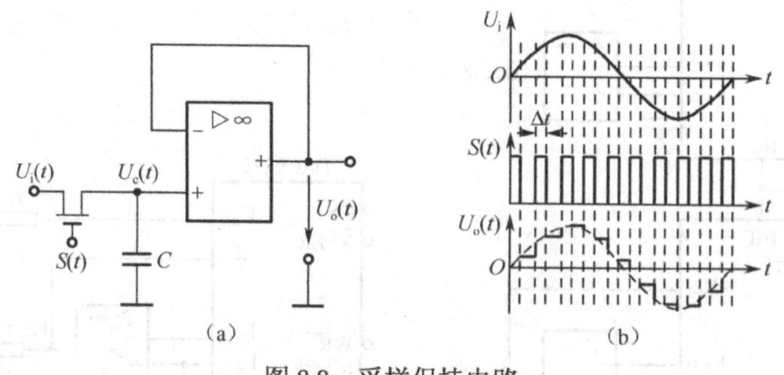

图 8.8　采样保持电路

由图 8.8（b）可见，$U_o(t)$ 的输出显然不等于原始输入信号 $U_i(t)$，它是以 $U_i(t)$ 为包络线的阶梯信号。显然，采样频率 f_s 越大，$U_o(t)$ 就越接近于 $U_i(t)$。那么，采样频率到底应该多大才能保证 $U_o(t)$ 能够反映 $U_i(t)$ 信号呢？著名的采样定理解决了这个问题，即，若输入模拟

量是一个频率有限的信号，且其最大频率为 f_{imax}，则采集信号频率只要满足

$$f_s \geqslant 2f_{imax} \tag{8-4}$$

就能够保证采样所得信号能够不失真地反映输入信号。

在实际 ADC 中，有些包括采样保持电路，有些则需外增加采样保持电路。采样保持电路有各种集成产品，如 LE198 等。

（2）量化与编码。

采样输出电压显然还不是数字量，因为任何一个数字量的大小都必须是某个规定的最小数量单位的整数倍。因此，必须将采样输出电压用这个最小数量单位的整数倍来表示，这个过程就叫量化。显然，数字信号最低有效位的 1 倍即 1LSB 所代表的数量就是这个最小数量单位，称为量化单位，用 Δ 表示。

将量化的结果用代码表示出来的过程称为编码。编码输出的结果也就是 ADC 的输出。例如，要求将 0～1V 连续变化的模拟量转换成一个 3 位二进制代码，因为 3 位二进制代码可以表示 8 个不同状态，所以取量化单位 $\Delta=\frac{1}{8}\text{V}$。采用舍去尾数（只舍不入法）的量化方法即在 0～$\frac{1}{8}$V 之间的模拟电压取为 0V，在 $\frac{1}{8}$～$\frac{2}{8}$V 的电压之间取为 $\frac{1}{8}$V……以此类推，编码方式取二进制代码（编码方式可以是任意的），则模拟量输入与数字量输出的关系如表 8.1 所示。

由表 8.1 可见，由于模拟量不可能是量化单位 Δ 的整数倍，因此量化的过程必然存在误差，这种误差称为量化误差。在表 8.1 所示的量化过程中，最大量化误差可达 $\frac{1}{8}$V，即一个量化单位的大小。显然，减小量化单位、增加编码位数就可有效地减小量化误差。例如，将 0～1V 模拟电压用 4 位二进制码表示，则量化单位 $\Delta=\frac{1}{16}\text{V}$，即量化误差减小了一半。

采用表 8.2 的量化方法（有舍有入法），可以看出量化单位 $\Delta=\frac{2}{15}\text{V}$，但最大量化误差为 $\frac{1}{2}\Delta$，且误差有正、有负。

表 8.1　ADC 的量化与编码（只舍不入法）

模拟量输入	数字量输出	二进制码
$0 \leqslant U_i \leqslant \frac{1}{8}\text{V}$	0V	000
$\frac{1}{8}\text{V} \leqslant U_i \leqslant \frac{2}{8}\text{V}$	$\frac{1}{8}\text{V}=\Delta$	001
$\frac{2}{8}\text{V} \leqslant U_i \leqslant \frac{3}{8}\text{V}$	$\frac{2}{8}\text{V}=2\Delta$	010
$\frac{3}{8}\text{V} \leqslant U_i \leqslant \frac{4}{8}\text{V}$	$\frac{3}{8}\text{V}=3\Delta$	011
$\frac{4}{8}\text{V} \leqslant U_i \leqslant \frac{5}{8}\text{V}$	$\frac{4}{8}\text{V}=4\Delta$	100
$\frac{5}{8}\text{V} \leqslant U_i \leqslant \frac{6}{8}\text{V}$	$\frac{5}{8}\text{V}=5\Delta$	101
$\frac{6}{8}\text{V} \leqslant U_i \leqslant \frac{7}{8}\text{V}$	$\frac{6}{8}\text{V}=6\Delta$	110
$\frac{7}{8}\text{V} \leqslant U_i \leqslant \frac{8}{8}\text{V}$	$\frac{7}{8}\text{V}=7\Delta$	111

表 8.2　ADC 的量化与编码（有舍有入法）

模拟量输入	数字量输出	二进制码
$0 \leqslant U_i \leqslant \frac{1}{15}\text{V}$	0V	000
$\frac{1}{15}\text{V} \leqslant U_i \leqslant \frac{3}{15}\text{V}$	$\frac{2}{15}\text{V}=\Delta$	001
$\frac{3}{15}\text{V} \leqslant U_i \leqslant \frac{5}{15}\text{V}$	$\frac{4}{15}\text{V}=2\Delta$	010
$\frac{5}{15}\text{V} \leqslant U_i \leqslant \frac{7}{15}\text{V}$	$\frac{6}{15}\text{V}=3\Delta$	011
$\frac{7}{15}\text{V} \leqslant U_i \leqslant \frac{9}{15}\text{V}$	$\frac{8}{15}\text{V}=4\Delta$	100
$\frac{9}{15}\text{V} \leqslant U_i \leqslant \frac{11}{15}\text{V}$	$\frac{10}{15}\text{V}=5\Delta$	101
$\frac{11}{15}\text{V} \leqslant U_i \leqslant \frac{13}{15}\text{V}$	$\frac{12}{15}\text{V}=6\Delta$	110
$\frac{13}{15}\text{V} \leqslant U_i \leqslant 1\text{V}$	$\frac{14}{15}\text{V}=7\Delta$	111

8.2.2 逐次逼近型 ADC

模数转换器（ADC）根据其工作原理大致分为并行转换型 ADC 和并/串型 ADC、逐次逼近型 ADC、双积分型 ADC 和计数比较型 ADC 等几种形式。

下面主要介绍常用的逐次逼近型 ADC 的工作原理。

图 8.9 是 8 位逐次逼近型 ADC 的工作原理图。ADC 由电压比较器、DAC、逐次逼近寄存器（SAR）和控制逻辑等组成。

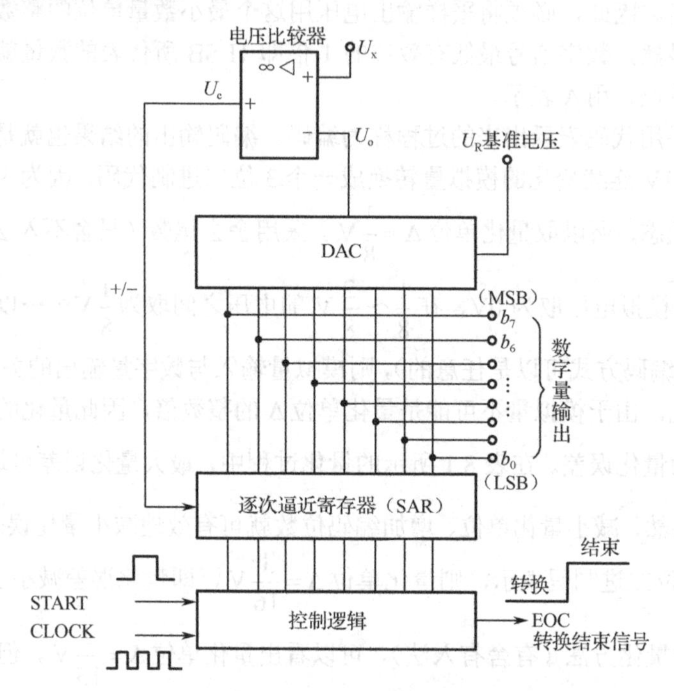

图 8.9　8 位逐次逼近型 ADC 的工作原理图

逐次逼近型 ADC 的工作过程大致如下。

首先，在 START 脚加一个正脉冲转换命令信号。脉冲的上升沿使控制逻辑把逐次逼近寄存器（SAR）置 0，也就是使 SAR 的 8 位 $b_7 \sim b_0$ 均为 0。其中 b_7 是最高有效位（Most Significant Bit，MSB），b_0 是最低有效位（LSB），并使转换结束信号脚 EOC 变为低电平，表示 ADC 开始进行模数转换，数据 $b_7 \sim b_0$ 无效。START 脉冲的下降沿启动模数转换。

在时钟脉冲 CLOCK 的同步下，先使逐次逼近寄存器（SAR）的最高有效位 b_7 置 1，此时逐次逼近寄存器（SAR）的数据为 80H 即 10000000，这个数据作为 DAC 的输入值，经数模转换得到输出模拟电压 U_o，U_o 作为电压比较器的输入电压，与转换电压 U_x 进行比较。

若 $U_x > U_o$，则经电压比较器比较后得到 $U_c > 0$。于是在 $U_c > 0$ 的控制和 CLOCK 同步下，保留 $b_7 = 1$，并使 $b_6 = 1$，此时 SAR 新的值为 C0H 即 11000000；SAR 中的新值经 D/A 转换得到新的输出电压值 U_o，U_o 值再与 U_x 比较，重复前述过程。

反之，若 $b_7 = 1$，经数模转换得到的输出模拟电压 $U_o > U_x$，经比较器比较得到 $U_c < 0$。则在 $U_c < 0$ 控制和时钟 CLOCK 的同步下，使 $b_7 = 0$，而使 $b_6 = 1$，此时 SAR 中的数据为 40H 即 01000000，该数据经数模转换得到新的 U_o，再与 U_x 进行比较，然后重复上述过程。就这

样，从 $b_7b_6\dots$ 直至 b_0 都处理完毕，转换便结束。模数转换的流程如图 8.10 所示。

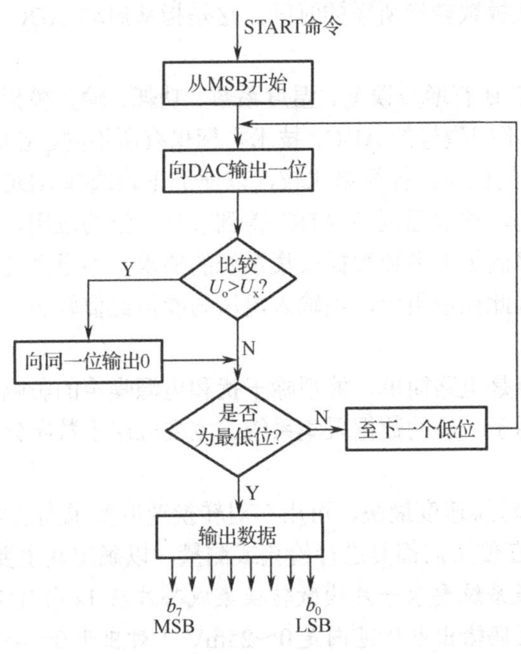

图 8.10　模数转换流程图

转换结束时，控制逻辑使 EOC 变为高电平，表示模数转换结束，此时的 $b_7\sim b_0$ 即为对应 U_x 的 8 位数字量。

从分析模数转换过程可以看到，处理一位所需的时间或时钟脉冲数是相同的，因此位数一定，转换所需时间也一定，n 位逐次逼近型 ADC 完成一次转换所需的时间为 $(n+2)T_{CP}$，T_{CP} 为时钟脉冲周期。逐次逼近型 ADC 的转换精度取决于所用 DAC 和电压比较器的分辨能力，另外，要求 DAC 的基准 U_x 是确定的。

8.2.3　ADC 的主要技术参数

（1）分辨率。

ADC 的分辨率是使 ADC 输出数字量最低有效位变化 1 所对应的输入模拟电压变化的最小值。分辨率也可用输出二进制数的位数来表示，如 8 位 ADC 的分辨率是 8。位数越多，误差越小，转换精度越高。

（2）量化误差。

用数字量近似表示模拟量的过程称为量化。实际上，模数转换一般是按四舍五入原则进行的，由此产生的误差称为量化误差，量化误差 $\leqslant \frac{1}{2}$LSB。

（3）精度。

精度分为绝对精度和相对精度。

在一个 ADC 中，任何数码所对应的实际模拟电压与其理想电压的差并不是一个常数，把差值中的最大值定义为该 ADC 的绝对精度；而相对精度则定义为这个最大差值与满量程模拟电压的比，或者用二进制分数来表示相应的数字量。

（4）转换时间。

转换时间是完成一次模数转换所需的时间，这是指从启动 ADC 开始到获得相应数据所需的总时间。

除了上述参数，ADC 还有增益误差、温度系数、功耗、输入模拟电压范围及输出特性等参数，在此不一一介绍。不同型号的 ADC，技术指标也有所不同，应根据实际需要适当选择。

最后，对几种 ADC 的性能进行简单比较，以便于正确选择 ADC。

正如前面已经指出的，逐次逼近型 ADC 得到非常广泛的应用，其原因是兼有精度较高与速度较快的优点，能够满足大多数数据采集系统的要求。不足之处是对输入端噪声比较敏感、抗干扰能力较差。因此在使用中，当输入电压与噪声比值较小时，应先进行滤波，然后进行转换。

积分型 ADC 的特点是电路简单，能消除干扰和电源噪声的影响，转换精度高。主要问题是转换速度慢，不能用于一般的数据采集系统。主要应用于数字化测量仪表和某些传感器输出的数字化。

并行转换型 ADC 的转换速度最快，可用在对转换速度要求高的场合。

无论哪一种 ADC，在使用前都要进行检查或测量，以确定其主要技术参数满足要求。

【例 8-1】某信号采集系统要求一片模数转换集成芯片在 1s 内对 16 个热电偶的输出电压进行分时转换。已知热电偶输出电压范围是 0～25mV（对应于 0～450℃温度范围），需分辨的温度为 0.1℃。试问所选择的 ADC 应为多少位？转换时间为多少？

解：对于 0～450℃的温度范围，信号电压为 0～25mV，分辨温度为 0.1℃，这相当于 $\frac{0.1}{450}=\frac{1}{4500}$ 的分辨率。12 位 ADC 的分辨率为 $\frac{1}{2^{12}}=\frac{1}{4096}$，故必须选用 13 位的 ADC。

系统的采样为每秒 16 次，采样时间为 62.5ms。如此慢速的采样，绝大多数 ADC 都可以做到。所以，可选用带有采样保持（S/H）的逐次逼近型 ADC 或不带 S/H 的双积分型 ADC。

8.2.4 ADC 产品举例

集成 ADC 的产品型号较多，下面仅介绍常用的逐次逼近型 ADC。逐次逼近型 ADC 有两类，一类是单芯片集成化 ADC，另一类是混合集成化 ADC。

单芯片集成化 ADC 有 ADC0801～0805，它们是 8 位 MOS 型 ADC。而 ADC0808、ADC0809 为多通道 8 位 CMOS 型 ADC，ADCD816 和 ADCD817 为 16 位 ADC。

混合型集成化 ADC 是在一块封装内使用不同的工艺制成几个芯片，从而构成高性能的 ADC。例如，AD574A 为双片双极型电路构成的 12 位 ADC；ADC71 和 ADC76 为 16 位快速 ADC，模拟输入电压可选择 25V、±5V 及 5V、10V 和 20V 等。该类芯片利用内部及外部时钟进行多种操作，适应能力很强。以下主要介绍 ADC0804 及其应用。

1. ADC0804 简介

ADC0804 的引脚布置如图 8.11 所示。ADC0804 采用逐次的方法将一个模拟输入转换为一个 8 位的二进制码。提供两个模拟输入端用于差分测量（模拟输入 $V_{in}=V_{in(+)}-V_{in(-)}$）。ADC0804 拥有能够产生时序脉冲的内部时钟，频率 $f=\frac{1}{1.1RC}$。它采用三态门电路，三态输出 D 锁存器结构使其易于和微处理器总线连接。

ADC0804 的引脚定义如下。

$\overline{CS}$：低电平有效的片选端。

$\overline{RD}$：低电平有效的使能端。

$\overline{WR}$：低电平有效的开始转换控制端。

CLK_{IN}：外部时钟输入端或者采用内部时钟时的电容接入端。

$\overline{INTR}$：低电平有效的转换结束端。

$V_{in(+)}$，$V_{in(-)}$：差分模拟输入（单端测量时将其中一个引脚接地）。

AGND：模拟地。

$V_{ref}/2$：参考电压选择端。

DGND：数字地。

V_{CC}：5V 供电电源和假定参考电源。

CLKR：使用内部时钟时的电阻连接端。

D_0～D_7：数字量输出。

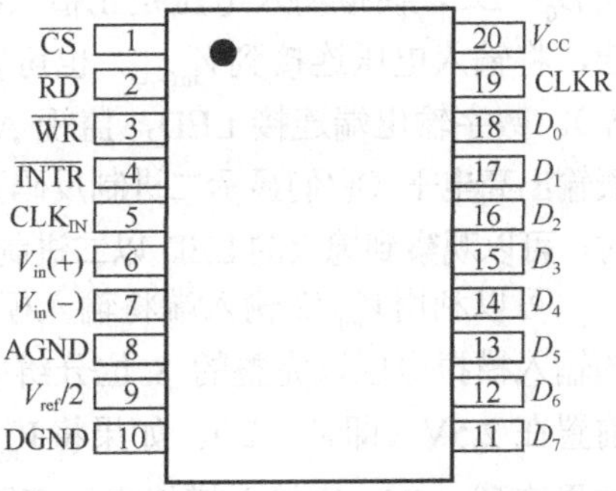

图 8.11　ADC0804 引脚图

采用 ADC0804 进行连续模数转换时，电路图应如图 8.12 所示。外部 RC 电路设置时钟频率为

$$f = \frac{1}{1.1RC} = \frac{1}{1.1 \times 10^4 \times 150 \times 10^{-6}} = 606\text{kHz}$$

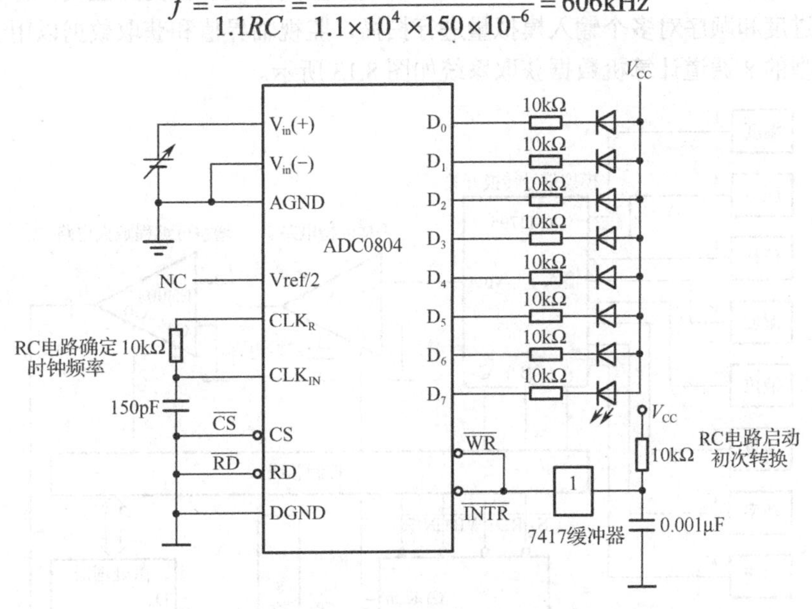

图 8.12　ADC0804 进行连续 A/D 转换电路图

$\overline{INTR}$ 和 $\overline{WR}$ 之间的连接，在每次 $\overline{INTR}$（转换结束）端变为低电平时，可以使 ADC 启动新的转换。RC 电路和集电极开路缓冲器 7417 在电路上电时产生一个由低电平到悬空的脉冲，以确保启动初次转换。这里使用一个集电极开路输出门，而不是图腾柱型输出，是因为在每次转换结束时，$\overline{INTR}$ 将被 ADC0804 内部电路拉成低电平。如果使用图腾柱型输出，此

低电平将在高电平输出时相互冲突。$\overline{CS}$与地相连以使能 ADC0804 芯片，$\overline{RD}$与地相连以使能 D_0～D_7。模拟输入电压是正值（0～5V）时与 $V_{in(+)}$ 相连；如果其值为负，$V_{in(+)}$ 应与地相连，将输入电压连接到 $V_{in(-)}$。也可以同时使用 $V_{in(+)}$ 和 $V_{in(-)}$ 进行差分测量（两个模拟电压之差）。数字输出端连接 LED，监视 ADC 输出状态。LED 点亮代表输出低电平，LED 熄灭代表输出高电平（它们显示二进制反码）。电路运行情况是，当输入模拟电压从 0V 慢慢增加到 5V 时，可以观察到熄灭的 LED 以二进制形式从 0 逐渐增加到 255（也就是点亮的 LED 逐渐熄灭）。

可以利用 $V_{ref}/2$ 输入端将输入模拟电压范围改变为不同于 0～5V。此方法在需要将较小的输入模拟电压以完整的 8 位分辨率进行译码时很有意义。通常 $V_{ref}/2$ 引脚处于悬空状态，前置在 2.5V（即 $V_{CC}/2$）。如果将 $V_{ref}/2$ 与 2V 电压相连，输入模拟电压范围将改为 0～4V；如果连到 1.5V，则输入模拟电压范围将改为 0～3V；以此类推。但是，当输入电压范围减小时，ADC 的精确性随之降低。

因为输入模拟电压与数字输出成正比，下面的比例关系可用来作为数字量的求解方程：

$$\frac{A_{in}}{V_{ref}}=\frac{D_{out}}{256}$$

式中，A_{in} 为输入模拟电压，V_{ref} 为参考电压（V_{pin20} 或 $V_{pin9}\times 2$），D_{out} 为数字输出（十进制形式），256 表示数字输出步数。

2. ADC0804 组成数据获取系统

在当今的自动化世界，通过计算机系统获取模拟量变得比以往更加重要。计算机系统能够以特定的进度和顺序对多个输入模拟量进行扫描，监视临界值和获取数据以用于将来的信息检索。典型的 8 通道计算机数据获取系统如图 8.13 所示。

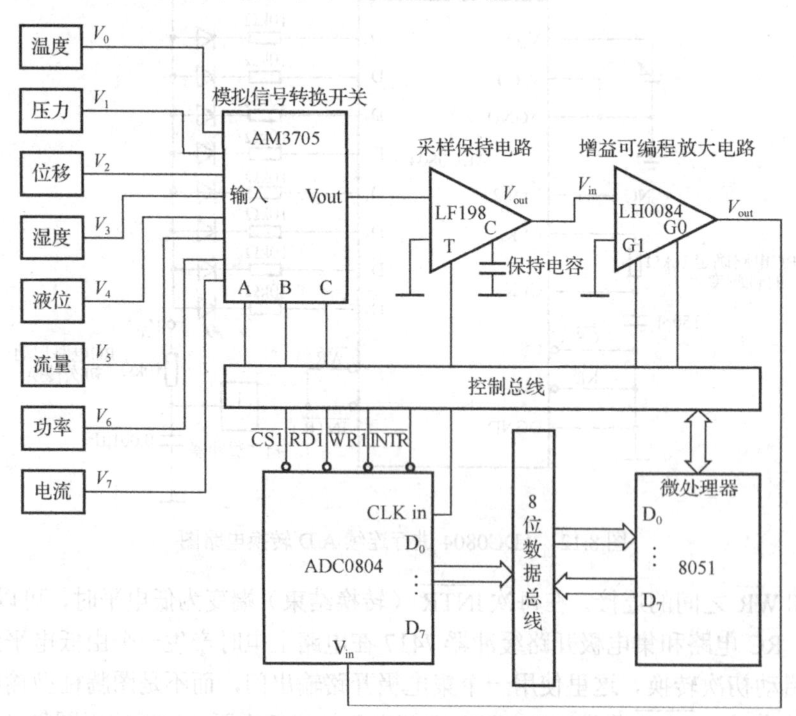

图 8.13 典型的 8 通道计算机数据获取系统

整个系统使用两个通用总线——数据总线和控制总线进行通信，数据总线由 8 条导线组成，由系统各设备共同使用，向各系统发送或接收 8 位并行数据。本例中，共有 3 个设备与数据总线相连：ADC0804、微处理器、存储器。控制总线与不同设备传送控制信号，如片选信号 $\overline{CS}$、输出使能 $\overline{RD}$、系统时钟、触发和选择等信号。设置 8 个传感器输出与被测模拟量成比例的电压信号。微处理器的任务是在精确的时间间隔内对所有数值进行扫描，并将数值存储到寄存器，以备使用。由于模拟量变化缓慢，以 1s 的间隔对这些变量进行扫描，就可以对其电压值进行非常精确的描述。使用时钟速度在微秒级的微处理器很容易达到这个要求。

该系统主要由模拟信号转换开关 AM3705、采样保持电路 LF198、增益可编程放大电路 LH0084、模数转换器 ADC0804、微处理器 8051 组成。

模拟信号转换开关 AM3705：微处理器在适当时间由控制总线向 AM3705 的输入端 A、B、C 发送合适的二进制码来选择每个传感器，这样就允许被选定的传感器信号传送到采样保持电路 LF198。

采样保持电路 LF198：模拟量信号是连续变化的，能够选择准确时间进行测量非常重要，采样保持电路及其外接保持电容允许系统在微处理器发出获取信号的瞬间，准确获取模拟量数值。

增益可编程放大电路 LH0084：8 个传感器各有不同的输出量程。例如，温度传感器输出范围是 0～5V，而压力传感器可能仅输出 0～500mV 的电压。LH0084 是一个增益可编程放大电路，能够由增益选择输入端进行控制，被编程为 1、2、5、10 倍增益。在读取压力传感器数据时，微处理器将增益设为 10，以使输出范围变为 0～5V，与其他传感器匹配。通过此方式，ADC0804 总可以在其最精确的电压范围 0～5V 内工作。

模数转换器 ADC0804：ADC0804 接收调整后的模拟电压，将其转换为 8 位二进制数值。进行转换时，微处理器发出片选信号 $\overline{CS}$ 和开始转换信号 $\overline{WR}$。当转换结束信号 $\overline{INTR}$ 变成低电平时，微处理器发出输出使能信号 $\overline{RD}$，经由数据总线读取传输到微处理器的数据 D_0～D_7 上。

3. ADC0808/ADC0809 简介

ADC0808/ADC0809 是双列直插式封装，有 28 个引脚，图 8.14 是其引脚图。

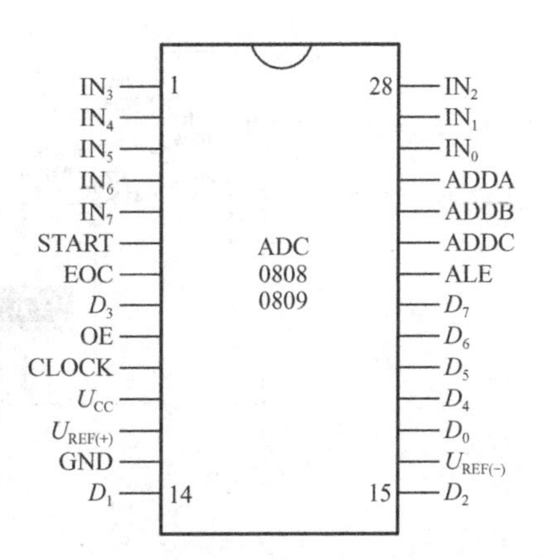

图 8.14　ADC0808/ADC0809 引脚图

引脚功能介绍如下。

IN_0～IN_7：8 路模拟输入引脚，可以从这 8 个引脚输入 0～+5V 的待转换模拟电压。

ADDA、ADDB、ADDC（A、B、C）：通道地址输入端。当 CBA=000 时，接到 IN_0 通道的模拟量输入至 ADC0808（0809），以便进行模数转换，而接至 IN_1～IN_7 的模拟电压不能进入 ADC 内。类似地，CBA=001，则 IN_1 端的模拟电压输入 ADC 进行转换。

CLOCK：时钟输入端。ADC0808/0809 在时钟脉冲信号的同步或作用下才能进行转换。时钟频率越高，转换得越快，时钟频率上限是 640kHz。

ALE：地址锁存允许端。当 ALE=1（高电平）时，接通道地址输出端 ADDA、ADDB、ADDC，确定 IN_0～IN_7 中某一个（如 IN_0）为模拟量输入。当 ALE=0（低电平）时，把接通的 CBA 值（如 000）锁存起来，保证在 ALE=1 时所接通的通道（如 IN_0）不变，以便对该通道（如 IN_0）上的模拟电压进行模数转换。ALE 信号是一个正脉冲，此脉冲宽度在时钟脉冲为 640kHz 时不少于 100ns。

START：自动脉冲输入端。在此端加一个完整的正脉冲信号，脉冲的上升沿清除逐次逼近寄存器（SAR），下降沿启动模数转换。在时钟脉冲为 640kHz 时，START 脉冲宽度应不小于 100～200ns。

EOC：转换结束信号端。在模数转换期间，EOC=0（低电平），表示模数转换正在进行，输出数据无效。转换完毕后 EOC=1，表示转换已完成，输出数据有效。

OE（OUTPUT ENABLE）：允许输出端。OE 端控制输出锁存器的三态门。当 OE 为 1 时，转换所得数据出现在 D_7～D_0 引脚；当 OE=0 时，D_7～D_0 引脚对外是高阻抗。

D_7～D_0：转换所得的 8 位数据在这 8 个引脚上输出，D_7 是最高位，D_0 是最低位。

U_{CC}：电源正极输入端，接+5V。

GND：地端，电源负极接至该端。

$U_{ref(+)}$和 $U_{ref(-)}$：分别为基准电压 U_{ref} 的高电平端和低电平端。

探究思考题

8.2.1 说明什么是 LSB。满量程输入电压为 1V 时，计算 4 位和 8 位 ADC 的 1LSB 各是多少。

8.2.2 ADC 的分辨率是如何定义的？如果要求 ADC 能分辨 0.0025V 的电压变化，其满量程输出对应的输入电压为 9.9976V，该转换器至少应有多少位字长？

8.2.3 题 8.2.3 图所示为 8 位 ADC 的 Multisim 仿真电路，图中使用两个电位器分别对 ADC 输入模拟电压进行粗调和细调。使数字输出发生一位改变所需的平均电压大约为多少？使数字输出达到满量程值所需的模拟输入电压为多少？

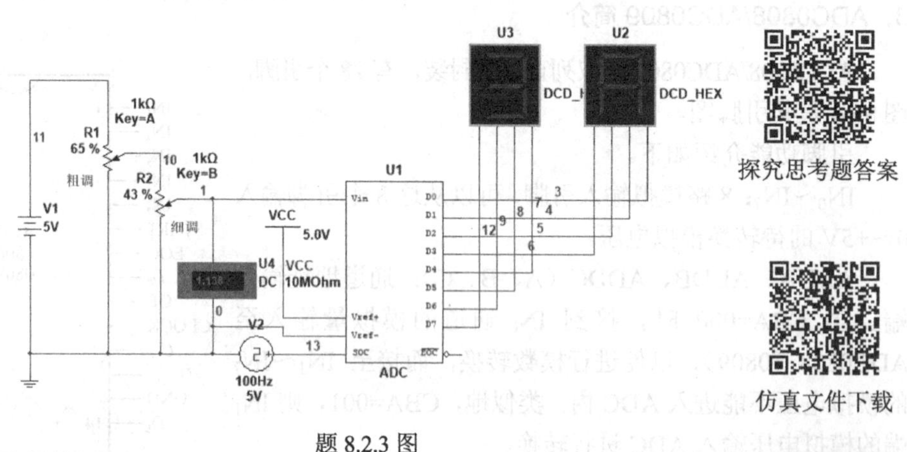

题 8.2.3 图

探究思考题答案

仿真文件下载

扩展阅读

计算机控制系统中的标准化 D/A、A/D 模板介绍。

扩展阅读

本章总结

数模转换器（DAC）和模数转换器（ADC）是模拟电路系统与数字电路系统之间的接口电路。

DAC 的种类很多，本章详细介绍了倒 T 形电阻网络 DAC。不管采用哪种形式，转换后的模拟量输出电压 $U_o = KU_{REF}D_n$，其中，$D_n = 2^{n-1}d_{n-1} + \cdots + 2^0 d_0$；$KU_{REF}$ 是 LSB 为 1 时对应的模拟量输出电压值，即 $d_0 = 1$ 而其他各位都为 0 时对应的模拟量输出电压。这样，如果转换电路的结构和参数已知，就可以很容易从理论上计算出数字量对应的模拟量数值。

ADC 也存在多种形式，本章介绍了逐次逼近型 ADC。换转后的数字量与量化单位的大小直接相关。量化单位是指对应转换后的 LSB 为 1（只有 $d_0 = 1$，而其他各位都为 0）时，输出模拟量的对应大小定义为一个量化单位。若已知转换器的数字量输出位数 n 和量化单位 Δ，就可以计算出所能转换的最大模拟量值，$U_{imax} = (2^n - 1)\Delta$；反之，已知输入模拟量的大小和量化单位，就可以计算出转换后的数字量大小，$D_n = U_i/\Delta$。

ADC 的输出电压波形是以量化单位为增量的阶梯状波形，在对输出电压波形的形状要求平滑的应用场所，要增设滤波器，以滤除谐波分量。

第 8 章自测题

自测题答案

8.2.1 DAC 的分辨率取决于（ ）。

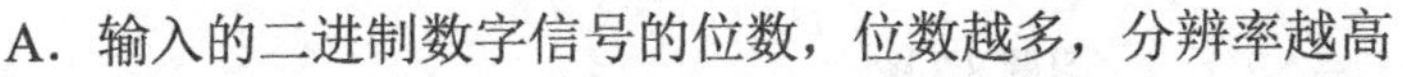

A．输入的二进制数字信号的位数，位数越多，分辨率越高

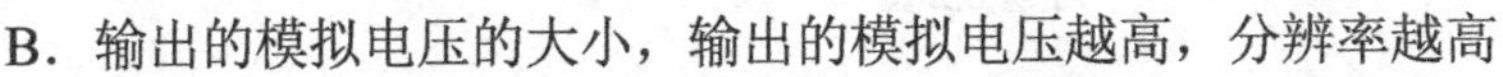

B．输出的模拟电压的大小，输出的模拟电压越高，分辨率越高

C．参考电压 U_R 的大小，U_R 越大，分辨率越高

8.2.2 某 DAC 的输入为 8 位二进制数字信号（$D_7 \sim D_0$），输出为 0～25.5V 的模拟电压。若数字信号的最低位是 1，其余各位是 0，则输出的模拟电压为（ ）。

A．0.1V　　B．0.01V　　C．0.001V

8.2.3 ADC 的分辨率取决于（ ）。

A．输入模拟电压的大小，电压越高，分辨率越高

B．输出二进制数字信号的位数，位数越多，分辨率越高

C．运算放大器的放大倍数，放大倍数越大，分辨率越高

8.2.4 逐次逼近型 ADC 开始转换时，首先应将（ ）。

A．移位寄存器最高位置 1　　B．移位寄存器的最低位置 1

C．移位寄存器的所有位均置 1

8.2.5 某 8 位 ADC 的参考电压 $U_R = -5V$，输入模拟电压 $U_i = 3.91V$，则输出的数字信号为（ ）。

A．11001000　　B．11001001　　C．01001000。

8.2.6 某 ADC 的输入为 0～10V 模拟电压，输出为 8 位二进制数字信号（$D_7 \sim D_0$），则该 ADC 能分辨的最小模拟电压为（ ）。

A．0V　　B．0.1V　　C．$\frac{2}{51}$V

习题八

部分习题答案

分析、计算题

8.1 某 DAC 的最小输出电压为 0.04V，最大输出电压为 10.2V。试求该 DAC 的分辨率及位数。

8.2 T 形电阻网络 DAC 如习题 8.2 图所示，当输入数字量的某位为 0 时，开关接地；为 1 时，开关接运算放大器的反相输入端。已知参考电压 U_R =10V，R_F =20kΩ，当 $d_3d_2d_1d_0$ =1010 时，u_o=−4V。试求：（1）T 形电阻网络中电阻 R 的阻值；（2）$d_3d_2d_1d_0$ = 0110 时 u_o 的值。

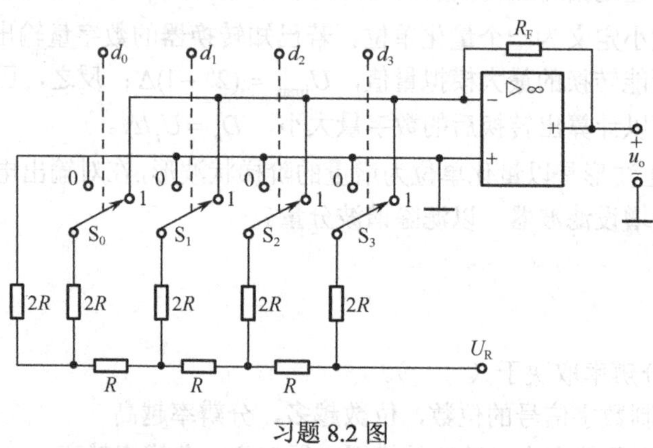

习题 8.2 图

8.3 DAC 如习题 8.2 图所示，d_0、d_1、d_2、d_3 为数字量，S_0、S_1、S_2、S_3 为电子开关。当数字量的某位为 0 时，开关接地；为 1 时，开关接运算放大器的反相输入端。已知转换输出的模拟电压 u_o 的最大值为 7.5V。试求：（1）参考电压 U_R 的值；（2）u_o 的范围；（3）当 $d_3d_2d_1d_0$=1010 时的值。

8.4 对于一个 8 位 DAC：

（1）若其最小输出电压增量为 0.02V，输入代码为"011001101"时，输出电压 U_o 是多少？

（2）若其分辨率用百分数表示，则其应该是多少？

（3）若某一系统中要求 DAC 的理论精度小于 0.25%，这一 DAC 能否使用？

8.5 电路如习题 8.5 图所示，R=10kΩ，R_F =30kΩ，d_0、d_1 为输入的数字量。当数字量为 0 时，电子开关 S_0、S_1 接地；为 1 时，开关接 5V 电压。要求写出输出电压 u_o 与输入的数字量 d_0、d_1 之间的关系表达式。

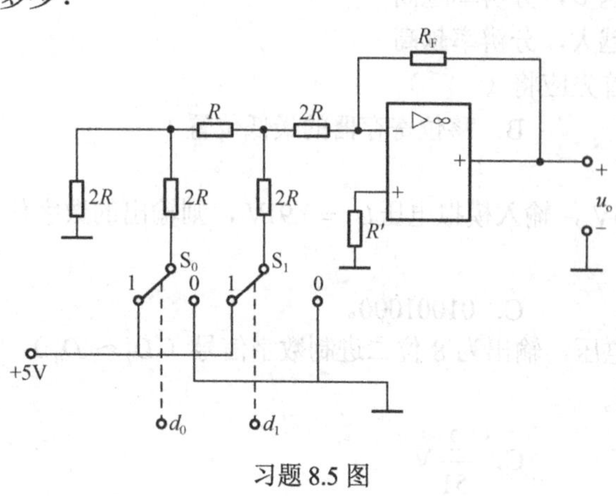

习题 8.5 图

8.6　DAC 如习题 8.6 图所示。

（1）当 $r=8R$ 时，导出 U_o 的表达式。

（2）若 $R_F=R=20\text{k}\Omega$，$r=160\text{k}\Omega$，$U_{REF}=-10\text{V}$，求 U_o 的范围。

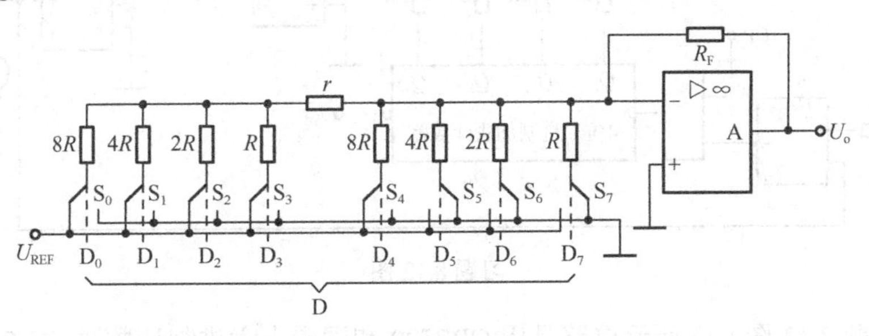

习题 8.6 图

8.7　在 4 位逐次逼近型 ADC 中，设 $U_R=-10\text{V}$，$U_i=8.2\text{V}$，试说明逐次逼近的过程和转换的结果。

8.8　某 8 位 ADC 的输入满量程电压为 10V，当输入下列电压时，各转换为多大的数字量（采用只舍不入法和有舍有入法编码的二进制码输出结果）？

（1）59.7mV；　　（2）3.46V；　　（3）7.08V。

8.9　有一个 12 位 ADC，它的输入满量程电压为 10V。该 ADC 能分辨的最小电压是多少？

8.10　对于一个 10 位逐次逼近型 ADC，当时钟频率为1MHz 时，其转换时间是多少？如果要求完成一次转换的时间小于10μs，时钟频率应选多大？

8.11　有一个 8 位逐次逼近型 ADC，时钟频率为 250kHz。

（1）完成一次转换需要多长时间？

（2）输入 u_i 和 DAC 的输出 u_o 的波形如习题 8.11 图所示，则 ADC 的输出为多少？

（3）若已知 8 位 DAC 的最高输出电压为 9.945V，当 u_i=6.436V 时，电路的输出状态 $D=Q_7Q_6\cdots Q_0$ 是什么？

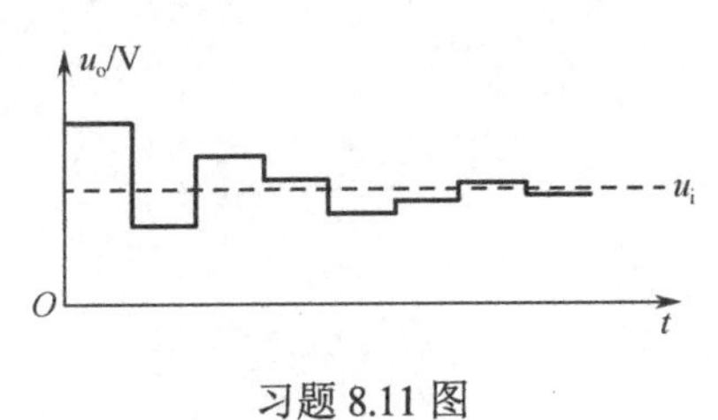

习题 8.11 图

综合应用题

8.12　习题 8.12 图所示为一个由 4 位二进制加法计数器、DAC、电压比较器和控制门组成的数字式峰值采样电路。若被检测信号 U_i 为一个三角波，试说明该电路的工作原理（测量前在 $\overline{R_D}$ 端加负脉冲，使计数器置 0）。

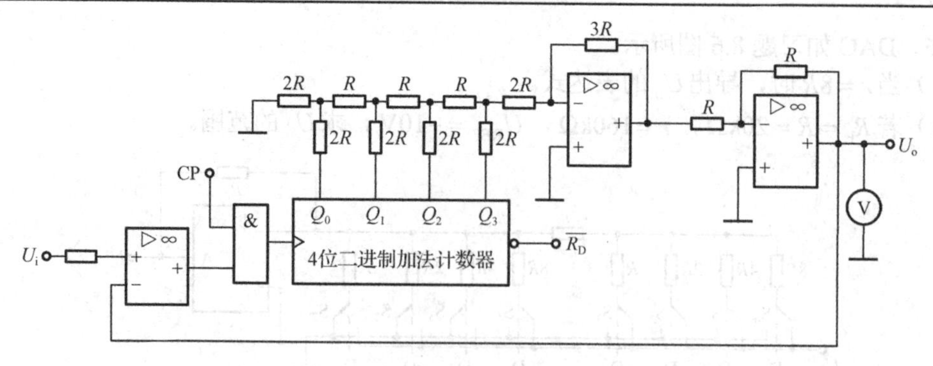

习题 8.12 图

8.13 习题 8.13 图（a）所示电路是用 CB7520 和同步十六进制计数器 74LS161 组成的波形发生电路。已知 CB7520 的参考电压 U_{REF}=−10V，试画出输出电压 U_o 的波形图，并标出波形图上各点电压的幅度。CB7520 电路的结构见习题 8.13 图（b）。

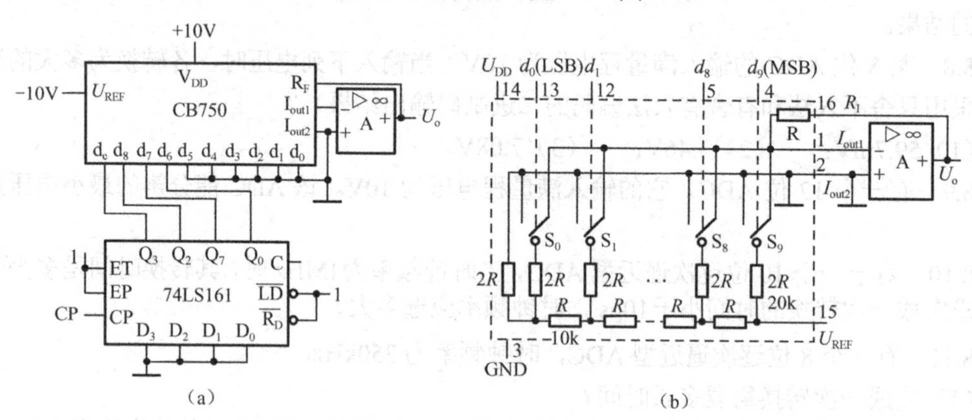

习题 8.13 图

参考文献

1. 李鸿林，席志红. 电子技术[M]. 哈尔滨：哈尔滨工程大学出版社，2015.

2. 秦曾煌. 电工学−电子技术[M]. 七版. 北京：高等教育出版社，2009.

3. 清华大学电子学教研组. 模拟电子技术基础[M]. 五版. 北京：高等教育出版社，2015.

4. 清华大学电子学教研组. 数字电子技术基础[M]. 六版. 北京：高等教育出版社，2016.

5. Thomas L. Floyd, David M. Buchla 著. 朱杰，蒋乐天译. 模拟电子技术基础：系统方法[M]. 北京：机械工业出版社，2015.

6. Thomas L. Floyd 著. 娄淑琴，盛新志，申艳译. 数字电子技术基础：系统方法[M]. 北京：机械工业出版社，2020.

7. 杨兴瑶. 电子线路应用手册[M]. 北京：化学工业出版社，2012.

8. 杨碧石. 数字电子技术基础[M]. 北京：人民邮电出版社，2007.

9. 席志红. 电子技术[M]. 哈尔滨：哈尔滨工程大学出版社，2007.

10. 吴晓渊. 数字电子技术教程[M]. 北京：电子工业出版社，2006.

11. 寇戈，蒋立平. 模拟电路与数字电子技术[M]. 北京：电子工业出版社，2004.

12. 徐晓光. 电子技术[M]. 北京：机械工业出版社，2004.

13. 李忠波. 电子技术[M]. 北京：机械工业出版社，2002.

14. William Kleitz 著. 陶国彬，赵玉峰译. 数字电子技术——从电路分析到技能实践[M]. 北京：科学出版社，2008.